E. v. Behring's Gesammelte Abhandlungen

Neue Folge

1915

BONN 1915
A. Marcus & E. Webers Verlag
Dr. jur. Albert Ahn

Druck: Otto Wigand'sche Buchdruckerei G. m. b. H., Leipzig.

Vorwort
zu
„Meine Blutuntersuchungen“[1]).

Im Laufe der Jahre, besonders aber seit 1910, hat sich in meinem Marburger Institut für experimentelle Therapie das Bedürfnis geltend gemacht, die für meine Antikörperstudien erforderlichen Blutuntersuchungen methodisch festzulegen und eine Gebrauchsanweisung für meine neu hinzutretenden Mitarbeiter anzufertigen. Dieses Bedürfnis wurde um so dringlicher, je mehr die Arbeiten im Interesse meiner Antitoxinmethode zur Blutmengebestimmung und meiner Methode zur Reinigung des Diphtherieheilserums und des Tetanusheilserums zu Ergebnissen führten, welche für die menschen-ärztliche Praxis von Wichtigkeit zu werden versprachen. Im Einvernehmen mit Professor Zangemeister wurden zunächst in der Marburger gynäkologischen Klinik Blutmengebestimmungen von Dr. Zeissler und Dr. Fries ausgeführt, deren Zahl allmählich auf 50 anwuchs. Dann hat Professor Matthes seinem Assistenten Dr. Hürter gestattet, an Patienten der hiesigen medizinischen Klinik verschiedenartige Blutuntersuchungen in Gemeinschaft mit Dr. Zeissler vorzunehmen. Wir kamen dabei zu der Überzeugung, daß an der Hand der inzwischen von mir ausgearbeiteten Untersuchungs-Schemata die zuerst in meinem Institut vorgenommenen Blutprüfungen auch in der Klinik sich durchführen lassen würden. Als ich aber den Versuch unternahm, außerhalb von Marburg (z. B. im Hamburg-Eppendorfer Krankenhaus) meine Methode klinisch verwerten zu lassen, da zeigte sich, daß die einwandsfreie Wertbestimmung von Antitoxinpräparaten, die Giftprüfung und die genaue Feststellung des anatoxischen Wertes meiner Antitoxinlösungen bei anaphylaktisierten Meerschweinchen eine strenge Schulung derjenigen Herren fordert, die in der Klinik das leisten sollen, was bisher in meinem Institut unter ständiger Kontrolle gearbeitet worden war.

So kam es, das Prof. Brauer vorschlug, einen seiner Assistenten in Marburg vorerst methodisch sich einüben zu lassen, ehe wir

[1]) Aus v. Behrings Beiträgen zur exp. Therapie. Heft 12 (1911). (Verlag von Aug. Hirschwald, Berlin.)

in seinem Eppendorfer Krankenhaus den klinischen Wert meiner Blutuntersuchungen erprobten. Es erschien mir nun zweckmäßig, die durch die Einarbeitung eines Assistenten von Prof. Brauer mir und meinen Abteilungsvorstehern (Prof. Römer und Dr. Zeissler) erwachsende Müheleistung auch für andere klinische Interessenten nutzbar zu machen. Den Generalstabsärzten Exzellenz von Schjerning und Exzellenz Schmidt verdanke ich es, daß die zu Prof. Brauer und zu Geheimrat Heubner abkommandierten Stabsärzte Dr. Kittmann und Dr. Eckert an dem während der Monate November und Dezember 1911 abgehaltenen Kursus teilnehmen durften. Der Generalstabsarzt der bayerischen Armee Prof. von Seydel schickte mir den Oberarzt Dr. Waldmann, Geheimrat Fr. von Müller-München ließ Dr. von Domarus, Prof. Ed. Müller-Marburg seinen Assistenten Dr. Hahn an unserem Kursus sich beteiligen.

Bevor diese Herren im November 1911 zu mir kamen, hatte ich den methodischen Teil des 12. Heftes meiner Beiträge schon im Druck fertig gestellt. Was ich als Ergebnis meiner früheren Institutserfahrungen druckfertig niedergelegt hatte, ist Gegenstand strenger Kritik im Kursus gewesen und zum Teil korrigiert bzw. ergänzt worden.

Der Inhalt unserer Kursusarbeiten ist von mir zusammengefaßt worden in dem Kursusvortrag vom 21. Dezember 1911, welchen ich nachstehend habe abdrucken lassen.

M. H.! Wir haben vor 6 Wochen uns hier vereinigt, um die praktische Brauchbarkeit meiner Blutuntersuchungsmethoden in gemeinsamer Arbeit zu prüfen. Ich habe geglaubt, daß die medizinischen Kliniken ein lebhaftes Interesse daran haben müßten, diejenigen Blutverhältnisse und Bluteigenschaften, deren Studium zur Auffindung diagnostisch, prognostisch und therapeutisch wichtiger Tatsachen geführt haben, in ihren eigenen Laboratorien zu kontrollieren. Nun sind die Ergebnisse meiner Untersuchungen über Antikörperproduktion und Antikörpereigenschaften sowie über die Frage nach den Substraten für die antitoxische und anatoxische[1]) Energie, ferner meine Bestimmung der Blutmenge und der Blutgerinnungsenergie, meine Heilserumgewinnungsmethode, die „Reinigung" der Heilsera usw. — nicht auf dem Boden der morphologischen Blutuntersuchung, welche bisher vorzugsweise in den Kliniken geübt worden ist, erwachsen. Dazu waren vielmehr eigenartige Methoden erforderlich, die, wie Sie sich überzeugt haben, durch literarisches Studium nicht erlernt werden können. Ich habe

[1]) Unter Anatoxizität verstehe ich die Fähigkeit eines Proteinkörpers solche Individuen krank zu machen, welche vorher durch ihn sensibilisiert worden sind. Die anatoxische Energie ist demgemäß ein anaphylaktisches Phänomen und gehört in das Gebiet der Lehre von der erworbenen Überempfindlichkeit.

es daher freudig begrüßt, das Sie als Vertreter großer Krankenhäuser hierher gekommen sind, um zu sehen, welche von meinen Laboratoriumsarbeiten der Übertragung in die klinische Praxis fähig und würdig sind.

Um Ihren kurzen Aufenthalt in Marburg möglichst fruchtbringend zu machen, habe ich für Sie das, was sich von meinen Methoden beschreiben läßt, schon vor unserem Kursus im Druck fertig stellen lassen, und wir können nunmehr, nachdem Sie alle in der Ihnen vorliegenden Druckschrift angegebenen Methoden selbst geübt haben, Kritik daran ausüben und uns darüber einigen, was daran zu korrigieren und zu ergänzen ist.

Sie haben sich durch oft wiederholte Versuche davon überzeugt, daß die experimentellen Grundlagen meiner Blutmengebestimmung solide genug sind, um die Behauptung zu rechtfertigen, daß bei ihrer technisch einwandsfreien Ausführung die Fehlergrenze 4 Proz. nicht überschreitet, in der Regel aber geringer sein wird. Die in der Tetanustestgift-Labilität und in der Bestimmung der nach intravenöser Antitoxininjektion in 1 ml Blut wiedererscheinenden Zahl von Antitoxineinheiten gelegenen Fehlerquellen werden nicht ganz zu vermeiden sein; man kann sie aber auf ihre Größe genau kontrollieren und, bei etwas vermehrtem Aufwand an Versuchstieren für die einzelne Blutbestimmung, recht geringfügig machen.

Wie schwer es ist, das Tetanusgift in gelöstem Zustande gut haltbar zu machen, konnten Sie erfahren, als Sie sich eigene Giftlösungen herstellten. Meine relativ stabilen Testgifte sind unter vielen Operationsnummern in der Hauptsache empirisch herausgefunden worden. Sie enthalten mehrere konservierende Zusätze, von denen ich als die wichtigsten herausgefunden habe das Malachitgrün-Toluol, einen geringen Gelatinezusatz und den Formaldehyd. Während Ihrer 6wöchentlichen Arbeit ist die Prüfungsdosis vom Testgift Nr. 6 von 0,1 ml auf 0,12 ml gestiegen, was gegenüber der gewöhnlichen Giftabschwächung nur wenig bedeuten will.

Sehr wertvoll ist mir Ihre auf vielen Einzelversuchen beruhende endgültige Bestätigung meiner Behauptung gewesen, daß durch die individuelle Tetanusempfindlichkeit der Mäuse die Antitoxinbestimmung in ihrer Genauigkeit nicht beeinträchtigt wird. Sie haben sich davon überzeugt, daß, wenn man 10 Mäusen die gleiche Giftdosis subkutan injiziert, der krankmachende Effekt quantitativ gleich ist, vorausgesetzt, daß bei der Auswahl der Versuchsmäuse die Erfahrungen berücksichtigt werden, über welche ich im vorliegenden 12. Heft meiner Beiträge ausführlich berichtet habe. Müßte man bei der Benutzung von Mäusen als lebendes Reagens zur quantitativen Tetanusgiftbestimmung mit einer nennenswerten individuellen Differenz ihrer Giftempfindlichkeit rechnen, so wäre das eine ebenso schlimme Fehlerquelle für meine antitoxische Blutmengebestimmungsmethode, wie wenn Sie mit nicht genau geeichten Meßinstrumenten arbeiten würden. — Was diese angeht, so werden Sie sich viel Enttäuschungen, Kosten und Zeit ersparen, wenn Sie für Ihre späteren Blutuntersuchungen die in dem „Kobekasten" vereinigten und fortdauernd auf ihre einwandsfreie Beschaffenheit in meinem Institut kontrollierten Meßapparate benutzen.

Abgesehen von den für die Blutmengebestimmung erforderlichen methodischen Einzelheiten haben Sie auch die sonstigen von mir beschriebenen Methoden nachgeprüft.

Ich habe mich dabei von Ihnen überzeugen lassen, daß die volumetrische Proteïnbestimmung, wenn sie genau sein soll, mehr technische Schwierigkeiten macht und mehr zeitraubend ist, wie eine der bekannten gewichtsanalytischen Methoden. Von jetzt ab soll für uns die Essigsäure-Methode einzig und allein für vergleichende Blutproteïnprüfungen gewählt werden.

Auch die volumetrische Bestimmung des Verhältnisses von Blutkörperchenmasse und Plasma hat sich nicht als genau genug erwiesen. Ob an ihre Stelle mit befriedigenderem Ergebnis eine von den anderen Methoden gesetzt werden kann, die gegenwärtig zur Berechnung des prozentualen Erythrozytenanteils oder des Plasmavolums im Gesamtblut angewendet werden, läßt sich noch nicht voraussagen.

Die Schwierigkeiten zur Erlangung richtiger Viskositätszahlen scheinen mir noch nicht überwunden zu sein.

Dagegen haben sich gut bewährt unsere Bestimmung des spezifischen Gewichts und die Ermittelung von Zahlen für die Gerinnungsenergie des Oxalatplasmas. Namentlich die Bestimmung der Gerinnungsenergie unter physiologischen und pathologischen Lebensbedingungen, besonders auch in fieberhaft und fieberfrei verlaufenden Krankheitszuständen, in der Gravidität und im Puerperium, in kachektischen und plethorischen Zuständen, bei der Antikörperproduktion und im Antikörperverbrauch (z. B. im anaphylaktischen Shock und bei der Serumkrankheit) möchte ich auch an dieser Stelle für Ihre klinische Tätigkeit dringend zur Berücksichtigung empfehlen.

Nachzutragen habe ich als wichtige Methode für die Blutuntersuchung meine quantitative Bestimmung der Reaktion des Serums und des Plasmas auf Paranitrophenol, welchen Farbstoff ich als Indikator für den Alkaleszenzgrad seit 10 Jahren benutze. Ohne die Bestimmung der freien Anionen und Kationen in der zu untersuchenden Blutflüssigkeit ist u. a. auch, wie Sie gesehen haben, eine reinliche Trennung der Proteïnfraktionen mit verschiedener physikalisch-chemischer und biologischer Funktion nicht zu erreichen.

Sie haben diese Erfahrung insbesondere gemacht bei Ihren Versuchen, im antitoxischen Blut die antitoxisch wirksamen und unwirksamen Proteïnfraktionen, sowie die zur Hervorrufung anaphylaktischer Vergiftungssymptome mehr oder weniger befähigten Proteïne zu trennen, um daraufhin ein „gereinigtes“ Heilserum zu gewinnen. Die dabei zutagetretende Wichtigkeit meiner Paranitrophenolmethode haben Sie in vollem Umfange zu würdigen gelernt [1]).

Auch für andere Arbeiten in meinem staatlichen und privaten Institut, die außerhalb des Gebietes der Blutuntersuchung stehen, für die Tuberkulindiagnostik tuberkulöser Prozesse, welche Ihnen von Prof. Römer demonstriert worden ist; für meine phthiseogenetischen Untersuchungen und für die Tuberkulose-Immunisierung der Rinder und Schafe mit meinem Tulasepräparat; für die keimfreie Milchgewinnung in dem neuerbauten Musterstall, sowie für die Rahm- und Milchkonservierung mit dem Perhydraseverfahren; für die interessanten Eigenschaften des dabei benutzten Hepins und für die Verwendung des Hepins zur Herstellung von Sauerstoffbädern haben Sie sich interessiert.

Etwas genauer will ich noch darauf eingehen, was Sie aus unseren Kursusarbeiten für die Diphtherietherapie und speziell für die präventive Therapie der Schülerdiphtherie entnehmen können.

Ich habe Ihnen in einem besonderen Vortrag geschildert, wie groß die Gefahren für Leben und Gesundheit vieler Kinder sind, welche gerade jetzt in großen und kleinen Städten des deutschen Reiches unter heftigen Diphtherieepidemien leiden, und wie sehr durch den vielfach angeordneten Schulenschluß, durch die Störung eines geordneten Familienlebens und durch wirtschaftliche Schäden die Eltern dabei mitbetroffen werden.

Sind nun diese mißliebigen Verhältnisse unvermeidbar? Wäre es jetzt, wo wir nicht bloß ein gutes Heilmittel, sondern auch ein sicheres Schutzmittel für die Diphtherie haben, nicht an der Zeit, den Versuch zu unternehmen, diese Krankheit ebenso ungefährlich zu machen, wie es die Pockenkrankheit überall da geworden ist, wo man Jenners Schutzpockenimpfung zielbewußt durchgeführt hat?

Ich will es versuchen, Ihnen die Gründe klar zu legen, warum dieser naheliegende Gedanke bisher nicht verwirklicht worden ist,

[1]) In dem Kursus wurde besonders geübt die Heilserumreinigung mit Säuren, Kalialaun, Ammonsulfat, Magnesiumsulfat und Kalkpräparaten.

und wie nach meiner Kenntnis der Sachlage man es anzufangen hat, um auf dem Wege der immunisierenden Diphtherieantitoxinbehandlung zu einer erfolgreichen präventiven Diphtheriebekämpfung zu gelangen.

Alsbald nach der Entdeckung meines Diphtheriemittels habe ich es, zusammen mit meinem Freunde Wernicke, zunächst als Prophylaktikum empfohlen und mit gutem Erfolge namentlich im Oldenburgischen unter Mitwirkung des damaligen Stabsarztes Muttray zur Verhütung von Schulepidemien unter ähnlichen Verhältnissen, wie sie jetzt aus Groß-Berlin und anderen Städten berichtet werden, nutzbar gemacht. Ich habe nun nicht den geringsten Zweifel, daß man auf diesem Wege konsequent weiter fortgeschritten wäre, wenn nicht — entgegen meiner Erwartung — mein Diphtheriemittel sich als ein so gutes Heilmittel entpuppt hätte.

Muttray bekam für die Präventivtherapie im Jahre 1891/92 noch sehr geringwertige Sera und hat im Einzelfall nicht mehr als 20 bis höchstens 100 Antitoxineinheiten in 1—5 ml Serum subkutan eingespritzt und trotzdem bei dieser Dosierung ganz unzweideutige Schutzwirkung erreicht. Durchschnittlich war unser Diphtherieserum damals noch nicht 20fach, also 20mal weniger stark, wie die schwächsten Heilsera, die jetzt im Handelsverkehr zugelassen werden. Für Heilzwecke war damit nichts rechtes zu erreichen, und wenn es dabei geblieben wäre, so würden wir alles daran gesetzt haben, die diphtheriebedrohten Individuen vor der Erkrankung zu schützen, nötigenfalls, mit Rücksicht auf das Allgemeinwohl, ähnlich wie bei der Verhütung der Pockengefahr, durch zwangsweise Immunisierung. Der Einwand, daß die Jennersche Impfung mehrere Jahre lang, das Serum aber nur für wenige Wochen Krankheitsschutz gewährt, wäre nicht stichhaltig; denn wir wußten damals schon, daß wir auf einem Umwege das Serum zur Erreichung eines langdauernden Diphtherieschutzes tauglich machen können. Fügt man ihm nämlich Diphtherievirus oder Diphtheriegift in solcher Dosis hinzu, daß eine eben noch wahrnehmbare Allgemeinreaktion eintritt, die nicht bloß ebenso unschädlich, sondern noch weniger schädlich ist, wie die Vakzination, und die außerdem besser abgestuft werden kann, dann erlangen wir damit eine Immunisierung, die kaum weniger lange anhält, wie der Pockenschutz nach der Jennerschen Impfung. Die Ursache für den differenten Immunisierungseffekt einerseits nach der reinen Serumbehandlung und andererseits nach der kombinierten Behandlung[1]) ist Ihnen bekannt. Sie wissen, daß in jenem Fall die Immunität bedingt wird durch fremdartiges (heterogenes) Immunprotein oder Anti-

[1]) Mit dem jetzt von mir „TA" genannten Diphtherieschutzmittel.

toxin, dessen der Organismus möglichst schnell sich zu entledigen bestrebt ist, im letzteren Fall aber durch selbstproduziertes Antitoxin oder homogenes Immunprotein, dessen Existenzdauer im Blute sehr viel länger bemessen ist. Das ist der eigentliche Sinn, welchen man bei der Etablierung des Unterschiedes zwischen der sogenannten passiven und aktiven Immunisierung im Auge zu behalten hat. Im wesentlichen, in bezug auf die Ursache des Krankheitsschutzes, verhalten sich aktive und passive Immunität gleich; denn in beiden Fällen handelt es sich um eine Antitoxin-Immunität.

Auch die jetzt so vielbesprochene Serumkrankheit hätte bei der Einführung der sicheren und langdauernden kombinierten Diphtherie-Immunisierung kein Hindernis für ihre allgemeine und obligatorische Einführung abgegeben. Sie wissen ja, daß die antitoxische Serumwirkung nur zu fürchten ist, wenn es sich um eine wiederholte Serumeinspritzung handelt, und daß die zweite und alle folgenden Einspritzungen von Serumproteinen unerwünschte Nebenwirkungen deswegen haben, weil nach voraufgegangener Proteinbehandlung im Organismus Antikörper zurückbleiben, welche ihn überempfindlich machen gegen Proteine von der gleichen Art. Diese überempfindlichmachenden oder anaphylaktisierenden Antikörper bleiben aber nicht für immer im lebenden Organismus zurück, und ich habe allen Grund zu der Annahme, daß der Krankheitsschutz nach meiner kombinierten Immunisierung länger anhält, wie die zuerst durch v. Pirquet gründlich studierte Serumanaphylaxie des Menschen.

Was endlich die zuweilen zu beobachtende primär-toxische Serumwirkung angeht, so ist sie nach allem, was ich davon weiß, in der Mehrzahl der Fälle bedingt durch ein Agens, welches man durch Erhitzen des Diphtherieserums auf 58°, ohne Beeinträchtigung seiner antitoxischen Wirkung, unschädlich machen kann, was bekanntlich für das sensibilierende Agens nicht gilt. Überdies sind die primär-toxischen Serumwirkungen nicht bloß selten, sondern in der Regel auch vollkommen ungefährlich, so daß in 500 Fällen, in welchen 1891/92 bis zu 5 ml Serum nur einmal gesunden Individuen zu Schutzzwecken eingespritzt worden waren, auch nicht ein einziges Mal eine Serumkrankheit beobachtet worden ist.

Angesichts dieser Sachlage wird mit Recht gefragt werden, warum denn, wenn wir es in der Hand haben, die Diphtherie ebenso in einem Lande auszutilgen, wie es mit den Pocken — dank der Zwangsimpfung — im Deutschen Reich geschehen ist, im Laufe von 20 Jahren nichts getan wurde, um ein so erstrebenswertes Ziel tatsächlich zu erreichen?

Meine Antwort darauf habe ich Ihnen schon gegeben. Die Ursache dafür müssen Sie, so paradox es auf den ersten Blick klingt, in dem großen Erfolg meines Diphtheriemittels als Heilmittel suchen. Nehmen Sie an, Jenners Schutzbehandlung hätte sich im Beginn einer variolösen Infektion ebenso heilsam gezeigt, wie die jetzige serumtherapeutische Diphtheriebehandlung am ersten Krankheitstage, wo die Sterbeziffer der Sterbefälle noch nicht 1 Proz. erreicht, dann werden Sie mit mir zu der Meinung kommen, daß eine obligatorische Vakzination nie hätte durchgeführt werden können. Ist doch auch ohnedies in vielen Staaten, und vor allem im Vaterlande Jenners, vom guten Willen es abhängig, ob vakziniert wird oder nicht, und dieser Wille ist nicht gar zu groß, wenn die jetzt geringe Wahrscheinlichkeit, mit dem Pockenvirus infiziert zu werden, gegenübergestellt wird der mit der Impfung verbundenen Belästigung, den möglichen Impfschäden und dem Eingriff in das Selbstbestimmungsrecht. Man läßt sich allenfalls solche Eingriffe gefallen bei Kriegsgefahr und in anderen kritischen Situationen. Aber man sagt sich, daß es sich dann um Ausnahmegesetze handelt, die außer Kraft treten, wenn ihr besonderer Anlaß verschwunden ist. Mit den Pocken leben wir aber doch für gewöhnlich jetzt im Frieden!

Wenn nun bei uns das Schutzimpfungsgesetz trotz aller impfgegnerischen Angriffe aufrecht erhalten werden kann, für die Diphtherie aber, obwohl wir mit ihr gerade jetzt im bösen Kriege stehen, an eine obligatorische Immunisierung nicht gedacht wird, so trägt bewußt oder unbewußt die Zuversicht, mit welcher man auf die Heilkraft des Serums rechnet, daran die Schuld. Erst wenn so alarmierende Tatsachen in die Öffentlichkeit dringen, wie sie in letzter Zeit vielfach aus Berlin berichtet worden sind, kann sich der Mahnruf „caveant consules“ Gehör verschaffen.

Wie ohnmächtig gegenüber der Schülerdiphtherie die behördlicherseits angeordneten Maßnahmen gewesen sind, geht drastisch hervor aus einem Referat des bekannten Sozialhygienikers Prof. Lennhoff, welches er über eine Diphtheriedebatte in der gemeinsamen Sitzung der Gesellschaft für öffentliche Gesundheitspflege vom 5. Dezember 1911 in der Vossischen Zeitung veröffentlicht hat. Danach ist der prophylaktische Erfolg des Schulschlusses und der Desinfektion der Schulräume in Zeiten mit zahlreichen Diphtherieerkrankungen ganz illusorisch, und er muß illusorisch sein, solange die nicht mehr anzuzweifelnde Tatsache von der Verbreitung der Diphtherie im wesentlichen durch die Ansteckung von Person zu Person, und weiterhin die Tatsache von der Existenz des Diphtherievirus im Munde und im Nasenrachenraum vieler gesunder Kinder, zu Recht besteht. Daß wir durch die Desinfektion der Schulräume diese Ansteckungsquelle nicht treffen, und daß der Schulschluß in Permanenz erklärt werden müßte, wenn man nicht verhindern kann, daß mit dem Wiederbeginn der Schule „Bazillenträger“ das Virus von neuem mitbringen, liegt klar zutage.

Die Heilkraft des Serums hat sich, wie der bekannte Kinderarzt Geh. Rat Baginsky in dieser Versammlung erklärte, nie glänzender gezeigt als jetzt. Auch die Schutzwirkung wurde allgemein zugestanden, und das Vertrauen auf die prophylaktische Heilserumwirkung ist dadurch zum Ausdruck gekommen, daß verschiedene Gemeindevertretungen Geldmittel bewilligt haben zur kostenfreien Serumabgabe an die Ärzte zum Zweck der Präventivinjektion. Damit wird nun zwar sicherlich schon viel genützt, aber es ist doch nicht alles, was man im Interesse der serumtherapeutischen Diphtheriebekämpfung tun kann. Man müßte darauf ausgehen, die Diphtherie, die nicht immer eine endemische Krankheit in europäischen Ländern war, wieder zu einer exotischen Seuche zu machen, wie die Pocken, nachdem sie Jahrhunderte lang in Mitteleuropa geherrscht hatten, wieder eine exotische Krankheit für uns geworden sind.

Diese Hoffnung dürften wir nicht hegen, wenn die Diphtheriebazillen ein bei uns auch in der freien Natur vegetierendes Virus wären, wie es z. B. das Typhusvirus und die ihm nahestehenden Bazillen der Koli-Gruppe sind, die vielleicht im menschlichen Organismus zum krankmachenden Virus sich umwandeln; oder wenn das Diphtherievirus, wie der Tuberkelbazillus, in vielen Tieren gute Existenzbedingungen vorfände; wenn endlich drittens der diphtherieerzeugende Bazillus, bei allen Menschen auf der Schleimhaut der Mund- und Nasenhöhle vorkäme. So liegt aber die Sache nicht.

Was zunächst sein Vorkommen in der freien Natur angeht, so würde jeder Winter dem Diphtherievirus bei uns bald ein Ende machen. Ich kenne kein Bakterium, welches kälteempfindlicher ist, wie der Löfflersche Bazillus der menschlichen Diphtherie. Das habe ich mit Wernicke erfahren, als wir im Winter 1891/92 unsere Kulturen von dem damals mit der Charité verbundenen Institut für Infektionskrankheiten nach der Chirurgischen Klinik in der Ziegelstraße transportierten, um dort unsere Immunisierungsversuche dem Geheimrat von Bergmann zu demonstrieren. Das Mißtrauen, welches dieser große Chirurg lange Zeit gegen die experimentelle Begründung meiner Serumtherapie gehegt hat, ist hauptsächlich auf das Mißlingen unserer damaligen Demonstration zurückzuführen. Die von uns vorbehandelten Meerschweine blieben nämlich zwar gesund, ebenso aber auch zu unserer großen Verwunderung die gleichzeitig infizierten Kontrolltiere. Später fanden wir, daß bei dem an einem Kältetage erfolgten Transport die Diphtheriebazillen abgestorben waren! Durch die Bildung von Dauerformen können sich die Diphtheriebazillen der abtötenden Kältewirkung nicht entziehen, und so muß ich annehmen, daß ebenso wie das Choleravirus auch das Diphtherievirus nur in tropischen Ländern außerhalb eines warmblütigen Wirtsorganismus dauernd verbreitet sein kann. In *tierischen* Organismen aber finden wir zwar diphtherieähnliche Krankheiten, namentlich bei Vögeln, nirgends aber den *Löffler*schen Bazillus als deren Ursache. Im *menschlichen* Organismus schließlich hat er auch nur vorübergehendes Heimatrecht, wie wir gerade durch das sorgfältige Studium der „*Bazillenträger*" erfahren haben. *Nur wo Diphtherieerkrankungen vorkommen oder vor nicht langer Zeit beobachtet worden sind, läßt sich bei gesunden Menschen der Diphtheriebazillus nachweisen. Die Diphtherie ist wie die Syphilis eine dem Menschengeschlecht eigentümliche Seuche.* Aber wie das syphilitische Virus und wie das Pockenvirus bietet auch das Diphtherievirus gerade deswegen die allerbesten Chancen für seine radikale Ausrottung in allen Ländern, in denen es nicht in der freien Natur existenzfähig ist. Beim Pockenvirus ist einem konsequenten Vernichtungskampf uns der Sieg beschert worden. Daß bei der Syphilis ein solcher Kampf kaum ernstlich unternommen worden ist, trotzdem wir mit Sicherheit wissen, daß er siegreich für uns enden *müßte*, wenn wir jeden syphilitischen Mann und jede syphilitische Frau in ähnlicher Weise vom freien Verkehr ausschalten wollten, wie das mit leprösen Menschen geschah zu der Zeit und in den Ländern, wo der lepröse Aussatz mehr gefürchtet wurde wie die Pest, möchte ich dem Umstande zuschreiben, daß das Quecksilber als gutes Syphilismittel entdeckt worden ist. Man greift eben bloß bei großer allgemeiner Not zu staatlichen Zwangsmitteln, zumal wenn sie die menschliche Freiheit wesentlich beschränken und außerdem für den von ihnen Betroffenen unbequem zu ertragen sind.

Solche Erwägungen waren es, welche, bei klarer Einsicht in die Möglichkeit einer erfolggekrönten Diphtherietilgung, mich bisher davon abgehalten haben, agitatorisch einzutreten für eine konsequente serumtherapeutische Diphtherie-Immunisierung.

In meiner eigenen Familie war meine Stellungnahme zur prophylaktischen Serumeinspritzung bisher durch folgende Überlegungen gekennzeichnet. Solange als umfangreichere Erfahrungen über die kombinierte Methode der Einspritzung von Serum plus Virus bzw. Toxin nicht vorliegen — Erfahrungen, welche nur in großen Krankenhäusern zu einwandsfreien Ergebnissen führen können —, kam diese Methode für meine Kinder um so weniger in Frage, als ich sie schon durch die jetzt übliche Antitoxinbehandlung vor den Gefahren der Diphtherie schützen kann. Als ultimum refugium bleibt immer die sofortige Serumeinspritzung beim Vorhandensein eines genügend begründeten Verdachts, daß diphtherische Halserkrankung vorliegt. Wird dieser Verdacht später durch den Krankheitsverlauf und die bakteriologische Untersuchung bestätigt, dann bekommen die gesunden Kinder präventive Injektionen; auf strenge Isolierungsmaßnahmen verzichte ich um so mehr, als die Infektion einerseits doch kaum zu vermeiden und andererseits sogar erwünscht ist, da alsdann der Erfolg der Serumeinspritzung dem gleichkommen kann, welchen ich durch die kombinierte Methode erreichen würde. Die im Körper etwa vorhandenen Bazillen, zusammen mit dem eingespritzten Antitoxin, werden die Veranlassung zur Produktion von autochthonem Antitoxin, welches dann eine viel länger dauernde Immunität verbürgt, wie die Präventivinjektion in nicht infiziertem Zustande. Kommen in den Schulklassen, in welchen meine Kinder sitzen, Diphtheriefälle vor, dann halte ich sie weder vom Schulbesuch ab, noch wende ich da präventiv das Serum an. Das müßte nämlich so ziemlich jedes Jahr, zuweilen in einem Jahre mehrmals geschehen, und würde wahrscheinlich schon bei der schützenden Serumbehandlung, wenn sie wiederholt wird, ziemlich sicher aber, wenn hinterher doch einmal es zur Diphtherieerkrankung käme, bei der heilenden Serumeinspritzung zu anaphyklaktischen Symptomen führen, denen ich meine Kinder nicht gerne aussetzen mag.

Wenn ich nun glaube, daß für die Vermeidung der durch die Diphtherie dem einzelnen Menschen drohenden Gefahren auf diese Weise genügend Sorge getragen werden kann, so ist gegen die endemische Diphtherieverbreitung damit freilich nichts geschehen, und solange als durch die Anaphylaxieerzeugung meinem Serum ein Makel anhaftete, sah ich mich nicht in der Lage, andere Ratschläge, wenn ich danach gefragt wurde, bezüglich der serumtherapeutischen Diphtheriebekämpfung zu geben, als solche, welche den individuellen Krankheitsschutz angehen. Allenfalls riet ich dazu, dadurch auf eine Verringerung der Infektionsgelegenheit hinzuwirken, daß das Diphtherieserum benutzt wurde, um mittels einer Lokalbehandlung des Nasenrachenraumes die Bazillenträger vor der vom Diphtherievirus ihnen drohenden Gefahr zu schützen.

Es ist sehr auffallend, daß zu diesem Zweck das Diphtherieantitoxin noch so wenig angewendet wird. Schon die Erwägung, daß durch die Imprägnierung der bazillentragenden Schleimhäute mit der Antitoxinlösung die Diphtheriebazillen entgiftet werden und infolgedessen ihre Infektiosität für den Bazillenträger verlieren, hätte dazu auffordern müssen. Ich habe aber noch andere Gründe für die dringende Empfehlung einer lokalen Antitoxinbehandlung aller Individuen, welche im gesunden und kranken Zustande, sowie während der Rekonvaleszenz nachgewiesenermaßen Diphtheriebazillen in der

Mundhöhle, auf den Mandeln oder im Nasenrachenraum beherbergen. Man kann nämlich experimentell den Beweis dafür liefern, daß das Antitoxin, wenngleich es in vitro ohne Einfluß auf die Lebensfähigkeit der Löfflerschen Bazillen ist, in vivo trotzdem einen sehr merklichen antibakteriellen Effekt ausübt. Das ist schon vor langer Zeit in meinem Marburger Institut von Ransom festgestellt worden gelegentlich von Studien betreffend das Verhalten von virulenten und avirulenten Diphtheriebazillen in der Bauchhöhle von Meerschweinchen. Ransom fand da, daß zwar avirulente, aber nicht virulente Bazillen, wenn sie in physiologischer Kochsalzlösung suspendiert in die Bauchhöhle gebracht werden, der Phagozytose anheimfallen; fügt man dagegen der Suspension eine geringe Antitoxindosis hinzu, dann werden auch die virulenten Bazillen von Freßzellen aufgenommen und gehen in ihnen allmählich zugrunde. Mit dieser Beobachtung bringe ich die Tatsache in Zusammenhang, daß beispielsweise in der Diphtherierekonvaleszenz von neuem sich einstellende diphtherische Beläge nicht bloß auffallend schnell durch die lokale Antitoxinbehandlung beseitigt werden, sondern daß auch der Bazillenschwund dadurch beschleunigt wird. Für die klinische Forschung wäre es eine dankbare Aufgabe, statistisch den Wert einer lokalen Antitoxinbehandlung der mit Diphtheriebazillen behafteten Schleimhautoberflächen zu prüfen und gleichzeitig zu untersuchen, ob danach ein beschleunigter Bazillenschwund mit einer gesteigerten Phagozytose Hand in Hand geht. Es darf nicht in Zweifel gezogen werden, daß — unter Voraussetzung der klinischen Bestätigung meiner vorstehenden Angaben — zur Diphtherietilgung durch die antitoxische Lokalbehandlung aller Bazillenträger sehr viel beigetragen werden kann. Als Lösungsmittel für das Antitoxin empfehle ich eines der gebräuchlichen, für die Schleimhäute indifferenten Mundwässer, und zwar soll die Antitoxinlösung durch einen Spray-Apparat oder energisches Betupfen zu einer möglichst intensiven Imprägnation der bazillentragenden Schleimhaut gebracht werden.

Noch mehr hoffe ich zur Tilgung der Diphtherie als Endemie beitragen zu können durch die Einführung eines Antitoxinpräparats, nach dessen Anwendung für prophylaktische Zwecke wir nicht mehr zu befürchten brauchen, daß die nachherige Behandlung mit einem der gebräuchlichen Handels-Sera zu Heilzwecken anaphylaktische Erkrankungssymptome auslöst. Das Tierexperiment liefert, wie Sie in eigenen Versuchen gesehen haben, einwandsfrei den Beweis dafür, daß mein „gereinigtes“ [1]) Antitoxinpräparat dieser Forderung in hohem Grade gerecht wird.

---

[1]) Mein „gereinigtes“ Serum, welches jetzt zur staatlichen Prüfung und zum geschäftlichen Vertriebe durch die Behringwerke zugelassen ist, führt den Namen von Behrings Semenserum“.

Die „Heilserumreinigung“ ist keine leichte Aufgabe; aber sie ist eine dankbare Aufgabe. Ich erinnere nur daran, daß Sie selbst, ohne auf meine kombinierte Reinigungsmethode zurückzugreifen, eine Serumverbesserung ums 8fache erreichen konnten, und Sie haben sich davon überzeugt, daß ein exakte Berechnung und ein präziser Ausdruck für den Grad der Serumverbesserung erreichbar ist. Wenn man nämlich den therapeutischen Heilserumwert in Antitoxin-Einheiten (= AE.) und den anaphylaktischen Giftwert in Anatoxin-Einheiten (= AnE.) experimentell feststellt, so wird der Heilserumwert um so größer sein, je weniger AnE. auf 1 AE. kommen. Für ein 400faches Handels-Diphtherieserum beträgt durchschnittlich, wie wir gefunden haben, die Zahl der auf 1 AE. kommenden AnE. $^1/_3$. Wenn Sie nun über ein aus dem 400fachen Diphtherieserum gewonnenes gereinigtes Präparat verfügen, welches auf 1 AE. nur $^1/_{24}$ AnE. enthält, dann ist die Gefahr der toxischen Nebenwirkung dieses Präparates 8mal geringer als bei dem Rohserum.

Bis zu welchem Grade die anaphylaktische Giftigkeit sich bei meiner kombinierten Methode wird herabdrücken lassen, wenn ich gereinigtes Heilserum für die Bedürfnisse der Praxis in größerem Maßstabe herstellen werde, läßt sich mit Sicherheit noch nicht voraussagen. In meinen vielen für wissenschaftliche Zwecke bisher ausgeführten Heilserumreinigungsversuchen habe ich als Optimum auf 1 DAE. (Dipththerieantitoxineinheit) $^1/_{40}$ AnE. bekommen. Der Aufwand an Arbeitskraft und Geldmitteln war dabei jedoch so groß, daß ich fürchte, für die Praxis mit Diphtherieantitoxinpräparaten von stärkerer relativer Anatoxizität mich begnügen zu müssen. Aber wenn wir auch nur dahin es bringen könnten, daß wir für prophylaktische Seruminjektionen Präparate anwenden, welche bloß noch $^1/_{30}$ AnE. auf 1 DAE. besitzen, dann halte ich das Auftreten einer Serumkrankheit auch bei anaphylaktisch überempfindlichen Individuen für ausgeschlossen. Für die klinische Prüfung dieser wichtigen Frage möchte ich Ihre Mitwirkung ganz besonders erbitten.

Herr Prof. Römer hat die Freundlichkeit gehabt, Sie mit der Diphtherie-Antitoxinbestimmung nach seiner Intrakutanmethode genau bekannt zu machen, und ich hoffe, daß Sie von ihr reichlich Gebrauch machen werden für die Blutprüfung von heilserumbehandelten Individuen, von Bazillenträgern, von Diphtherierekonvaleszenten usw., um danach prognostische Anhaltspunkte und allgemeingültige Indikationen für die Serumbehandlung zu gewinnen.

Inhaltsverzeichnis.

I. Tetanusbekämpfung.

II. Diphtheriebekämpfung.

A. Eigene Publikationen.

B. Prospekte und Gebrauchsanweisungen der Behringwerke Bremen-Marburg.

Arbeiten meiner klinischen Mitarbeiter über TA.

III. Geschichtliches und Allgemeines zur Krankheitsentstehung und Krankheitsbekämpfung.

V. Tuberkulosebekämpfung.

I. Tetanusbekämpfung.

1.

Ätiologie, Prognose und Therapie des Tetanus[1]).

Geschichtliche Bemerkungen zur Ätiologie und Therapie.

Der Starrkrampf (Tetanus), welcher im Anschluß an manche Verletzungen der Haut, der darunter liegenden Weichteile und Knochen auftritt, ist eine Infektionskrankheit, welche nur unter der Mitwirkung eines von außen stammenden Virus und des von ihm produzierten Giftes zustandekommt.

Dieser vor ca. 30 Jahren entdeckten Tatsache stand die zellularpathologische Krankheitslehre von Rudolf Virchow, dem magister mundi in medizinischen Dingen, gegenüber, nach welcher der Wundstarrkrampf die Folge einer mechanischen Reizwirkung auf das Nervensystem sein sollte. „Wenn jemand — sagt Virchow im zweiten Bande seines Archivs S. 28 — sich einen Glassplitter in den Fuß tritt und Tetanus bekommt, so wird der letztere durch die Entfernung des Splitters und die Herstellung einer einfachen Wunde geheilt werden können, solange noch nicht durch die ungeheuere Steigerung der Nervenströmungen eine Veränderung an den Nervenapparat gesetzt ist, welche die Erscheinungen des Tetanus hervorzubringen oder zu unterhalten vermag.“

Der zwingenden Beweiskraft tierexperimenteller Forschung, welche unwiderleglich die infektiöse Natur des Tetanus demonstrierte, konnte Virchow auf die Dauer sich nicht verschließen; es bedurfte aber harter Kämpfe, bevor er und seine Schüler meine Behauptung gelten ließen, daß der Tetanus durch Unschädlichmachung des Tetanusgiftes im Inneren des Organismus mit Erfolg bekämpft werden kann. Nach Virchow konnte nur eine solche Therapie auf Erfolg rechnen, welche auf Zellen und Organe einwirkt. Von der Chininwirkung bei der Malaria sagt er beispielsweise (l c. S. 34): „Man begnügt sich beim Wechselfieber, die Anfälle durch Chinin zu unterbrechen, obwohl man unmöglich glauben kann, daß das in die Blutmasse aufgenommene Miasma durch das Chinin sogleich beseitigt wird; es ist daher notwendig, anzunehmen, daß nur die Impressionabilität des Nervensystems ge-

[1]) Aus „Schmidts Jahrbüchern der gesamten Medizin“ Bd. 321 (1915).

schwächt wird, und daß nach Verminderung dieser Impressionabilität die übrigen Veränderungen sich allmählich spontan verwischen."

In dem stolzen Lehrgebäude der Zellularpathologie war nur Raum für eine zelluläre Therapie, nur diese durfte als „rationell" anerkannt werden. Die von mir angebahnte ätiologische Therapie, welche, ohne Rücksicht auf Zellen und Organe zu nehmen, nur die von außen stammenden Schädlichkeiten treffen will, wurde von Virchow durchaus abgelehnt.

In einer Reihe von Aufsätzen, welche ich 1893 in Nr. 24—27 der Deutschen medizinischen Wochenschrift unter dem Titel: „Ätiologisch-therapeutische Bestrebungen der Gegenwart" veröffentlichte, habe ich energisch meinen Standpunkt verteidigt und auf die therapeutische Sterilität von Virchows Krankheitslehre hingewiesen, auf deren Rechnung die Polypragmasie der nur symptomatisch denkenden Heilkünstler zu setzen ist. Die durch meine eigenen experimentell-therapeutischen Arbeiten total veränderte Stellungnahme brachte ich folgendermaßen zum Ausdruck:

„In seinem Archiv sagt R. Virchow in bezug auf die Therapie der Lungenentzündung: „„Es genügt nicht, jemanden, der nach einer Erkältung Pneumonie bekam, in eine gewöhnliche Temperatur zurückzuversetzen, denn nachdem einmal durch die Einwirkung der Kälte in den Ernährungsprozeß der Wandungen der Luftwege eine Veränderung gesetzt ist, die sich durch Veränderungen an der Kapillarzirkulation und an den Diffusionsströmungen zwischen Blut und Gewebe charakterisiert, so ist damit eine Reihe neuer Krankheitsbedingungen aufgetreten, welche mit der Kälte nichts mehr zu tun haben. Die Anwesenheit einer verstopfenden Masse in den Luftwegen, die gestörte Zirkulation durch die Lungengefäße mit dem Rückstau gegen das Herz usw., die Verkleinerung der respirierenden Fläche, die Behinderung der Exspirationsbewegungen, die durch das Exsudat und die Respirationsstörung gesetzte Veränderung des Blutes, die verschiedenartig hervorgebrachte Alteration der Nervenzentren — stellen ebensoviel neue Objekte für die Behandlung dar, denen gegenüber eine ontologische, spezifische oder essentielle Methode eine geistige Verirrung wäre."" Eine geistige Verirrung ist also das Bestreben, die ganze Pneumonie durch ein einziges Mittel heilen zu wollen! Das ist ein hartes Urteil für diejenigen, welche mit mir nicht bloß spezifische Heilmittel suchen, sondern auch der Meinung sind, daß es nur noch fleißiger Arbeit und genügender Mittel bedarf, um dieselben in die ärztliche Praxis einzuführen. Ich muß bei sorgfältiger Analyse der eben zitierten Stelle sagen, daß mir der Unterschied nicht recht klar geworden ist zwischen Virchows Standpunkt und demjenigen, welchen Ludwig Büchner mit folgenden Worten persiffliert: „„Die sogenannte rationelle Therapie konnte nicht halten, was sie versprach . . . . Wie konnte auch eine Zusammenstellung von Grundsätzen, die, wenn wir ehrlich gegen uns selbst sein und die mit Floskeln ärmlich verbrämte Wahrheit ans Licht ziehen wollen, aus nichts anderem bestand, als aus der Ermahnung, kalt zu machen, wo es zu warm, und warm, wo es zu kalt sei, hinwegzunehmen, wo zuviel, und hinzuzutun, wo zu wenig, flüssig zu machen, wo etwas stockt, und wiederum zu verschließen, wo es fließt, aufzulösen, wo es zu fest, und zusammenzuziehen, wo es zu weich sei — wie konnte eine Zusammenstellung solcher Grundsätze, welche weit weniger aus der Erfahrung, als aus theoretischer Abstraktion gezogen waren, welche allgemeine Eigenschaften der Arzneimittel voraussetzen, die diese oft gar nicht besitzen, und deren Ausführung endlich im einzelnen Falle auf ganz relativen Anschauungen beruhen mußte — wie konnte sie, sagen wir, Anspruch auf wissenschaftliche Geltung machen? Jeder Versuch, diesem alten Schlendrian einen neuen Frack anzuziehen, mußte mißlingen, und vorurteilsfreie Ärzte, deren Gewissen noch nicht durch jahrelange Routine verhärtet ist, mögen heutzutage kaum mehr ohne eine Art von innerer Beschämung ein Rezept nach diesen Begriffen verschreiben."" (Virchow, Archiv Bd. 6. S. 280.) Die „neuen Objekte der Behandlung" bei der einen Krankheit, der Pneumonie, erfordern, wenn man die „Abschnitte" zählt, nach Virchow mindestens acht verschiedene Mittel; wir haben zuerst eine Antifebrile notwendig, dann ein Mittel, welches die Gefäßverstopfung aufhebt, eines, welches auf die Blutzirkulation und das Herz wirkt, eines oder mehrere, welche die Respirationsstörungen beeinflussen; dann bleibt noch das Exsudat und die Blutveränderung und, last not least, die Alteration der Nervenzentren; es ist nicht ganz leicht, sich vorzustellen, wie Virchow nach alledem in der Praxis eine Lungenentzündung behandeln würde; keinesfalls könnte die Behandlung eine andere sein, als eine rein symptomatische. Sowie man dagegen die Pneumonie als eine ätiologisch-einheitliche Krankheit ansieht, die durch ein von Mikroorganismen erzeugtes spezifisches Gift ausgelöst wird, sobald als man ferner davon ausgeht, daß es in erster Linie darauf ankommt, dieses Gift im Blute unschädlich zu machen, dann hört der Gedanke an die Möglichkeit eines spezifischen Mittels sofort auf, „eine geistige Verirrung" zu sein, dann wird er, falls es gelingt, ihn in die Wirklichkeit zu übersetzen, vielmehr zu einer Tat von ganz eminenter Bedeutung."

Man sieht, daß ich aus Zweckmäßigkeitsgründen, nämlich vom Standpunkt der von mir entdeckten Antikörpertherapie, unter den verschiedenen Faktoren, welche das Zustandekommen einer Krankheit bedingen, das greifbare Irritament in Gestalt eines Mikroorganismus und seines Giftes in den Vordergrund gestellt habe. Logisch betrachtet, gehört zur Krankheitsätiologie aber noch vieles andere und mit Recht haben manche Theoretiker es beanstandet, wenn ein krankheitserzeugendes Virus von Bakteriologen als d i e Krankheitsursache bezeichnet worden ist. Daß ich diesen logischen Fehler durchaus nicht übersehen habe, mag folgendes Zitat aus dem Jahre 1893 in der Deutschen medizinischen Wochenschrift zeigen:

„Im Gegensatz zu bösen Geistern und anderen U r s a c h e n im religiösen und mystischen Sinne erblickten naturphilosophische Mediziner in früherer Zeit die Ursache des normalen Lebens in der „Lebenskraft", die Ursache einer Krankheit aber in Kräften, welche mit bösen Winden in den Menschen hineinfuhren, oder in anderen personifiziert gedachten Kräften, die von dem gesunden lebendigen Organismus Besitz ergriffen, daselbst ein Eigenleben führten und dadurch den Lebensäußerungen eines kranken Menschen einen fremdartigen, spezifischen Charakter gaben. Jetzt sind es Bakterien bzw. Bakteriengifte, von deren Existenz in einem Organismus die Krankheit abgeleitet wird. Aber wie wir die Anschauung zurückweisen müssen, als im Widerstreit befindlich mit unserer modernen naturwissenschaftlichen Betrachtungsweise, daß die Krankheit eines Menschen das Zeichen eines Besessenseins von bösen Geistern ist, so müssen wir uns auch bewußt bleiben, daß die Bakterien keine causa sufficiens sind für eine Krankheit, daß vielmehr V i r c h o w ganz Recht hat, wenn er verlangt, daß das lebende Substrat, an welchem sich die krankhaften Funktionen äußern, nicht außer acht zu lassen ist. Mit dieser Einschränkung gebraucht kann jedoch der Ausdruck „Krankheitsursache" für ein so wesentliches Entstehungsmoment einer Krankheit, wie es der Tuberkelbazillus für die Tuberkulose, der Diphtheriebazillus für die Diphtherie, der Tetanusbazillus für den Tetanus usw. sind, ohne Schaden auch weiter Anwendung finden."

Nomenklatur.

Wie bei manchen anderen Krankheiten, ist auch beim Tetanus zu berücksichtigen, daß die Namengebung von Klinikern, Ärzten und medizinischen Laien zumeist auf Grund von symptomatologischen Kriterien erfolgt ist, die einerseits nur selten die Wirkungssphäre des krankheitserregenden Irritaments vollständig ausfüllen und andererseits oft das Gebiet des Krankheitserregers überschreiten. So kann man scheinbar widersinnig von einem T e t a n u s s i n e t e t a n o sprechen, und man spricht auch von einer T e t a n i e, die mit dem Tetanusbazillus nichts zu tun hat.

Solange, als man nur in symptomatisch wirksamen Medikamenten das Heil erblickte, machte es nicht viel aus, ob ein Muskelkrampf durch die Infektion mit dem Tetanusvirus bewirkt wird oder nicht; ob ein kruppöser Schleimhautbelag vom L ö f f l e r schen

Diphtheriebazillus herrührt, oder von Streptokokken, oder von einem vulgären Ätzmittel; ob der durch Trübung des Sensoriums gekennzeichnete typhöse Zustand seine Entstehung dem Eberthschen Typhusbazillus verdankt, oder dem Virus des Typhus recurrens, exanthematicus usw.; ob der Krusesche Bazillus oder der Flexnersche, oder gar die Kartulissche Amöbe dysenterieähnliche Zustände hervorruft. Seitdem wir aber gelernt haben, infektiöse Krankheiten mit spezifischen Mitteln wirksam zu bekämpfen, wäre es wohl an der Zeit, der verwirrenden Namengebung ein Ende zu machen, um zu verhüten, daß Ärzte und medizinische Laien vom Tetanusserum, Diphtherieserum, Typhusserum, Dysenterieserum Schutz- und Heilerfolge erwarten bei allen Krankheitsformen, die mit den Worten Tetanus, Diphtherie, Typhus und Dysenterie gegenwärtig noch in Zusammenhang gebracht werden.

Über exogene und endogene Krankheitsbedingungen.

Ich unterscheide in der Ätiologie einer Krankheit die exogenen und die endogenen Bedingungen ihrer Entstehung.

Für die Entstehung des Tetanus ist das spezifische Toxin die essentielle exogene Krankheitsursache. Das belebte Virus, in Gestalt von Bazillen und Sporen, ist als solches zur Hervorrufung des Tetanus nicht befähigt, sondern nur das von ihm produzierte gelöste Gift, welches von den Nervenendigungen aufgenommen und zum Rückenmark endosmotisch, in der Achsenzylinderbahn, weiter befördert wird — ganz ähnlich wie lösliche Substanzen des Erdreichs von den Wurzeln zum Baumstamm endosmotisch aufsteigen. Erst von da ab, wo das Toxin die Vorderstränge des Rückenmarkes erreicht hat, treten tetanische Symptome im zugehörigen Muskelgebiet auf.

Wie und wo dem Toxin Gelegenheit gegeben wird zur Imprägnation eines neuralen Wurzelgebietes, das zu erfahren ist zwar nicht unwichtig. Mag nun aber das aus Kulturen fertig gewonnene Toxin mit Hilfe einer Injektionsspritze parenteral einverleibt werden (vom Magen aus, enteral, ist es bei unverletzter intestinaler Schleimhaut unwirksam), oder mag in Hieb-, Stich-, Geschoßwunden nicht das fertige Toxin, sondern das in der Humuserde häufig anzutreffende Virus durch Staub- und Erdpartikel so importiert werden, daß das Toxin in vivo produziert werden kann — alle diese Möglichkeiten, wenn sie zur Wirklichkeit werden, rechne ich zu den akzidentellen exogenen Krankheitsbedingungen.

Zu den akzidentellen Krankheitsbedingungen gehört auch der Einfluß eines Nachtlagers im Freien, nach welchem, zumal bei betrunkenen Personen, zuweilen eine tetanische Erkrankung beobachtet wird. Für die so entstehende Krankheit ist der Name Tetanus rheumaticus in die medizinische Sprache eingeführt worden.

Ebensowenig aber, wie der in den Fuß eingetretene Glassplitter V i r c h o w s als solcher w e s e n t l i c h (essentiell) an der Entstehung des Tetanus beteiligt ist, ebensowenig kann die heftigste Erkältung und Zugluft zum Tetanus führen ohne die Mitwirkung des spezifischen Tetanusgiftes. Bei einem sinnlos betrunkenen Manne, welcher im Berliner Tiergarten auf dem Erdboden eine Nacht geschlafen hatte, konnte der Tetanus zurückgeführt werden auf das Eindringen von sporenhaltiger Erde in die Ellenbogenhaut unter der Wucht der aufliegenden Körperlast, wodurch eine Wundinfektion zustande kam, die zur Entstehung von Tetanustoxin Gelegenheit gab!

Aber auch das stärkste Tetanusgift kann keinen Tetanus verursachen, wenn die zweite essentielle Krankheitsbedingung fehlt, welche nicht von außen herstammt, sondern im lebenden Organismus zu suchen ist. Diese e n d o g e n e Bedingung, die Empfänglichkeit (Disposition) für die Erkrankung an Tetanus ist äußerst gering bei verschiedenen Geflügelarten, dagegen recht groß bei den meisten Säugetierarten, wie wir durch die experimentelle Forschung erfahren haben. Spontan tritt freilich der Tetanus fast nur bei Pferden und beim Menschen auf. Indessen wäre es ein Irrtum, zu glauben, daß das deswegen so sei, weil alle anderen Säugetierarten in geringerem Grade tetanusempfänglich sind; vielmehr haben wir die Ursache für das fast gänzliche Fehlen von spontanen Tetanusfällen beispielsweise bei den Mäusen in dem Mangel der zur parenteralen Infektion führenden G e l e g e n h e i t s u r s a c h e n zu erblicken. Eine Maus läuft gefahrlos über sporentragende Glassplitter, verrostete Nägel, Holzsplitter usw. hinweg, wo ein P f e r d sich diese Fremdkörper in den Huf tritt, und diejenigen Zufälle, welche die häufigsten Tetanusfälle beim Menschen herbeiführen, fehlen gleichfalls bei den Mäusen. Die endogene e s s e n t i e l l e Krankheitsbedingung ist bei diesen Tieren in hohem Grade vorhanden, aber die in der Gesamtkonstitution gegebene a k z i d e n t e l l e Disposition fehlt fast vollständig — ein Verhältnis, welches übrigens bei Mäusen und Meerschweinchen auch für den Milzbrand zutrifft.

Bezüglich derjenigen akzidentellen Faktoren für die Krankheitsentstehung, welche P e t t e n k o f e r als örtliche und zeitliche Disposition in den Mittelpunkt der ätiologischen Betrachtung gestellt hat, verdient besondere Erwähnung die Tatsache, daß gewisse Schlachtfelder im Westen gegenwärtig einen abnorm starken Beitrag zur Morbiditäts- und Mortalitätsstatistik des Tetanus geliefert haben.

Über die angeborene Tetanusempfänglichkeit.

Die essentielle endogene Disposition zur Erkrankung an Tetanus, welche man auch als angeborenen Empfänglichkeitsgrad bezeichnen kann, hat sich in den zahllosen Tierexperimenten, in welchen sie quantitativ sehr genau bestimmt werden kann, bei allen normalen Individuen derselben Art als überaus gleichmäßig erwiesen, und es ist anzunehmen, daß von diesem gesetzmäßigen Verhalten auch der Mensch keine Ausnahme macht. Die scheinbaren individuellen Verschiedenheiten haben hauptsächlich ihre Ursache in der qualitativen und quantitativen Verschiedenheit des importierten Virus, zum Teil wohl auch in der Art der Verletzung. Akzidentell kann dann der Grad der individuellen Empfänglichkeit beträchtlich vermehrt und vermindert werden infolge einer voraufgegangenen Beeinflussung des Organismus durch das Tetanusvirus und das von ihm produzierte Gift, und zwar kann diese Beeinflussung stattfinden ohne jede merkliche Störung des Gesundheitszustandes, speziell auch ohne jede Spur von tetanischen Symptomen. Durch die antitoxischen Antikörper wird der Empfänglichkeitsgrad stets vermindert.

Klassifikation des Tetanus.

Die Einreihung des Tetanus unter die Krankheitsgruppen der Schulmedizin kann von sehr verschiedenen Gesichtspunkten aus erfolgen.

Der Tetanus ist zweifellos eine Erkrankung des Nervensystems, und als solche ist er auch in der vorbakteriologischen Zeit klassifiziert worden. Zur Infektionskrankheit wurde er erst vor ca. 30 Jahren.

Die Hygiene unterscheidet innerhalb der Infektionskrankheiten als besonders wichtige Krankheitsgruppe die Bodenkrankheiten, zu welchen auch die Kriegsseuchen Typhus, Ruhr und Cholera gehören, die man aber auch den Trinkwasserkrankheiten zurechnen kann. Der Tetanus ist nun in noch strengerem Sinne des Wortes eine Bodenkrankheit. Auch die Malaria kann man als solche betrachten. Daß die Malaria es verdient, auch als Wundinfektionskrankheit mit dem Tetanus zusammen genannt zu werden, ist vielleicht eine der überraschendsten Entdeckungen auf dem Gebiet der ätiologischen Krankheitslehre.

Frühzeitige Diagnose der tetanischen Infektion.

Es gibt kaum eine andere Infektionskrankheit, welche leichter und früher symptomatologisch diagnostiziert werden kann, wie der Tetanus. Trotzdem ist es nicht unwichtig für den Kliniker, zu erwägen, ob nicht eine ätiologische Diagnose wesentliche Fortschritte namentlich nach der Richtung anbahnen könnte, daß die Infektion schon vor dem Ausbruch der ersten Tetanussymptome, innerhalb des Inkubationsstadiums, erkannt wird. In manchen Fällen wird die kulturelle und tierexperimentelle Prüfung der Wunde und des in ihr befindlichen Fremdkörpers ein positives Ergebnis zutage fördern können. Es wäre aber durchaus verfehlt, davon die serumtherapeutische Präventivbehandlung abhängig zu machen. Eher wäre daran zu denken, wenn es gelingen würde, durch die Untersuchung des Blutes frühzeitig die stattgefundene Infektion mit einiger Sicherheit zu erkennen. Meine auf dieses Ziel gerichteten Experimente haben bisher jedoch kein befriedigendes Resultat gehabt.

Prognose des Tetanus.

Die Prognose des Tetanus im Einzelfalle ist bis zu einem gewissen Grade abhängig von der Dauer des Inkubationsstadiums. Im allgemeinen muß sie um so ungünstiger gestellt werden, je kürzer der Zeitraum zwischen dem Virusimport und dem Ausbruch der ersten Tetanussymptome ist. Von 100 Fällen, in welchen diese schon nach 5 Tagen oder nach noch kürzerer Zeit sich einstellen, wird kaum einer mit dem Leben davonkommen, wenn nicht die serumtherapeutische Behandlung den Verlauf in ähnlicher Art beeinflussen kann, wie in dem Fall, welchen ich in Nr. 41 der Deutschen medizinischen Wochenschrift 1914 folgendermaßen beschrieben habe:

„Einer meiner technischen Mitarbeiter, H. Sch., der seit einem Vierteljahrhundert bei mir tätig ist, erlitt an der rechten Palma manus dadurch eine Tetanusinfektion, daß ihm ein Literkolben mit Tetanusbouillonkultur in der Hand zerbrach, wobei Glassplitter in die Tiefe unter das sehnige Gewebe eindrangen. Das geschah am Sonntag, den 9. November 1902, vormittags 9 Uhr. Am gleichen Tage nachmittags kam er in die Behandlung von dem jetzigen Würzburger Chirurgen Enderlen, der ihm, neben sorgfältiger antiseptischer Behandlung, am rechten Arm eine reichliche Antitoxininjektion verabfolgte. Nach wenigen Tagen war die Handwunde geheilt. Aber schon nach 4 Tagen machten sich krankhafte, tetanusverdächtige Symptome bemerkbar, die am Freitag, den 13. November, in unzweideutigen Starrkrampf der Unterarmmuskulatur übergingen und trotz weiterer Serumeinspritzung bis zum Sonntag, den 16., zum Tetanus der Schultermuskulatur, Kinnbackenstarrkrampf, Starre der Augenlidmuskulatur und bösen Allgemeinsymptomen sich steigerten. Die Prognose beim Konsilium zwischen Küster, dem Direktor der Chirurgischen Klinik, Enderlen und mir wurde so ungünstig gestellt, daß ich nur noch von der neuralen Injektion mir Rettung versprechen konnte. Küster legte dann die Hauptnervenstämme in der rechten Achselhöhle frei und injizierte in jeden von ihnen von meinem stärksten Serum soviel als möglich. Und das Wunderbare wurde nun Ereignis: Der Tetanus kam zum Stillstand und gelangte dann zwar sehr langsam, aber nach stetiger Besserung zur Heilung. Lange Zeit war die Gebrauchsfähigkeit des rechten Armes beeinträchtigt, ist aber dann vollständig wiedergekehrt."

Im vorstehend beschriebenen Falle muß ein beträchtliches Multiplum der tödlichen Minimaldosis in die Wunde hineingelangt sein. Wenn ein Pferd so infiziert wird, daß es vom Tetanusvirus diejenige Dosis erhält, welche es nach ca. 12 Tagen deutlich erkranken und nach ca. 20 Tagen sterben läßt, dann muß ich diese Dose mindestens ums 10fache steigern, um das Inkubationsstadium auf 5 Tage zu verkürzen, wonach der Tod schon 24—48 Stunden später, also schon spätestens 7 Tage nach der Infektion, eintritt. Solche foudroyanten Todesfälle gelangen beim Menschen in Friedenszeiten kaum zur Beobachtung; im Kriege aber kommen sie nicht gar zu selten vor.

Letalitätsstatistik des Tetanus.

Mit der Dauer des Inkubationsstadiums pflegt der Krankheitsverlauf zwar in die Länge gezogen zu werden. Schließlich aber gehört ohne spezifische Therapie die Lebensrettung immer zu den Ausnahmen; denn fast alle Autoren, welche über die Letalität (= Verhältniszahl zwischen Morbidität und Mortalität) an der Hand von großen Zahlen in vorantitoxischer Zeit berichtet haben, kommen auf 85—90 Proz. Todesfälle. Edm. Rose sagt in seiner großen Tetanus-Monographie S. 479:

„Es starben in:

Guys Hospital	von 63	Fällen	84,2	Proz.	(nach Poland)
Glasgow Hospital	„ 48	„	87,5	„	
Sezessionskrieg	„ 505	„	89,3	„	
Bethanien	„ 100	„	86,0	„	

Im ganzen also starben von 716 Fällen 631 oder 88 Proz. an Wundstarrkrampf. Für Bethanien sehen wir von den Fällen dabei ab, bei denen keine Wundfläche und auch keine Verletzung konstatiert ist. Bei diesen, im ganzen 24 Fälle, ist die Mortalität 75 Proz., so daß die Gesamtmortalität aller in diesen 50 Jahren bei uns vorgekommenen Starrkrampffälle (124) 83,87 Proz. beträgt. Man sieht daraus, wie gering die Schwankungen der Mortalität in so verschiedenen Spitalverhältnissen (Ägypten, England, Amerika, Berlin, Kriegs- und Friedenspraxis) sich gestalten."

Auf S. 530 (l. c.) schreibt Rose in bezug auf den Erfolg der Behandlung des Tetanus: „Daß die Erfolge bis jetzt nicht groß gewesen, hat ja leider, wie wir sehen, die Statistik im großen gezeigt: die Mortalität des Wundstarrkrampfes beträgt eben 88 Proz. Von 9 Fällen kommt einer durch! Kann auch manchmal bei kleinen Zahlen ein oder der andere Beobachter mehr als gewöhnlich in seinen Resultaten begünstigt erscheinen, so fragt sich dabei doch stets, wieviel dabei etwa auf die zufällige Häufung leichter Formen kommt."

Rose kennt sehr gut auch ziemlich große Statistiken, welche viel kleinere Sterblichkeitsziffern ausrechnen, z. B. die Statistik von

Friederich aus dem Jahre 1837. In dieser Statistik handelt es sich aber um aus der Literatur zusammengesuchte Einzelfälle, und wenn Friederich bloß 53 Proz. Sterbefälle hat unter 252 Fällen, so sagt Rose mit Recht dazu (S. 478): „Solche Zusammenstellungen aus der in der Literatur vorliegenden Kasuistik, wie sie zuerst Friederich gemacht, haben geringen Wert, weil ja meist nur die seltenen Vorkommnisse mitgeteilt werden, und das ist ja beim Tetanus schon eine Heilung."

Wie kritikbedürftig die Statistiken mit relativ niedriger Tetanusletalität sind, zeigt u. a. auch die Erlanger Dissertation von Carl Theodor Curschmann aus dem Jahre 1889. Curschmann berechnete für 912 von ihm aus der Literatur zusammengestellte Fälle eine Letalität von 44,6 Proz. Er selbst aber sagt dazu: „Die von Friederich und von mir gefundenen Resultate sind jedenfalls viel zu günstig, da in der Literatur Heilungen fast durchweg, letal verlaufene Fälle jedoch oft nur dann veröffentlicht werden, wenn sich irgend welche interessante Nebenerscheinungen darboten. Jedenfalls beweist die statistische Zusammenstellung aus Spitälern — wenn die Fälle lückenlos berücksichtigt werden —, daß unter 100 Erkrankungen an Tetanus ungefähr 85 ihren Ausgang in Tod nehmen."

Die Kriegsfälle aber haben in allen mir bekannten Statistiken eine Letalität von mindestens 90 Proz.

In Nr. 52 der Deutschen medizinischen Wochenschrift 1914 finde ich in dem Tetanusartikel von Generalarzt Dr. F. Stricker folgende für die Jetztzeit ganz besonders wichtige Notizen:

„Die Angaben über die Häufigkeit des Wundstarrkrampfes 1870/71 sind als zuverlässig anzusehen. Danach entfielen auf 99566 Verwundete 350 = 0,35 Proz. Tetanuskranke, eine im Vergleich mit vielen Kriegserfahrungen früherer Jahre recht hohe Morbiditätsziffer, die noch höher wird, wenn 16 Fälle, die man nach damaligem Brauch als idiopathische oder rheumatische bezeichnete, hinzugerechnet werden, da sie dann 366 = 0,38 Proz. beträgt. Alles, was ich gehört und gesehen habe, deutet darauf hin, daß schon bis November 1914 die Zahl der Tetanusfälle unter den deutschen Kämpfern auf französischem und russischem Boden vergleichsweise ungewöhnlich groß ist. Ein Zusammenhang ist wahrscheinlich darin zu suchen, daß der militärisch wiederholt nötig gewordene Stellungskrieg auf die Häufigkeit schwerer, durch Träger des Infektionsstoffes verunreinigter Granatverletzungen ungünstig eingewirkt hat. Man bedenke nur, daß 1870/71 2,5 Proz. aller Granatwunden mit Tetanus kompliziert waren . . . . Die Sterblichkeit an Wundstarrkrampf im Feldzug 1870/71 war zwar groß, aber doch nicht größer als in früheren Kriegen mit ungefähr gleichen Krankenzahlen. Von 326 Kranken starben 295 = 90,49 Proz.

Über den Einfluß der antitoxischen Tetanustherapie auf die Letalitäts-, Morbiditäts- und Mortalitätsziffern.

Wenn mich nicht alles täuscht, so wird die Tetanusletalität im gegenwärtigen Kriege weit unter 90 Proz. betragen. Sollte das der Fall sein, so werden wir die Herabsetzung der Sterbeziffer ebenso auf Rechnung der antitoxischen Tetanustherapie zu setzen haben, wie trotz aller gegnerischen Behauptungen die im Verhältnis zur vorantitoxischen Zeit ca. ums Dreifache geringer gewordene Diptherieletalität der antitoxischen Diphtherietherapie zuzuschreiben ist; denn alle symptomatischen Mittel, welche im wissenschaftlichen Experiment erfolglos sind, haben weder vor noch nach der Tetanusantitoxinentdeckung die durchschnittliche Sterblichkeitsziffer herabzusetzen vermocht. Das jetzt viel genannte Magnesiumsulfat ist nicht anders zu beurteilen, wie Chloralhydrat und Opiate, deren narkotische Wirkung zwar durchaus wünschenswert sein kann mit Rücksicht auf das subjektive Befinden des Patienten und das Mitgefühl des Pflegepersonals, die aber im einwandfrei angestellten Experiment eine heilsame Wirkung quoad vitam nicht erkennen lassen.

Über die Indikationen für die serumtherapeutische Tetanusbehandlung habe ich mich schon in Nr. 41 und 46 der Deutschen medizinischen Wochenschrift (1914) ausgesprochen. Hier will ich noch ganz besonders betonen, daß uns das Tetanusserum nicht bloß ein Mittel an die Hand gibt zur günstigen Beeinflussung der Letalität, d. h. zur Verminderung der auf 100 Erkrankungsfälle kommenden Todesfälle, sondern auch zur Verminderung der Morbidität und damit zur wesentlichen Herabsetzung der Mortalität, d. h. der Tetanussterbeziffer berechnet auf die Gesamtzahl der Heeresstärke. Daß dieses nach meiner Auffassung wichtigste Ziel erreichbar ist, wenn das Serum prophylaktisch angewendet wird, dafür finde ich einen wie mir scheint durchaus stichhaltigen Beweis in der folgenden „feldärztlichen Notiz“:

Unter dem Titel „Vorbeugende Wundstarrkrampfimpfungen“ hat Dr. V i k t o r H u f n a g e l (Bad Orb), Stabsarzt der Landwehr, und zurzeit Chefarzt des Kaiserlich Deutschen Festungslazaretts Namur in Nr. 51 der Deutschen medizinischen Wochenschrift 1914 folgendes mitgeteilt:

„Im Festungslazarett Namur gelangten vom 11. September, dem Tage seiner Einrichtung ab, im ganzen 2193 Mannschaften bis zum 30. November zur Aufnahme, darunter 27 Tetanusfälle. Die gesammelten Erfahrungen darüber sollen in dieser Wochenschrift zur Veröffentlichung gelangen. V o m 15. O k t o b e r a b w u r d e b e i s ä m t l i c h e n, i n g r o ß e r A n z a h l t ä g l i c h z u g e h e n d e n V e r w u n d e t e n e i n e v o r b e u g e n d e I m p f u n g (20 A E.)

vorgenommen. Seitdem ist kein Geimpfter mehr erkrankt, obgleich sich unter den 1195 seit dem letztgenannten Tage zugegangenen Mannschaften sehr viele, zum großen Teile sehr schwer Verwundete befanden."

Organisatorische Arbeit zur Durchführung der prophylaktischen Tetanusbekämpfung mit Hilfe von Tetanus-Immunserum.

Daß es wünschenswert ist, alle durch die besondere Art der Kriegsverletzungen vom Tetanus stark bedrohten Vaterlandsverteidiger prophylaktisch mit Tetanusantitoxin zu behandeln, wird in den zahlreichen Publikationen über den Wundstarrkrampf aus den letztvergangenen Monaten ausnahmslos anerkannt, gleichzeitig aber von den meisten Autoren darauf hingewiesen, daß diesem Wunsche nicht Genüge geleistet werden könne, weil es an den dazu erforderlichen großen Serummengen fehle. Dieser Einwand war im Beginn des Krieges und noch bis in den Dezember des vergangenen Jahres berechtigt; gegenwärtig aber — seit Januar 1915 — trifft er nicht mehr zu. Nachdem nämlich auf Veranlassung der Medizinalabteilung des Kriegsministeriums die Behringwerke Marburg-Bremen ihren Tetanusantitoxinproduktions-Betrieb vergrößert haben, stehen monatlich jetzt aus Marburg ca. 1 200 000 AE. zur Verfügung, d. h. 60 000 Schutzdosen von der bei uns üblichen Stärke à 20 AE. Nimmt man die Produktion der Höchster Farbwerke hinzu, dann kann man mit ca. 100 000 Schutzdosen monatlich rechnen, wodurch voraussichtlich der Bedarf für unser deutsches Kriegsheer gedeckt wird. 100 000 von unseren Schutzdosen sind enthalten in 500 Liter 4fachem und in 333½ Liter 6fachem Tetanusserum. Ein mir durch den Direktor des Hygienischen Instituts in Gießen (Prof. Dr. Schmidt) zur Prüfung übergebenes französisches Tetanusserum ist nur 1fach normal. Wollten wir die vom Pariser Pasteur-Institut empfohlene Schutzdosis von 10 ccm = 10 AE. verwenden, so würden wir monatlich sogar über ca. 200 000 schützende Einzeldosen disponieren können.

Solange freilich, als wir viele Fälle von schon ausgebrochenem Tetanus serumtherapeutisch zu behandeln haben, verringern sich diese Zahlen ganz beträchtlich, da nach den mir vorliegenden Berichten durchschnittlich für jeden Tetanusfall mindestens 200 AE. verbraucht werden. Es steht aber zu erwarten, daß mit der zunehmenden präventiven Behandlung der Verbrauch von Tetanusantitoxin für die kurative Serumtherapie stetig abnehmen wird.

Für die Kriegszeit ist auch die Anwendung von 2fach normalem Serum vom Preußischen Ministerium des Innern bei uns als zulässig erklärt worden. Man sollte aber so wenig wie möglich von dieser ministeriellen Erlaubnis Gebrauch machen und statt dessen die Verwendung von hochwertigem (6fachem) Serum bevorzugen. Vom 2fachen Serum müssen 10 ccm injiziert werden, um die Dosis von 20 AE. zu verabfolgen. Wenngleich nun die erstmalige Injektion dieser 10 ccm gerade bei unseren Soldaten nur ausnahmsweise unerwünschte Nebenwirkungen zur Folge hat — viel seltener jedenfalls als bei der Serumbehandlung von Kindern —, so müssen wir doch auch an die Wiederholung der Serumbehandlung denken, bei welcher mit der Menge der parenteral einverleibten Pferdeproteinsubstanz die Wahrscheinlichkeit des Eintrittes der sogenannten „Serumkrankheit" immer größer wird. Dazu kommt, daß bei lebensgefährlich kranken Patienten die medikamentös erzeugte Gesundheitsstörung viel weniger Bedenken erregt, wie bei den von der Krankheit erst bedrohten Menschen. Und schließlich ist auch noch zu berücksichtigen, daß die Beeinflussung des Allgemeinbefindens durch große Proteindosen mit einem beschleunigten Proteinabbau einhergeht, der seinerseits wieder im Zusammenhang steht mit einem beschleunigten Antitoxinschwund und mit einer Verringerung der Immunitätsdauer. Alle diese Nachteile sind in viel geringerem Grade zu befürchten, wenn statt 10 ccm 2faches nur $3^1/_3$ ccm 6faches Serum injiziert werden. Wo alsbald nach einer infektionsverdächtigen Verwundung die Seruminjektion gemacht werden kann, da glaube ich sogar die französische Schutzdosis von nur 10 AE. empfehlen zu dürfen, welche schon in 2 ccm 6fachem Serum reichlich enthalten ist.

Jetzt, wo nach meiner Kenntnis der Sachlage dem Mangel an Tetanusheilserum abgeholfen ist, können wir innerhalb der Behringwerke auch noch die mühsamere und langwierige Herstellung von einem besonderen „Immunserum" betreiben, welches noch mehr wie unser hochwertiges Serum Nebenwirkungen vermeiden läßt. Über die wissenschaftliche Grundlage dieses Immunserums habe ich mich in Nr. 41 der Deutschen medizinischen Wochenschrift 1914 folgendermaßen ausgesprochen:

„Die antitoxische Schutzwirkung ist gebunden an Serumprotein, welches, wenn es aus Pferdeblutserum oder aus anderen dem menschlichen Blut heterogenen Serumarten herstammt, im menschlichen Organismus fermentativ zerfällt und innerhalb von etwa 20 Tagen verschwunden ist, womit die Schutzwirkung ein Ende erreicht. Wiederholt man bei fortbestehender oder erneuter Infektionsgefahr die präventive Seruminjektion, dann verringert sich die Dauer der Schutzwirkung bis auf 5—8 Tage. Es tritt nämlich nach der Erstinjektion des antitoxischen Proteins der sogenannte anaphylaktische

Zustand ein, in welchem der fermentative Abbau bei der Reinjektion der gleichen Serumart stark beschleunigt ist.

Mit dem anaphylaktisch beschleunigten Proteinabbau steht in engem Zusammenhang die vermehrte Neigung reinjizierter Individuen zum Befallenwerden durch die von v. Pirquet sogenannte Serumkrankheit, welche sich in Exanthemen und anderweitigen Reaktionen mit fieberhaftem Verlauf äußert. Die Gefahren der Serumkrankheit nach wiederholter Injektion sind vielfach stark übertrieben worden, aber es läßt sich nicht leugnen, daß die Wahrscheinlichkeit für den Eintritt von Serumexanthemen usw. bei erstmaliger Injektion einer gegebenen Serummenge geringer ist, wie bei wiederholter Injektion der gleichen Dosis. Der Eintritt der Serumkrankheit ist auch noch von anderen Faktoren abhängig, unter welchen die mit der Antitoxindosis gleichzeitig eingespritzte Proteinmenge obenan zu stellen ist.

Die staatliche Prüfung erstreckt sich außer auf den Antitoxingehalt auch noch auf Klarheit und Fehlen eines Bodensatzes, Sterilität, Karbolsäuregehalt, Unschädlichkeit für Meerschweinchen und Proteingehalt. Die Behringwerke dehnen nun speziell für die zur Immunisierung dienenden Präparate die Prüfung noch aus auf den Grad der anaphylaktischen Giftigkeit (den anatoxischen Index) nach der in v. Behrings „Einführung in die Lehre von der Bekämpfung der Infektionskrankheiten" S. 118 beschriebenen Methode."

Über die kurative Tetanusbekämpfung mit Tetanusantitoxin.

Die zahlreichen während der jetzigen Kriegszeit erschienenen Tetanusartikel (Czerny, Kocher, Kreuter, Jehn, Hochhaus, Jacobsthal, Mühsam, Lewandowsky, Stricker usw.) lassen erkennen, daß die Wirksamkeit des Tetanusserums auch als Heilmittel immer größere Anerkennung findet. Aus allerletzter Zeit liegen mir zwei Mitteilungen vor, auf welche ich noch besonders hinweisen möchte.

Im Referatenteil der Deutschen medizinischen Wochenschrift 1915 Nr. 1 finde ich einen Bericht über den Kriegsseuchenabend des Münchener ärztlichen Vereins vom 9. Dezember 1914, welcher die Angabe enthält, daß Ach unter 8 antitoxinbehandelten Tetanusfällen 7 Heilungen zu verzeichnen hatte; und in Nr. 52 der Med. Klinik 1914 beschreibt Wichmann genauer 3 Fälle, die unter der Antitoxinbehandlung sämtlich mit dem Leben davon kamen. Unter 12 Fällen also nur 1 Todesfall = 8,5 Proz.!

Bezüglich der Behandlungsmethode scheint mir zur Ergänzung meiner eigenen Ausführungen in Nr. 41 und 46 der Deutschen medizinischen Wochenschrift 1914 die schon 1913 in den „Mitteilungen a. d. Grenzgeb. d. Med. u. Chir." erschienene Arbeit:

„Experimentelle und klinische Untersuchungen über die Pathogenese und Therapie des Wundstarrkrampfes von Dr. Carl Permin"

recht beachtenswert zu sein.

P. berichtet über experimentelle Untersuchungen und die Erfahrungen der 1. chirurgischen Klinik in Kopenhagen. Die örtliche und die allgemeine toxische Starre entstehen durch Übergreifen des Toxins auf Rückenmark und Hirnstamm, die Krampfanfälle haben ihren Ursprung im Gehirn, die Muskelsteifigkeit ist eine Folge sekundärer Veränderungen in den Muskeln selbst.

Therapeutisch ist P. ein Anhänger des Tetanusantitoxins und gibt für das Gesamtvorgehen folgende Vorschriften:

„Wenn die Diagnose gestellt ist, so wird so schnell wie möglich und unter aseptischen Kautelen eine Lumbalpunktion vorgenommen, und nach Entleerung von ca. 16—23 ccm Zerebrospinalflüssigkeit werden bzw. 100 oder 200 AE. injiziert. Bei starkem Opisthotonus kann man genötigt werden, die Injektion in leichter Narkose vorzunehmen. Hierauf wird das Fußende des Bettes gehoben, damit sich das Serum aufwärts in den Spinalkanal verteilen kann. Läßt sich die Lumbalpunktion aus irgendeinem Grunde nicht vornehmen, so wird dieselbe Menge Serum intramuskulär eingespritzt.

Hierauf wird eine Revision der Wunde, von der die Infektion ausgegangen ist, vorgenommen. Es wird auf Fremdkörper hin untersucht, die eventuell entfernt werden. Stichwunden werden sehr sorgfältig nachgesehen und erweitert, um Retention zu vermeiden. Nekrotische Fetzen werden mit der Scheere entfernt, die Wundhöhle wird sorgfältig mit antiseptischer Flüssigkeit ausgespült und mit antiseptischer Gaze (Lapisgaze) austamponiert, indem man für möglichst gute Dränage sorgt. Die folgende Serumbehandlung besteht in wiederholten intraspinalen, eventuell intramuskulären Antitoxininjektionen, 100—200 AE. täglich die ersten 5—6 Tage lang.

Die symptomatische Behandlung besteht in der Eingabe von Chloralhydrat oder Morphium. Die Dosis soll sich nach dem Alter des Patienten und der Stärke der Fälle richten. Es ist von verschiedener Seite empfohlen, besonders hohe Chloralgaben zu gebrauchen, um den Krämpfen zu wehren. Mit Rücksicht auf die Einwirkung des Chlorals auf den Kreislauf scheint es mir doch das beste zu sein, wie gut derartig große Gaben auch in einzelnen Fällen zu wirken scheinen, sich unter der Maximaldosis zu halten und die fehlende Wirkung durch Morphiuminjektionen zu erreichen zu suchen. Der Patient muß in einem ruhigen, am besten dunklen Zimmer liegen. Für die Ernährung muß man so gut wie möglich sorgen, da die Widerstandskraft des Patienten in so hohem Grade davon abhängig ist. Flüssige Nahrung eignet sich am besten. Wo sich starker Trismus zeigt, kann man genötigt werden, ein paar Zähne auszuziehen, um ein Gummirohr aus einer Tasse mit Guß in den Mund hineinführen zu können. Wird die Aufnahme von Speisen infolge von Krämpfen in der Schlundmuskulatur erschwert, so kann man, wenn man ½ Stunde im voraus Chloral gibt, erreichen, daß der Krampf etwas erschlafft und daß das Schlucken leichter vor sich geht. In schweren Fällen kann man zu Rektalernährung genötigt sein. Wo die Anfälle wegen ihrer Stärke und Häufigkeit besonders gefahrdrohend werden, muß man sich für eine leichte Äther- oder Chloroformnarkose bereit halten. Eintretende Pneumonien, wodurch sich die Prognose in hohem Grade verschlimmert, werden in gewöhnlicher Weise behandelt." (Abdruck aus den Therapeutischen Monatsberichten.)

2.

Mein Tetanus-Immunserum[1]).

Zum Beweise dafür, daß mein Tetanusantitoxin ein gutes Immunisierungsmittel ist, mögen einige Zitate dienen.

Unter dem Titel „Vorbeugende Wundstarrkrampfimpfungen" hat Dr. Viktor Hufnagel (Bad Orb), Stabsarzt der Landwehr und zurzeit Chefarzt des Kaiserlich Deutschen Festungslazaretts Namur in Nr. 51 der Deutschen medizinischen Wochenschrift 1914 folgendes mitgeteilt:

„Im Festungslazarett Namur gelangten vom 11. September, dem Tage seiner Einrichtung ab, im ganzen 2193 Mannschaften bis zum 30. November zur Aufnahme, darunter 27 Tetanusfälle. Die gesammelten Erfahrungen darüber sollen in dieser Wochenschrift zur Veröffentlichung gelangen. Vom 15. Oktober ab wurde bei sämtlichen, in großer Anzahl täglich zugehenden Verwundeten eine vorbeugende Impfung (20 A.E.) vorgenommen. Seitdem ist kein Geimpfter mehr erkrankt, obgleich sich unter den 1195 seit dem letztgenannten Tage zugegangenen Mannschaften sehr viele, zum großen Teile sehr schwer Verwundete befanden."

Ich finde ferner in der vortrefflichen Monographie von Georg L. Dreyfus[2]) folgende Angaben:

„Scherk[3]) teilt mit, daß in New York im Jahre 1903 von 56 Verletzungen mit Platzpatronen 16 an Tetanus starben, während

---

[1]) Abschnitt III aus Nr. 6 der Berl. klin. Woch. 1915.
[2]) „Die Behandlung des Tetanus." Verlag von Julius Springer, Berlin 1914.
[3]) Journ. of the Amer. med. Assoc. Bd. 46. 1906.

1904—1906 bei 291 derartigen Verletzten, die prophylaktisch injiziert wurden, kein einziger an Tetanus erkrankte.

E. Kraus[1]) berichtet von der Prager Frauenklinik, daß eine Tetanusendemie erst dann völlig verschwand, als jede Gebärende prophylaktisch mit Antitoxin behandelt wurde.

Nocard[2]) führt aus, daß erst bei solchen kastrierten Pferden, welche der Präventivimpfung unterzogen wurden, der Tetanus restlos verschwand, während er früher in Hunderten von Fällen beobachtet wurde.

Letulle führte in Indo-China bei sämtlichen Neugeborenen die prophylaktische Injektion durch. Während vordem angeblich der 5. Teil aller neugeborenen Kinder an Tetanus zugrunde ging, sollen nach der Anwendung von Antitoxin keine Fälle von Tetanus mehr vorgekommen sein.

In ebenso beredter Weise wie das Tierexperiment lehren derartige Beispiele den Wert der prophylaktischen Injektion. Im Kriege sollte deshalb jede mit Erde, Schmutz usw. infizierte oder sonst irgendwie verdächtige Wunde mit Tetanusantitoxin prophylaktisch injiziert werden. Die französische Regierung war die erste, die bei allen Kolonialkriegen die prophylaktische Injektion von Tetanusserum anordnete. Im spanisch-amerikanischen Kriege kamen erst dann keine Tetanusfälle mehr vor, als die prophylaktische Impfung eingeführt worden war."

Was die qualitative Beschaffenheit des zur präventiven Tetanusbekämpfung dienenden Serums angeht, so wird der von mir vertretene Grundsatz, daß das Beste gerade noch gut genug ist für die Verwendung beim Menschen, ernstlich kaum bestritten werden, und ebensowenig wird bezweifelt werden dürfen, daß dasjenige Serum als das beste anzusehen ist, welches bei gegebenem Antitoxingehalt die Gefahr des Eintritts der „Serumkrankheit" am wenigsten mit sich bringt. Im allgemeinen kann man sagen, daß nach dieser Richtung die Proteinsubstanzmenge, an welche eine gegebene Zahl von AE. gebunden ist, die Hauptsache ist.

Daneben ist dann aber noch zu berücksichtigen, daß die verschiedenen Proteinmodifikationen im Serum weder in bezug auf den Antitoxingehalt, noch in bezug auf den die Gefahr der Serumkrankheit bestimmenden „anatoxischen Index" gleichwertig sind. So ist es mir gelungen, den anatoxischen Index dadurch sehr erheblich herabzusetzen, daß ich denjenigen Proteinanteil ausscheide, welcher durch die Auflösung der Blutplättchen im Gerinnungsprozeß in das Serum hineingelangt. Die so erreichte

[1]) Zeitschr. f. klin. Med. Bd. 37. 1899.
[2]) Acad. de Méd. Bd. 38. 1897.

„Serumreinigung" habe ich zunächst für das Diphtherieserum methodisch ausgearbeitet, und die Behringwerke Bremen-Marburg werden speziell für die Zwecke der präventiven Diphtheriebekämpfung ein gereinigtes Serum mit relativ kleinem anatoxischen Index unter dem Namen „v. Behrings Diphtherie-Immunserum" abgeben, sobald staatlicherseits die Zulassung zum geschäftlichen Vertriebe ausgesprochen sein wird[1]. Genau die gleiche Methode hat sich nun auch für die Gewinnung von gereinigtem Tetanusserum bewährt, welches von den Behringwerken als v. Behrings Tetanus-Immunserum bezeichnet wird.

Abgesehen von dieser besonderen Art von antitoxischem Serum ist aber, wie schon erwähnt, die mit einer gegebenen AE.-Zahl verbundene Proteinsubstanzmenge für die Güte sowohl des Diphtherieserums wie des Tetanusserums maßgebend. Da ist nun von praktischem Interesse die Tatsache, daß durchschnittlich die im gegenwärtigen Kriege zur vergleichenden Prüfung gelangten ausländischen Tetanussera auf die gleiche AE.-Zahl 5—10mal mehr Protein enthielten, wie die deutschen. Nur die amerikanischen Sera machten eine Ausnahme. Das höchstwertige aus Amerika bezogene Präparat war, soweit ich darüber orientiert bin, sogar 21fach; es hatte freilich einen ca. doppelt so hohen Proteingehalt, wie die deutschen Sera, war also durch Konzentration gewonnen. Immerhin muß anerkannt werden, daß manche amerikanische Tetanussera hinter unseren deutschen nicht zurückstehen. Ich selbst habe übrigens zur Herstellung von Tetanus-Immunserum neuerdings ein durch Wasserverdunstung gewonnenes 136faches Trockenserum verwendet, welches bei einem Gehalt von ca 90 Proz. Protein auf 1 g Proteinsubstanz 150 AE. enthielt, während bei dem oben erwähnten 21fachen amerikanischen Serum bei 17,5 Proz. Protein nur ca. 130 AE. auf 1 g zu berechnen sind. Besondere Erwähnung verdient noch, daß die ausländischeen Meßeinheiten nicht immer mit der bei uns staatlich festgelegten gleichwertig und zum Teil um ein Vielfaches kleiner sind.

Meine „Immunsera" sind selbstverständlich nicht bloß zur präventiven, sondern auch zur kurativen Therapie verwendbar, und wenn die vorläufig noch recht mühsame und kostspielige Herstellungsmethode nicht mehr der Produktion im großen Maßstabe hinderlich sein wird, dann versteht es sich für mich von selbst, daß sie gerade in der kurativen Praxis überall da den Vorzug erhalten werden, wo in schweren Fällen sehr große Dosen womöglich direkt in die Blutbahn zu injizieren sind. Vorläufig aber empfehle ich diese Immunsera erst mal präventiv zur Anwendung am ge-

[1] Das ist inzwischen geschehen sowohl inbezug auf das Diphtherie- wie das Tetanus-Immunserum.

sunden Menschen, um über ihre geringe Befähigung zur Erzeugung der Serumkrankheit die Entscheidung auf statistischem Wege herbeizuführen. Speziell das Tetanus-Immunserum soll mir dann noch dazu dienen, das wissenschaftlich sehr wichtige Problem einer zuverlässigen Blutmengebestimmung bei gesunden und kranken Menschen mit Hilfe der von mir ausgearbeiteten und im 12. Heft meiner „Beiträge zur experimentellen Therapie" (Verlag von August Hirschwald, Berlin 1911) genau beschriebenen Antitoxinmethode durch erweiterte Beobachtungen zu lösen.

3.

Indikationen für die serumtherapeutische Tetanusbekämpfung[1]).

Die experimentell-therapeutischen Grundlagen für die antitoxische Tetanustherapie sind so solide gelegt wie für kein anderes Medikament, wozu freilich ein Arbeitsaufwand erforderlich war, der seinesgleichen nicht hat in der Geschichte der Heilkunde. An dieser Stelle soll aber nur von denjenigen Ergebnissen der experimentellen Forschung die Rede sein, welche in intimer Beziehung stehen zum Verständnis der Schutz- und Heilwirkung des Tetanusserums und zu seiner Nutzbarmachung für die Bekämpfung der deletären Wirkung von Tetanusinfektionen des Menschen.

Der durch das bazilläre Tetanusvirus hervorgerufene infektiöse Wundstarrkrampf des Menschen ist zurückzuführen auf das von dem Virus unter anaëroben Wachstumsbedingungen produzierte Gift. Nach oberflächlichen und glatten Verletzungen wird bei freiem Sauerstoffzutritt kaum jemals tetanische Erkrankung beobachtet, während in die Tiefe dringende Wunden, zumal dann, wenn sie mit Gewebszertrümmerung verbunden sind und wenn straffes, sehniges Gewebe die infizierten Teile umgibt, den Ausbruch des Tetanus befürchten lassen, auch wenn der virulente Infektionsstoff ursprünglich nur in geringer Menge vorhanden war. Das hängt damit zusammen, daß nach der Zertrümmerung — insbesondere von Muskelgewebe — die absterbenden Teile den Sauerstoff chemisch binden und zur Bildung hoch oxydierter Körper (z. B. Fleischmilchsäure) verwerten. Derartige mit Sauerstoffzehrung verbundene Prozesse kann man auch überall da beobachten, wo im lebenden Organismus durch Fremdkörper sogenannte tote Räume entstehen. Durch mitgerissene Kleiderfetzen, durch Granatsplitter und andere Fremd-

[1]) Aus D. med. Woch. Nr. 41. 1914.

körper erfolgt häufig genug auch der Import von Tetanussporen enthaltenden Erdpartikeln in die toten Räume, womit dann die günstigsten Bedingungen für die Vermehrung des Virus, für die Giftproduktion und für die tetanische Vergiftung gegeben sind.

Für die Entstehung der Starrkrampfsymptome beim Vorhandensein einer genügenden Tetanusgiftmenge haben wir erstens die Tatsache zu berücksichtigen, daß diese Symptome der Ausdruck sind für den Gifteintritt in das zentrale Nervensystem, und zwar zunächst in die motorischen Ganglienzellen des Rückenmarks, und dann die zweite Tatsache, daß das Tetanusgift nur auf neuralem Wege zum Rückenmark gelangt. Von der Produktionsstelle aus wird es vermöge seiner spezifischen Affinität zum Nervengewebe von den intramuskulären Endigungen der motorischen Nerven gebunden, dann in der Bahn des peripherischen Nerven zu dem zugehörigen Rückenmarksabschnitt fortgeleitet, von wo aus die benachbarten Abschnitte, zunächst auf der Impfseite, infiziert werden. Aufsteigend werden dann im Rückenmark immer weitere Teile ergriffen, bis im letzten Stadium allgemeine Muskelstarre und allgemein gesteigerte Reflexerregbarkeit eintreten. Ein anderer Teil des Tetanusgiftes gelangt in die Lymph- und Blutbahnen. Aber auch von hier aus dringt das Gift nicht direkt in das Rückenmark ein, sondern wird von den Endapparaten anderer motorischer Nervenbahnen aufgenommen und gelangt von diesen — also nur indirekt vom Blute aus — zu den Zentren. Der Wiener Pharmakologe H. Meyer, der im Marburger Pharmakologischen Institut mit meinem früheren Assistenten Fred Ransom diese Resorptionsverhältnisse klargelegt hat, sagt in der dritten Auflage (1914) seines mit R. Gottlieb herausgegebenen Lehrbuches „Die experimentelle Pharmakologie" S. 538 bezüglich der serumtherapeutischen Konsequenzen folgendes:

„Die direkte Aufnahme in die regionären peripherischen Nerven überwiegt weitaus. Demgemäß schützt die Durchschneidung des Nervenstammes, z. B. des Ischiadikus bei der Injektion in ein Bein, die Tiere vor sonst tödlichen Toxindosen. So konnte Hans Meyer auch den endgültigen Beweis für die Wanderung des Toxins im Nerven dadurch erbringen, daß er durch vorherige Antitoxininjektion in den Nerven selbst dem Toxin den Hauptweg für die Aufnahme absperrte. Es wird dann bei seiner Wanderung durch das Antitoxin entgiftet, und sonst tödliche Gaben bleiben unwirksam. Die Aufnahme des Tetanustoxins in das Nervengewebe bestimmt die Grenzen der Heilungsmöglichkeit durch Antitoxin. Das zentrale Nervensystem und die peripherischen Nerven nehmen nämlich das Antitoxin aus dem Blute nicht auf. Deshalb schützt selbst ein sehr hoher Antitoxingehalt des Blutes die Tiere nicht vor tödlicher Erkrankung, wenn man das Gift nicht, wie gewöhnlich, subkutan oder intramuskulär, sondern direkt in einen Nervenstamm injiziert. Daraus geht hervor, daß das Antitoxin auch nur jene Anteile des Tetanustoxins erreichen und entgiften kann, die am Orte der Injektion oder der Toxinproduktion noch unresorbiert geblieben, und jene anderen Anteile, die zwar schon in die Blutbahn übergegangen, aber noch nicht von den Nervenendigungen aufgenommen sind. Dadurch erklärt es sich, daß die „Schutzwirkung" des subkutan oder auch intravenös injizierten Antitoxins eine sichere ist, seine „Heilwirkung" aber sehr gering. Eine Heilung kann nur erfolgen, wenn vor der Antitoxininjektion nicht schon eine tödliche Dosis vom Nervensystem aufgenommen ist. Deshalb bestimmt das Zeitintervall zwischen Toxin- und Antitoxineinführung den Erfolg. Die gleiche Antitoxinmenge, die bei gleichzeitiger intravenöser Injektion die Versuchstiere mit Sicherheit vor einer vielfach letalen Dosis schützt, versagt schon, wenn sie wenige Minuten nach dem Toxin einverleibt wird; nach einer Stunde ist schon die 40fache Antitoxinmenge nötig, nach fünf Stunden versagt sogar die 600fache Dosis. Ist bereits eine gefahrbringende Toxinmenge in den peripherischen Nerven aufgenommen, so kann nur noch von einer direkten Injektion des Antitoxins in die zugehörigen Nerven erhofft werden, daß sie das weitere Vordringen des Giftes zu den Zentren verhindert. Heilerfolge auf diesem Wege sind bereits mehrfach beobachtet. Sind die Zentren einmal ergriffen, so bleiben bei subkutaner Injektion auch sehr große Antitoxinmengen wirkungslos. . . .

Durch die Erkenntnis der Verbreitung des Tetanusgiftes in den Nerven hat auch die Dauer der Inkubationszeit ihre Erklärung gefunden. Sie hängt mit der Länge der Nervenstrecke zusammen, die das Gift zu durchwandern hat, um zu einem Angriffspunkte zu gelangen. Bei großen Tieren dauert die Inkubationszeit deshalb weit länger als bei kleinen: beim Pferd z. B. 5 Tage, beim Hund $1^1/_2$—2 Tage, beim Meerschweinchen 13—18 und bei der Maus 8—12 Stunden. Der größte Teil der Inkubationszeit beruht also auf Wanderungszeit. Nach direktem Einbringen des Giftes in das Rückenmark beträgt sie nur noch wenige Stunden. Diese Zeit braucht offenbar die Reaktion des Giftes mit dem giftempfindlichen Substrate des Rückenmarks. Denn ähnlich wie bei Fermentreaktion verlaufen auch manche Toxinwirkungen langsam. Auch brauchen sie eine gewisse Temperatur. Fledermäuse zeigen, solange sie schlafen, in der Kälte eine sehr große Resistenz gegen Tetanusgift (Meyer und Halsey). Bei Kaltblütern tritt die Giftwirkung des Tetanusgiftes unter gewöhnlichen Umständen gar nicht ein; wie beim Warmblüter läßt sie sich aber nach einer bestimmten Latenzzeit beobachten, wenn man die Tiere bei 32° hält (Courmont und Doyon). Daß das Gift auch bei gewöhnlicher Temperatur ins Zentralnervensystem gelangt und der höheren Temperaturen nur bedarf, um daselbst wirksam zu werden, geht aus Versuchen Morgenroths hervor, nach denen Frösche, die in der Kälte nicht erkrankten, auch lange Zeit nach der Giftinjektion in die Wärme gebracht, alsbald in Tetanus verfielen."

Die vorstehenden Auseinandersetzungen über die Bedingungen, unter denen die antitoxische Therapie sich heilbringend erweist, werden folgende Beobachtungen verständlich machen.

Einer meiner technischen Mitarbeiter, H. Sch., der seit einem Vierteljahrhundert bei mir tätig ist, erlitt an der rechten Palma manus dadurch eine Tetanusinfektion, daß ihm ein Literkolben mit Tetanusbouillonkultur in der Hand zerbrach, wobei Glassplitter in die Tiefe unter das sehnige Gewebe eindrangen. Das geschah am Sonntag, den 9. November 1902, vormittags 9 Uhr. Am gleichen Tage nachmittags kam er in die Behandlung von dem jetzigen Würzburger Chirurgen Enderlen, der ihm, neben sorgfältiger antiseptischer Behandlung, am rechten Arm eine reichliche Antitoxininjektion verabfolgte. Nach wenigen Tagen war die Handwunde geheilt. Aber schon nach vier Tagen machten sich krankhafte, tetanusverdächtige Symptome bemerkbar, die am Freitag, den 13. November, in unzweideutigen Starrkrampf der Unterarmmuskulatur übergingen und trotz weiterer Serumeinspritzung bis zum Sonntag, den 16., zum Tetanus der Schultermuskulatur, Kinnbackenstarrkrampf, Starre der Augenlidmuskulatur und bösen Allgemeinsymptomen sich steigerten. Die Prognose beim Konsilium zwischen Küster, dem Direktor der Chirurgischen Klinik, Enderlen und mir wurde so ungünstig gestellt, daß ich nur noch von der neuralen Injektion mir Rettung versprechen konnte. Küster legte dann die Hauptnervenstämme in der rechten Achselhöhle frei und injizierte in jeden von ihnen von meinem stärksten Serum soviel als möglich. Und das Wunderbare wurde nun Ereignis: Der Tetanus kam zum Stillstand und gelangte dann zwar sehr langsam, aber nach stetiger Besserung zur Heilung. Lange Zeit war die Gebrauchsfähigkeit des rechten Arms beeinträchtigt, ist aber dann vollständig wiedergekehrt.

Hier kann kein Zweifel sein, daß einzig und allein die neurale Behandlung das Leben gerettet hat. Die kurze Inkubationsdauer trotz sofortiger Antitoxinbehandlung und der ganze Verlauf sprechen dafür, daß alsbald nach der Verletzung die intramuskulären Nervenendigungen eine die tödliche Minimaldosis überschreitende Giftmenge fest gebunden hatten. Das subkutan und intravenös injizierte Antitoxin hat zwar den in die Lymphe und Blutbahn gelangten Giftanteil unschädlich gemacht und damit sicherlich einen noch rapideren Krankheitsverlauf verhütet, aber lebensrettend konnte es nicht wirken.

Ich habe selbstverständlich unter dem niederschmetternden Eindruck des vom 5. Tage nach der Infektion ab schnell aufsteigenden Starrkrampfs mich gefragt, was sonst noch heilsam sich hier hätte erweisen können, und ich mußte daran denken, daß in früherer Zeit einer Amputation der infizierten Extremität das Wort geredet worden ist. Jetzt, wo wir den Infektionsweg mit Sicherheit erkannt haben, wird vorkommendenfalls zwar nicht an die Amputation des ganzen Gliedes, aber doch an die Durchschneidung (Resektion) der zur Infektionsstelle führenden Nerven zu denken sein.

Ebenderselbe H. Sch. ist durch mein Heilserum schon vorher zweimal vom fürchterlichen Tetanustod gerettet worden.

Einmal, nämlich 1895, wo er unter den Augen von Ehrlich, in den Höchster Farbwerken arbeitete und beim Abkratzen getrockneten Tetanusgiftes von Glasschalen auf die Art sich infiziert hatte, daß bei bestehendem Schnupfen der Infektionsstoff in die Nase gelangt war; und das zweite Mal, 1898, als er in meinem Marburger Privatinstitut beim Pulverisieren von überaus hochwertigem Tetanusgift den Giftstaub in die Atmungsorgane unvorsichtigerweise inhaliert hatte. Beide Male bekam er allgemeinen Muskeltetanus, was dafür spricht, daß die Infektion durch die Blutbahn vermittelt war. 1898, bei dem Inhalations- bzw. Inspirationstetanus, war daneben eine direkt-neurale Infektion wahrscheinlich wegen des frühzeitigen Auftretens von Zwerchfelltetanus.

Soweit meine eigenen Beobachtungen am Menschen reichen, bietet die vollkommene Sicherheit, mit der man das im Blut kreisende Tetanusgift serumtherapeutisch unschädlich und dadurch eine an sich tödliche Infektion der Selbstheilung zugänglich machen kann, für die Lebensrettung auch dann keine Gewähr, wenn der Brutherd für das Virus im abgestorbenen Gewebe liegt und nach der serumtherapeutischen Behandlung derart fortbesteht, daß das dort produzierte Gift in loco für das Antitoxin vom Blute aus unzugänglich ist. Daraus ergibt sich die dringende Indikation einer lokalen chirurgischen Behandlung, kombiniert mit der antitoxischen Lokalbehandlung eines solchen Infektionsherdes. In allen Fällen aber soll sofort nach dem ersten Auftreten tetanusverdächtiger Symptome die serumtherapeutische Behandlung einsetzen, und wenn, wie das bei Kriegsverletzungen recht häufig der Fall sein wird, derartige Verletzungen zur Beobachtung kommen, welche erfahrungsgemäß nicht selten den Tetanus im Gefolge haben, dann empfiehlt sich durchaus die prophylaktische Seruminjektion neben einer speziell auf die Desinfektion des vermutlichen Herdes der tetanischen Infektion gerichteten chirurgischen Therapie. Ich rate dazu, diese nicht zu beschränken auf die spezifisch-tetanuswidrige lokale Antitoxinapplikation, sondern sie auf eine zweckentsprechende Jodbehandlung auszudehnen, und zwar empfiehlt sich nach meinen Erfahrungen für die Behandlung von Wunden mit übelriechendem Sekret das Iodoform in grob kristallinischer Gestalt und für gutartig aussehende Wunden die Irrigation mit Jodtrichloridlösung (0,1—0,5 Proz.). Selbstverständlich sind Fremdkörper, wo irgend möglich, radikal zu entfernen.

Da das vom Pferde stammende antitoxische Serumprotein aus dem menschlichen Organismus ziemlich schnell verschwindet und da es die Vermehrungsfähigkeit des Tetanusvirus nicht beeinträchtigt, so besteht die Möglichkeit, daß bei präventiver Seruminjektion der Tetanusausbruch bloß hinausgeschoben wird und daß nach kurativer Serumtherapie zwar zunächst Stillstand des Tetanus und Besserung eintritt, dann aber der Krankheitsprozeß von neuem exazerbiert. Die Antitoxininjektion ist deswegen nötigenfalls zu wiederholen. Einwandfreie Fälle von anaphylaktischer Vergiftung sind dabei bisher nicht zu meiner Kenntnis gelangt, aber es ist wohl denkbar, daß sie bei einer gehäuften Zahl von Fällen jetzt im Kriege in ähnlicher Weise zu beobachten sein werden, wie bei der serumtherapeutischen Diphtheriebehandlung. Für diese habe ich nun solche Serumpräparate hergestellt bzw. durch die Behringwerke G. m. b. H. Bremen und Marburg herstellen lassen, welche die Gefahr der anaphylaktischen Sensibilisierung und Vergiftung in viel geringerem Grade darbieten als die bisherigen Serumpräparate des Handels.

Die Behringwerke sagen folgendes darüber in ihrer Gebrauchsanweisung betreffend „Behrings Original-Diphtherieserum“:

„Die antitoxische Schutzwirkung ist gebunden an Serumprotein, welches, wenn es aus Pferdeblut oder aus anderen dem menschlichen Blut heterogenen Serumarten gewonnen wird, im menschlichen Organismus fermentativ zerfällt und innerhalb von etwa 20 Tagen verschwunden ist, womit die Schutzwirkung ein Ende erreicht. Wiederholt man bei fortbestehender oder erneuter Infektionsgefahr die präventive Seruminjektion, dann verringert sich die Dauer der Schutzwirkung bis auf 5—8 Tage. Es tritt nämlich nach der Erstinjektion des antitoxischen Proteins der sogenannte anaphylaktische Zustand ein, in welchem der fermentative Abbau bei der Reinjektion der gleichen Serumart stark beschleunigt ist.

Mit dem anaphylaktisch beschleunigten Proteinabbau steht in engem Zusammenhang die vermehrte Neigung reinjizierter Individuen zum Befallenwerden durch die von v. Pirquet sogenannte Serumkrankheit, welche sich in Exanthemen und anderweitigen Reaktionen mit fieberhaftem Verlauf äußert. Die Gefahren der Serumkrankheit nach wiederholter Injektion sind vielfach stark übertrieben worden, aber es läßt sich nicht leugnen, daß die Wahrscheinlichkeit für den Eintritt von Serumexanthemen usw. bei erstmaliger Injektion einer gegebenen Serummenge geringer ist, wie bei wiederholter Injektion der gleichen Dosis. Der Eintritt der Serumkrankheit ist auch noch von anderen Faktoren abhängig, unter welchen die mit der Antitoxindosis gleichzeitig eingespritzte Proteinmenge obenan zu stellen ist.

Die staatliche Prüfung erstreckt sich außer auf den Antitoxingehalt auch noch auf Klarheit und Fehlen eines Bodensatzes, Sterilität, Karbolsäuregehalt, Unschädlichkeit für Meerschweinchen und Proteingehalt. Die Behringwerke dehnen nun speziell für die zur Immunisierung dienenden Präparate die Prüfung noch aus auf den Grad der anaphylaktischen Giftigkeit (den anatoxischen Index) nach der in v. Behrings „Einführung in die Lehre von der Bekämpfung der Infektionskrankheiten“ S. 118 beschriebenen Methode. Das von uns als besondere Marke ausgegebene Präparat „v. Behrings Diphtherie-Immunserum“ hat danach eine fünfmal geringere anaphylaktische Giftigkeit wie das 400fache Diphtherieserum Operations-Nummer 1, und der Eintritt der Serumkrankheit nach der Anwendung dieses Immunserums wird deswegen auf ein sehr geringes Maß von Wahrscheinlichkeit reduziert[1]).

Um die anatoxische Vergiftung zu verhüten, kann man auch zurückgreifen auf die Anwendung von antitoxischem Rinderserum, Ziegenserum usw. Die bis jetzt in den Handel gebrachten anderweitigen Tiersera haben jedoch einen viel niedrigeren antitoxischen Titer, wie die Pferdesera, was zur Folge hat, daß mit der gleichen Antitoxindosis eine relativ große Proteinsubstanzmenge eingespritzt wird, von einem 100fachen Rinderserum beispielsweise mit 100 AE. annähernd 100 mg. Nun wächst aber mit der Proteindosis die Gefahr der primärtoxischen Serumkrankheit. Wenn diese Gefahr auch kaum jemals lebensbedrohlich wird, so darf sie doch nicht übersehen werden. Es wird Sache statistischer Erhebungen sein, eine Antwort auf die Frage zu finden, ob wir auf dem Wege einer Herabsetzung des anatoxischen Index im Pferdeserum oder durch die Wahl anderer Tiersera bei der präventiven Diphtheriebekämpfung die Serumkrankheit besser vermeiden können."

Diese Sätze finden auch Anwendung auf das Tetanusserum, von welchem die Behringwerke nach meinen Angaben ein anatoxisch schwach giftiges Immunserum in den Handel bringen, bezüglich dessen die demnächst erscheinende Gebrauchsanweisung der Behringwerke genauere Angaben enthalten wird.

Auch die zweckmäßige Dosierung und Applikationsweise wird in dieser Anweisung genau besprochen werden.

[1]) v. Behring bezeichnet diejenige Serumdosis, welche bei hochsensibilisierten Meerschweinchen von 250 g Gewicht nach intramuskulärer Injektion gerade noch ausreicht zur Tötung unter den Erscheinungen des anaphylaktischen Shocks, als 1 AnE. (= eine Anatoxin-Einheit). 1 ccm von unserem 400fachen Serum enthält nun etwa 100 AnE., so daß auf 4 AE. 1 AnE. kommt, während v. Behrings Diphtherie-Immunserum erst auf 20 AE. 1 AnE. enthält.

II. Diphtheriebekämpfung.

A. Eigene Publikationen.

4.

30 Jahre Diphtherieforschung[1]).

I.

Der Krankheitsprozeß, welchen wir Diphtherie oder Diphtheritis (zu deutsch „Häutige Bräune“) nennen, verdankt seinen Namen der Entstehung von Entzündungsprodukten in Gestalt von membranösem Schleimhautbelag, für welchen das griechische Wort „διφϑέρα“ heißt. Diphtherische Beläge findet man namentlich auf den Rachenorganen und im Kehlkopf. Die membranösen Gebilde stammen zum Teil her aus der Blutflüssigkeit, welche durch die Gefäßwand hindurchtritt und auf der Schleimhautoberfläche gerinnt; zum anderen Teil bestehen sie aus abgestorbenen Gewebspartikeln. Die letzteren überwiegen meistens bei der Rachendiphtherie; im Kehlkopf dagegen entstehen nicht selten ziemlich reine Gerinnungsprodukte, die man dann „kruppös“ nennt und die dadurch ausgezeichnet sind, daß sie von der Schleimhaut leicht losgelöst werden können, weswegen sie zuweilen auch als zusammenhängende Fetzen und röhrenförmige Gebilde von weißlicher Färbung, ohne blutige Beimengungen, ausgehustet werden; im Gegensatz dazu lassen sich die Beläge der Rachendiphtherie in der Regel nicht ohne Gewebsverletzung abtrennen.

Neben diesen typischen Lokalisationen werden ausnahmsweise aber auch an anderen Körperstellen diphtherische Entzündungsprodukte abgesetzt, so zum Beispiel am Zahnfleisch, auf der Bindegewebshaut des Auges, im Ohr, auf der äußeren Körperhaut usw. Es ist jedoch wichtig, zu wissen, daß allen diesen Symptomen eine Allgemeinerkrankung zugrunde liegt, welche, abgesehen von fieberhafter Temperatursteigerung und abnormer Herztätigkeit, auch zum Ausdruck kommt durch Veränderungen innerer Organe, namentlich der Nebennieren, ganz bestimmter Gehirnteile (Hypophysisepithel) und anderer nervöser Apparate. Von hervorragendem Interesse ist dann noch das Vorkommen von diphtherischen Lähmungen, welche

[1]) Aus Nr. 17875 der Wiener „Neuen Freien Presse“ vom 31. Mai 1914.

auch ohne merkliche Rachen- und Kehlkopferkrankung — gewissermaßen als Diphtheritis ohne Diphtherie — auftreten können, meistens aber nur als Nachkrankheit einer typischen Diphtherie beobachtet werden.

II.

Wie ist es wohl gekommen, so kann mit Recht gefragt werden, daß diese so vielgestaltigen Krankheitsbilder, die zuweilen auch nicht die geringste Ähnlichkeit miteinander haben, mit einem einzigen Namen bezeichnet werden?

In der Tat ist das auch nicht immer so gewesen. Es gab eine Zeit, wo man aufs strengste in der wissenschaftlichen Medizin den Krupp von der Rachenbräune unterschieden hat und wo ein Kandidat der Medizin im Examen bei Rudolf Virchow sicher durchgefallen wäre, wenn er den Diphtheriebegriff so definiert hätte, wie das heutzutage geschieht. Nach Virchow durfte nur die mit Gewebezerstörung (Nekrose) einhergehende Membranbildung „diphtherisch" genannt werden. In diesem Sinne genommen, wurden einerseits vom Diphtheriebegriff der Kehlkopfkrupp und die Lähmungserscheinungen ausgeschieden, andererseits aber wurden solche Erkrankungen der Schleimhaut und der äußeren Haut zur Diphtherie gerechnet, welche zwar der anatomischen Definition Virchows entsprachen, aber mit dem jetzt geltenden Begriffsinhalt dieses Wortes nichts zu tun haben (Scharlachdiphtherie, Darmdiphtherie, Hautdiphtherie beim Hospitalbrand usw.).

Virchow, der Magister mundi im anatomischen Denken, hat die medizinische Wissenschaft von vielen Irrtümern und falschen Vorurteilen gereinigt, und ich bin weit davon entfernt, seine überragende Bedeutung auf dem Gebiete der pathologischen Anatomie verkleinern zu wollen. Ich muß sogar gestehen, daß ich von keinem meiner medizinischen Lehrer mehr beeinflußt worden bin als von ihm. In bezug auf die Lehre von den Krankheitsursachen (Krankheitsätiologie) sah ich mich jedoch genötigt, ihn zu bekämpfen. Was speziell die Diphtherie angeht, so läßt sich leicht beweisen, daß nie und nimmer für diese Krankheit ein Heilmittel von der Natur des Diphtherieantitoxins hätte gesucht und gefunden werden können von jemand, der auf dem Boden von Virchows Einteilung und Bezeichnung der Krankheiten stehen blieb.

Es verdient noch besondere Erwähnung, daß schon vor fast hundert Jahren die Diphtherie von dem französischen Arzt Bretonneau, dem Schöpfer des Namens dieser Krankheit, in dem jetzt gültigen Umfang abgegrenzt worden ist auf Grund von epidemiologischen Studien und klinischen Untersuchungen. Aber die ungeheuere Autorität Virchows hat es zustande gebracht, daß um die Mitte des vorigen Jahrhunderts und bis in die achtziger Jahre hinein die Diphtherie Bretonneaus, welche von ihrem Begriff alles ausschloß, was nicht durch den von diesem Autor supponierten diphtherischen Ansteckungsstoff erzeugt wird, umgewandelt wurde in ein zusammenhangloses Konvolut von anatomisch gekennzeichneten Schleimhaut- und Hautentzündungen. Die Autorität Virchows genügte jedoch nicht mehr, um diesem Rückschritt in der Diphtherieforschung Dauer zu verleihen, als der intuitiv von Bretonneau erfaßte Ansteckungsstoff im Diphtheriebazillus ad oculos demonstriert werden konnte, als dann hinterher das Diphtheriegift dargestellt und schließlich das heilsame Gegengift, das Diphtherieantitoxin, entdeckt wurde. Zumal mit der Antitoxinentdeckung wurde die Auseinandersetzung mit Virchow unvermeidlich; denn die antitoxische Schutz- und Heilwirkung besteht nur gegenüber der Bretonneauschen Diphtherie. Sie versagt vollständig gegenüber allen diphtherischen Prozessen Virchows, welche ohne Diphtherievirus entstehen. Das antitoxische Heilserum hätte schwerlich zur Anerkennung gebracht werden können, wenn Virchows Diphtheriebegriff in der Statistik der herrschende geblieben wäre!

III.

Der Diphtheriebazillus ist vor dreißig Jahren von Löffler, dem jetzigen Direktor des Kochschen Instituts für Infektionskrankheiten in Berlin, durch mustergültige Experimente als Erreger der Bretonneauschen Diphtherie demonstriert worden. Löffler hat auch schon mit experimentell begründeten Argumenten die Existenz eines spezifischen Diphtheriegiftes dargetan. Aber erst dem gegenwärtigen Direktor des Pariser Pasteur-Instituts, Roux, ist die Gewinnung des Diphtheriegiftes in solcher Weise gelungen (1888), daß es für meine antitoxischen Studien verwendbar war. An dem Siegeszug der Serumtherapie hat Roux gleichfalls einen wesentlichen Anteil; denn zu der Zeit, wo er auf dem Hygienekongreß in Budapest (1894) mit durchschlagendem Erfolg über seine serumtherapeutische Diphtheriestatistik berichtete, hatte ich noch schwer um die Anerkennung der praktischen Brauchbarkeit des neuen Diphtheriemittels zu kämpfen.

Im Laufe der letzten dreißig Jahre haben in stetig zunehmendem Grade die medizinische Wissenschaft und Praxis, die Staatsbehörden, die Industrie und das Publikum in aller Welt mit regem Interesse die Konsequenzen der Entdeckung des Diphtheriebazillus, des Diphtherietoxins und des Antitoxins verfolgt. Eine unübersehbare Literatur legt Zeugnis ab von der intensiven Arbeit, welche inzwischen von Bakteriologen, Anatomen, praktischen und theoretisierenden Ärzten geleistet worden ist. Was die Serumtherapie angeht, so wird mit Genugtuung anerkannt, daß jährlich eine sehr große Zahl von Menschenleben — allein in Deutschland mehr als 40 000 in jedem Jahr — im blühenden Lebensalter einem grausamen Tode entrissen wird. Gegenwärtig, nachdem mein neues Diphtheriemittel, das Schutzmittel TA, in einer stetig zunehmenden Zahl von Fällen beim Menschen erprobt wird, erscheint die Hoffnung mehr und mehr berechtigt, daß in nicht zu ferner Zeit die Diphtherie in ähnlicher Weise wie die Pockenkrankheit aufhören wird, eine Volkskrankheit zu heißen [1]). Angesichts dieser Ergebnisse der Diphtherieforschung ist es vielleicht nicht unangebracht, einen Blick zu werfen in die Arbeitsstätten, wo in der Stille der Kampf gegen verheerende Seuchen vorbereitet und auf die organisatorische Tätigkeit, durch welche dieser Kampf in die Arena der Öffentlichkeit übertragen wird. Als Sachverständiger kann ich bezüglich der Diphtherie mich nur berufen fühlen, von den Leistungen und Zielen zu reden, welche verknüpft sind mit meinem jetzt schon alten Heilserum und mit dem nicht mehr ganz neuen Diphtherieschutzmittel TA.

IV.

Wie ich zur Entdeckung des Diphthereiheilserums gekommen bin, das haben die Direktoren des Pariser Pasteur-Instituts Roux und Metschnikoff in einem zu meinem sechzigsten Geburtstage für die „Deutsche medizinische Wochenschrift zum 15. März 1914 geschriebenen Begrüßungsartikel besser, als ich selbst es könnte, auseinandergesetzt. Ich will deswegen hier diese Autoren reden lassen, indem ich aus dem französisch geschriebenen Text im folgenden einige Bruchstücke in der Übersetzung reproduziere.

„Es traf sich glücklich für die Wissenschaft, daß Emil Behring seine medizinische Laufbahn als Militärarzt (im zweiten Leibhusarenregiment in Posen) begann (1882), als welcher er reichlich Gelegenheit hatte, Wundkrankheiten mit Jodoform zu behandeln. Wie viele andere Mediziner konnte er dabei die vortreffliche Heilwirkung dieses Mittels feststellen; aber er fügte dem noch ein zweites hinzu, woran niemals jemand vor ihm gedacht hat, nämlich die Erklärung, daß die heilende Jodoformwirkung zurückzuführen ist auf seine Fähigkeit zur Unschädlichmachung der giftigen Zersetzungsprodukte in den infizierten Wunden. Vorher hatte man geglaubt, daß die Heilwirkung abhängig ist von einer antibakteriellen Fähigkeit des Jodoforms. . . .

Aus den experimentellen Arbeiten über die wissenschaftliche Begründung seiner Auffassung der Jodoformwirkung ergab sich für Behring die Schlußfolgerung, daß bakterielle Infektionen durch

[1]) Jetzt, während der Kriegszeit, ist die praktische Anwendung meines TA-Mittels stark gehemmt.

giftneutralisierende Agenzien zu bekämpfen seien, womit der Antitoxinbegriff von ihm konzipiert wurde.

Nun kam aber die Zeit (1887—1889), wo man unter dem Einfluß der Arbeiten von Fodor, Buchner, Nuttall, Bouchard usw. Immunitätsstudien betrieb und in bakteriziden Körperflüssigkeiten die Ursache der Immunität suchte. Schon von vornherein durch das Ergebnis seiner Jodoformuntersuchungen zu der Ansicht geneigt, daß die Immunität an chemisch wirksame Agenzien gebunden ist, prüfte Behring auch seinerseits die Beeinflussung der Bakterien durch flüssige Körperbestandteile. Er fand dabei das Rattenserum zur Abtötung des Milzbrandbazillus befähigt, und zwar glaubte er einen alkalisch reagierenden Serumbestandteil für die bakterizide Wirkung verantwortlich machen zu können. Da nun die Ratten in hohem Grade milzbrandwiderständig sind, so schien ein ursächlicher Zusammenhang zwischen Bakterizidie und Immunität klar zutage zu liegen. Hier handelt es sich um die sogenannte natürliche (ererbte) Immunität. Auf ähnliche Art suchte Behring auch die erworbene Immunität aufzuklären, und in der Tat gelang ihm (in Gemeinschaft mit Nissen) der Nachweis von stark bakterizider Wirkung gegenüber dem choleraähnlichen Vibrio Metschnicovi im Serum von solchen Meerschweinchen, die gegen diesen Vibrio künstlich immunisiert worden waren. Die Fortsetzung und Vertiefung der Studien über den Zusammenhang zwischen Immunität und antibakterieller Wirkung der Körperflüssigkeiten führte aber zu dem Ergebnis, daß auf diesem Wege eine allgemeingültige und befriedigende Immunitätserklärung nicht zu finden zu sei. Da erinnerte sich Behring der antitoxischen Jodwirkung, und nun tauchte in ihm die Idee auf, daß die Immunität das Resultat der Entstehung eines Gegengiftes für ein Gift sei, welches im lebenden Organismus durch das infizierende Virus erzeugt werde.

Um jedoch das hier vorliegende Problem zu lösen, mußten vorerst zwei Voraussetzungen erfüllt sein: Es mußte erstens genügend wirksames bakterielles Gift (Toxin) und zweitens mußten giftimmunisierte Tiere zur Verfügung stehen.

Die erste Voraussetzung war inzwischen glücklicherweise durch Roux und Yersin erfüllt worden, indem diese Autoren das Diphthterietoxin hergestellt und gezeigt hatten, daß von diesem Toxin alle Phänomene des diphtherischen Krankheitsprozesses abhängig sind. v. Behring selbst aber und gleichzeitig mit ihm Karl Fraenkel hatten der zweiten Voraussetzung durch ihre Diphtherieimmunisierungsversuche an Meerschweinchen Genüge geleistet. Das Diphtherietoxin ist freilich von ganz anderer Natur wie die Substanzen (Ptomaine), mit welchen Behring bei seinen Entgiftungsversuchen mit Hilfe von Jodoform und Jod gearbeitet hatte.

Das Diphtherietoxin entsprach aber durchaus den Anforderungen für die experimentelle Prüfung der von ihm konzipierten Idee.

Gegen Ende des Jahres 1890 erfolgte die Antitoxinentdeckung. Wenige Tage vor der Publikation wurde uns die Kunde von dieser wichtigen Entdeckung durch Lord Lister[1]) nach Paris gebracht. Ohne etwas über die Herkunft und Beschaffenheit des antitoxisch wirksamen Mittels zu verraten, sagte er uns, daß es nicht bloß Schutzkraft, sondern auch Heilkraft besitze.

Nirgends konnte mehr als im Pasteur-Institut, wo das Diphtheriestudium im Vordergrund stand, die Wichtigkeit dieser Entdeckung gewürdigt werden. Wir glaubten jedoch, daß es sich, nach Analogie der antitoxischen Jodwirkung, um ein chemisch definierbares Mittel handle, welches seine antitoxische Wirksamkeit im Innern des lebenden Organismus zu entfalten vermag. Als wir nun die Publikation vom 4. Dezember 1890 in Händen hatten, da erschien uns die Entdeckung noch viel bedeutsamer. Denn nicht um einen glücklichen Fund aus dem Arzneischatz handelt es sich, sondern um eine allgemein anwendbare Methode, welche die Gewinnung von Gegengiften für jedes beliebige Toxin ermöglicht, mit welchem lebende Individuen immunisiert werden."

Die folgenden Sätze will ich im Original zitieren:

„Un immense bienfait était ainsi offert à l'humanité. La diphtérie si redoutée cessait de compter parmi les maladies les plus meurtrières. Les statistiques de tous les pays attestent que des centaines de milliers de vies ont été conservées par le sérum antidiphtérique qui est un des facteurs de l'augmentation de la longévité dans ces vingt dernières années. . . . La découverte de Behring n'est pas le résultat d'un hasard heureux comme il s'en présente quelquefois aux chercheurs; son auteur a mérité de la faire parce que, dès le début de sa carrière, il a eu une idée neuve et juste à laquelle il s'est obstinément attaché. Il l'a poursuivie pendant des années, attentif à ne rien laisser échapper qui put servir à sa démonstration."

In der Tat, bei dem Aufstieg von der antitoxischen Jodwirkung bis zur Entdeckung der Blutantitoxine wüßte ich keine von Roux und Metschnikoff erwähnte Zwischenstufe zu nennen, welche hätte übersprungen werden dürfen.

---

[1]) Lister hatte im Herbst 1890 seine Nichte nach Berlin gebracht, um sie wegen Lungentuberkulose dort mit dem Kochschen Tuberkulin behandeln zu lassen. Fast täglich besuchte er mich während seines Berliner Aufenthalts an meinem Arbeitstisch im Kochschen Institut, wo er mit enthusiastischem Eifer den Fortgang meiner antitoxintherapeutischen Experimente verfolgte. Durch Lister hat auch R. Koch, der damals durch sein Tuberkulin übermäßig in Anspruch genommen war, die erste Kenntnis von der Antitoxinentdeckung bekommen.

V.

Ein weiter und überaus mühsamer Weg war noch zurückzulegen, ehe nach der wissenschaftlichen Feststellung der heilsamen Antitoxinwirkung im Tierexperiment eine für den Menschen brauchbare Serumtherapie in die ärztliche Praxis eingeführt wurde. Ein felsenfester Glaube an die Erreichbarkeit dieses Zieles gehörte dazu und außerdem ein nicht geringer Aufwand von organisatorischer Tätigkeit, durch welche viele wissenschaftliche Mitarbeiter, praktische Ärzte, die interessierte Anteilnahme des Publikums, namentlich der Familienmütter, Vertreter der Staatsregierung und nicht zum wenigsten eine leistungsfähige Industrie der neuen therapeutischen Methode dienstbar zu machen waren. Daß ich nicht ohne Glück dieser organisatorischen Aufgabe mich unterzogen habe, mag die Tatsache beweisen, daß kaum ein zivilisiertes Land existiert, welches für die Diphtherieheilserumgewinnung nicht staatlich subventionierte Institute besitzt, während wir in Deutschland auf jede finanzielle Staatsunterstützung verzichten konnten. Dankbar will ich übrigens auch an dieser Stelle es den Höchster Farbwerken bezeugen, daß sie jahrelang mich mit großen Mitteln unterstützt haben, bevor noch mit einer gewinnbringenden Antitoxindarstellung gerechnet werden konnte.

Gegenwärtig stehe ich vor ähnlichen organisatorischen Aufgaben wie im Beginn der neunziger Jahre des vorigen Jahrhunderts. Es gilt jetzt, mein neues Diphtherieschutzmittel, welches ich TA nenne, weil es aus einer Kombination von Toxin und Antitoxin besteht, in die ärztliche Praxis einzuführen. Die tierexperimentelle Begründung der Wirksamkeit dieses Mittels ist in viel umfangreicherem Maße erfolgt, als das seinerzeit beim antitoxischen Heilserum der Fall war. Zirka 7000 Injektionen bei menschlichen Individuen verschiedener Altersklassen, in gesundem und krankem Zustande, sind von einer großen Zahl klinischer Mitarbeiter ausgeführt worden, ohne daß jemals ein Mensch davon geschädigt worden ist. Durch einwandfreie Untersuchungen ist ferner eine der Hauptfragen, ob nämlich das neue Mittel, ähnlich dem durch die Vakzination bewirkten Pockenschutz, einen langdauernden Diphtherieschutz zu erzeugen vermag, in günstigem Sinne entschieden worden. Aber ich kann mir noch immer nicht genug tun mit der Sammlung weiterer Erfahrungen, insbesondere auch, um durch die therapeutische Statistik Antwort zu bekommen auf die Frage, ob wir — wiederum ähnlich wie beim Pockenschutz — mit zweimaliger Impfung auskommen.

Das Ziel, welches ich mit der Einführung des TA-Mittels verfolge, ist höher gesteckt, als dasjenige, welches wir mit dem Heilserum erreicht haben. Dieses hat zwar die Zahl der Sterbefälle —

die Mortalität — wesentlich verringert; die Diphtherieerkrankungsfälle — Morbidität — sind jedoch inzwischen bei uns und in anderen Ländern eher noch im Ansteigen begriffen. Was ich von dem neuen Mittel hoffen darf, ist nun die Reduktion der Diphtheriemorbidität auf ein so niedriges Niveau, daß nur noch sproradisch richtige und lebensgefährliche Diphtheriefälle zu beobachten sein werden. Ich habe schon auf dem Wiesbadener Kongreß 1913 Zweifel daran geäußert, daß ich die Erfüllung dieser Hoffnung noch erleben werde, hege aber keinen Zweifel daran, daß von den zirka 100 000 Diphtherieerkrankungen, welche im Deutschen Reich jährlich die Familien in Unruhe und Sorge versetzen, nach spätestens zwei Jahrzehnten wie von einer schwer glaublichen Legende gesprochen werden wird.

Eines möchte ich zum Schluß noch hervorheben; die ungerechtfertigte Kritik, welche bei einer neuen Methode zur Krankheitsbekämpfung alsbald einzusetzen pflegt, wenn sie nicht sofort in aller Vollkommenheit, wie Athene aus dem Haupt des Zeus, auf den Plan tritt und wenn auch bei größter Sorgfalt und Vorsicht in der praktischen Erprobung es doch zugeht wie in einer Springprozession. Aber man erinnere sich nur mit wie großer Toleranz die Wandlungen und Irrtümer einer Kapazität auf rein wissenschaftlichem Gebiet hingenommen werden, wo doch viel leichter das Hervortreten einer neuen Anschauung oder Tatsache bis zur Eliminierung aller denkbaren Einwände abgewartet werden kann, als bei der Nutzbarmachung praktisch wichtiger Entdeckungen. Der Autorität Robert Kochs hat es nicht im geringsten geschadet, daß von seinen ursprünglichen Forderungen an diejenigen Eigenschaften eines Mikroorganismus, welche ihn zum Erreger einer Infektionskrankheit stempeln sollen, kaum eine aufrecht zu erhalten ist (Nachtrag). Aber daß seine größte Tat, die Tuberkulinentdeckung, nicht alle Hoffnungen erfüllt hat, das wird ihm von vielen Leuten immer noch wie ein Verbrechen an der Ehre der deutschen Nation angerechnet.

Meinerseits bin ich bemüht, womöglich noch umsichtiger jetzt den Kampf gegen die Diphtherie als Volkskrankheit zu organisieren, wie früher den Kampf gegen die mörderische Wirksamkeit des Diphtherievirus und gegen den qualvollen Verlauf der diphtherischen Erkrankung; und ich besitze Mut und Selbstvertrauen genug, um durch die Aussicht auf harte Arbeit und schwere Kämpfe mich nicht beirren zu lassen.

Nachtrag.

In seinen epochemachenden „Untersuchungen über die Ätiologie der Wundinfektionskrankheiten" (Verlag von F. C. W. Vogel, Leipzig 1878) hat R. Koch gesagt (S. 22):

„Mir scheinen folgende Einwendungen gegen die Annahme, daß die Bakterien die Ursache der Wundinfektionskrankheiten sind, berechtigt zu sein. Es muß, um einen vollgültigen Beweis für diese Annahme zu gewinnen, verlangt werden, daß die Bakterien ausnahmslos und in derartigen Verhältnissen betreffs ihrer Menge und Verteilung, nachgewiesen werden, daß die Symptome der betreffenden Krankheit ihre vollständige Erklärung finden. Denn wenn in einigen Fällen einer bestimmten Art von Wundinfektionskrankheiten Bakterien gefunden werden, in anderen ebenso beschaffenen aber nicht, und wenn ferner die Bakterien in so geringer Anzahl vorhanden sind, daß dadurch unmöglich eine schwere Krankheit oder gar das tödliche Ende bewirkt sein kann, dann bleibt selbstverständlich nichts übrig, als das unbeständige Auftreten der Bakterien als ein vom Zufall abhängiges und die geringe Menge derselben als einzige Ursache der betreffenden Krankheit nicht ausreichend, also noch andere Ursachen daneben anzunehmen. Diesen Anforderungen zu einem vollgültigen Beweis entsprechen nun aber in der Tat die über das Vorkommen der Bakterien bei Wundinfektionskrankheiten gemachten Beobachtungen nicht."

Speziell die gegenwärtig als Erreger des Erysipels, des Puerperalfiebers, der Nabelmykose der Neugeborenen, der Endokarditis, gewisser Formen von Intestinalmykose und des Hospitalbrands anerkannten Streptokokken will Koch mit Birch-Hirschfeld nur als akzidentelle Parasiten der Krankheit — im Sinne des Begriffs der Nosoparasiten Liebreichs — gelten lassen: „Unmöglich — sagt er l. c. S. 26 — können doch alle diese Krankheiten durch einen und denselben Parasiten erzeugt werden." Was R. Koch im Jahre 1878 als „unmöglich" ansah, das ist später zur Wirklichkeit geworden.

Womöglich noch schwerwiegender als die irrtümliche Annahme, daß die in der offiziellen Krankheitsstatistik unter verschiedenen Namen aufgeführten Infektionsprozesse durch verschiedenartige Virusarten erzeugt sein müßten, ist die nach unserer jetzigen Kenntnis unberechtigte Forderung, „daß die Bakterien ausnahmslos und in derartigen Verhältnissen betreffs ihrer Menge und Verteilung nachgewiesen werden müssen — wenn sie als Ursache einer Infektionskrankheit angesehen werden sollen —, daß die Symptome der betreffenden Krankheit ihre vollständige Erklärung finden." Bei dieser Forderung hat Koch der schon vor ihm von Panum, von Virchow u. a. sorgfältig erwogenen und zum Teil experimentell demonstrierten Möglichkeit einer giftproduzierenden Bakterienfunktion nicht Rechnung getragen. Dieser Unterlassung ist es zuzuschreiben, daß der ursprünglich von Koch eingenommene Standpunkt erst überwunden werden mußte, ehe die mikroparasitäre Ätiologie der meisten Wundinfektionskrankheiten, des Tetanus, der Diphtherie, der pneumonischen Infektionsprozesse usw. aufgedeckt werden konnte. Immerhin bleibt es historisch denkwürdig, wie ein bahnbrechender Forscher von der Bedeutung Robert Kochs zu seinen wissenschaftlichen Fehlschlüssen gelangen konnte, und ich will deswegen noch einige andere Stellen aus seiner Ätiologie der Wundinfektionskrankheiten, der trotz aller ihrer Mängel nicht mit Unrecht das Epitheton „klassisch" beigelegt wird, an dieser Stelle verbotenus zitieren: „Wir wissen allerdings zurzeit noch nicht, wie viel Bakterien dazu gehören, um bei einem Menschen bestimmte Krankheitssymptome zu bewirken oder um ein Kilogramm Versuchstier zu töten. Unzweifelhaft bestehen aber derartige ganz bestimmte, höchstens infolge von Verschiedenheiten der erkrankten Individuen nur innerhalb geringer Grenzen schwankende Verhältnisse zwischen der Menge der pathogenen Bakterien und ihrer Wirkung, d. h. den Krankheitssymptomen. Die einzige Krankheit, von der mit Sicherheit behauptet werden kann, daß sie eine Bakterienkrankheit ist, der Milzbrand, gibt uns dafür genügende Anhaltspunkte. Kleine Tiere sterben schneller nach Impfung mit Milzbrandblut als größere und bei Tieren derselben Gattung und von gleicher Größe tritt das tödliche Ende später ein, wenn die Impfflüssigkeit wenige entwicklungsfähige Sporen oder Bazillen enthält, als wenn sie reich daran ist. Die Erklärung für diese Erscheinungen kann doch nur darin gefunden werden, daß zur Tötung z. B. eines Schafes mehr Bazillen erforderlich sind als für eine Maus und daß aus den bei der Impfung ungefähr in gleicher Menge bei beiden Tieren eingeführten Bazillen resp. Sporen die kleinere für die Maus genügende Anzahl Bazillen schneller als die bedeutende zur Tötung des Schafes erforderliche heranwächst und daß für Tiere derselben Gattung wieder aus wenigen Sporen sich die tödliche Menge von Bazillen später entwickelt als aus von vornherein gegebenen zahlreichen Sporen. . . . Auch der Typhus recurrens, dessen Beziehungen zu den von Obermeier entdeckten Spirochäten allerdings noch nicht hinreichend aufgeklärt sind, der aber wegen des ganz konstanten Auftretens dieser Bakterien in jedem einzelnen Fieberanfalle doch mit größter Wahrscheinlichkeit ebenfalls als eine parasitäre Krankheit anzusehen ist, zeigt in bezug auf die Menge der im Blute befindlichen Bakterien dasselbe Verhalten. Es ist nun allerdings nicht anzunehmen, daß sich alle pathogenen Bakterien in diesem Punkte ganz gleich verhalten, aber so viel läßt sich nach Analogie des Milzbrandes und Typhus recurrens wohl schließen, daß nur bedeutende Mengen von Bakterien krankheitserregend wirken können. Dieser Forderung entsprechen aber die bis jetzt vorliegenden Beobachtungen über die Bakterien der Wundinfektionskrankheiten in den meisten Fällen nicht. Gewöhnlich wird von erheblicheren Mikrokokkenanhäufungen auf der Wundoberfläche berichtet, die indessen nur bei größeren Wunden in Betracht kommen können; während in inneren Organen nichts weiter als miliare Bakterienkolonien, oft in geringer Zahl gefunden wurden. Das steht doch in gar keinem Verhältnis zu der kaum glaublichen Menge von Bazillen im Milzbrandblut. Es können deswegen auch nur solche Befunde als hinreichend zur Erklärung des Krankheitsprozesses gelten, welche eine bedeutende Menge von Bakterien nachgewiesen haben."

So fundamentale Fehlschlüsse, wie sie in den vorstehenden Zitaten zutage treten, werden in den Tuberkulinarbeiten Kochs schwerlich jemals nachgewiesen werden können!

5.

Über ein neues Diphtherieschutzmittel[1]).

I.

Auf dem Kongreß für innere Medizin in Wiesbaden (1913) stand auf der Tagesordnung ein Vortrag von Dr. Hahn über aktive Immunisierung gegen Diphtherie, in dem aus der Medizinischen Abteilung des Krankenhauses Magdeburg-Sudenburg über 41 mit meinem neuen Diphtherieschutzmittel behandelte Fälle berichtet wurde. An diesen Vortrag schloß sich eine Diskussion an, zu der Matthes (Marburg), ich, Weintraud (Wiesbaden), Petruschky (Danzig), Rumpel (Hamburg), Lennhoff (Berlin) das Wort ergriffen.

Die Abendausgabe der Vossischen Zeitung vom 18. April 1913 hat darüber Nachfolgendes mitgeteilt.

„Der letzte Tag des Kongresses für innere Medizin, an dem sonst das Interesse erheblich abflaut, zeigte diesmal einen Höhepunkt. Auf der Tagesordnung stand der Vortrag von Hahn (Magdeburg) über aktive Immunisierung gegen Diphtherie. Es ist ja bekannt, daß das Behringsche Heilserum auch Gesunden zur Vorbeugung einer Ansteckung eingespritzt wurde, daß sich diese Methode aber nur recht wenig bewährt hat, weil der zweifellose Schutz nur ganz kurze Zeit anhält, und wegen der Gefahr der Anaphylaxie[2]).

Bei den heutigen Beratungen trat nun Behring in alter Frische auf und berichtete von einem neuen Schutzmittel, bestehend aus einem Gemisch von Diphtheriegift und Gegengift. Mit diesem Mittel sind von Hahn gefährdete Personen prophylaktisch behandelt worden. Dabei zeigte sich erstens das Mittel als völlig unschädlich, zweitens das Auftreten eines wirklichen Schutzes, nachzuweisen durch die Bildung einer genügend großen Menge von Schutzstoffen im Blute der Geimpften, die alle diphtheriefrei blieben. Matthes, der Marburger Kliniker, hat gleiche Beobachtungen gemacht und hebt besonders einen Fall hervor, wo, nach einer etwas lebhafteren Reaktion allerdings, ein Antikörper-

---

[1]) Aus Nr. 19 der D. med. Woch. 1913 und Bericht über den 30. Kongreß für inn. Med. in Wiesbaden 1913.

[2]) Ich vermute, daß das hier zitierte Referat der Vossischen Zeitung von dem bekannten Sozialhygieniker Prof. Lennhoff herrührt. Dem Urteil über die unzulängliche Schutzwirkung des Diphtherieheilserums möchte ich meinerseits doch hinzufügen, daß dessen Verwertung als prophylaktisches Mittel mit größerem Erfolg geschehen könnte als bisher und daß die Anaphylaxiegefahr gegenwärtig stark übertrieben wird.

;ehalt von 600 000 Antitoxin-Einheiten erzielt wurde, während schon 250 einen genügenden Schutz bieten würden. Ferner konnte Matthes von diesem Falle auf ein anderes Kind Serum übertragen und damit zum ersten Male eine passive Immunisierung nit Menschendiphtherieserum erzeugen. Das gewöhnliche ist meist Pferde-.erum. Es ergab sich, daß mit diesem Menschenserum ein weit länger anhaltender Schutz :u erzielen ist als mit Tierserum.

Aus der weiteren Diskussion ist zu bemerken, daß Weintraud (Wiesbaden) bei iöchst gefährlichem Zustand das Serum in den Rückenmarkskanal einspritzte und damit ebensrettend wirkte. Petruschky (Danzig) betont die bisherigen geringen Erfolge der Diphtherievorbeugung und begrüßt daher die neue aktive Immunisierung, die er selbst uf anderem Wege anstrebte. Rumpel berichtete über eine schwere Epidemie in Hamburg, bei der die Sterblichkeit trotz Serum sehr hoch blieb. Dagegen teilte Lennhoff eine von ihm aufgestellte Statistik mit, nach der seit Einführung des Serums in Berlin zwar Krankheitsziffern und Sterblichkeitsziffern schwankten, das Verhältnis der Gestorbenen zu den Erkrankten aber auf die Hälfte gesunken und dann fast gleich geblieben ist. Es geht daraus hervor, daß also etwa die Hälfte der früher dem Tode Verfallenen jetzt gerettet wird, bei besonders schweren Epidemien, wie der in Hamburg, vielleicht noch nicht so viel. Deshalb rühmte gerade Rumpel, daß sich Behring an seinen bisherigen Erfolgen nicht genügen läßt, sondern neben das Behandlungs- nun auch das Vorbeugungsmittel setzt.

Behring, der den Gang seiner neuesten Arbeiten näher darlegte, ist schon jetzt bereit, das Mittel Kliniken zur Verfügung zu stellen, knüpft aber daran Bedingungen bezüglich genauester Beobachtung und Registrierung. Fallen die weiteren Behandlungen ebenso günstig aus wie die ersten, dann würde wahrscheinlich eine Möglichkeit gegeben sein, viele Gesunde vor der Ansteckung in Diphtherieepidemiezeiten zu schützen."

Vortrag von B. Hahn-Magdeburg auf dem Wiesbadener Kongreß 1914:

M. H.! Über den Wert der prophylaktischen Heilseruminjektion bei diphtheriegefährdeten Individuen gehen die Meinungen noch auseinander. Jedenfalls ist dieser Schutz bei der kurzen Dauer der passiven Immunität und der nicht abzuleugnenden Gefahr der Anaphylaxie bei Reinjektion noch recht weit von dem Ideal einer rationellen Diphtherieprophylaxe entfernt. Als solches ist vielmehr nach dem heutigen Stande der Wissenschaft eine aktive Immunisierung für längere Zeit zu erstreben.

Unter Diphtherieimmunität verstehe ich serologisch das Vorhandensein diphtherischer Antikörper im menschlichen Blute. Zu betonen ist dabei, daß dieser Begriff der Immunität und damit auch das ganze Problem einer aktiven antitoxischen Immunisierung mit einem Nachweise spezifischer Antikörper im Blute frisch infizierter Diphtheriekranker fallen würde. Ein solcher Nachweis ist jedoch weder anderen Autoren noch mir bei zahlreichen Untersuchungen gelungen. Immerhin ist es auch weiterhin von Wert, in solchen — natürlich bakteriologisch gesicherten — Fällen auf spezifische Antikörper zu fahnden.

Was muß man nun von einer aktiven Immunisierung verlangen!? Zunächst eine genügende Antikörperproduktion, die etwa einer intravenösen prophylaktischen Immunisierung mit 100 bis 250 Antitoxineinheiten entsprechen würde. Man müßte also in 1 ccm Serum einen Antikörpergehalt von $^1/_{25}$ bis $^1/_{10}$ Einheiten nachweisen können. Weiterhin ist die völlige Unschädlichkeit des Verfahrens und schließlich eine gewisse Dauer der Immunität unbedingt zu fordern.

Es ist mir wegen der Kürze der Zeit nicht möglich, auf die verschiedenen Versuche einer aktiven Immunisierung durch Toxin einzugehen. Ich möchte nur bemerken, daß eine von mir versuchte aktive Immunisierung auf rektalem Wege und eine ebensolche durch lokale endonasale Anwendung des Diphtherietoxins wohl in dem einen oder anderen Falle zu einem positiven Resultate führte, wegen der Reizerscheinungen einen praktischen Wert jedoch nicht besitzt.

In letzter Zeit hat Exz. v. Behring eine Methode der aktiven Immunisierung gegen Diphtherie mit einem Toxin-Antitoxin-Gemisch beim Tiere ausgearbeitet, die mir bei der Übertragung auf den Menschen die beiden ersten oben genannten Forderungen, die einer genügenden Antikörperproduktion und die der völligen Unschädlichkeit, erfüllten. Über die Dauer der Immunität kann natürlich heute ein Urteil noch nicht gefällt werden, doch möchte ich erwähnen, daß sich bei einem hochimmunisierten Individuum ein baldiges Absinken der Antikörperkurve bemerkbar machte.

Nr.	Name Alter Geschlecht	Antitoxingehalt vor Behandlung	1. Injektion Menge	1. Injektion Reaktion	2. Injektion Tag	2. Injektion Menge	2. Injektion Reaktion	3. Injektion Tag	3. Injektion Menge	3. Injektion Reaktion	4. Injektion Tag	4. Injektion Menge	4. Injektion Reaktion
1	K. 12. J. ♂	0,01 A E	0,25/80 subk.	—	3	0,5/80 subk.	1. r. i.	5	1,0/80 im.	—	8	2,0/80 im.	—
2	S. 34 J. ♂	0 A E	0,25/80 subk.	—	3	0,5/80 subk.	—	5	1,0/80 subk.	1. R. J. 2. R. J. 3. R. J.	8	2,0/80	1. R. J. 2. R. J. 3. R. J. 4. J.
3	K. 49 J. ♂	0,05 A E	0,25/80 subk.	1. r. i.	5	1,0/80 subk.	1. i. R. 2. R. J. 3. R. J.	8	2,0/80 subk.	1. R. J. 2. R. J. 3. R. J. 4. R. J.	11	3,0/80 im.	—
4	R. 20 J. ♀	0,05 A E	0,25/80 subk.	—	5	0,5/80 subk.	—	8	1,0/80 subk.	—	11	2,0/80 subk.	1. R. J. 2. R. J. 3. R. J. 4. R. J. 5. R. J. 6. R.
5	L. 41 J. ♀	0 A E	0,25/80 subk.	1. r. i.	3	0,5/80 subk.	1. r. i. 1. r. J.	6	1,0/80 im.	—	—	—	—
6	G. 42 J. ♀	0,01 A E	0,25/80 subk.	1. r. i. 2. R. i.	5	0,5/80 subk.	1. R. J. 2. R. J. 3. R. J.	9	1,0/80 i. musk.	—	—	—	—
7	N. 49 J. ♂	0 A E	0,25/40 subk.	—	2	0,8/40 subk.	—	6	0,6/20 subk.	1. r. i. 2. i.	—	—	—
8	G. ♀	0,01 A E	0,25/40 subk.	—	2	0,8/40 subk.	1. r.	6	0,6/20 subk.	1. R. i. 2. r. i.	—	—	—
9	W. 44 J. ♀	0,25 A E	0,25/40 subk.	1. r. 2. r.	2	0,8/40 subk.	1. R. J. 2. r. i.	6	1,0/20 im.	Schmerz.	—	—	—
10	V. 25 J ♂	0 A E	0,2/80 subk.	1. r. i. 2. r. i.	3	0,4/80 subk.	1. R. J. 2. R. J. 3. R. J.	5	1,0/80 subk.	1. R. J. 2. R. J. 3. R. J. 4. R. J.	8	0,6/40 im.	1. Schmerz. 2. Schmerz.

Tabelle I.

5. Injektion			6. Injektion			Höchste Temperatur	Gewichts-schwankung	Antitoxingehalt		Bemerkungen
Tag	Menge	Reaktion	Tag	Menge	Reaktion			Tag	nach Behandl.	
11	3,0/80 im.	leichte Schmerz.	—	—	—	37,4°	2,1 kg +	26	über 0,5 A E[1]	Antitoxingehalt nicht weiter austitriert.
11	3,8/80 im.	—	14	5/80 im.	—	37,8°	± 0	20 30	0 A E über 0,5 A E	Antitoxingehalt nicht weiter austitriert.
14	5,0/80 im.	1. Schmerz. 2. Schmerz.	—	—	—	37,2°	+ 3,5 kg	39	über 1,5 A E	Antitoxingehalt nicht weiter austitriert.
13	3,0/80 im.	1. Schmerz.	15	5/80 im.	1. Schmerz.	37,5°	— 1,0 kg	—	über 1,0 A E	Antitoxingehalt nicht weiter austitriert. Lues. Durchfälle infolge Hg-Intoxikation.
—	—	—	—	—	—	37,5°	—	—	über 0,5 A E	Antitoxingehalt nicht weiter austitriert.
—	—	—	—	—	—	37,5°	—	25	0,25 A E	Gravida menses VIII.
—	—	—	—	—	—	—	—	27	0,25 A E	
—	—	—	—	—	—	—	—	27	über 0,25 A E	Antitoxingehalt nicht weiter austitriert.
—	—	—	—	—	—	—	—	27	0,75 A E	
—	—	—	—	—	—	—	—	20 32	0 A E 0,1 A E	Sehr starke Reaktion mit großer Mattigkeit. Nach Injekt. 3 Kubitaldrüse fühlbar.

[1]) In dieser Rubrik ist zur Antitoxinzahl (AE) stillschweigend stets zu ergänzen: „in 1 ccm Aderlaßblut bezw. Serum“.

Nr.	Name Alter Geschlecht	Antitoxingehalt vor Behandlung	1. Injektion Menge	1. Injektion Reaktion	2. Injektion Tag	2. Injektion Menge	2. Injektion Reaktion
1	N. 27 J. ♂	0,01 AE	0,5/80 subk.	1. i. r.	5	2,0/40 subk.	1. R. J. 2. R. J. 3. R. J. 4. J.
2	S. 22 J. ♂	0,05 AE	0,5/80 subk.	1. R. i. 2. r. i. 3. i.	3	2,0/40 subk.	1. R. J. 2. R. J.
3	S. 33 J. ♂	0,025 AE	0,5/80 subk.	1. r. 2. r. i. 3. r.	3	2,0/40 subk.	1. r. i. 2. R. i. 3. r. J. 4. r. J.
4	G. 15 J. ♂	0 AE	0,5/80 subk.	—	3	2,0/40 subk.	1. r.
5	H. 44 J. ♂	0 AE	0,5/80 subk.	1. r. i. 2. r.	5	2,0/40 subk.	1. r. i. 2. R. i. 3. r. i.
6	L. 11 J. ♂	0,05 AE	0,5/80 subk.	1. r. i. 2. R. J. 3. R. J.	3	2,0/40 subk.	1. R. J. 2. R. J. 3. R. J.
7	R. 58 J. ♂	0,5 AE	0,5/80 subk.	1. r. i. 2. r. i. 3. r. i.	3	2,0/40 subk.	1. r. i. 2. r. i. 3. r. i.
8	K. 34 J. ♂	0 AE	0,5/80 subk.	1. R. J. 2. J. 3. J.	4	2,0/40 subk.	1. R. J. 2. R. J. 3. R. J. 4. R. J.
9	T. 32 J. ♂	0,025 AE	0,5/80 subk.	—	5	2,0/40 subk.	1. R. J. 2. R. J. 3. J.
10	W. 26 J. ♂	0,01 AE	0,5/80 subk.	1. r. i.	5	2,0/40 subk.	1. R. J. 2. R. J.
11	H. 48 J. ♂	0 AE	0,5/80 subk.	1. r. i. 2. r. i. 3. r. i.	7	1,5/40 im.	—
12	P. 22 J. ♀	0,025 AE	0,5/80 subk.	1. r. J. 2. R. J. 3. R. J.	4	2,0/40 subk.	1. R. J. 2. R. J. 3. R. J.

Tabelle II.

Höchste Temperatur	Gewichts-schwankung	Antitoxingehalt Tag	nach Behandlung	Bemerkungen
37,6°	1 kg +	20	über 0,5 AE	Antitoxingehalt nicht weiter austitriert.
37,4°	4 kg +	26	über 0,5 AE	Antitoxingehalt nicht weiter austitriert.
39,4°	5 kg +	29	über 0,5 AE	in den letzten Tagen Temperatur infolge einer Bronchitis. Antitoxingehalt nicht weiter austitriert.
37,5°	2,5 kg +	27	über 0,5 AE	Antitoxingehalt nicht weiter austitriert.
37,2°	6 kg +	26	0 AE!	Starke Stomatitis mercurialis.
37,6°	1 kg +	25	1,0 AE	nach der 2. Injektion fühlbare Kubitaldrüse.
37,5°	?	29	0,5—0,75 AE	Myokarditis, zunehmende Kachexie.
38,2°	1,5 kg +	23	0,5 AE	
37,5°	4 kg +	25	über 1,0 AE	Antitoxingehalt nicht weiter austitriert.
37,8°	?	24	0,25 AE	plötzl. Kollaps am 8. Tage (wie früher öfters).
37,6°	4 kg +	29	0,75 AE	
37,5°	1,5 kg +	28	0,25 AE	

Nr.	Name Alter Geschlecht	Antitoxin-gehalt vor Behandlung	1. Injektion Menge	1. Injektion Reaktion	Tag	2. Injektion Menge	2. Injektion Reaktion
13	M. 16 J. ♀	0,1 AE	$\frac{0,5}{80}$ subk.	1. r. i. 2. r. i.	4	$\frac{2,0}{40}$ im.	—
14	K. 20 J. ♀	0 AE	$\frac{0,5}{80}$ subk.	1. r. i.	5	$\frac{2,0}{40}$ subk.	1. r. i. 2. r. i.
15	K. 31 J. ♀	0,01 AE	$\frac{0.5}{80}$ subk.	1. r. i. 2. R. i. 3. r.	4	$\frac{2,0}{40}$ subk.	1. r. J. 2. R. J. 3. R. J.
16	B. 38 J. ♂	0 AE	$\frac{0,5}{80}$ subk.	1. r. i.	5	$\frac{2,0}{40}$ subk.	1. r. i. 2. R. i.
17	S. 22 J. ♀	0,1 AE	$\frac{0,5}{80}$ subk.	—	4	$\frac{2,0}{40}$ subk.	1. r. i. 2. R. J. 3. r. i.
18	J. 23 J. ♀	0 AE	$\frac{0,5}{80}$ subk.	—	5	$\frac{2,0}{40}$ subk.	1. r. i. 2. r. i.
19	G. II. 32 J. ♀	0,025 AE	$\frac{0,5}{80}$ subk.	1. r. i. 2. r. i.	4	$\frac{2,0}{40}$ subk.	1. r i. 2. r. i. 3. r. i.
20	H. 19 J. ♀	0 AE	$\frac{0,5}{80}$ subk.	1. r. i.	3	$\frac{2,0}{40}$ subk.	1. r. i. 2. r. i.
21	W. 25 J. ♀	0,01 AE	$\frac{0,5}{80}$ subk.	1. r. i. 2. r. i. 3. r. i.	5	$\frac{2,0}{40}$ im.	1. Schmerz 2. Schmerz

Zu Tabelle II.

Höchste Temperatur	Gewichts-schwankung	Antitoxingehalt Tag	Antitoxingehalt nach Behandlung	Bemerkungen
37,9°	1,0 kg —	30	über 0,75 A E	Antitoxingehalt nicht weiter austitriert.
39,7°	± 0	30	0,5—0,75 A E	Lues. Patient reagiert auf Hg.-Injektion mit hoher Temperatur.
37,6°	± 0	31	0,1 A E	
37,6°	+ 2 kg	35	5,5 A E	
37,5°	+ 5 kg	40	0,75 A E	
38,2°	?	30	0 A E	Temperatur durch Tuberkulin. Offene starke progrediente Phthise.
38,6°	— 1,5 kg	35	1,0 A E	
38,7°	— 3,5 kg	30	0 A E	Geringe Hg.-Stomatitis. Verdacht auf Phthise. Anämie.
37,3°	± 0 kg	27	0,075 A E	

Nr.	Name Alter Geschlecht	Antitoxingehalt vor Behandlung	1. Injektion Menge	1. Injektion Reaktion	2. Injektion Tag	2. Injektion Menge	2. Injektion Reaktion	3. Injektion Tag	3. Injektion Menge	3. Injektion Reaktion	4. Injektion Tag	4. Injektion Menge	4. Injektion Reaktion
1	F. 56 J. ♀	0 A E	$\frac{0,25}{40}$ subk.	1. r. i. 2. r. i.	5	$\frac{0,5}{20}$ subk.	1. r. i. 2. r. i. 3. r. i.	9	$\frac{0,25}{10}$ subk.	1. r. i.	16	$\frac{1,0}{10}$ im.	—
2	G. 27 J. ♂	?	$\frac{0,25}{40}$ subk.	1. r. i. 2. r. i.	5	$\frac{0,8}{40}$ subk.	1. R. J. 2. R. J. 3. r. i.	9	$\frac{0,6}{20}$ subk.	1. r. i. 2. R. J.	15	$\frac{1}{20}$ im.	Schmerz.
3	T. 61 J ♀	0 A E	$\frac{0,25}{40}$ subk.	—	5	$\frac{0,5}{20}$ subk.	—	10	$\frac{1,0}{20}$ im.	—	16	$\frac{1}{10}$ im.	Schmerz. (Nerv ?)
4	M. 24 J. ♂	0.025 A E	$\frac{0,25}{40}$ subk.	—	5	$\frac{0,8}{40}$ subk.	1. r. i. 2. R. i. 3. r. i.	9	$\frac{0,6}{20}$ subk.	—	15	$\frac{0,5}{10}$ subk.	1. r. i. 2. r. i.
5	J. 50 J. ♀	0,0125 A E	$\frac{0,25}{40}$ subk.	—	2	$\frac{0,8}{40}$ subk.	—	8	$\frac{0,6}{20}$ subk.	1. r. i. 2. r. i.	16	$\frac{1,0}{20}$ subk.	—
6	K. 43 J. ♂	0 A E	$\frac{0,25}{40}$ subk.	1. R. J. 2. R. J.	4	$\frac{0,8}{40}$ subk.	1. R. J. 2. R. J. 3. R. J.	9	$\frac{0,6}{25}$ subk.	1. R. J. 2. R. J. 3. R. J.	12	$\frac{0,75}{10}$ im.	Schmerz.
7	R. 46 J. ♂	0,025 A E	$\frac{0,25}{40}$ subk.	—	4	$\frac{0,8}{40}$ subk.	—	5	$\frac{0,5}{20}$ subk.	1. R. J. 2. R. J.	9	$\frac{1,0}{10}$ im.	—
8	D. 32 J. ♂	?	$\frac{0,25}{40}$ subk.	1. r. i. 2. r.	4	$\frac{0,8}{40}$ subk.	1. R. J. 2. r. i.	5	$\frac{0,6}{20}$ subk.	1. r. i. 2. r. i.	9	$\frac{1,0}{10}$ im.	Schmerz.
9	B. 38 J. ♂	?	$\frac{0,5}{80}$ subk.	1. r. i.	5	$\frac{2,0}{40}$ subk.	1. r. i. 2. R. i.	60	$\frac{1}{10}$ im.	—	64	$\frac{1}{5}$ im.	1. Schmerz. 2. Schmerz.

Tabelle III.

5. Injektion			6. Injektion			7. Injektion			Höchste Temperatur	Gewichts-schwankung	Antitoxin-gehalt		Bemerkungen
Tag	Menge	Reaktion	Tag	Menge	Reaktion	Tag	Menge	Reaktion			Tag	nach Behandl.	
22	1,0 / 5,0 im.	—	26	2,0 / 5,0 im.	—	—	—	—	37,4°	—	34	20 A E	
22	1,0 / 10 im.	Schmerz.	26	1,0 / 5 im.	Schmerz.	32	2,0 / 5 im.	Schmerz.	37,6°	—	38	75 A E	Auffallend starke Reaktionen.
23	1 / 5 im.	—	28	2 / 5 im.	—	—	—	—	37,4°	—	34	10 A E	
20	1,0 / 10 im.	—	26	1,0 / 5 im.	—	—	—	—	37,6°	+ 6 kg	34	30 A E	
19	1,0 / 10 im.	—	25	1,0 / 5 im.	juckendes Ekzem an Arm und Bein	29	2,0 / 5 im.	—	38°	—	35	20 A E	
—	—	—	—	—	—	—	—	—	—	—	38	20 A E	
—	—	—	—	—	—	—	—	—	37,2°	—	31	10 A E	
15	1,0 / 5 im.	Schmerz.	18	2,0 / 5	Schmerz.	—	—	—	—	—	36	60 A E	
19	2,0 / 5 im.	1. Schmerz. 2. Schmerz.	—	—	—	—	—	—	—	—	87	40 A E	

Über die theoretischen Grundlagen dieser Methode und die Zusammensetzung des Immunisierungsgemisches wird von anderer Seite berichtet werden. Es sei mir hier gestattet, an der Hand dieser Tabellen die klinischen Resultate des neuen Immunisierungsverfahrens kurz zu besprechen.

Zunächst einige Vorbemerkungen:

Die Injektionen wurden in Abständen von 3—5 Tagen im allgemeinen zunächst subkutan (subk.) am Vorderarme vorgenommen. Die auftretenden Reaktionen bestanden hier aus kleineren oder größeren Hautrötungen und Infiltrationen (r. i. bzw. R. I.), wie wir sie bei starken intrakutanen Tuberkulinreaktionen zu sehen gewohnt sind. Nur in 2 der 40 behandelten Fälle wurde bei höherer Dosierung die Kubitaldrüse leicht fühlbar und schmerzhaft. Wurde die Hautspannung zu unangenehm empfunden, so fand die nächste Injektion intramuskulär statt (im.); die hierbei ab und zu angegebenen Schmerzen sind wohl nur zum Teil als Reaktionserscheinungen gegen das Gemisch aufzufassen.

Erhöhte Temperatur wurde nur in 5 Fällen beobachtet. (Kurve II, 3; 8; 14; 18; 19.) Die einmalige Fiebersteigerung war zum Teil (Tabelle II, 3) auf eine interkurrente Bronchitis, auf eine Tuberkulininjektion (Tabelle II, 18) oder auf eine Einspritzung eines Quecksilberpräparates mit Sicherheit zurückzuführen (Tabelle II, 8, 14, 19). Das Körpergewicht stieg mit wenigen Ausnahmen während der Behandlung.

20 Tage nach der ersten immunisierenden Injektion waren Antikörper bei Stichproben mit einer Ausnahme (Tabelle II, 1) nicht nachzuweisen, dagegen stellte ich im allgemeinen vom 23.—25. Tage ab eine deutliche Zunahme der Schutzkörper fest.

Die Patienten der Tabelle I stammten aus der ersten Zeit unserer Versuche, als es galt, den Nachweis zu erbringen, daß überhaupt mit unschädlichen Dosen des Gemisches eine Antikörperproduktion zu erreichen war; infolgedessen wurden mehr (3—6) Injektionen vorgenommen, als vielleicht nötig waren, und wurde der Antikörpergehalt des Serums nach oben hin nicht völlig austitriert; es wurde also wohl in Wirklichkeit in manchen Fällen eine höhere als die nachgewiesene Immunität erzielt.

Ich hatte in den 10 Fällen, die sich aus Patienten beiderlei Geschlechts und jeder Altersklasse (mit Ausnahme des frühesten Kindesalters) rekrutierten, ausnahmslos ein positives Resultat zu verzeichnen.

Die 21 Patienten der Tabelle II wurden nur mit 2 Injektionen vorbehandelt. Ich konnte dabei in 17 Fällen eine zum Teil recht bedeutende Erhöhung des Antitoxingehalts erzielen.

Nur in 4 Fällen versagte die Methode.

Hoffmeister (Tabelle II, 5) hatte nach 26 Tagen noch keine spezifischen Schutzkörper gebildet. Er litt an einer hartnäckigen Quecksilberstomatitis und es liegt nahe, hier an eine Schädigung und Herabsetzung der Reaktionsfähigkeit des Organismus durch die Quecksilberintoxikation zu denken.

Auch bei Rosenberg (Tabelle II, 7) war keine Schutzkörpersteigerung nachzuweisen; hier war wohl sicher die starke, schließlich zum Tode führende Kachexie für das negative Resultat der Immunisierung verantwortlich zu machen.

Isensee (Tabelle II, 18) litt an einer progredienten offenen Lungenphthise. Auch hier mag wohl die immunisatorische Kraft des Organismus infolge der Schwere der Infektion versagt haben.

Ungeklärt dagegen ist für mich der negative Fall Haschentz (Tabelle II, 20). Das Mädchen litt an Lues und war sonst nur stark anämisch. Ein Komplementmangel bestand bei wiederholten Untersuchungen ihres Serums nicht.

Zusammenfassend darf ich wohl wiederholen, daß es mir gelungen ist, durch eine zweimalige Injektion des mir von Exz. v. Behring zur Verfügung gestellten Immunisierungsgemisches einen aktiven Schutz gegen Diphtherie in 3—5 Wochen ohne Schädigung des Organismus zu erzeugen. Ich betone dabei ausdrücklich, daß sich die Resultate — Reaktionen wie Schutzkörpersteigerung — nur auf das mir übergebene Gemisch M I beziehen (s. Anm.).

Im Laufe der Immunisierungsversuche ergab sich die Fragestellung, wie hoch wohl durch fortgesetzte Injektionen mit steigenden Dosen des Gemisches eine solche Immu-

---

Anmerkung während der Korrektur: Exz. v. Behring teilte mir später mit, daß unser Präparat nicht dieselbe Operationsnummer war, wie diejenigen, welche einerseits in der Frauenklinik und andererseits in Magdeburg verwendet wurden. (Hahn hatte M I, Matthes MM I erhalten, welche beider Präparate insofern sehr verschieden waren, als M I einen beträchtlich stärkeren Giftüberschuß enthielt, eine MM I, weswegen die Dosierung wie MM I höher sein konnte wie die von M I.)

nität — ausgedrückt im Wertgehalte des Serums — ohne Schädigung des Organismus zu steigern wäre und Sie sehen hier die Resultate (Tabelle III).

Bei 9 Patienten konnte durch eine 4—7malige Injektion mit steigenden Dosen des Immunisierungsgemisches ohne unangenehme Nebenwirkungen ein Gehalt von 10—75 Antitoxineinheiten in 1 ccm Serum erzeugt werden. Es ist dabei hervorzuheben, daß diese Werte noch keine Höchstwerte darstellen, da eine weitere Behandlung nur aus äußeren Gründen abgebrochen werden mußte und fortgesetzte Injektionen vielleicht noch zu einer weiteren Erhöhung des Serumtiters geführt hätten.

Man könnte also tatsächlich praktisch daran denken, Diphtheriekranke im einzelnen Falle mit arteigenem Heilserum zu behandeln.

Die weiteren Überlegungen darf ich wohl an einem Beispiel aus der Praxis erläutern.

Nehmen wir an, in einem Waisenhause bräche eine Diphtherie-Epidemie aus. Wie sind in einem solchen Falle die stark gefährdeten Kinder zu schützen? Auf jeden Fall ist wohl bei allen noch klinisch Gesunden die aktive Immunisierung einzuleiten.

Wie beeinflußt aber nun eine gleichzeitige prophylaktische Heilseruminjektion diese Immunisierung? Wird sie verhindert, wird sie abgeschwächt?

Der Vortrag des Herrn Geheimrat Matthes, von welchem oben die Rede ist, hatte folgenden Wortlaut:

„An meiner Klinik sind gleichfalls Versuche mit einem uns von Exz. v. Behring übergebenen Präparat von Herrn Dr. Kleinschmidt in Gemeinschaft mit Herrn Stabsarzt Dr. Viereck ausgeführt worden. Das Präparat hatte sich in der uns angegebenen Dosis bei der Prüfung an Neugeborenen und deren Müttern in der Marburger Frauenklinik als für den Menschen unschädlich erwiesen und wurde von uns in 12 Fällen verwendet.

In einem Falle, dessen Kurve ich hier zeige (Tafel I), bei einem 13jährigen Mädchen, das vor der Injektion einen Gehalt von $^1/_8$ Antitoxineinheit im Kubikzentimeter Serum besaß, trat eine hohe Temperatursteigerung und eine ziemlich starke Lokalreaktion ein, so daß wir vorsichtshalber noch 3000 AE. Diphtherieserum einspritzten.

Das Kind hat eine enorme Antitoxinmenge produziert, nämlich am 17. Tage nach der Injektion 175 Einheiten im Kubikzentimeter, d. h. auf die gesamte Blutmenge berechnet mehr als 600000 Antitoxineinheiten. Wir entnahmen nun der Kranken einige Kubikzentimeter Blut und spritzten das daraus gewonnene Serum in der Menge von 2 ccm = 350 Antitoxineinheiten einem 54 Tage alten Kinde ein. Das Serum dieses Kindes war vorher geprüft und als antitoxinfrei zu bezeichnen. Das Kind war kein Bazillenträger und war während der Versuchszeit isoliert, um eine spontane Antitoxinproduktion unter dem Einflusse zufällig übertragener Bazillen auszuschließen.

Das Blut dieses Säuglings enthielt nach $1^1/_2$ Tagen $^1/_5$ Antitoxineinheiten im Kubikzentimeter, nach 4 Tagen aber nur noch $^1/_{20}$. Nachdem dieser relativ rasche Abfall erfolgt war, ist der Antitoxingehalt etwa 14 Tage lang der gleiche geblieben und nach insgesamt 30 Tagen ein Abfall auf $^1/_{30}$ eingetreten. Diese beiden Fälle geben uns einerseits Gelegenheit, das Schicksal des Antitoxins bei einem aktiv immunisierten Menschen zu verfolgen und andererseits zum ersten Male etwas darüber zu erfahren, wie ein menschliches Individuum sich verhält, wenn es mit antitoxischem Menschenserum statt mit Pferdeserum immunisiert wird.

Was sich darüber noch sagen läßt, möchte ich Exz. v. Behring zu sagen überlassen.“

II.

Abgesehen von den Fällen aus dem Magdeburg-Sudenburger Krankenhause und der Marburger Medizinischen Klinik liegen mir noch aus der Marburger Chirurgischen Klinik und aus der Marburger Frauenklinik die Protokolle von Kindern und erwachsenen Personen vor, die mit meinem Mittel behandelt worden sind. Spezialberichte über die dabei gesammelten Erfahrungen sollen in dieser Wochenschrift erstattet werden durch Herrn Oberarzt Dr. Schreiber (Magdeburg-Sudenburg) und die Herren Prof. Zangemeister, Dr. Kleinschmidt und Stabsarzt Viereck in Marburg.

In der Frauenklinik des Herrn Prof. Zangemeister gelangte mein Mittel im vorigen Jahre zuerst zur Anwendung, und zwar sowohl an Frauen wie an neugeborenen Kindern. Nachdem wir hier diejenige Dosierung ausfindig gemacht hatten, bei der gerade noch eine deutlich wahrnehmbare lokale und allgemeine Reaktion ereicht wird, erhielten in anderen Krankenhäusern gesunde und kranke Personen von verschiedenem Lebensalter (unter Berücksichtigung der Anamnese in bezug auf etwaige Diphtherieerkrankung in früherer Zeit) mein Mittel nach voraufgegangener Untersuchung des Blutes auf Diphtherieantitoxin und der Rachenorgane auf Diphtheriebazillen. Es wurde dabei die Dosierung variiert; es wurde subkutan und intrakutan injiziert; einmalig und mehrmalig, und in letzterem Fall mit gleichbleibender und mit steigender Dosierung; in kürzeren und längeren Zeitabständen usw. — um einerseits zu erfahren, welche Behandlungsart den, am Blutantitoxingehalt meßbaren, größten Immunisierungserfolg verspricht, und anderseits um festzustellen, wie man gegenüber der epidemiologischen Diphtherieinfektion einen ausreichenden Schutz erreichen kann mit einer eben so geringen oder noch geringeren Belästigung der Impflinge und ihrer Angehörigen, als das bei der Jennerschen Vakzination der Fall ist.

Anfänglich wurde mein aus einer Mischung von Diphtheriegift mit Antitoxin bestehendes Mittel in solcher Gestalt benutzt (M I und M VI), daß die Mischlösung im Meerschweinversuch noch einen beträchtlichen Giftüberschuß enthielt. Herr Dr. Hahn hat ausschließlich mit der Mischung M I gearbeitet. Ich habe dann aber den Eindruck gewonnen, daß der Immunisierungserfolg noch günstiger gestaltet werden kann bei der Anwendung meines Mittels in Gestalt der Mischlösung MM I, die im Meerschweinversuch fast ungiftig ist. In der Marburger Medizinischen und Chirurgischen Klinik ist ausschließlich MM I verwendet worden, und die folgende Gebrauchsanweisung bezieht sich gleichfalls nur auf MM I.

Es ist vielleicht nicht überflüssig, besonders zu betonen, daß nur die ausgiebigste, Vorprüfung der verschiedenen Modifikationen meines Mittels im wissenschaftlichen Laboratoriumsexperiment an allen mir zugänglichen Tierarten es ermöglicht hat, daß niemals bei seiner Anwendung zur Diphtherie-Immunisierung des Menschen eine Gesundheitsschädigung der Impflinge eingetreten ist. Und auch das möchte ich noch hinzufügen, daß die hier abgedruckte provisorische Gebrauchsanweisung Vorschriften und Fragestellungen enthällt, die sich nicht bloß stützen auf die bisher vorliegenden Erfahrungen an Menschen, sondern auch auf meine Tierversuche, deren Ergebnisse übrigens von neuem bestätigt haben, daß überall in wesentlichen Dingen die im Tierversuch gründlich erforschten biologischen Gesetze auch für den Menschen Gültigkeit besitzen.

III.

Programm für die Prüfung von Behrings Diphtherieschutzmittel (Marke MM I), einschließlich einer provisorischen Gebrauchsanweisung.

I. Das aus einer Mischung von Diphtherietoxin und Diphtherieantitoxin (DT + DA) bestehende Diphtherieschutzmittel MM I ist zu kontrollieren auf:
1. Keimfreiheit: a) aërob, b) anaërob,
2. Giftigkeit im Meerschweinchenversuch (Injektion subkutan 0,5 ml[1]) auf 100 g).

II. 1. Bei Versuchen am Menschen sind zu unterscheiden:
a) Neugeborene,
b) Säuglinge,
c) Kinder von 1— 4 Jahren,
d) „ „ 5—10 „
e) „ „ 11—16 „ usw.

2. Bis auf weiteres sollen a) und b) $^1/_{10}$ ml, c) bis e) $^1/_{20}$ ml erstmalig subkutan in je 1 ml Flüssigkeit erhalten.

3. Der Prüfung am Menschen hat vorauszugehen:
a) Blutprüfung auf Antitoxingehalt,
b) Abstrich von Tonsillen zur Untersuchung auf Diphtheriebazillen (Db): α) mikroskopisch, β) kulturell,
c) eventuell: Intrakutan (Itk)-Prüfung mit Diphtheriegift (DG) (nach Vereinbarung der Dosierung eines vom Unterzeichneten zu liefernden Testgiftes).

4. Die Fragen,
a) ob einmalige oder mehrmalige Behandlung stattfinden soll,
b) ob von der sub II. 2. angegebenen Dosierung abzuweichen ist,
c) welches Zeitintervall bei mehrmaliger Behandlung zu wählen ist,

sollen im Einvernehmen des Impfarztes mit dem Unterzeichneten entschieden werden.

5. Drei Wochen nach der letzten Injektion ist das Blut auf Antitoxingehalt zu prüfen, später periodisch nach zu vereinbarendem Zeitintervall.

III. Die in Frage kommenden Impflinge sind:
1. Diphtheriegefährdete Individuen
a) in Krankenhäusern:
α) Patienten,
β) Pflegepersonal (Schwestern, Schülerinnen, Krankenwärter),
b) in Schulen,
c) in Familienhäusern.
(Kontraindikationen: im Inkubationsstadium der Diphtherie befindliche Individuen, Herzschwäche und Pulsirregularität.[2])
2. Gesunde Individuen ohne Rücksicht auf augenblickliche Diphtheriegefahr in Waisenhäusern, Irrenanstalten, Gefängnissen, Gebäranstalten (Mütter und Neugeborene.
3. Diphtheriebazillenträger. (Zur Feststellung des Einflusses der Schutzimpfung auf Db-Gehalt.)

IV. Zweck der Schutzimpfung:
1. Erzeugung einer langdauernden Immunität.
2. Gewinnung von anthropogenem (homogenem) Diphtherieantitoxin von hochimmunisierten Impflingen zur passiven Immunisierung:
a) zur präventiven Behandlung,
b) zur kurativen „
3. Bazillenträgerbehandlung zum Zweck der schnelleren Beseitigung der Db aus dem Nasenrachenraum.

[1]) Ich schreibe „ml“ (Milliliter) statt „ccm“ (Kubikzentimeter).

[2]) Impfschäden sind übrigens auch dann, wenn das TA-Mittel in den hier bezeichneten Fällen zur Anwendung gelangte, bisher nicht beobachtet worden.

Tabelle I.

Aktive TA-Immunisierung von Fall K.

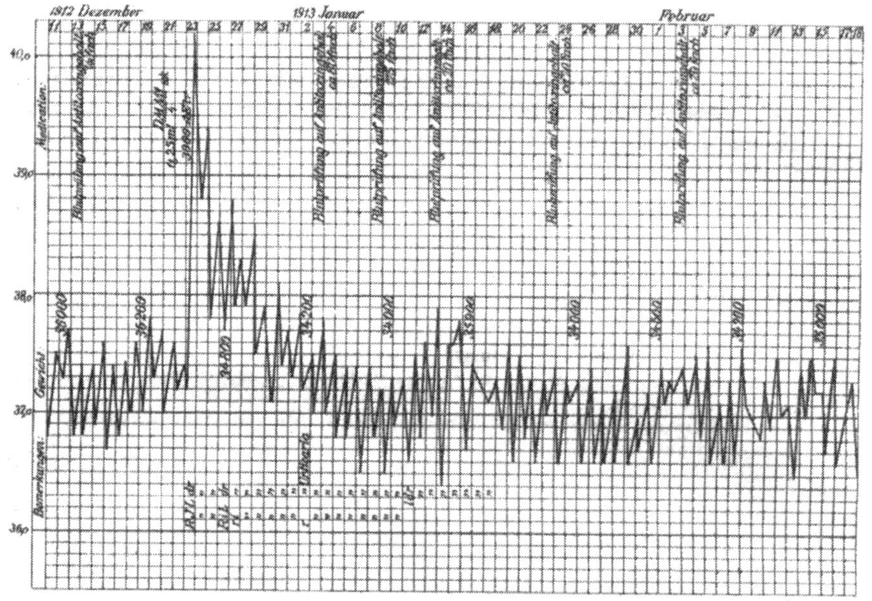

Passive Immunisierung von Kind H. mit Menschenserum.

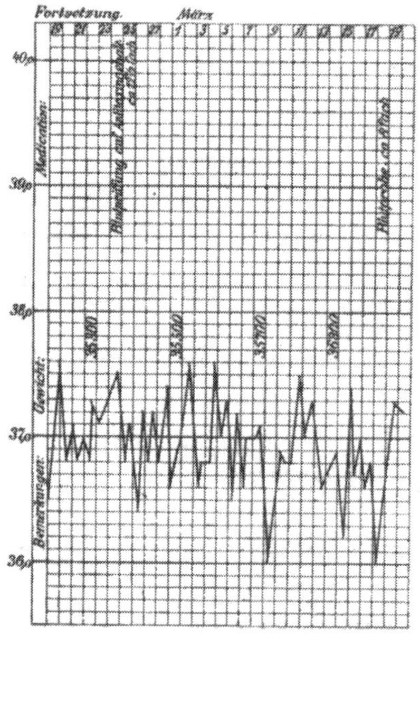

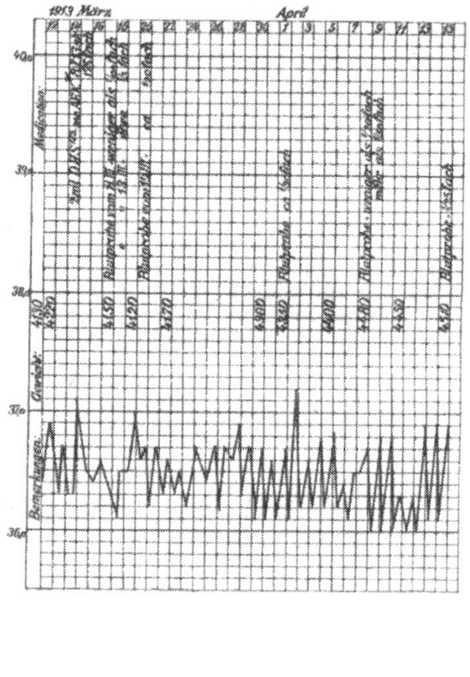

V. Unerläßliche Voraussetzung für die Abgabe des Schutzmittels an Impfärzte ist die technisch einwandfreie Ausführung der sub II. 3. vorgeschriebenen Untersuchungen, die Protokollierung der Versuchsergebnisse nach dem Muster meiner Kurvenschemata und die Einhaltung sonstiger besonderer Vereinbarungen (Untersuchung des Blutes usw. vor und nach der Immunisierung, regelmäßige Zusendung von Duplikaten der ausgefüllten Kurvenschemata in zehntägigen Intervallen).

IV.

Indem ich auf die Kurvenschemata und Diagramme hinweise, die auf dem Wiesbadener Kongreß von Herrn Geh.-Rat Matthes und mir demonstriert worden sind, lasse ich nunmehr meine Kongreß-Mitteilung folgen, die über die Leistungen und Ziele der neuen Immunisierungsmethode sowie über ihre wissenschaftliche Begründung Auskunft gibt.

M. H.! Im Anschluß an das von Herrn Geh.-Rat Matthes erläuterte Kurvenprotokoll des Falles K. lasse ich zunächst ein Diagramm von ebendemselben Fall projizieren, in das die Ergebnisse von fortlaufenden Blutprüfungen eingetragen sind. (Siehe Tab. 1).

Sie sehen, wie nach einem steilen Abfall der Antitoxinkurve (in Tab. 2) von 175fach am 8. Januar 1913 auf 20fach am 13. Januar 1913, die Kurve ganz flach verläuft. Gegen Ende des Monats März — nach etwa elf Wochen — ist das Blut noch etwa 8fach normal, und ich habe ausgerechnet, daß ungefähr zwei Jahre vergehen werden, ehe der Antitoxingehalt auf $^1/_{100}$fach gesunken sein wird, wenn der Antitoxinschwund in gleichem Tempo sich weiter vollzieht. Ich kann hinzufügen, daß aktiv immunisierte Pferde nachdem ich sie fünf Jahre lang unbehandelt gelassen und während dieser Zeit im landwirtschaftlichen Betrieb verwertet hatte, noch immer einen merklichen Antitoxingehalt in ihrem Blut besitzen.

Daß menschliche Individuen mit $^1/_{100}$ AE. in 1 ccm Blut noch Diphtherieschutz gegenüber einer epidemiologischen Infektion von mäßiger Stärke besitzen, dürfen wir aus den Erfahrungen schließen, die man bei der passiven Immunisierung mit dem vom Pferde stammenden Diphtherieheilserum gemacht hat. Spritzen wir nämlich einem Kinde von 25 kg Gewicht 100 AE. unter die Haut, dann wird der optimale Antitoxingehalt etwa $^1/_{40}$ normal, sinkt aber nach zehn Tagen weit unter $^1/_{100}$fach, ohne daß deswegen die Immunität schon nach zehn Tagen aufhört. Nach 20 Tagen ist sie freilich verschwunden; dann können wir aber auch mit der intrakutanen Prüfungsmethode, die uns noch weniger als $^1/_{1000}$ AE. anzeigt, kein Antitoxin mehr nachweisen.

V.

Dem ca. 4 kg schweren Kinde H., von dem Herr Geh.-Rat Matthes berichtet hat, haben wir 350 AE. anthropogenes (also nicht heterogenes, sondern homogenes) Antitoxin subkutan eingespritzt, und danach war der von uns festgestellte maximale Blutantitoxingehalt $^1/_5$fach normal.

Auch das Diagramm des Falles H. in Tab. 3 zeigt zunächst einen steilen Abfall der Antitoxinkurve von $^1/_5$fach am 17. März 1913 auf $^1/_{20}$fach am 19. März 1913. Bis zum 8. März 1913 blieb dann aber dieser Gehalt nahezu unverändert, und am 15. April 1913 — 31 Tage nach der Antitoxininjektion, also zu einer Zeit, wo Pferdeantitoxin aus dem Blute längst verschwunden ist —, war das Blut noch $^1/_{25}$fach normal [1]). Prozentualisch berechnet ist hier, bei der

Tabelle II.

Fall K, aktiv immunisiert

1912 Dezember 1913 Jaunar Februar März

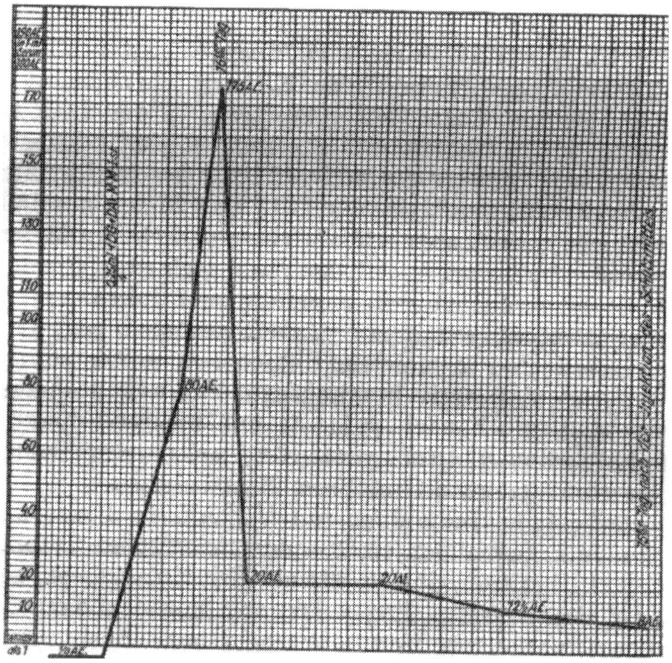

passiven Immunisierung, die Progression des Antitoxinschwundes annähernd die gleiche wie bei dem aktiv immunisierten Fall K.

Damit habe ich die Gewißheit bekommen, daß beim passiv immunisierten Menschen ein homogenes Antitoxin bezüglich seines Verschwindens aus dem Blut im wesentlichen sich nicht anders verhält wie das im aktiven Immunisierungsprozeß erworbene

[1]) Zur Zeit meiner Kongreß-Mitteilung war die Prüfung des am 15. April d. J. dem Fall H. entnommenen Blutes noch nicht zu Ende geführt, und wir wußten nur, daß es mindestens $^1/_{80}$fach normal war, welcher Wert von mir in das hier reproduzierte Diagramm eingetragen worden ist. Die genaue Blutprüfung hat aber den höheren Wert „$^1/_{25}$fach" ergeben. Die sehr zahlreichen Blutprüfungen für die Marburger Kliniken hat in meinem Institut Herr Stabsarzt Viereck ausgeführt.

autogene Antitoxin. Für wahrscheinlich konnte ich schon vor 15 Jahren die lange Dauer einer mit anthropogenem Antitoxin passiv erzeugten Immunität des Menschen erklären, nachdem ich nämlich im Jahre 1898 gefunden hatte, daß homogenes und autogenes Antitoxin im Organismus der Pferde, Rinder und Ziegen sich durchaus gleichmäßig verhalten in bezug auf das Tempo des Verschwindens aus der Blutflüssigkeit.

VI.

Das heterogene antitoxische Proteïn verfällt wie wir wissen, einer in vivo nachweisbaren fermentativen Proteolyse; es produ-

Tabelle III.

Fall H., passiv immunisiert.

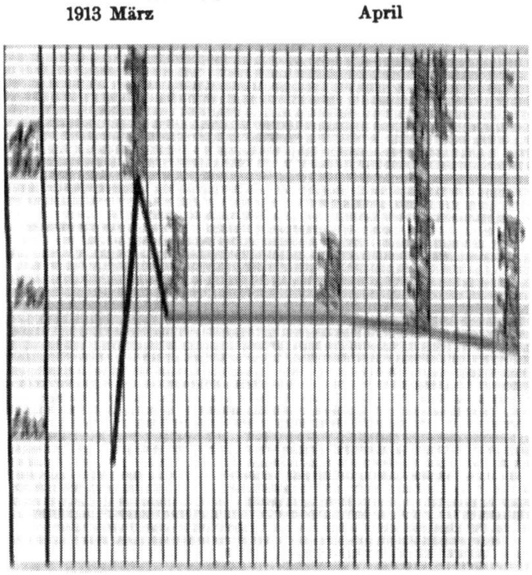

ziert dabei einen präzipitierenden und anaphylaktisierenden Antikörper, dessen Auftreten im Blut bekanntlich nicht selten mit dem Ausbruch eines Serumexanthems bei den mit größeren Pferdeheilserumdosen behandelten Diphtheriepatienten zusammenfällt.

Etwas Derartiges kann nach der Injektion von homogenen antitoxischen Proteïn nicht passieren. Trotzdem beobachten wir einen Antitoxinschwund. Der hängt aber hauptsächlich zusammen mit einer Antikörperausscheidung durch die Sekretionsorgane. Am genauesten ist der Übergang in die Milch studiert worden. Aber auch die Nieren scheiden Antitoxin aus, und zwar geschieht das in reichlichem Maße, wenn man mit den üblichen klinischen Methoden einen Eiweißgehalt des Harns nachweisen kann. Durch chemischen Abbau im normalen Stoffwechsel wird nur ein relativ geringer Antitoxinschwund bedingt. Er kann aber verstärkt und beschleunigt werden durch interkurrentes Fieber, wie ich an einem tuberkulinempfindlichen Rinde feststellen konnte, welche ich durch wiederholte Tuberkulininjektionen in einen andauernden Fieberzustand versetzte.

Mit dieser Aufzählung von verschiedenen Faktoren, die den Antitoxinschwund normalerweise bedingen und unter pathologischen Verhältnissen beschleunigen, will ich mich hier begnügen, um noch ein paar Worte zu sagen über die Beschaffenheit und die Dosierung meines neuen Diphtherieschutzmittels.

VII.

Mein neues Mittel ist eine Mischung von sehr starkem Diphtheriegift mit Antitoxin in solchem Verhältnis, daß die Mischlösung im Meerschweinversuch nur einen geringen Toxinüberschuß aufweist.

Die Methode der Immunisierung mit Hilfe einer Kombination von Antitoxin und Gift habe ich schon vor vielen Jahren publiziert, und auch von anderen Autoren — in Amerika, in Rußland, in Frankreich und auch bei uns in Deutschland — ist sie ausgeführt worden. Die jetzt von mir angewendete Methode bedeutet aber etwas ganz Neues. Sie ist erst dadurch möglich geworden, daß ich in überaus zahlreichen Versuchen an verschiedenartigen Tieren die fast allgemein verbreitete Annahme einer definitiven und irreversiblen Diphtheriegiftneutralisierung in vitro als irrig erkannte. Sie wissen ja, daß die Beziehungen des Diphtheriegiftes zu seinem Antitoxin bisher zum größten Teil an Meerschweinchen studiert worden sind. Auf Grund von Meerschweinversuchen sind die Begriffe der Antitoxineinheit und Gifteinheit geschaffen worden, und man hat dann bewußt oder unbewußt vorausgesetzt, daß eine Antitoxineinheit (1 AE.) in vitro eine Gifteinheit (1 GE.) nicht bloß für Meerschweine, sondern auch für jede andere Tierart und auch für den Menschen atoxisch macht. Nun beobachtete ich aber in einem Eselversuch, daß ein für Meerschweine neutrales Toxin-Antitoxingemisch lebhafte Fieberreaktion mit nachfolgender bedeutender Antitoxinproduktion bewirkte. Als ich daraufhin im Laufe der Zeit alle mir zugänglichen Tierarten durchprüfte, fand ich schließlich in den Affen (Makaken) ein Reagens, das unwiderleglich den Beweis liefert, daß die definitve Entgiftung in vitro überhaupt nicht eintritt[1]). Gebe ich nämlich meinen Affen ein Gemisch, das auf 1 GE. sogar 20—40 AE. enthält,

[1]) Die Annahme einer in vitro irreversibel werdenden Verbindung zwischen Diphtheriegift und Diphtherieantitoxin ist übrigens schon durch Morgenroth, der durch Salzsäurebehandlung das Gift aus einer neutralen Mischlösung von Gift und Antitoxin regenerieren konnte, bekämpft worden.

zwei- bis dreimal hintereinander, so sterben sie subakut an Diphtherievergiftung. Erst nach Zusatz von noch mehr Antitoxin — bei einem Mischungsverhältnis von 80—100 AE. auf 1 GE. — hört das Toxin-Antitoxingemisch auf, für Affen giftig zu sein.

Menschliche Individuen sind gegenüber einem für Meerschweine neutralen Gemisch von Antitoxin und Gift viel weniger empfindlich als Affen, vorausgesetzt, daß sie nicht unter dem Einfluß der Diphtheriebazillen überempfindlich geworden sind. Kinder in der Altersperiode von 4—15 Jahren sind fast durchweg viel empfindlicher als Neugeborene. So hat beispielsweise der oben erwähnte Fall K. auf einen Bruchteil derjenigen Dosis eines Gemisches ($^1/_{16}$ ccm von MM I: vgl. Kurventabelle), welches für neugeborene Kinder fast indifferent ist, eine sehr starke und antitoxinproduzierende Fieberreaktion bekommen. Mir kam das nicht unerwartet, da ich Ähnliches vorher schon an überempfindlich gemachten Meerschweinchen beobachtet hatte.

VIII.

Praktisch bedeutsam ist die Tatsache, daß Diphtheriebazillenträger und solche Individuen, die durch einen spontan entstandenen Blutantitoxingehalt anzeigen, daß sie früher einmal Bazillenträger gewesen sind, gegenüber meinem Mittel ziemlich regelmäßig eine beträchtliche Überempfindlichkeit zeigen und dann leicht zu starker Antitoxinproduktion zu bringen sind.

Diese und manche anderen Beobachtungen sind die Grundlage geworden für die Vorschriften, nach welchen sich diejenigen Krankenhausärzte zu richten haben, denen ich mein Diphtherieschutzmittel zur Prüfung übergebe. Daß bei Befolgung dieser Vorschriften Gesundheitsschädigungen der Impflinge vermieden werden können, mag die Tatsache beweisen, daß die sehr zahlreichen Injektionen bei etwa 80 Einzelfällen niemals für die Impflinge zu gefährlichen Reaktionen geführt haben.

Besondere Erwähnung verdient noch die aus der Kinderabteilung der Marburger Chirurgischen Klinik mir durch Herrn Dr. Hagemann am 2. April 1913 zugegangene Mitteilung, daß keines der mit meinem Mittel behandelten Kinder „an Diphtherie erkrankt ist oder Diphtheriebazillen im Rachen beherbergte, obgleich dauernd Bazillenträger im Saale waren und auch eine Diphtherieepidemie im Saale auftrat“.

IX.

M. H.! Sie werden mit mir darin übereinstimmen, daß ein Diphtheriemittel, das in ähnlicher Art wie die Vakzinelymphe Jenners nach ein- bis zweimaliger Anwendung einen langdauernden Infektionsschutz ohne Gesundheitsschädigung des Impflings hinterläßt, keine überflüssige Erfindung oder Entdeckung ist, — trotz der Fortschritte in der kurativen Diphtherietherapie, die wir dem Heilserum verdanken, und trotz der unbestreitbaren Tatsache, daß wir mit dem Heilserum auch Schutzwirkung ausüben können. Wenn die Statistik lehrt, daß beispielsweise in Berlin seit dem Jahre 1906 die Diphtheriemorbiditätsziffer von 2997 auf 11 578 im Jahre 1911 gestiegen ist und seitdem scheinbar sich noch weiter im Steigen befindet; wenn man ferner weiß, daß aus mehr oder weniger berechtigten Gründen die allgemeine Anwendung von präventiven Heilseruminjektionen unterbleibt, wenn schließlich zugegeben werden muß, daß alle sanitätspolizeilich angeordneten Diphtheriebekämpfungsmaßnahmen (Schulenschluß; Raum- und Personendesinfektion; Isolierung der Patienten, Rekonvaleszenten und Bazillenträger; desinfizierende Behandlung und bakteriologische Kontrolle der bazillentragenden Rachenorgane usw.) trotz ihrer nicht geringen Inanspruchnahme ärztlicher und anderweitiger Hilfskräfte und trotz der Belästigung der von ihnen betroffenen Familien, bisher kaum einen merklichen, geschweige denn einen durchgreifenden Erfolg gehabt haben, dann wird leicht zu verstehen sein, wie ich meine in Tierversuchen gründlich erprobte Schutzimpfung mit aller Vorsicht, aber auch mit aller Energie und Konsequenz in die menschenärztliche Praxis einzuführen bemüht bin. Die hingebende und verständnisvolle Mitarbeit, die ich bei meinen Marburger Kollegen — Klinikern und Assistenten — gefunden habe, ist dazu auch weiterhin überall da erforderlich, wo zum Zweck der Sammlung ausgedehnterer Erfahrungen mein Mittel zukünftig außerhalb meines Wohnsitzes geprüft werden soll; und ich muß betonen, daß ich nur solchen Krankenhausdirektoren mein Mittel überlasse, die in der Lage sind, allen in dem oben abgedruckten Programm aufgezählten Bedingungen zu genügen, was durchaus nicht leicht ist.

Da muß zunächst ein in der Untersuchung des Blutes auf Antitoxingehalt gut geschulter Kollege zur Verfügung stehen. Jeder Fall ist vor der Behandlung nicht bloß auf Antitoxin genau zu prüfen, sondern auch daraufhin zu untersuchen, ob er Bazillenträger ist, und im bejahenden Fall ist durch fortlaufende Untersuchung festzustellen, ob die Behandlung mit meinem Mittel die Diphtheriebazillen zum Schwinden bringt. Nach dem Muster des oben in starker Verkleinerung reproduzierten Kurvenprotokolls in Tabelle 1 sind dann periodische Blutprüfungen vorzunehmen, um nach der immunisierenden Behandlung den Gang der Antitoxinproduktion und des Antitoxinschwundes mit genügender Genauigkeit zu erfahren. Es muß ferner eine sehr sorgfältige Protokollführung, in Gestalt meiner Kurventabellen, sowie die regelmäßige

Einlieferung von Duplikaten dieser Tabellen an mein Marburger Institut gewährleistet sein, und so noch manches andere. Nicht auf die große Zahl behandelter Fälle kommt es vorläufig an, sondern auf die genaue Erforschung der Bedingungen in jedem Einzelfall, von denen die Antitoxinproduktion und damit gleichzeitig die Größe des Immunisierungserfolges, die Schnelligkeit seines Eintritts und und seine Dauer abhängig ist. Wenn nach dieser Richtung nichts unterlassen wird, dann sind wir jetzt bei der Diphtherie besser daran als Jenner seinerzeit bei den Pocken. Jenner und seine Nachfolger konnten bei der Einführung der Vakzination nur auf Grund einer großen Statistik das erforderliche Beweismaterial für ihre praktische Brauchbarkeit liefern, während wir die Möglichkeit haben, wie in meinen Institutsexperimenten, durch wissenschaftlich begründete Immunitätsindikatoren uns nicht bloß über „ja“ und „nein“ der Schutzwirkung meines Mittels, sondern auch über seine quantitative Leistung zu vergewissern. Ein einziger Fall, wenn er so durchgearbeitet wird wie der oben zitierte Fall K., lehrt uns da mehr als 100 und 1000 Fälle, an denen der Immunisierungserfolg nur mit Hilfe einer epidemiologisch-therapeutischen Statistik beurteilt werden kann.

Den bis jetzt von mir betretenen wissenschaftlichen Boden für die Prüfung meines Mittels darf ich vorläufig noch nicht verlassen, wenn ich seine zweckmäßigste Zusammensetzung und richtige Dosierung ausfindig machen will, so daß mit möglichst geringer lokaler und, in der Temperaturkurve zum Ausdruck gelangender, allgemeiner Reaktion im gegebenen Falle eine ausgiebige Antitoxinproduktion erreicht wird.

Der Fall K. in der Medizinischen Klinik des Herrn Geh.-Rat Matthes, in dem durch die einmalige subkutane Injektion von $^1/_{16}$ ccm der Mischung MM I — auf welche Meerschweinchen selbst in der Dosis von 1—2 ccm nicht mit unzweideutigen Diphtherievergiftungssymptomen reagieren — eine Antitoxinproduktion von mehr als 600 000 Antitoxineinheiten bewirkt wurde, ist ein Rekordfall. Aber auch dieser Rekord wird voraussichtlich noch geschlagen werden, und wir werden dann in der Lage sein, die Studien über die passive Immunisierung von Kindern mit anthropogenem Diphtherieantitoxin zu wiederholen und zu erweitern. Inzwischen aber brauchen wir für die präventive Diphtheriebekämpfung in der Praxis so hohe Werte nicht. Wir können uns schon zufriedengeben, wenn durch einmalige oder zweimalige Injektion die Impflinge regelmäßig auch nur den Mindestwert von einem einfach-normalen Blut erreichen. Auch danach können wir nach dem, was ich bis jetzt darüber weiß, auf einen über Jahr und Tag andauernden Diphtherieschutz rechnen. Dieses Ziel ist aber schon in absehbarer Zeit erreichbar.

6.

Indikationen und Kontra-Indikationen für das neue Diphtherieschutzmittel „TA"[1]).

M. H.! Vor einem Jahre habe ich an dieser Stelle — im Anschluß an die klinischen Mitteilungen von Geh.-Rat Matthes und Dr. Hahn — über das aus einer Mischung von Diphtherietoxin und Antitoxin bestehende Schutzmittel berichtet und besonders betont, daß dieses neue Diphtheriemittel im Tierexperiment die Produktion von arteigenem Antitoxin bewirkt, welches im Gegensatz zum artfremden Antitoxin sehr lange im Blute zurückbleibt und infolgedessen einen über Jahr und Tag sich ausdehnenden Diphtherieschutz verleiht. Aus diesem Grunde und außerdem deswegen, weil in der zur aktiven Immunisierung erforderlichen Dosis die Toxin-Antitoxin-Mischung (= „TA") gegenüber dem Diphtherieheilserum keine Überempfindlichkeit bewirkt, erklärte ich das neue Schutzmittel zur präventiven Diphtheriebekämpfung für besser geeignet, wie das Heilserum. Durch die klinische Prüfung am Menschen wurden meine tierexperimentellen Ergebnisse bezüglich der antitoxinproduzierenden Fähigkeit meines „TA"-Mittels bestätigt. Im Laufe des letzten Jahres sind nun an einigen von den auf dem vorjährigen Kongresse mitgeteilten Fällen, die nach der „TA"-Behandlung einen hohen Blutantitoxingehalt bekommen hatten, Antitoxinbestimmungen wiederholt ausgeführt worden, und dabei zeigte sich, dass nach anfänglich relativ starkem Schwund später die Abnahme des Blutantitoxingehaltes so langsam erfolgte, dass gegenwärtig noch ein Multiplum von derjenigen Menge im Blute kreist, welche nach meinen Erfahrungen dazu ausreicht, um die epidemiologische Diphtherieinfektion unschädlich zu machen.

Das vor einem Jahre von mir aufgestellte ausführliche Programm zur weiteren Erforschung des neuen Diphtherieschutzmittels ist nach fast allen Richtungen durchgeführt worden. Ca. 1000 Fälle sind an verschiedenen Orten, in Universitätskliniken und anderen Krankenanstalten, unter Zuhilfenahme von Blutprüfungen und Untersuchungen der Rachenorgane auf Diphtheriebazillen, sehr genau beobachtet worden und 2 bis 3000 Fälle sind inzwischen schutzgeimpft worden, bei welchen die sehr mühsame Blutkontrolle, die Temperaturmessungen und anderweitige klinische Studien nicht überall durchgeführt wurden. So liegt reichliches und sehr lehrreiches Material vor für die Urteilsbildung darüber, wie man am zweckmäßigsten vorzugehen hat, um die präventive Diphtheriebekämpfung mit ähnlichem Erfolge in die große Praxis zu übertragen, wie das bei Jenners vakzinatorischer Pockenbekämpfung

[1]) Vortrag auf dem Kongreß für Innere Medizin in Wiesbaden 1914.

geschehen ist. In der Tat, je mehr ich in die Lage versetzt bin, die Leistungsfähigkeit des neuen Mittels auf Grund von Massenimpfungen, insbesondere der Herren Kollegen Kissling und Hahn, einigermaßen zuverläßig abzuschätzen, um so mehr erscheint mir die Hoffnung berechtigt, daß bei richtiger und konsequenter Durchführung des „TA"-Verfahrens die Diphtherie ebenso vermieden werden kann, wie es seit Jenner mit den Pocken überall da gelungen ist, wo systematisch und sachverständig vakziniert wird. Wenn ich das hier ausspreche, so verhehle ich mir dabei freilich nicht, daß die wissenschaftliche Begründung und die praktische Bewährung noch nicht genügende Garantien bieten für Erfüllung dieser meiner Hoffnung in vollem Umfange schon bei meinen Lebzeiten. Ich habe an anderer Stelle es ausgesprochen, daß die Syphilisplage vielleicht leichter noch wie die Lepra durch strenge präventive Maßnahmen zu beseitigen wäre, wenn wir nicht im Quecksilber, Jod und neuerdings im Salvarsan gute Palliativmittel besäßen; und was die Diphtherie angeht, so befürchten Metschnikoff und Roux in ihrem zu meinem 60. Geburtstage geschriebenen Begrüßungsartikel, daß meinem neuen Diphtherieschutzmittel die kurative Wirksamkeit des Heilserums gleichfalls hindernd im Wege stehen könnte!

M. H. K.! Die kurze mir hier zur Verfügung stehende Zeit erlaubt es nicht, auf die zum Teil schon publizierten Erfahrungen mit der aktiven Diphtherieimmunisierung im einzelnen einzugehen. Ich muß mich vielmehr damit begnügen, kurz den gegenwärtigen Stand der Diphtherieschutzimpfungsfrage zu skizzieren, und dann ein neues Programm zu entwerfen, welches, im Gegensatz zu dem vorjährigen, nicht mehr die sorgfältige klinische Prüfung in den Vordergrund stellt, sondern die Ermittelung des praktischen Wertes meiner „TA"-Methode mit Hilfe der therapeutischen Statistik.

Meinen vielen klinischen Mitarbeitern auf dem Gebiete der präventiven „TA"-Anwendung habe ich jeden nur möglichen Spielraum gelassen für die Sammlung von eigenen Erfahrungen über die Dosierung; über die subkutane, intramuskulare und intrakutane Applikation; über die Wahl der Injektionsstellen; über die Auswahl der Impflinge unter jugendlichen und älteren, gesunden und kranken, diphtheriegefährdeten und möglicherweise schon im Inkubationsstadium der Diphtherieerkrankung befindlichen Personen, sowie solchen, welche vermutlich der Diphtherieinfektion nicht ausgesetzt sind. Ich habe ferner die im Laufe des Berichtsjahres nacheinander von mir hergestellten Operationsnummern MM I bis VIII, welche das Toxin und Antitoxin in verschiedenem Verhältnis enthielten, vergleichend prüfen lassen und durch Umfrage dann festzustellen gesucht, welchem von diesen Präparaten meine Mitarbeiter den Vorzug geben. Unzweideutige Unterschiede konnten dabei nicht festgestellt werden. Die Zahl der Einzelinjektionen kann ich nicht genau angeben; sie wird aber kaum weniger als 7000 betragen, so daß die Sichtung und kritische Verarbeitung des ganzen Beobachtungsmateriales keine leichte Aufgabe war. Sie werden aus dem, was ich hier darüber zu sagen habe, entnehmen können, daß ich auf manche Fragen meines Programmes vom vorigen Jahre ganz unzweideutige Antworten bekommen habe, während andere noch nicht ganz gelöste Probleme in absehbarer Zukunft erledigt sein werden.

Mit großer Genugtuung kann ich die Tatsache konstatieren, daß keine von den ca. 7000 Einzelapplikationen einem Impfling geschadet hat. Dieses erfreuliche Ergebnis wäre sicherlich nicht erreichbar gewesen ohne die sorgfältigste Vorprüfung aller Operationsnummern. Diese erfolgt zunächst im Tierexperiment, von welchem ich erstens den einwandfreien Beweis dafür fordere, daß das zur Behandlung des Menschen dienende Präparat auch nicht die Spur von der paralysierenden Toxinquote besitzt, zweitens daß der toxische Effekt im Meerschweinversuche genau definiert wird und drittens daß speziell am Pferde die antitoxinproduzierende Fähigkeit einigermaßen zuverlässig ermittelt wird. Damit erachte ich die Vorprüfung noch nicht für beendigt, sondern verlange dann weiterhin die Einstellung jeder neuen Operationsnummer auf mein Standardpräparat MM I, welches seit nunmehr 15 Monaten seine toxischen und immunisierenden Eigenschaften unverändert beibehalten hat.

Die jetzt endgültig festgelegte Methode dieser Einstellung ist in der Marburger chirurgischen Klinik von Herrn Dr. Hagemann ausgearbeitet worden und wird demnächst in einer Spezialarbeit publiziert werden. Sie beruht darauf, daß an einem und demselben Individuum an einem Arm mit dem Präparat MM I, am anderen Arm mit der neuen Operationsnummer mehrere Intrakutan-Impfungen in einer durch entsprechende Verdünnungen abgestuften Dosierung ausgeführt werden. Die sehr charakteristischen Lokalreaktionen, von welchen Herr Hagemann sehr schöne kolorierte Abbildungen hat anfertigen lassen, geben dann zuverlässige Auskunft über die Toxizitätsverhältnisse.

Gelegentlich solcher vergleichender Untersuchungen, die schon früher vielfach, insbesondere auch von Herrn Stabsarzt Viereck vorgenommen worden sind, haben sich äußerst bemerkenswerte individuelle Eigentümlichkeiten herausgestellt, von welchen ich einige wegen ihrer praktischen Wichtigkeit und wissenschaftlichen Bedeutung hier erwähnen will.

Schon in meiner ersten Mitteilung konnte ich berichten, daß auf kleine Bruchteile von einer solchen Dosis meines Mittels, welche für Neugeborene in der Regel ganz indifferent ist, ältere Personen, namentlich Kinder in der schulpflichtigen Altersperiode, oft sehr stark reagieren. Meine Interpretation dieser Tatsache durch die Annahme einer spezifischen Sensibilisierung durch voraufgegangenen Diphtheriebazillen-Import bei den „TA"-überempfindlichen Individuen darf für die übergroße Mehrzahl der Fälle als richtig angesehen werden. Daneben haben wir aber auch eine nicht-spezifische Überempfindlichkeit gegenüber dem TA konstatiert. Sie war mehrere Male ganz außerordentlich groß bei den von Hagemann untersuchten tuberkulösen und skrofulösen Individuen, bei welchen außer der intensiven Lokalreaktion noch eine besonders große Neigung zu entzündlicher Drüsenanschwellung zutage trat; ferner wurden aus einer größeren Zahl von Neugeborenen und älteren Säuglingen, welche Viereck geprüft hat, einzelne herausgefunden, welche auf ebenso kleine Dosen, wie schulpflichtige Kinder positiv reagierten, bei denen dann später aber die Nachprüfung mit Karbolsäurelösung, mit Salzlösungen, mit erhitztem und dadurch seiner spezifischen Wirksamkeit beraubtem „TA" gleichfalls positiv ausfiel. Mein bisheriges Studium solcher Fälle macht es mir wahrscheinlich, daß wir es hier mit einer individuellen Disposition zu tun haben, die in das wissenschaftlich schwer zu umgrenzende und noch immer ungeklärte, dabei aber praktisch so bedeutsame Gebiet der Diathesen gehört. Für die Diphtherieschutzimpfung verdienen solche Fälle von diathetischer Hautüberempfindlichkeit aus dem Grunde eine besondere Aufmerksamkeit, weil bei ihnen die positiv ausfallende Reaktion — entgegen der normalerweise geltenden Regel — durchaus nicht eine zum Diphtherieschutz ausreichende Antitoxinproduktion gewährleistet. Im Interesse einer Statistik, welche die Schutzwirkung des neuen Mittels beweisen soll, möchte ich bis auf weiteres die Knochen- und Drüsentuberkulose, die lymphatische Diathese und andere diathetische Zustände mit Hautüberempfindlichkeit gegenüber der intrakutanen Injektion von im allgemeinen indifferenten Lösungen — als Kontraindikation für meine Diphtherieschutzimpfung erklären. Auch atrophische Säuglinge scheinen schlechte Antitoxinproduzenten zu sein, und da überdies, trotz sehr zahlreicher Untersuchungen, für Säuglinge die zur Erzeugung einer unzweifelhaft spezifischen „TA"-Reaktion durchschnittlich ausreichende Dosierung noch immer nicht ausfindig gemacht worden ist, so schließe ich vorläufig auch Kinder bis zum Alter von 9 Monaten in die Kontraindikation mit ein.

Gelegentlich der vergleichenden Untersuchung verschiedener Operationsnummern mit Hilfe der intrakutanen Injektion und gelegentlich der probatorischen Intrakutaninjektion zur Ermittelung des Grades der individuellen „TA"-Empfindlichkeit ist die Beobachtung immer von neuem gemacht worden, daß die intrakutane Applikation zur Antitoxinproduktion und Immunisierung durchaus geeignet ist und einer Ergänzung durch nachfolgende subkutane bzw. intramuskuläre Injektion in der Regel nicht bedarf. Diejenigen von meinen klinischen Mitarbeitern welche über Massenimpfungen die größte Erfahrung besitzen, empfehlen ausschließlich die Intrakutanmethode, sind aber noch nicht ganz einig darüber, ob am Rücken zwischen den Schulterblättern oder am Arm geimpft werden soll. Die Entscheidung hierüber ist jedoch nicht so wichtig, wie die Frage nach der Zahl der Injektionen und eventuell nach dem Zeitintervall. Hierzu möchte ich folgende Erklärung abgeben.

Es kann kein Zweifel darüber existieren, daß in vielen Fällen schon eine einmalige Injektion eine ausgiebige und zu langdauerndem Diphtherieschutz ausreichende Antitoxinproduktion bewirkt; soweit ich bis jetzt erkennen kann, handelt es sich dann aber in der Regel um solche Individuen, die durch Diphtheriebazillenimport schon sensibilisiert sind und nicht selten einen, wenn auch nur geringen Blutantitoxingehalt besitzen. Manche dieser Fälle sind an sich schon, auch ohne TA-Impfung, gegen die epidemiologische Diphtherieinfektion geschützt. Für die Fälle aber, auf die es hauptsächlich ankommt — für die nicht sensibilisierten Fälle, muß ich den Grundsatz aufstellen, daß mindestens eine zweimalige Impfung stattzufinden hat. Der erstmaligen Impfung fällt dann die Rolle der Sensibilisierung zu. Nun tritt erfahrungsgemäß die volle Sensibilisierung nicht früher als nach 10—14 Tagen ein, was konsequenterweise zu der Forderung führt, daß die Zweitimpfung nach einem Zeitintervall von nicht weniger als 10 Tagen auszuführen ist. Wenn nach diesem Grundsatz verfahren wird, dann habe ich dem, was ich in meiner ersten Mitteilung über die Dosierung gesagt habe, kaum etwas hinzuzufügen, während die Dosierungsvorschriften ganz andere sein müssen, falls man nach Hahn die Impfung nach viel kleineren Zeiträumen wiederholt.

Gegenwärtig und voraussichtlich noch für längere Zeit, auch wenn zum 1. Juli dieses Jahres die Freigabe des neuen Diphtherieschutzmittels und der geschäftliche Vertrieb von Bremen aus erfolgen sollte, beschränke ich mich auf die Abgabe der Präparate TA VI, VII und VIII, von welchen das letzte die geringste Toxizität besitzt und mit dem Standardpräparat MM I auf Grund der Prüfung von Hagemann als gleichwertig anzusehen ist, während TA VII eine 4mal und TA VI eine 20—40mal stärkere Toxizität für den Menschen besitzt.

Eine im vorigen Jahre noch problematische Angelegenheit — die Frage nämlich nach den quantitativen Beziehungen zwischen dem Blutantitoxingehalt und dem epidemiologischen Diphtherieschutz — ist inzwischen fast vollkommen aufgeklärt worden. Meine Voraussage, daß wir Individuen mit $^1/_{100}$-—$^1/_{20}$fach normalem Blute genügend Diphtherie geschützt finden werden, hat sich durchaus bewahrheitet. Es kommt freilich hier und da vor, daß auch bei einem Gehalt von mehr als $^{1}/_{20}$ Antitoxineinheit in 1 ccm Blut eine durch das Diphtherievirus bedingte Erkrankung der Halsorgane beobachtet wird; diese hat dann aber durchaus lokalen Charakter und verläuft abortiv ohne Anzeichen der Mitbeteiligung innerer Organe am diphtherischen Prozeß, was so zu erklären ist, daß nur solche Teile der Halsorgane, die vom Blutkreislauf mehr oder weniger vollständig ausgeschaltet sind, des Diphtherieschutzes entbehren.

Bei den überaus zahlreichen Blutantitoxinbestimmungen, die im Einverständnis mit mir auch an unbehandelten Fällen ausgeführt worden sind, konnte bei nicht weniger als 60—80 Proz. der Neugeborenen und bei fast ebensovielen erwachsenen Personen Antitoxin im Blute nachgewiesen werden. Diejenigen Altersklassen aber, welche den größten Prozentsatz zur Morbiditätsziffer liefern, geben viel seltener einen positiven Antitoxinbefund. Da wir nun, in Übereinstimmung mit anderweitig gewonnenen Ergebnissen, nach dem Überstehen einer diphtherischen Allgemeinerkrankung in der Regel das Blut antitoxinfrei gefunden haben, so ist einerseits anzunehmen, daß gerade der Diphtheriebazillenimport o h n e klinisch nachweisbare Diphtherierkrankung die häufigste Ursache der Spontan-Immunisierung ist und andererseits, daß Infektionen mit insensibler Reaktion in einem diphtheriedurchseuchten Milieu überaus häufig vorkommen, was ja auch in der großen Zahl von gesunden Diphtheriebazillenträgern zum Ausdruck kommt. Die von einigen Autoren ausgesprochene Befürchtung, daß bei Personen, welche unter dem Einfluß des Diphtherievirus stehen, mein Schutzmittel kontraindiziert sei, ist durch die Erfahrungen der Praxis endgültig widerlegt worden. Kein einziger von den zahlreichen Bazillenträgern, welche mit dem „TA"-Mittel geimpft worden sind, erkrankte an Diphtherie. Die Frage, ob durch die aktive „TA"-Immuniserung die Diphtheriebazillen aus dem Körper ihrer Träger schneller beseitigt werden, ist von einigen meiner klinischen Mitarbeiter mit „Nein", von anderen mit „Ja" beantwortet worden. Die Entscheidung hierüber steht also noch sub judice. Auch der von K i s s l i n g gewonnene Eindruck, daß in seinen Fällen von diphtherischer Lähmung mein Schutzmittel den Heilungsprozeß günstig beeinflußt habe, wird durch weitere Beobachtungen noch zu verifizieren sein, fordert aber zur Untersuchung darüber auf, ob nicht überhaupt nach schwerer Diphtherie durch kleine „TA"-Dosen die Rekonvaleszenz beschleunigt wird.

Noch manche andere durch zuverlässige Beobachtungen gut begründete Indikationen, z. B. die Schutzimpfung des Ärzte- und Pflegepersonals auf Diphtheriestationen, wären erwähnenswert, aber die mir zugemessene Zeit ist überschritten und ich darf Ihre Geduld nicht länger in Anspruch nehmen.

Nur noch ein paar Worte zum Schluß.

Ich habe schon darauf hingewiesen, daß zukünftig durch die therapeutische Statistik über die zweckmäßigste Art der praktischen Verwertung meines Diphtherieschutzmittels entschieden werden soll. Ich denke mir die statistische Beweiskraft da am größten, wo innerhalb eines relativ kleinen Staatsgebietes die Schutzimpfung möglichst lückenlos an allen diphtheriebedrohten Staatsangehörigen durchzuführen ist. Wenn das geschieht, und wenn danach dann eine Reduktion der jährlichen Diphtheriemorbiditätsziffer auf einen Bruchteil der bisher beobachteten zu konstatieren ist, dann haben wir damit den denkbar kräftigsten Beweis für den Wert der neuen Diphtheriebekämpfungsmethode geliefert. In Deutschland möchte ich dafür unsere Hansastädte für am meisten geeignet halten.

Der Kongreßbericht („Verhandlungen des Deutschen Kongresses für innere Medizin"). Herausgegeben von Emil Pfeiffer. XXX. Kongreß (Verlag von F. F. Bergmann) 1914 enthält noch folgende Diskussionsbemerkungen.

Herr B. Hahn (Magdeburg):

Wenn ich zu dem Vortrag von Exz. v. Behring das Wort erbeten habe, so ist das hauptsächlich mit Rücksicht auf den Teil des Vortrages geschehen, der sich beschäftigt mit den Zeitintervallen zwischen den verschiedenen Impfungen und mit den angewandten Dosen.

Meine serologischen Erfahrungen stützen sich zunächst auf 140 klinisch nach jeder Richtung untersuchte Fälle, die mit dem v. Behringschen Schutzstoffe geimpft wurden. Die serologischen Auswertungen wurden gemeinsam von Herrn Dr. Sommer und mir ausgeführt. Ich habe mit den meisten bei Menschen zur Verwendung gelangten Gemischen geimpft und zwar anfangs subkutan und intramuskulär wie intrakutan, habe dann in den weiteren Untersuchungen ausschließlich die intrakutane Methodik bevorzugt, da sie den beiden ersteren in ihrem serologischen Impfeffekt nicht nachsteht, dagegen im Gegensatz zu jenen eine exakte Kontrolle zuläßt über die Höhe der von jedem Individuum ohne unangenehme Nebenerscheinungen ertragenen Dosis.

Durch die Absicht geleitet, durch serologische Untersuchungen bezüglich des Einflusses der Dosierung und des Zeitintervalls auf den antitoxinproduzierenden Wert der Schutzimpfung mir ein zuverlässiges Urteil zu bilden, habe ich mich wesentlich von den v. Behring in seiner ersten Mitteilung aufgestellten Forderungen entfernen müssen.

Mein Bestreben war es, möglichst frühzeitig eine deutliche Antikörperproduktion zu erzielen und außerdem einen möglichst hohen Blutantitoxingehalt zu erreichen. Ich habe infolgedessen in drei ausgedehnten Versuchsreihen verschiedene Immunisierungsmethoden miteinander verglichen.

Bei der ersten Methode wurde am 1. und 11. Tage je eine Injektion vorgenommen, und zwar am 1. Tage von $^1/_{10}$ ccm einer dreifachen Verdünnung des Präparates MM I bez. des diesem gleichwertigen Präparates MM VIII (TA VIII). Die zweite Dosis wurde nur dann verdoppelt oder verdreifacht, wenn auf die erste Impfung eine Reaktion nicht aufgetreten war. Wir bekamen hier bisweilen weder auf die erste noch auf die zweite Dosis eine lokale Reaktion.

Bei der zweiten hauptsächlich von mir, abweichend von anderen Untersuchern ausgeübten Methode, werden am 1., 3. und 5. Tage steigende Mengen des Gemisches injiziert bis zu einer deutlichen Lokalreaktion von mindestens 2 bis 3 cm Durchmesser des Infiltrates, was annähernd der Reaktion 2. Grades nach Kleinschmidt-Viereck entspricht. Es war hierzu in vielen Fällen eine Injektion von nicht weniger als $^1/_{10}$ ccm MM VI (TA VI) nötig, was 2 ccm des Gemisches MM I entsprechen würde.

Eine dritte Methode schließlich, nach der wir in letzter Zeit geimpft haben und weiter impfen werden, stellt eine Kombination der beiden ersten Methoden dar. Wenn nämlich nach der oben erwähnten zweiten (Magdeburger) Methode verfahren und am 3. und 5. Tage die 1. Dosis bis zu der schon geschilderten Reaktion gesteigert war, so wurde am 11. Tage die Höchstdosis nochmals wiederholt. Ich hebe ausdrücklich hervor, daß die Reaktion hier meist schwächer oder gleich stark war, wie auf die Injektion des 5. Tages.

Impfschäden wurden in keiner Weise beobachtet. Als unangenehme Nebenwirkungen habe ich in wenigen Fällen Kopfschmerzen, nur in einem Falle eine leichte Temperatursteigerung beobachtet.

Die antitoxischen Blutprüfungen wurden vor der Immunisierung und dann am 11. und 21. Tage vorgenommen.

Die Resultate waren kurz folgende:

Am 11. Tage gab die 2. und 3. Methode schon gute Resultate. Wir fanden 5, 10 und 15 Einheiten im Kubikzentimeter Serum. Dagegen waren die Resultate derersterwähnten Methode recht unregelmäßige: Neben einigen guten Impferfolgen war es in einzelnen Fällen überhaupt nicht zu einer Antikörpersteigerung gekommen.

Beide wurden bei weitem durch die 3. Methode (Kombinationsmethode) übertroffen, die gleichmäßige Resultate gab und sehr hohe Serumwerte zeitigte. Wir fanden hier Seren mit einem Antitoxingehalt bis zu 200 Einheiten im Kubikzentimeter. Solches Serum ist, wie Exz. v. Behring schon vor einem Jahre an dieser Stelle hervorhob, für die passive Immunisierung menschlicher Individuen von überaus großem Wert.

Ich muß hinzufügen, daß diese vergleichenden Impfungen fast ausschließlich bei Erwachsenen über 17 Jahren vorgenommen wurden.

Was die Dauer der serologisch kontrollierten Immunität angeht, so haben wir 3 Patienten, die vor nunmehr 10 Monaten von mir immunisiert wurden, und damals 15- bis 30fache Seren aufwiesen, dauernd serologisch weiter verfolgt. Sie besitzen jetzt noch 1 bis 3 Immunitätseinheiten im Kubikzentimeter Serum, also ein 100- und mehrfaches Multiplum des durchschnittlich zum Diphtherieschutz ausreichenden Blutantitoxingehaltes.

Vorsitzender:

Wir danken Ihnen, Exzellenz, auf das wärmste, daß Sie auch in diesem Jahre unseren Kongreß als die Stelle gewählt haben, an der Sie diese bedeutsame Mitteilung machen. Wir wollen mit Ihnen wünschen und hoffen, daß das neue Diphtherieschutzmittel sich im Kampfe gegen eine der verderblichsten Seuchen bewähren möge, und daß wir Ihnen nicht nur das wirksamste Bekämpfungsmittel der Krankheit, sondern auch das schützende Vorbeugemittel verdanken möchten.

Menzer (Bochum):

M. H.! Das hohe Verdienst, das sich Seine Exz. v. Behring zweifellos durch Einführung der Diphtherieheilserumtherapie erworben hat — ich will dabei aber bemerken, daß es noch heute eine ganze Anzahl allerschwerster Fälle von Diphtherie gibt, die wir nicht retten können —, kann uns nicht davon abhalten, die neuen Dinge, die er hier vorträgt, eingehend zu prüfen.

Ich will selbstverständlich nicht die Tatsache bezweifeln, daß der antitoxische Titer des Blutserums bei den nach v. Behring geimpften Kindern gesteigert werden kann. Die Frage ist nur, ob damit praktisch etwas erreicht wird.

Die bisher dafür erbrachten Beweise erscheinen mir nicht genügend. Zunächst wird angeführt, daß es in einer größeren Zahl von Fällen gelungen sei, auf Krankensälen, auf denen ein Fall von Diphtherie vorkam, die anderen durch rechtzeitige Schutzimpfung vor Ansteckung zu bewahren.

M. H.! Dies kann man auch ohne Schutzimpfung nicht selten beobachten. Jeder Krankenhausarzt wird es erlebt haben, daß ein Kind mit unklaren Krankheitserscheinungen auf einen gewöhnlichen Krankensaal eingeliefert wird. Die Diphtherie wird noch nicht gleich richtig erkannt, am nächsten Morgen sieht man, daß der Hals die verdächtigen Zeichen hat, die Untersuchung ergibt Diphtheriebazillen, und trotzdem die anderen Kinder nicht immunisiert werden, kommt auf dem Saale kein anderer Fall von Diphtherie vor. Das gleiche können wir auch bei Scharlach beobachten, wenn plötzlich ein Scharlachfall auf einem solchen Kindersaal auftritt. Es ist nicht immer gesagt, daß irgendwie eine Propagation der Infektion stattfinden muß. Wir müssen uns auf den Standpunkt stellen, daß Diphtherie und Scharlach unter den Krankenhausverhältnissen nicht so kontagiös sind, wie wir das im allgemeinen glauben.

Ganz anders liegt es natürlich in dem Milieu der Arbeiter und dergleichen, wo die Kinder im engsten Konnex miteinander sind. Da möchte ich natürlich die Frage der Kontagion nicht ablehnen; aber in einem gut geleiteten Krankenhause ist die Infektionsgefahr nicht so erheblich, und alle Schlüsse, die man aus einer Schutzimpfung ziehen will, sind nicht so zwingend, wie es uns heute vorgeführt worden ist.

Die zweite Frage ist die: wie lange wird ein solcher Schutz, der eventuell gegeben ist, vorhalten? Die Diphtherie der Arbeiterkinder, wie wir sie in unsere Krankenhäuser bekommen, ist nicht allein ein Effekt des Diphtheriebazillus, sondern nicht selten der ganzen Schädigungen der Konstitution, die jahrelang bei solchen Kindern stattgefunden haben. Skrofulose, Anämie, Rachitis und dergleichen bieten solche Kinder oft dar, und daß die Diphtherie so schwer verläuft, ist eben schon eine Folge ihrer geschädigten Konstitution, und alle die Krankheiten, wie Diphtherie, Scharlach usw., sind in hohem Maße Krankheiten des sozialen Milieus, aus denen das Kind herauskommt, sie sind nicht eine Folge des Bazillus allein. Ich möchte Sie bloß erinnern an die Erfahrungen, die die Franzosen im letzten Winter mit ihrem Heer gemacht haben. Haben die Soldaten etwa den Scharlach soviel bekommen, weil die Erreger in den Kasernen plötzlich häufiger geworden sind, oder sind die Menschen durch das Milieu geschädigt worden, in dem sie die ganze Zeit gelebt haben?

Jede Statistik, die sich daher auf eine Minderung von Diphtheriefällen in einem bestimmten Zeitraum stützen will, ist unvollständig, wenn sie nicht auch die sozialen Verhältnisse berücksichtigt. Mit der Besserung der Lebenshaltung in den Arbeiterfamilien, sowie auch ihrer Verschlechterung werden die Seuchen abnehmen oder zunehmen.

Ferner wissen wir, daß der durch aktive Immunisierung gegebene Schutz nicht lange vorhält, z. B. bei Tauroman etwa ein 1 Jahr, ebenso auch nicht viel länger bei der Typhusschutzimpfung. Ebenso werden auch die natürlichen Schutzkräfte der Menschen durch Entbehrungen, schlechte Ernährung, Pflege und dergleichen, unwirksam. Glaubt v. Behring, daß sein Diphtherieinfektionsschutz bei Kindern, die unter ungünstigen sozialen Verhältnissen leben, ein lange dauernder sein wird?

Auch hat v. Behring die skrofulösen, tuberkulösen usw. Kinder als überempfindlich gegen seine Impfung bezeichnet und will sie deshalb bei der Immunisierung ausschalten. Gerade diese Kinder sind aber nach meiner Erfahrung oft diejenigen, die an schwerster Diphtherie erkranken. Gerade für diese wäre, wenn überhaupt, ein erhöhter Diphtherieschutz erwünscht. Sollen etwa diese Kinder bei einer Statistik den anderen schutzgeimpften Kindern von besserer Konstitution gegenübergestellt werden?

Ich bin daher der Meinung, daß durch die bisherigen Erfahrungen nicht sicher bewiesen ist, daß wir darauf hoffen können, daß die Diphtherie auf diese Weise ausgerottet werden wird. Nur eine weitgehende Besserung der sozialen Verhältnisse kann da gründliche Abhilfe schaffen.

v. Behring (Marburg), Schlußwort:

Ich möchte an die Worte des Herrn Vorredners anknüpfen. Wenn ich ihn recht verstanden habe, hat er zwei Bedenken gegen das, was ich selbst, und gegen das, was Herr Dr. Hahn ausgeführt hat, vorgebracht, erstens die Bemängelung der Beweiskraft von denjenigen Momenten, die dafür sprechen sollen, daß das Mittel etwas nützt, und zweitens die Bemängelung der Behandlung mit spezifischen Mitteln — so habe ich ihn wenigstens verstanden — überhaupt. (Herr Menzer, Bochum: Nein!) Was den ersten Teil betrifft, so möchte ich dazu sagen, daß ich mich sehr ausführlich über die Beweiskraft für die Leistungsfähigkeit verschiedener therapeutischer Methoden im 7. Heft meiner Beiträge ausgesprochen habe Was der Herr Vorredner über die Mängel der therapeutischen Statistik gesagt hat, erkenne ich als durchaus richtig an. Ich habe aber nicht versäumt, in meinem Vortrage vorher schon zu erwähnen, was ich als beweiskräftig für die Schutzwirkung ansehen würde. Wenn in einem geschlossenen, relativ kleinen Staatsgebiet, sagen wir in Hamburg oder in Bremen oder in Hamburg und Bremen, alle diphtheriebedrohten Individuen geimpft werden, und wenn dann nach 2 Jahren die Erkrankungsziffer der gesamten Bevölkerung 10mal geringer ist als die letzten 10 Jahre, so würde ich das als einen sehr kräftigen Beweis für die Wirksamkeit der Methode ansehen.

Im übrigen: Bedenken, wie der Herr Vorredner sie vorgebracht hat, sind ja zu Hunderten und zu Tausenden auch bezüglich der Heilkraft des Diphtherieserums erhoben worden, aber es war eine durchschlagende Sache, als Heubner mitteilte, daß zu gleicher Zeit in Berlin, bei gleicher Rekrutierung von Diphtheriepatienten und ungefähr gleicher Belegung, die Charité, wo systematisch gespritzt wurde, 13 Proz., Bethanien aber, wo nicht gespritzt wurde, 47 Proz. Sterbefälle an Diphtherie hatte.

Überall, wo diese und ähnliche Tatsachen nicht absichtlich oder aus Unkenntnis unberücksichtigt gelassen wurden, war das von einer solchen Beweiskraft, daß Virchow, der ursprünglich einigermaßen skeptisch meiner Heilmethode gegenüberstand, von der brutalen Gewalt der Zahlen sprach, die auch ihm es ganz unzweifelhaft mache, daß wir das Mittel als wirksames Heilmittel betrachten müssen.

Über die Jennersche Pockenimpfung wird noch heute immer wieder diskutiert. Aber für die Statistik kann kein Zweifel sein, daß die Jennersche Schutzimpfung auch ohne Besserung der sozialen Verhältnisse wirksam ist, und diese Beweiskraft der statistischen Methode gedenke ich auch für mein Mittel in Anwendung zu bringen.

Was dann den zweiten Teil der Bemerkungen des Herrn Vorredners betrifft, so ist das, was er sagte, schon vor mehr als 50 Jahren von Virchow vorgebracht worden, als er über die Entstehung des Typhus in Oberschlesien sprach und ihn zum Hungertyphus gestempelt hat. Was an derartigen Erwägungen richtig ist, wenn wir nämlich die sozialen Bedingungen als nicht unwichtig für die Entstehung einer Krankheit ansehen, darf uns aber nicht hindern, auch mit spezifischen Krankheitsursachen zu rechnen, und das darf uns auch nicht hindern, auf die spezifische Krankheitsursache ätiologisch-therapeutisch einzuwirken.

Für mein neues Diphtherieschutzmittel trifft das ja aber alles nicht zu. Wenn ich durch mein Mittel imstande bin, die Diphtherie zu verhüten, kann für die Fälle, die gar nicht krank werden, das nicht in Betracht kommen, was der Herr Vorredner darüber geredet hat.

Noch ein Mißverständnis muß ich aufklären. Ich habe nicht gesagt, daß für skrofulöse und tuberkulöse Kinder mein Mittel nicht anwendbar ist, sondern ich habe seine Anwendung bis auf weiteres, nämlich solange, bis durch fortgesetzte Studien die geeignete Dosierung festgestellt sein wird, in der ärztlichen Praxis für kontraindiziert erklärt.

7.

Aufgaben und Leistungen meines neuen Diphtherieschutzmittels[1]).

I.

Das aus Antitoxin bestehende, in der Regel von immunisierten Pferden herstammende Diphtherieheilserum hat sich als Mittel zur kurativen Diphtheriebekämpfung gut bewährt. Wenn neuerdings von amtlicher Stelle aus mitgeteilt worden ist, daß vor der Anwendung des Heilserums im Deutschen Reiche etwa 60 000 Menschen jährlich an Diphtherie starben, gegenwärtig aber nur noch etwa 11 000 Diphtherietodesfälle in einem Jahre zu verzeichnen sind, und wenn überall in europäischen und außereuropäischen Ländern, in welchen das Heilserum sachverständig und einigermaßen konsequent angewendet wird, ungefähr der gleiche, zum Teil sogar ein noch stärkerer Rückgang der Diphtheriemortalität stattgefunden hat, so wird kaum noch irgendwo bestritten, daß dieses erfreuliche Ergebnis der therapeutischen Statistik der Heilwirkung des Diphtherieantitoxins zu verdanken ist. Nun ist aber das Antitoxin nicht bloß zur kurativen, sondern auch zur präventiven Diphtherietherapie befähigt, und ich hatte ursprünglich gehofft, daß es mit Hilfe des Heilserums gelingen würde, auch die Morbidi-

[1]) Aus Nr. 20 der Berl. klin. Woch. 1914.

tätsziffern wesentlich zu verkleinern. Diese Hoffnung hat sich jedoch nicht erfüllt. An vielen Orten ist sogar die Zahl der Diphtherieerkrankungen nicht unerheblich gestiegen, so z. B. in Berlin von etwa 3000 im Jahre 1906 auf jährlich mehr als 11000 seit dem Jahre 1911; und soviel bis jetzt zu erkennen ist, hat weder die Verschärfung der sanitätspolizeilichen Maßnahmen zur Verminderung der Ansteckungsgefahr, noch die Belehrung des Publikums von seiten der Behörden und der Ärzte über die Schutzwirkung des Diphtherieheilserums, noch auch die unentgeltliche Abgabe des Heilserums für präventive Injektionen einen unzweideutigen Erfolg gehabt.

Ob und inwieweit durch zeitweisen Schulenschluß, durch Raum- und Personaldesinfektion, durch Isolierung der Diphtheriepatienten, der Rekonvaleszenten und der gesunden Bazillenträger, durch desinfizierende Behandlung und bakteriologische Kontrolle der bazillentragenden Rachenorgane usw. die Diphtherie wirksam bekämpft werden kann, will ich hier unerörtert lassen, möchte aber jeden Zweifel ausschließen an dem sofortigen Eintritt des Diphtherieschutzes mit dem Moment, wo wir dem noch nicht infizierten, aber diphtheriegefährdeten Individuum durch Heilseruminjektion einen $^1/_{100}$—$^1/_{20}$fach normalen Blutantitoxingehalt verschafft haben. Für einen 50 kg schweren Menschen ist dazu eine Heilserumdosis von etwa 250 Antitoxineinheiten erforderlich. Die in unzähligen Beobachtungen immer von neuem bestätigte Schutzwirkung des Antitoxins, welche außerdem durch das wissenschaftliche Experiment jederzeit verifiziert werden kann, würde zweifellos der präventiven Serumtherapie ohne jede Schwierigkeit zur allgemeinen Einführung in die ärztliche Praxis verholfen haben, wenn nicht die Erfahrung gezeigt hätte, daß der Wert dieser so glänzend demonstrierbaren Schutzkraft des Heilserums durch folgende Mängel beeinträchtigt wird.

Erstens nämlich schwindet das Antitoxin, wenn es aus heterogenem Serum, speziell aus Pferdeserum herstammt, im menschlichen Blute in so schnellem Tempo, daß es nach etwa 20 Tagen von $^1/_{20}$ Antitoxineinheit auf weniger als $^1/_{1600}$ Antitoxineinheit in 1 ccm gesunken ist und dann eine Schutzwirkung kaum ausüben kann.

Zweitens findet, wenn nach 20 Tagen die Infektionsgelegenheit fortbesteht, und wenn man nun von neuem Heilserum einspritzt, ein beschleunigter Antitoxinschwund statt, derart, daß nunmehr schon nach 5—8 Tagen kein Antitoxin im Blute mehr nachweisbar ist.

Drittens wird durch die erstmalige Seruminjektion eine individuelle Serumüberempfindlichkeit (Anaphylaxie) bewirkt, welche nicht selten sich durch unerwünschte Nebenwirkungen äußert, wenn später größere Serumdosen für Heilzwecke injiziert werden. Diese Überempfindlichkeit bleibt jahrelang zurück. Nach dem Urteil kompetenter Kinderärzte werden ihre Gefahren vielfach sehr übertrieben, aber die Scheu vor der präventiven Heilserumanwendung wird einigermaßen verständlich, wenn zugegeben werden muß, daß sie nur einen sehr kurze Zeit anhaltenden Diphtherieschutz gewährt und außerdem zu unangenehmen Serumerkrankungen disponiert.

II.

Die Immunisierung durch Antitoxin hat Ehrlich passiv genannt im Gegensatz zur aktiven Immunisierung, bei welcher antikörperproduzierendes Antigen einverleibt wird; es soll damit zum Ausdruck gebracht werden, daß durch das Antigen die Immunität zustande kommt unter Mitwirkung vitaler Körperelemente, während sie durch das Antitoxin ohne zelluläre Reaktion bewirkt wird. Ursprünglich glaubte man, daß es zum Wesen der passiven Immunisierung gehöre, wenn sie eine nur kurze Immunitätsdauer zur Folge hat, während doch erfahrungsgemäß die aktive Immunisierung einen langdauernden, zuweilen einen jahrelang dauernden Krankheitsschutz zurückläßt. Aber bei meiner Auffasung des Immunzustandes, welcher zufolge der erworbene Krankheitsschutz immer, auch wenn er aktiv erzeugt wird, auf Antikörper zurückzuführen ist, lag es nahe, die Ursache des Unterschiedes in der Immunitätsdauer darin zu suchen, daß in den Fällen von schnell vorübergehendem Schutz nach passiver Immunisierung es sich um fremdartige Antikörper handelte, dagegen bei der aktiven Immunisierung um eigenartige Antikörper, und daß speziell die antitoxischen Antikörper, wenn sie heterogen sind, viel kürzere Zeit im Organismus zurückbleiben, wie die autogenen und homogenen. Diese Interpretation konnte in meinem Marburger Institut vor nunmehr 16 Jahren experimentell als richtig bewiesen werden, und sie ist seitdem auch anderweitig bestätigt worden. Im Laufe des vorigen Jahres habe ich dann noch an einer großen Zahl von Meerschweinchen mich davon überzeugt, daß das Diphtherieantitoxin aus dem Blute dieser Tiere, wenn es von Meerschweinchen herstammt, also homogen ist, nach passiver Immunisierung nicht schneller, sondern eher noch etwas langsamer verschwindet als nach aktiver Immunisierung. Die dieses beweisende Versuchsanordnung will ich in folgendem wegen ihrer Wichtigkeit etwas genauer beschreiben.

Bekanntlich gehörte es bis vor nicht langer Zeit zu den schwierigsten Aufgaben, Meerschweinchen gegenüber dem Diphtheriegift immun zu machen; aber mit Hilfe meines neuen Diphtheriemittels TA gelingt das leicht und sicher. Unter etwa 50 Tieren habe ich mehr als 80 Proz. sogar dazu gebracht, daß sie von meinem Diphtheriegift, von welchem 1 ccm 200 000 + M. enthält, d. h. 800 Meerschweinchen von je 250 g Gewicht nach 4—5 Tagen tötet, mehrere

Kubikzentimeter vertrugen. Solche immunisierte Meerschweinchen lieferten mir ein 4—8faches Diphtherieserum. Wenn ich nun beispielsweise von einem 5fachen Meerschweinserum (DAN[5]) einem Meerschweinchen von 200 g Gewicht 2 ccm subkutan injizierte, so war nach etwa 24 Stunden das Optimum seines Blutantitoxingehaltes erreicht mit etwa $^1/_2$ AE. in einem Kubikzentimeter Blut. Mehrere durch passive Immunisierung auf einen solchen Blutantitoxingehalt gebrachte Meerschweinchen beobachtete ich dann unter genau den gleichen Lebensbedingungen zusammen mit solchen Meerschweinchen, welche durch aktive Immunisierung $^1/_2$fach normales Blut bekommen hatten. Alle zeigten bei der innerhalb der ersten 14 Tage vorgenommenen Blutprüfung einen ziemlich beträchtlichen Antitoxinschwund, der dann aber weiterhin sich relativ langsam vollzog, bis nach Ablauf von 3—4 Monaten der Blutantitoxingehalt auf weniger als $^1/_{600}$fach gesunken war; und zwar bei den aktiv immunisierten Tieren etwas schneller wie bei den passiv immunisierten.

Bei einem Gehalt von $^1/_{600}$fach normalem Blut prüfte ich einige Tiere auf ihre Widerstandsfähigkeit gegenüber der Infektion mit virulenten Diphtheriebazillen, von welchen $^1/_{50}$ ccm reichlich gewachsene, eintägige Bouillonkultur für 100 g Meerschweinchengewicht das Doppelte der tödlichen Minimaldosis repräsentiert. Während die Kontrolltiere bei dieser Dosierung nach 40—50 Stunden an Diphtherie starben, überstanden sowohl die aktiv wie die passiv auf $^1/_{600}$fach normalem Blutantitoxingehalt gebrachten Tiere diese Infektion — die aktiv immunisierten jedoch mit geringerer Lokalreaktion und schneller eintretender Rekonvaleszenz.

Daß auch beim Menschen das autogene und homogene Diphtherieantitoxin im Blut viel länger nachweisbar bleibt, wie das heterogene, konnte schon auf dem vorjährigen Kongreß für innere Medizin in Wiesbaden, auf Grund von Beobachtungen in der Marburger medizinischen Klinik, berichtet werden. Die damals erwähnten Fälle Kumpf und Hartmann sind inzwischen weiter untersucht worden. Ihr Verhalten spricht dafür, daß menschliche Individuen gleichartiges Antitoxin mit noch größerer Hartnäckigkeit konservieren wie die Meerschweinchen, was übrigens auch für Pferde gilt. Auf dem diesjährigen Wiesbadener Kongreß hat dann Hahn über aktiv mit meinem Diphtherieschutzmittel immunisierte Menschen folgendes ausgesagt:

„Was die Dauer der serologisch kontrollierten Immunität angeht, so haben wir 3 Patienten, die vor nunmehr 10 Monaten immunisiert wurden, und welche damals 15—30fache Seren aufwiesen, dauernd serologisch weiter verfolgt. Sie besitzen jetzt noch 1 bis 3 Antitoxineinheiten in 1 ccm Serum, also ein 100faches und noch größeres Multiplum des durchschnittlich zum epidemiologischen Diphtherieschutz ausreichenden Blutantitoxingehaltes." Es ist zu erwarten, daß in diesen Fällen von Hahn noch sehr lange Zeit vergehen wird, ehe der Blutantitoxingehalt auf $^1/_{20}$- bis $^1/_{100}$fach gesunken sein wird; bei diesen Grenzwerten aber ist nach unseren bisherigen Erfahrungen der Diphtherieschutz noch genügend groß, um in der Regel eine epidemiologische Diphtherieinfektion unschädlich zu machen. Bei geringerem ursprünglichen Antitoxingehalt werden naturgemäß diese Grenzwerte früher erreicht sein. Das Verhalten einer größeren Zahl von sorgfältig kontrollierten Fällen läßt jedoch darauf schließen, daß etwa ein Jahr vergeht, ehe der Antitoxingehalt von $^1/_2$fach bis auf $^1/_{20}$- bis $^1/_{100}$fach normal sinkt, wenn nicht ein abnorm starker Stoffwechsel den Antitoxinschwund beschleunigt.

III.

Nach den bis jetzt vorliegenden Erfahrungen wäre zur präventiven Bekämpfung der Diphtherie das sicherste, am schnellsten wirksame und dabei ganz unschädliche Verfahren die passive Immunisierung mit homogenem Antitoxin. Selbst wenn wir damit nur $^1/_5$fach normales Blut bei gesunden Kindern von 1 Jahr und darüber erreichen, glaube ich eine ausreichende Immunität für die Dauer von durchschnittlich 12 Monaten voraussagen zu können. Auf 100 kg Körpergewicht berechnet würden dazu etwa 200 AE. erforderlich sein, und dieses Antitoxinquantum ist in 1 ccm Serum erhältlich von einem nicht unbeträchtlichen Prozentsatz derjenigen Fälle, welche nach der später zu beschreibenden dritten Immunisierungsmethode von Hahn behandelt werden. Eine Sensibilisierung tritt nach der Injektion von homogenem Antitoxin nicht ein, so daß nötigenfalls die passive Immunität unbedenklich von Jahr zu Jahr wiederholt werden könnte. Aber das vom Menschen stammende Diphtherieantitoxin wird nur für eine sehr beschränkte Zahl von diphtheriegefährdeten Individuen zugänglich sein. Für die übergroße Mehrzahl werden wir angewiesen bleiben auf mein Schutzmittel TA, welches aus einer Mischung von Toxin (T) und Antitoxin (A) besteht und eine aktive Immunisierung bewirkt. Ich habe deswegen im Laufe des vergangenen Jahres das Studium dieses aktiven Immunisierungsmittels in erster Linie mir angelegen sein lassen und in meinem Vortrage auf dem diesjährigen Wiesbadener Kongreß vom 23. April darüber ausführlich berichtet.

Nachdem in vergleichenden klinischen Untersuchungen von den verschiedenen Methoden der Applikation des TA-Mittels die anfänglich nur probatorisch — zur Ermittelung der individuellen TA-Empfindlichkeit und der zur Immunisierung ausreichenden TA-Dosis — verwendete Intrakutanmethode sich auch zur ausreichenden Antitoxinproduktion beim Menschen als geeignet erwiesen hatte, habe ich nur noch diese Injektionsmethode für Massenimpfungen empfohlen. Die detaillierte Analyse der dabei erreichten Resultate wird in Spezialarbeiten später erfolgen. Inzwischen muß aber darauf hingewiesen werden, daß ich die Behandlung mit TA nicht als ausreichend zur Immunisierung ansehe, wenn nicht mindestens zweimal mit einem Zeitintervall von 10—14 Tagen geimpft worden ist, und wenn nicht durch die Impfung unverkennbar spezifische Lokalreaktionen erzielte werden. Sehr starke Reaktionen sind jedoch nicht erforderlich, ja sie sind auch nicht erwünscht; zumal wenn sie mit schmerzhafter Schwellung benachbarter Lymphdrüsen einhergehen, kann durch zu starke Reaktionen die Antitoxinproduktion und Immunisierung sogar fehlschlagen.

Um die zur Erreichung einer erwünschten Reaktion erforderliche Dosis von einer meiner gegenwärtig für die Schutzimpfungen in der ärztlichen Praxis in Betracht kommenden Operationsnummern TA VI, VII und VIII im Einzelfall ausfindig zu machen, empfehle ich, erstmalig zwei intrakutane Injektionen, und zwar mit je 0,1 ccm von $\frac{\text{TA VIII}}{5}$ und $\frac{\text{TA VII}}{16}$, auszuführen. Wenn auf keine dieser Injektionen eine unzweideutige Reaktion eintritt, so ist 2—3 Tage später die Dosis zu verstärken ($\frac{\text{TA VII}}{4}$, wenn der Impfling gar nicht reagierte, oder $\frac{\text{TA VII}}{8}$, wenn die Reaktion zweifelhaft war). Diejenige Dosis, welche bei der erstmaligen bzw. zweitmaligen Impfung eine mäßige Reaktion verursachte, ist dann 10—14 Tage später zu wiederholen.

Nach der „dritten Methode" von Hahn, welche ihm die günstigsten Resultate lieferte, wird folgendermaßen verfahren: Erstmalig wird 0,1 ccm $\frac{\text{TA VIII}}{3}$ injiziert; beim Ausbleiben einer Reaktion wird am 3. Tage 0,1 ccm $\frac{\text{TA VII}}{5}$ und nötigenfalls am 5. Tage noch 0,1 ccm $\frac{\text{TA VII}}{2}$ (eventuell noch mehr) gegeben, am 11. Tage aber die Höchstdosis nochmals wiederholt.

Es müssen noch weitere Erfahrungen gesammelt werden, ehe ich zu einem abschließenden Urteil über die endgültigen Impfvorschriften kommen und dann mein Schutzmittel TA für den geschäftlichen Vertrieb freigeben kann. Inzwischen werden auch noch andere praktisch wichtige Probleme von mir sorgfältig geprüft, so z. B. die Frage, ob es sich unter Umständen empfiehlt, die TA-Behandlung mit der passiven Immunisierung zu kombinieren, auf welche Frage Kleinschmidt und Viereck im Einverständnis mit mir in Nr. 41 der D. med. Woch. 1913 mit folgenden Worten eingegangen sind:

„Während die passive Immunisierung einen sofortigen Schutz verleiht, vergeht bei der aktiven Immunisierung immer ein mehr oder weniger langer Zeitraum bis zum Eintritt des Diphtherieschutzes. Nach den ersten Angaben von Hahn beträgt dieses immunisatorische Inkubationsstadium etwa 3 Wochen, wir haben jedoch beobachtet, daß namentlich bei wiederholter Injektion oder bei schon vorhandenem Antitoxingehalt bereits am 8., 11., 14. und 16. Tage nach der vakzinierenden Injektion recht beträchtliche neu gebildete Antitoxinmengen im Blute nachweisbar sein können, und müssen annehmen, daß in solchen Fällen das erste Auftreten von Antitoxin im Blut bzw. seine Vermehrung, wenn darauf untersucht wird, sogar noch früher festgestellt werden kann. Immerhin vergehen einige Tage, bis wir auch im günstigsten Fall auf einen wirksamen Diphtherieschutz rechnen können. Unter Umständen wird demgemäß nach der Vakzination die epidemiologische Infektion noch zur Diphtherieerkrankung führen können, und es wird zu erwägen sein, ob in Zeiten und an Orten mit besonders bedrohlicher Infektionsgefahr die aktive Immunisierung mit der passiven zu kombinieren ist. In dem von Matthes bereits mitgeteilten Fall K. ist dies geschehen, wobei beobachtet wurde, daß die Einverleibung von antitoxischem Pferdeserum die aktive Antitoxinproduktion zum mindesten nicht gestört, womöglich sogar begünstigt hat. Auch Schick hat beobachtet, daß bei der Behandlung von menschlichen Diphtheriefällen mit Heilserum die aktive Antitoxinproduktion ungehindert vor sich gehen kann.“

8.

Über v. Behrings neues Diphtherieschutzmittel[1]).

Von Privatdozent Dr. Richard Hagemann, I. Assistenzarzt der Klinik.

Der Zweck meiner Untersuchungen, über die unten berichtet wird, war — einem Wunsche Exzellenz v. Behrings folgend — die Einstellung verschiedener Operationsnummern des neuen Diphtherieschutzmittels auf das Standardpräparat MM I durch vergleichende Prüfung am Menschen. Gleichzeitig gaben sie aber auch Gelegenheit, einige Beobachtungen über das Auftreten der lokalen Reaktion bei den verschiedenen Individuen über die Antitoxinbildung, über unerwünschte Nebenwirkungen usw. zu machen.

Meine Voruntersuchungen begannen im Januar 1913. Sie dienten dazu, festzustellen, welche Applikationsart und welche Stelle für die Injektion zum Zweck der Einstellung der Präparate am geeignetsten sei. Es ergab sich, daß sowohl die intramuskuläre als auch die subkutane Injektion hierfür unbrauchbar sind, da bei völligem Fehlen von Allgemeinreaktionen lediglich auf die lokalen Erscheinungen Bezug genommen werden

---

[1]) Vgl. 1. v. Behring, D. med. Woch. 1913. Nr. 19. — 2. E. Schreiber, D. med. Woch. 1913. Nr. 20. — 3. Zangemeister und Viereck, D. med. Woch. 1913. Nr. 21. — 4. Kleinschmidt und Viereck, D. med. Woch. 1913. Nr. 41. — 5. Kissling, D. med. Woch. 1913. Nr. 51. — 6. Hahn und Sommer, D. med. Woch. 1914. Nr. 1. — 7. Bauer, D. med. Woch. 1914. Nr. 12. — 8. Schreiber, Therap. Monatsh. 1914.

konnte, welche bei diesen beiden Applikationsarten oft gar nicht oder nur sehr unsicher nachweisbar sind. Die bei der intrakutanen Impfung auftretenden lokalen Reaktionen dagegen boten in ihren verschiedenen Graden so typische Bilder, daß sie mit Leichtigkeit eine Vergleichung der Wirkungen der verschiedenen Präparate zuließen und damit auch einen gewissen Rückschluß auf die Allgemeinwirkung gestatteten.

Für die geeignetste Stelle zur Ausführung der intrakutanen Impfung halte ich in Übereinstimmung mit Kleinschmidt und Viereck die Haut an der Beugeseite des Unterarms, etwa 2 bis 3 Querfinger breit unterhalb der Ellenbeuge. Hier ist die Haut fast immer besonders zart und wenig pigmentiert; die Injektion macht hier meist keine technischen Schwierigkeiten, und die verschiedenen Reaktionsgrade lassen sich scharf unterscheiden. Außerdem ist hier die Beteiligung des Lymphapparates an der Reaktion besonders leicht zu kontrollieren, da die Kubital- und Achseldrüsen bei ihrer oberflächlichen Lage immer gut zu palpieren sind. Kratzschädigungen können durch einen geeigneten Verband vermieden werden, wohingegen ein Reiben und Scheuern der Kinder bei Ausführung der Impfung am Rücken sich nicht so leicht verhindern läßt. Ob die Impfung am Arm zu besonders heftigen und schmerzhaften Reaktionen führt, wie das Kissling für möglich hält, kann ich nicht beurteilen, weil ich dafür zu wenig Patienten auf dem Rücken gespritzt habe; jedenfalls gehören aber auch bei der Impfung auf dem Vorderarm auffallend starke und zu schmerzhafte Reaktionen zu den Ausnahmen, für welche in meinen Fällen überdies eine besondere Erklärung gegeben werden kann, worauf ich noch zurückkomme. Durch einen feuchten Verband werden übrigens die Schmerzen schnell gelindert.

Die Ausführung der vergleichenden intrakutanen Injektionen geschah nach folgendem Schema:

Am linken Vorderarm wurde die Testlösung MM I, am rechten die neu zu prüfende Lösung injiziert, beide immer nur in einer Menge von 0,1 ccm.

Auf eine durchaus gleichmäßige Ausführung der Injektion wurde mit größter Sorgfalt geachtet, und die Fälle, bei denen die durch den Akt der Injektion bedingte Quaddelbildung nicht einwandfrei gelang, wurden aus der Versuchsreihe ausgeschaltet. Auch ich möchte hier, wie das vorher schon von anderer Seite geschehen ist, ausdrücklich hervorheben, daß nur dann eine zuverlässige Beurteilung der Reaktion möglich ist, wenn wirklich die ganze injizierte Flüssigkeitsmenge in die Haut und nicht teilweise unter die Haut gelangt.

Das Ergebnis der Impfung wurde nach 24 bis 48 Stunden, dann nach 5 Tagen, mitunter auch in kürzeren Zeitintervallen, festgestellt und notiert. Geprüft wurden 5 verschiedene Präparate an 55 Patienten. Als Testlösung diente in einigen Fällen außer MM I in 4facher Verdünnung ($= \frac{\text{MM I}}{4}$) das der Operationsnummer MM I gleichwertige Präparat MM VIII in 4facher Verdünnung ($= \frac{\text{MM VIII}}{4}$).

Für die Dosierung neu einzustellender Operationsnummern waren für mich maßgebend die Angaben v. Behrings über die tierexperimentell ermittelte Toxizität. Das Ergebnis der klinischen Untersuchung am Menschen stimmte mit dem der tierexperimentellen in mehreren Fällen genau überein; einige Male fand ich jedoch eine geringere Giftigkeit, die dann meistens durch erneute tierexperimentelle Prüfung auf eine inzwischen eingetretene Abschwächung des Toxizitätsgrades zurückgeführt werden konnte.

Die Art und Weise meines Vorgehens im einzelnen soll durch das nachfolgende Beispiel demonstriert werden. Das Präparat M IIIa wurde mir Anfang November 1913 übergeben mit der Angabe, daß es etwa $2\frac{1}{2}$mal so stark sei wie MM I. Es sollte also eine zehnfache Verdünnung desselben einer vierfachen von MM I entsprechen. Demgemäß wurde am 6. November 1913 von der Lösung $\frac{\text{MM I}}{4}$ 0,1 ccm in den linken und von einer Lösung $\frac{\text{M IIIa}}{10}$ 0,1 ccm in den rechten Vorderarm zweier Patienten injiziert. In beiden Fällen war die Reaktion rechts geringer als links, weswegen am 10. November eine Lösung von $\frac{\text{M IIIa}}{5}$ in gleicher Weise am rechten Vorderarm zweier anderer Patienten injiziert wurde, und gleichzeitig auch wieder am linken Vorderarm 0,1 ccm von $\frac{\text{MM I}}{4}$. Jetzt zeigte sich rechts eine deutlich stärkere Reaktion als links, die Verdünnung von

M IIIa war also zu gering. Es wurde dann noch eine Lösung von $\frac{\text{M IIIa}}{7{,}5}$ ausprobiert. Auch diese gab noch eine stärkere Reaktion als $\frac{\text{MM I}}{4}$. Erst die Lösung $\frac{\text{M IIIa}}{9}$ gab gleich starke Reaktion wie $\frac{\text{MM I}}{4}$, was an 10 Patienten bestätigt wurde, so daß also die tierexperimentell begründete Angabe, M IIIa sei $2^1/_2$mal so stark wie MM I, fast ganz genau bei der Prüfung am Menschen zutraf.

Die Präparate MM II und M III fand ich 10mal, MM VIII ebenso stark wie MM I. Diese Werte entsprechen genau oder fast genau den mir mitgeteilten tierexperimentellen Werten, während bei den beiden zuletzt von mir am Menschen eingestellten Präparaten MM VI und MMVII ein wesentlicher Unterschied festgestellt wurde. MM VI zeigte sich 20—40mal, MM VII $2^1/_2$mal stärker wie MMI, während tierexperimentell vorher die Zahlenverhältnisse 100 : 10 : 1 festgestellt waren.

Die während dieser Untersuchungen bei den verschiedenen Patienten nach einmaliger Injektion der gleichen Dosis aufgetretenen lokalen Reaktionen waren recht verschieden. Keine oder nur eben angedeutete Erscheinungen stehen starken, über einen großen Teil des Vorderarmes ausgedehnten Reaktionen gegenüber, ein Befund, auf den auch schon in früheren Arbeiten aufmerksam gemacht worden ist. Unter meinen Patienten zeigten im Alter von 1 bis 4 Jahren 25%, im Alter von 5 bis 9 Jahren 33% und im Alter von 10 bis 13 Jahren 37% eine Reaktion zweiten oder höheren Grades, gemessen nach der Kleinschmidt-Viereckschen Vorschrift, nach intrakutaner Injektion von 0,1 ccm $\frac{\text{MM I}}{4}$.

Ob bei der differenten Empfindlichkeit der Kinder von verschiedenem Lebensalter, neben der spezifischen Beeinflussung durch das Diphtherievirus, die Hautbeschaffenheit oder andere durch das Alter bedingte anatomische und konstitutionelle Unterschiede als Erklärungsmomente zu berücksichtigen sind, will ich hier unentschieden lassen. Soviel aber glaube ich mit Sicherheit behaupten zu können, daß skrofulöse und tuberkulöse Kinder durchschnittlich stärker reagieren als nichttuberkulöse Kinder derselben Altersklasse. Von 18 tuberkulösen Kindern zeigten 7 (39%) Reaktionen ersten Grades, 11 (61%) zweiten und höheren Grades; von 37 nichttuberkulösen Kindern dagegen 29 (79%) ersten Grades, 8 (21%) zweiten und höheren Grades. Berücksichtigt man weiter noch, daß 3 Fälle, welche keinerlei Reaktion zeigten, zu den nichttuberkulösen gehörten, und daß mit Ausnahme eines Falles, welcher vorher Diphtherie gehabt hatte, die höchsten Grade der entzündlichen Lokalreaktionen, die einen Durchmesser von 7 bis 10 cm zeigten, nur bei Tuberkulösen beobachtet wurden, so kann man wohl mit großer Wahrscheinlichkeit annehmen, daß tuberkulöse Individuen durchschnittlich stärker auf das v. Behringsche Diphtherieschutzmittel reagieren als nichttuberkulöse.

Was die Beurteilung des Grades der Reaktion betrifft, so richtete ich mich nach den Angaben von Kleinschmidt und Viereck; nur habe ich außerdem noch die genauen Maße, in Zentimetern ausgedrückt, notiert, wobei ich nicht bloß den zentralen Hof, sondern auch noch die peripherische leichtere Rötung mitgemessen habe. Die peripherische Rötung um das Entzündungszentrum kommt deutlich meist nur bei den stärkeren Reaktionen vor, ist da aber mitunter sehr ausgedehnt und verbunden mit Druckempfindlichkeit. Um ein möglichst anschauliches Bild von dem Aussehen der Reaktionen zu geben, habe ich einige Aquarellbilder anfertigen lassen. Die Abbildungen Ia und b stellen Reaktionen ersten und zweiten, die Abbildungen IIa und b solche zweiten und dritten Grades dar.

In einzelnen Fällen wurde die Injektion mit der gleichen Dosis wiederholt und es konnte dabei festgestellt werden, daß nach 2 Tagen eine gleiche Reaktion entsteht wie das erste Mal, das aber nach Verlauf von 14 Tagen oder später die Reaktion mehr oder weniger verstärkt auftritt, was darauf hindeutet, daß nach 14 Tagen eine Sensibilisierung eingetreten ist, nach 2 Tagen aber noch nicht.

Eine eingehende Prüfung der Frage, ob, wie stark und innerhalb welcher Zeit eine Antitoxinbildung auftritt, war nicht beabsichtigt. Es wurden jedoch bei 19 Patienten wiederholte Blutuntersuchungen[1]) vorgenommen, aus denen hervorgeht, daß normalerweise

[1]) Diese Blutuntersuchungen wurden teilweise im Institut für experimentelle Therapie von Herrn Stabsarzt Viereck, teilweise im Behringwerk von Herrn Dr. Siebert ausgeführt.

die einmalige Injektion einer Dosis von der Stärke $\frac{\text{MM I}}{4}$ nicht genügt, um nach weniger als 20 Tagen einen Antitoxingehalt bis zu $^1/_{100}$ AE. in 1 ccm Serum zu produzieren. In 2 Fällen, denen vorher eine prophylaktische Dosis von 200 Antitoxineinheiten (AE.) Heilserum gegeben wurde, war 24 Tage nachher das Blut noch $^1/_{100}$fach normal; als jetzt mit 0,1 ccm von dem unverdünnten Präparat MM I intrakutan geimpft wurde, stieg bereits nach 5 Tagen der Antitoxingehalt auf $^1/_{10}$—1fach. Einer dieser Fälle konnte nach 5 Monaten noch einmal untersucht werden, wobei das Blutserum noch $^1/_5$fach normal gefunden wurde. Das Diphtherieheilserum scheint demnach die Bildung von Antitoxin zu begünstigen. Eine besonders starke lokale Reaktion war übrigens in diesen Fällen mit schneller und beträchtlicher Antitoxinproduktion nicht bemerkbar.

Überhaupt ist der Grad der lokalen Reaktion kein sicherer Indikator für den Grad der Antitoxinbildung. So hatte der tuberkulöse Patient V, der nach 0,1 ccm MM I (unverdünnt) die stärkste lokale Reaktion zeigte, die ich überhaupt beobachtete, nach einem Monat noch nicht $^1/_{100}$ Antitoxineinheit in 1 ccm Serum. Die Entzündung und Infiltration der Haut hatte eine Ausdehnung von 10 cm im Durchmesser und die Injektionsstelle war sehr schmerzhaft. Es kann diese starke Reaktion nicht auf andere Ursachen, etwa auf akzidentelle Infektion, zurückgeführt, sondern muß als spezifisch angesehen werden, denn sie trat an beiden Armen in gleicher Weise auf, obgleich verschiedene Operationsnummern und frisches Instrumentarium für die beiden Injektionen benutzt war, und außerdem zeigte sie sich in der gleichen Weise bei der Wiederholung der Impfung nach einem Monat. Der Patient litt an Coxitis tuberculosa, ohne Beeinträchtigung des Allgemeinbefindens. Es ist dies übrigens der einzige Patient, bei welchem auch schwerere Allgemeinerscheinungen beobachtet wurden und zwar bei beiden Impfungen. Das erste Mal trat am folgenden Tage eine Temperatursteigerung bis 38,6, Erbrechen und Kopfschmerzen, das zweite Mal eine Temperatursteigerung bis 39,7 unter leichten Frosterscheinungen, allgemeines Unbehagen und Appetitlosigkeit auf. Diese Erscheinungen waren jedoch schon nach 2 Tagen vollständig geschwunden.

9.

Über individuelle TA-Empfindlichkeit und Diphtherie-Empfänglichkeit[1]).

Wenn in früherer Zeit große individuelle Verschiedenheiten in der Empfindlichkeit von der oben berichteten Art gegenüber einem medikamentösen Agens festgestellt wurden, dann sind sie als Tatsachen einfach registriert oder mit dem wenig sagenden Fremdwort Idiosynkrasie erklärt worden. Man setzte fast als selbstverständlich voraus, daß mehr oder weniger große individuelle Unterschiede in der Reaktion auf toxische und therapeutische Mittel vorkommen, ohne daß man imstande sei, sie auf bestimmte Ursachen zurückzuführen. Das ist nun anders geworden, seitdem wir in unzähligen Laboratoriumsversuchen die fast mathematisch-gleichmäßige Giftempfindlichkeit bei normalen Tieren von derselben Art kennen gelernt haben. Gegenüber dem Tetanusgift sind beispielsweise alle weißen Mäuse so gleichmäßig empfindlich, daß wir, bei Berücksichtigung des Körpergewichtes für die Dosierung, bis auf wenige Prozente Fehlerquelle voraussagen können, ob sie nach einer be-

[1]) Anhang zu Zangemeisters Publikation in Nr. 21 der D. med. Woch. 1913.

stimmten Dosis leicht oder schwer erkranken oder ob sie nach zehn, sechs, vier und noch weniger Tagen sterben werden. Ähnlich verhält es sich mit den Meerschweinchen gegenüber dem Diphtheriegift. Wir können auch voraussagen, daß geschwulsttragende und hochgravide Tiere, wegen der Vermehrung ihres Gewichtes durch eine Masse, die für die Giftverteilung nicht in Betracht kommt, stärker empfindlich sein werden, als ihrem Gesamtgewicht entspricht. Wir wissen ferner, warum tuberkulöse Individuen mit generalisierter Erkrankung des Lymphgefäßsystems weniger empfindlich sind bei subkutaner, aber nicht bei intravaskulärer Giftprüfung; es wird nämlich bei solchen Tieren die Giftresorption vom Unterhautgewebe aus sehr verlangsamt. Wir können willkürlich die Giftempfindlichkeit erhöhen und verringern, und durch das sorgfältige Studium der experimentellen Giftempfindlichkeitsbeeinflussung ist die Zahl der Fälle, in denen wir eine von der Norm abweichende Tetanusgiftempfindlichkeit der weißen Mäuse und der Diphtheriegiftempfindlichkeit der Meerschweinchen zufällig finden, ohne einen ausreichenden Grund dafür ausfindig machen zu können, auf ein Minimum gesunken.

Sehr viel weniger unterrichtet sind wir über die normalen Giftempfindlichkeitsverhältnisse bei wertvolleren Tieren, die wir nicht zu Tausenden, wie Meerschweinchen und Mäuse, zum Studium ihrer normalen Empfindlichkeit und der Ursachen für die Abweichung von der Norm heranziehen können; und am wenigsten wissen wir vom Menschen, den wir dem bloß wissenschaftlichen Experiment überhaupt nicht unterwerfen dürfen. Aber ich hege nicht den geringsten Zweifel daran, daß eine Normalempfindlichkeit, wie sie an kleinen Tieren festgestellt worden ist, auch für unsere wertvollen Haustiere und für den Menschen existiert, derart, daß Abweichungen von dieser Normalempfindlichkeit sich auf ihre Ursachen zurückführen und schließlich quantitativ voraussagen lassen.

Die abnorme Empfindlichkeit kann sich äußern in Überempfindlichkeit und Unterempfindlichkeit.

Was die Überempfindlichkeit angeht, so ist zum mindesten wahrscheinlich, daß ein großer Teil der Überempfindlichkeitsfälle im Individualleben entstanden und durch spezifische Sensibilisierung auf isopathischem Wege erworben ist. Zuweilen läßt sich im Blute des überempfindlichen Individuums ein Antikörper nachweisen, mit dem man bei normalempfindlichen Individuen die spezifische Überempfindlichkeit sofort willkürlich erzeugen kann. Auch eine ererbte Überempfindlichkeit kann vorkommen. Findet man auch bei ererbter Überempfindlichkeit einen anaphylaktischen Antikörper, so ist anzunehmen, daß dieser im intrauterinen Leben oder nach der Geburt mit der Muttermilch übertragen worden ist (kongenitale und postgenitale Vererbung). Daß die Giftüberempfindlichkeit auch durch germinative Vererbung übertragen werden kann, ähnlich wie körperliche Abnormitäten und andere funktionelle Abnormitäten, z. B. die der Sinnesorgane, germinativ übertragen werden, dafür haben wir noch keine unzweideutigen Beweise.

Gegenüber dem Diphtheriegift existiert kein überempfindlich machender Antikörper, und man darf deswegen annehmen, daß neugeborene Individuen von der an vielen Einzelfällen festgestellten Normalempfindlichkeit im Sinne der Überempfindlichkeit nicht abweichen werden. Sollte also durchschnittlich die Reaktionsschwelle gegenüber MI für Neugeborene bei 100 mg liegen, dann würde anzunehmen sein, daß auf eine nennenswert kleinere Dosis als 100 mg positive Reaktionen überhaupt nicht zu bekommen sein werden.

Anders steht es mit der Diphtheriegift-Unterempfindlichkeit. Diese kann mit dem antitoxischen Antikörper von der Mutter schon intrauterin auf perplazentarem Wege übertragen werden. Rechnen wir zur Altersklasse der Neugeborenen noch die 2—3 Wochen alten Kinder, dann überträgt eine Mutter, die antitoxinhaltiges Blut besitzt, ganz sicher das Antitoxin auch mit der Milch. Nun ist das Vorkommen von Antitoxin im Blut erwachsener Personen durchaus kein seltenes Ereignis, und vielleicht hängt es mit der Immunisierung durch Milchantitoxin — das freilich dem Kinde nur ausnahmsweise einen $^1/_{100}$fach betragenden Blutantitoxingehalt überliefern und in der Regel bald immunisatorisch unwirksam werden wird — zusammen, daß erfahrungsgemäß Neugeborene selten an Diphtherie erkranken.

Im weiteren Verlauf des ersten Lebensjahres ist nach dem Ausweis der Statistik die Diphtherieerkrankungshäufigkeit durchaus nicht gering. Ich gehe bei dieser Behauptung aus von der auf S. 78 des von der Medizinalabteilung des preußischen Ministeriums des Inneren herausgegebenen Buches „Gesundheitswesen des preußischen Staates im Jahre 1911“ enthaltenen und hierunter abgedruckten Tabelle.

Dies ist freilich keine Morbiditäts-, sondern eine Mortalitäts-Tabelle; wir können aber annähernd richtig aus ihr die Morbidität berechnen, wenn wir die angegebenen Zahlen für die Altersklasse bis zu 10 Jahren (unter Zugrundelegung einer Letalität von etwa 15 Proz.) mit 6, in den späteren Lebensjahren (wegen der geringeren Letalität) mit 9—12 multiplizieren.

Wie lassen sich nun die aus der vorstehenden Tabelle zu entnehmenden Erkrankungsziffern in den verschiedenen Lebensjahren vereinbaren mit den von uns — allerdings nur an einer relativ geringen Zahl von Fällen — gefundenen Empfindlichkeitsverhält-

Übersicht der Sterbefälle an Diphtherie und Krupp im Staate Preußen nach Geschlecht und Lebensalter im Jahre 1911.

Altersklassen der Gestorbenen	An Diphtherie und Krupp starben			Von 100 Gestorbenen der Altersklassen starben an Diphtherie und Krupp			Von 10000 Lebenden der Altersklassen starben an Diphtherie und Krupp		
	männl.	weibl.	überh.	männl.	weibl.	überh.	männl.	weibl.	überh.
Von 0 bis 1 Jahr	631	474	1105	0,51	0,47	0,50	11,83	9,5	10,51
„ 1 „ 2 Jahre	983	823	1806	5,08	4,52	4,81	19,70	16,80	18,26
„ 2 „ 3 „	790	620	1410	11,65	9,96	10,84	15,41	12,32	13,88
„ 3 „ 5 „	1183	1148	2331	16,55	16,75	16,65	11,89	11,73	11,81
„ 5 „ 10 „	1241	1221	2462	15,32	15,60	15,45	5,29	5,27	5,28
„ 10 „ 15 „	347	345	692	6,83	6,76	6,79	1,59	1,59	1,59
„ 15 „ 20 „	100	116	216	1,29	1,75	1,50	0,50	0,59	0,54
„ 20 „ 25 „	58	36	94	0,66	0,47	0,57	0,33	0,20	0,27
„ 25 „ 30 „	28	28	56	0,36	0,34	0,35	0,18	0,18	0,18
„ 30 „ 40 „	27	35	62	0,16	0,20	0,18	0,10	0,13	0,11
„ 40 „ 50 „	5	19	24	0,02	0,11	0,06	0,02	0,09	0,06
„ 50 „ 60 „	4	8	12	0,01	0,03	0,02	0,03	0,05	0,04
„ 60 „ 70 „	5	7	12	0,01	0,02	0,02	0,06	0,06	0,06
„ 70 „ 80 „	6	3	9	0,02	0,01	0,01	0,15	0,06	0,10
über 80 Jahre . .	—	—	—	—	—	—	—	—	—
unbekannt	—	—	—	—	—	—	—	—	—
Zusammen	5408	4883	10291	1,50	1,46	1,48	2,70	2,38	2,54

nissen, und wie sind die von der, gewissermaßen phylogenetischen oder natürlichen, Diphtheriegiftempfindlichkeit des Neugeborenen abweichenden Überempfindlichkeitsverhältnisse der späteren Lebenszeit zu erklären?

Was das Tatsächliche angeht, so ist aus dem von Herrn Prof. Zangemeister publizierten Bericht zu entnehmen, daß unter Berücksichtigung des Körpergewichts, Erwachsene etwa 100mal empfindlicher sind als Neugeborene.

Eine noch viel größere Differenz fanden wir bei Kindern im schulpflichtigen Alter. Der Fall K. beispielsweise reagierte recht intensiv schon auf $^1/_{16}$ ccm von MM I, was einer Dosis von etwa $\frac{1}{15 \text{mal } 16}$ ccm = 4 mg von M I entspricht[1]).

Nach meinen obigen Ausführungen wird man es verstehen, daß ich einer besonderen Ursache die Überempfindlichkeit zuschreibe, und als solche kommt nach meiner Kenntnis nur die Infektion mit dem Diphtherievirus in Betracht. Daß dieser Infektion, ebenso wie der mit dem Tuberkulosevirus, unter den bei uns gegebenen Infektionsgelegenheiten nur sehr wenige Menschen entgehen, darf uns nicht verwundern; und daß nicht jede Infektion zur Diphtherie-

[1]) Ich möchte nicht unterlassen, ausdrücklich zu betonen, daß, wenn hier in meinen Auseinandersetzungen von „Giftempfindlichkeit und Überempfindlichkeit" gesprochen wird, immer das Gift in der Mischung mit Antitoxin gemeint ist, das sich in mehrfacher Beziehung anders verhält als reines Gift. So fand ich aktiv immunisierte Meerschweine mit nachweisbarem Blutantitoxin zwar gegenüber M I und MM I überempfindlich, aber nicht gegenüber D. G. 7.

erkrankung führt, kann uns nach den Erfahrungen bei der Tuberkulose, bei der Cholera, beim Typhus und anderen Infektionskrankheiten auch nicht überraschen. Wie verträgt sich aber die Tatsache, daß die Giftüberempfindlichkeit in den späteren Lebensjahren einhergeht mit einer so starken Verminderung der Erkrankungshäufigkeit? Um das verständlich zu machen, erinnere ich an das, was ich schon vor 13 Jahren gesagt und in meiner „Einführung“ S. 343 ff. zum Teil rekapituliert habe. An dieser Stelle will ich nur folgende Sätze zitieren: „Der experimentell festgestellten Tatsache eines Antagonismus zwischen Diphtheriegiftempfindlichkeit und bazillärer Empfindlichkeit kommt eine erheblichere und allgemeinere Bedeutung zu. Man kann sich vielleicht vorstellen, daß bei gesteigerter Giftempfindlichkeit auf die Einführung der das Gift produzierenden lebenden Infektionserreger von den vitalen Körperelementen mit einer lebhafteren Reaktion an der Invasionsstelle geantwortet wird zu einer Zeit, wo ihre Zahl noch klein ist, und daß infolge der frühzeitig eintretenden Lokalreaktion der Vermehrung des Virus besser Einhalt getan wird, als wenn die Giftempfindlichkeit eine geringere ist.“

Daß die erhöhte Giftempfindlichkeit (gegenüber M I und MM I) mit einem zuweilen gar nicht geringen Blutantitoxingehalt verbunden sein kann, ist eine Tatsache, auf die ich schon längst aufmerksam gemacht habe gelegentlich der Besprechung von der Diphtheriegiftempfindlichkeit der zum Zweck der Heilserumgewinnung immunisierten Pferde. Wir bewegen uns also bei der Analyse der bisher erörterten, auf den ersten Blick sehr auffallenden und anscheinend sich widersprechenden Tatsachen auf ganz bekanntem Boden. Von experimentell erforschten Tatsachen gehe ich auch aus, wenn ich schließlich noch den Einfluß der bazillären Infektion auf die zu- und abnehmende Giftüberempfindlichkeit zu analysieren versuche.

Danach haben wir die höchsten Grade der Überempfindlichkeit zu erwarten in demjenigen Stadium der Infektion, wo die Antitoxinproduktion gerade beginnt. Ich bezeichne dieses Stadium nach dem Vorgange von Ehrlich als das der „Grundimmunität“-Herstellung und habe die hierbei zu beobachtende Überempfindlichkeit als histogene interpretiert, im Gegensatz zu der humoralen Überempfindlichkeit, die wir beispielsweise bei den mit Serum präparierten und anaphylaktisierten Meerschweinchen studieren können. Diese Überempfindlichkeit wird im Laufe der ersten Lebensjahre sich mit der zunehmenden Zahl von infizierten Fällen immer mehr vergrößern; sie wird aber eine beträchtlichere Diphtherieimmunität nur bedingen können, wenn es dabei zur Abstoßung von Antikörpern in das Blut kommt, was durchaus nicht bei allen Bazillenträgern der Fall ist. Aber die Zahl der Personen mit antitoxinhaltigem

Blut wird immer größer werden müssen nach fortgesetzter und gesteigerter bazillärer Invasion, die naturgemäß dann zu erwarten ist, wenn eine Altersklasse der Infektion besonders stark exponiert ist, vermutlich also bei den schulpflichtigen Kindern. Hinterher haben wir dann Altersklassen, die mehr oder weniger diphtherieimmun sind, was in dem starken Abfall der Mortalitäts- und Morbiditätskurve nach dem zehnten Lebensjahre zum Ausdruck kommt.

Ich bin mir vollkommen bewußt, daß sehr viel Problematisches in meinen Auseinandersetzungen enthalten ist, glaube aber, daß gerade jetzt, und von dieser Stelle aus, an der für die klinische Nachprüfung meines Mittels wichtigere Gesichtspunkte hervorgehoben werden sollen, die hier berührten Probleme nicht ohne Nutzen zur Diskussion gestellt werden.

B. Prospekte und Gebrauchsanweisungen der Behringwerke Bremen—Marburg.

10.

v. Behrings neues Diphtherieschutzmittel „TA".

I.

v. Behrings Diphtherieschutzmittel „TA" besteht aus eigenartig hergestellten Mischungen von Diphtherietoxin (T) und Antitoxin (A). Im Laufe der beiden letzten Jahre sind tierexperimentell und an Menschen sehr viele Konzentrations- und Michungsverhältnisse von „T und A" studiert worden. Diejenigen Operationsnummern, welche bei nachgewiesener Unschädlichkeit, insbesondere auch in bezug auf die Vergiftungsmöglichkeit durch die paralysierende Toxinquote, zur Diphtherieimmunisierung am besten geeignet waren, sind dann zu zwei Präparaten, TA VI und TA VII, vereinigt worden, welche bis auf weiteres ausschließlich zur Anwendung in der ärztlichen Praxis ausgegeben werden.

Die Sterilität der Präparate TA VI und TA VII, sowie ihre Unfähigkeit zur Erzeugung diphtherischer Lähmungen[1]) kann von jedem Sachverständigen im Laboratoriumsversuch leicht kontrolliert werden. Die Frage jedoch, ob und eventuell in welcher Dosierung, bei welcher Applikationsweise und in welchem Zeitintervall bei wiederholter Applikation mit diesen Präparaten ein wirksamer und langdauernder Diphtherieschutz erreicht werden kann, mußte vorerst durch die Behandlung zahlreicher menschlicher Individuen erprobt werden. Schon auf dem Kongreß für innere Medizin in Wiesbaden, am 22. April 1914, konnte berichtet werden, daß in den Händen mehrerer klinisch geschulter und mit v. Behrings Impfvorschriften gut vertrauter Beobachter TA VI und TA VII zur Antitoxinproduktion im menschlichen Organismus, und damit zur Erzeugung eines epidemiologischen Diphtherieschutzes, sich vortrefflich bewährt hätten. Die diesbezüglichen Beobachtungen erstreckten sich aber zum größten Teil nur auf schulpflichtige Kinder und auf er-

---

[1]) Nachdem neuerdings eine sehr genaue Prüfung auf paralysierende Wirkung angestellt worden ist, möchte ich für das Präparat TA VI, welches einen ziemlich beträchtlichen Giftüberschuß enthält, in bezug auf Meerschweinchen diese Behauptung nicht mehr so unbedingt aufrecht erhalten.

wachsene Personen. Für kleinere Kinder und zumal für Säuglinge war die zweckentsprechende Dosierung noch nicht ausfindig gemacht worden. Nachdem diese Aufgabe für die 4 bis 8 Monate alten Kinder gelöst ist, hält Exzellenz v. Behring den Zeitpunkt zur Übergabe von TA VI und VII an die Behringwerke zum geschäftlichen Vertriebe für gekommen. Der Vorrat an diesen beiden Präparaten reicht für mehrere hunderttausend Impflinge aus, so daß längere Zeit keine anderen Operationsnummern erforderlich sein werden. Das ist deswegen von großer Bedeutung, weil mindestens 6 Monate vergehen, ehe der Immunisierungswert eines TA - Präparates zuerst im Tierversuch und dann für menschliche Individuen von verschiedenem Alter und verschiedener Konstitution mit genügender Genauigkeit festgestellt ist. Daß die Brauchbarkeit von TA zur immunisatorischen Diphtheriebekämpfung und seine Dosierung mehrere Jahre unverändert fortbesteht, haben die mit dem älteren TA-Präparat „MM I“ gemachten Erfahrungen bewiesen.

II.

Bekanntlich besitzen wir schon im antitoxischen Diphtherieserum, welches in der Regel von Pferden gewonnen wird, ein gutes Diphtherieschutzmittel. Einem noch nicht mit den Löfflerschen Diphtheriebazillen infizierten Menschen braucht man nur soviel Antitoxin zu geben, daß er in 1 ccm Blut danach $^1/_{40}$ AE. (Antitoxineinheit) bekommt, um ihn mit großer Sicherheit gegen die epidemiologische Diphtheriegefahr zu schützen. Um eine solche Antitoxinkonzentration im zirkulierenden Blut herzustellen, genügt die subkutane Injektion von ca. 30 AE. auf 10 kg Körpergewicht. Das damit erreichbare Maximum der Antitoxinkonzentration von $^1/_{40}$-fachem Blute vermindert sich aber von einem Tage zum anderen, und nach 20 Tagen sind kaum noch Spuren von Antitoxin nachweisbar. Durch stärkere Dosierung kann nun zwar bewirkt werden, daß das Sinken des Blutantitoxingehalts unter $^1/_{40}$fach auf einen späteren Tag verlegt wird; über 3 Wochen hinaus kann aber auch durch die größten Gaben der Diphtherieschutz mit dem von Pferden und anderen Tieren herstammenden Antitoxin nicht verlängert werden. Das hängt zusammen mit dem fermentativen Zerfall des an Serumprotein gebundenen heterogenen Antitoxins. Ganz anders verhält sich das homogene Antitoxin. Im Einvernehmen mit v. Behring hat beispielsweise Geheimrat Matthes Mitte März 1913 einem Säugling 350 AE. injiziert, die von einem anderen Kinde herstammten, dessen Blut durch TA-Behandlung auf 175fach gebracht war. In diesem Falle war noch nach mehreren Monaten das Blut des immunisierten Kindes mehr als $^1/_{40}$fach. Das mit TA aktiv immunisierte, serumliefernde Kind hatte nach 7 Monaten ein noch mehr als 1fach normales Blut, und der Antitoxinschwund vollzog sich dann bei ihm in so langsamer Progression, daß hier mit einem mehrjährigen Diphtherieschutz gerechnet werden darf. Das durch TA (MM I) aktiv immunisierte Kind besaß in seinem Blute autogenes Antitoxin, und man weiß, daß das durch aktive Immunisierung erzeugte Antitoxin bei Pferden, wenn auch in stetig abnehmender Konzentration, sogar noch nach 7 Jahren nachweisbar bleiben kann.

Die aktive Immunisierung von Pferden zum Zweck der Heilserumgewinnung erfolgt in der Regel mit Hilfe von Diphtherietoxin, welches zuerst in sehr kleiner und dann in einer während vieler Wochen allmählich gesteigerten Dosierung subkutan injiziert wird. Dieses Verfahren ist langwierig und auch nicht gefahrlos. Der Versuch, es auf den Menschen anzuwenden, wäre vielleicht trotzdem nicht unterblieben, wenn nicht die passive Immunisierung mit dem Antitoxin einen weniger bedenklichen Weg gewiesen und wenn nicht die gute Heilserumwirkung die Schrecken der Diphtherie sehr vermindert hätte. Immerhin blieb das Bedürfnis nach einer Schutzimpfung mit langdauerndem Immunisierungserfolg auch weiterhin bestehen und machte sich um so mehr fühlbar, als im Laufe der letzten Jahre die Anaphylaxieforschung zeigte, daß bei wiederholter Injektion von heterogenem Serum nicht bloß der Antitoxinschwund noch stark beschleunigt wird, sondern daß auch die Gefahr des Eintritts der sogenannten „Serumkrankheit" vermehrt wird, wenn man bei erneuter Infektionsgefahr die prophylaktische Seruminjektion wiederholt oder bei diphtherischer Erkrankung zur Reinjektion des Heilserums sich gezwungen sieht. Die Einführung anderer Tiersera aber zur Vermeidung der anaphylaktischen Vergiftung wird solange keinen rechten Erfolg haben, als bei ihrem niedrigen Antitoxingehalt durch die Injektion relativ großer Proteinmengen die Gefahr einer primärtoxischen Serumwirkung in den Vordergrund tritt.

Unter diesen Umständen wird es leicht verständlich, daß v. Behring mit allen ihm zu Gebote stehenden Mitteln die Einführung seines Schutzmittels TA in die ärztliche Praxis betrieb, nachdem er im Beginn des Jahres 1913 sich davon überzeugt hatte, daß dieses Mittel bei menschlichen Individuen zu einer beschleunigten, gefahrlosen und zur Erzeugung eines langdauernden Diphtherieschutzes ausreichenden Antitoxinproduktion befähigt ist.

III.

Am 18. April 1913, auf dem Kongreß für innere Medizin in Wiesbaden, empfahl v. Behring sein Mittel in erster Linie zur Anwendung bei diphtheriegefährdeten Individuen in Krankenhäusern, und zwar sowohl bei Patienten, wie beim Pflegepersonal, in zweiter Linie bei Schulkindern. Nachdem inzwischen an ca. 2000 Fällen dieser Art Erfahrungen über die zweckmäßigste Art der Applikation des TA-Mittels und seiner Dosierung gesammelt waren, hat v. Behring eine Anwendungsweise empfohlen, die wir im Einvernehmen mit ihm nachfolgend in erweiterter Form wiedergeben:

Gebrauchsanweisung.

Das Diphtherieschutzmittel „TA“ soll intrakutan auf der Beugeseite des Vorderarms in der Menge von 0,1 bis höchstens 0,2 ccm eingespritzt werden. In der Nr. 20 der Berliner klinischen Wochenschrift 1914 sagt darüber Hagemann folgendes:

„Für die geeignetste Stelle zur Ausführung der intrakutanen Impfung halte ich in Übereinstimmung mit Kleinschmidt und Viereck die Haut an der Beugeseite des Unterarms, etwa 2 bis 3 Querfinger breit unterhalb der Ellenbeuge. Hier ist die Haut fast immer besonders zart und wenig pigmentiert; die Injektion macht hier meist keine technischen Schwierigkeiten, und die verschiedenen Reaktionsgrade lassen sich scharf unterscheiden. Außerdem ist hier die Beteiligung des Lymphapparates an der Reaktion besonders leicht zu kontrollieren, da die Kubital- und Achseldrüsen bei ihrer oberflächlichen Lage immer gut zu palpieren sind. Kratzschädigungen können durch einen geeigneten Verband vermieden werden, wohingegen ein Reiben und Scheuern der Kinder bei Ausführung der Impfung am Rücken sich nicht so leicht verhindern läßt. Ob die Impfung am Arm zu besonders heftigen und schmerzhaften Reaktionen führt, wie das Kissling eher für möglich hält, kann ich nicht beurteilen, weil ich dafür zu wenig Patienten auf dem Rücken gespritzt habe; jedenfalls gehören aber auch bei der Impfung auf dem Vorderarm auffallend starke und zu schmerzhafte Reaktionen zu den Ausnahmen. Durch einen feuchten Verband werden übrigens die Schmerzen schnell gelindert.“

Wegen der sehr verschiedenen individuellen TA-Empfindlichkeit menschlicher Individuen verschiedenen Alters, verschiedener Konstitution und verschiedenartiger Beeinflussung durch voraufgegangene Infektionserreger, insbesondere auch durch das Diphtherievirus, läßt sich nicht voraussehen, welche Dosierung zur Erreichung eines guten Immunisierungserfolges im Einzelfall die zweckmäßigste ist. Die erste Injektion gilt daher als probatorisch und wird so gewählt, daß in der Regel danach eine Reaktion gar nicht, oder nur in zweifelhaftem Grade eintritt, während doch erfahrungsgemäß zur Erreichung des Diphtherieschutzes eine spezifische Reaktion II. Grades erforderlich ist. Für über 9 Monate alte Kinder beträgt diese probatorische Dosis $^1/_{120}$ ccm von TA VII = 0,1 ccm von einer 12fachen Verdünnung dieses Präparates. Für Kinder von 4—9 Monaten soll dagegen $^1/_{120}$ ccm von dem Präparat

TA VI als probatorische Injektion gewählt werden. Kinder im Alter von weniger als 4 Monaten sollen von der Schutzimpfung ausgeschlossen bleiben.

Bewirkt wider Erwarten schon diese erste Injektion eine unzweifelhafte Reaktion, dann wartet man 10—14 Tage und injiziert danach die gleiche Dosis. Die Erstimpfung hat dann gleichzeitig als probatorische und sensibilisierende TA-Behandlung gedient, während die 10—14 Tage später erfolgte Impfung die Aufgabe der antitoxinproduzierenden TA-Wirkung zu erfüllen hat.

War die erstmalige Dosis von $^1/_{120}$ ccm TA VII bzw. TA VI ohne deutliche Reaktion geblieben, was durch Nachschau 48 Stunden nach der Impfung festzustellen ist, dann soll am Nachschau-Termin $^1/_{40}$ und wenn auch dieses Mal die Reaktion ausblieb — wiederum 48 Stunden später — nochmals $^1/_{10}$ ccm (= 0,1 ccm vom unverdünnten Präparat) gegeben werden. Auch diese zweitmalige bezüglich dritte intrakutane Injektion soll nach 10—14 Tagen zur Sicherung des Immunisierungserfolges wiederholt werden.

Die hier mitgeteilte Impfmethode hat zuerst Dr. Hahn (Magdeburg) als wirksamste erprobt und am 23. April 1914 auf dem Wiesbadener Kongreß für innere Medizin bekannt gegeben.

IV.

Obgleich auf experimentellem Wege an sehr vielen Tieren von verschiedener Art (Meerschweinchen, Kaninchen, Schafen, Ziegen, Pferden, Eseln) die Fähigkeit des Schutzmittels TA zur schnellen, gefahrlosen und ausgiebigen Antitoxinproduktion wissenschaftlich festgestellt ist, und obwohl an mehr als 2000 Menschen von zuverlässigen und sachverständigen Beobachtern seine praktische Brauchbarkeit bestätigt wurde, so sind doch noch große und schwere Aufgaben zu erfüllen, ehe das Ziel, mit Hilfe des neuen Schutzmittels die Diphtherie in ähnlicher Weise präventiv zu bekämpfen, wie das bei den Pocken mit Hilfe der Vakzinationsmethode gelungen ist, erreicht werden kann.

In der Wiener „Neuen Freien Presse" vom 31. Mai 1914 hat v. Behring diese Aufgaben verglichen mit der organisatorischen Tätigkeit, welche er vor 20 Jahren gelegentlich der Einführung seines Heilserums in die ärztliche Praxis aufbieten mußte. Er wies darauf hin, daß viele wissenschaftliche Mitarbeiter, praktische Ärzte, die Anteilnahme des Publikums, namentlich der Familienmütter, Vertreter der Staatsregierung und eine leistungsfähige Industrie der neuen therapeutischen Methode dienstbar zu machen waren. Unter Berücksichtigung der damals gemachten Erfahrungen hat Exzellenz v. Behring uns zur Pflicht gemacht, daß das Schutzmittel TA zunächst nicht jedem Beliebigen in die Hand gegeben werden soll, sondern nur solchen klinisch geschulten und beamteten

Ärzten, welche sich vorher mit der wissenschaftlichen Begründung, mit den praktischen Erfolgen und mit der Technik der neuen Methode genügend bekannt gemacht haben. Als bestes Vorbild für die Einführung des TA-Mittels in die Praxis habe die Schutzpockenimpfung zu dienen, bei welcher durch berufene Impfärzte an einem Impftermin eine größere Zahl von Impflingen behandelt wird. Womöglich soll die Übergabe des Impfstoffes für eine bestimmte Zahl von Impflingen an Krankenhaus-Direktionen, Gemeindevertretungen, Regierungsvertreter und ähnliche Instanzen erfolgen, welche nicht nach der Quantität des Impfstoffes, sondern nach der Zahl der Impflinge den Preis mit den Behringwerken zu vereinbaren haben würden. Weiterhin hält v. Behring es für sehr wichtig, daß, wiederum ähnlich wie bei der Pockenimpfung, eine sorgfältige Listenführung verlangt wird, die eine unerläßliche Voraussetzung ist für eine spätere therapeutische Statistik.

V.

Für diejenigen Kliniker und Ärzte, welche sich durch eigene Untersuchungen von dem Grade der durch die Schutzimpfungen erreichten Diphtherie-Immunität überzeugen wollen, empfehlen wir zwei Methoden: Erstens die Untersuchung des Blutantitoxingehaltes 10 Tage, 50 Tage und eventuell noch später nach der letzten Impfung und zweitens die Intrakutanprüfung mit reinem Diphtheriegift nach der von Dr. Schick in Nr. 47 der Münchener med. Wochenschrift 1913 beschriebenen Methode.

Zur Ausführung der Antitoxinbestimmung dient unser Diphtherietestgift (TL), welches in Abfüllungen von je 10 ccm abgegeben wird. Dasselbe kann gleichzeitig auch für die Schicksche Immunitätsbestimmung benutzt werden. Die Anwendungsart dieses Testgiftes ist in unserem Prospekt Nr. 3 genau beschrieben. Auf Verlangen geben wir Diphtherietestgift auch in der von Schick empfohlenen Verdünnung ab.

11.

Marke MMI von TA.

Marke MMI von meinem Diphtherieschutzmittel („TA“) ist ein durch die Vereinigung mehrerer in Tierversuchen genau geprüfter Mischungen von Diphtheriegift und Antitoxin entstandenes Präparat, welches durch 0,4 Proz. Karbolsäuregehalt gegen Verunreinigung durch Mikroorganismen geschützt ist. Die Prüfung von MMI in Ehrlichs Frankfurter Institut hat laut Mitteilung vom 14. Mai 1913 folgendes ergeben:

„Das Präparat erwies sich als steril. Die subkutane Injektion von 0,5 ccm bei der Maus verursachte nur geringes Zittern und war im übrigen ohne schädlichen Einfluß. Die Prüfung am Meerschweinchen (0,5 ccm subkutan auf 100 g Meerschweinchen) bewirkte eine sehr geringe lokale Reaktion, die am dritten Tage nicht mehr nachzuweisen war. Dabei geringe Gewichtsabnahme (20 g), heute am vierten Tage bereits eine Gewichtszunahme um 10 g. Bei der Injektion von 1,0 pro 100 g Meerschweinchen trat eine stärkere lokale Reaktion ein."

Am 13. Juni 1913 bekam ich dann die Nachricht, „daß die Prüfungstiere nach nunmehr 5 Wochen langer Beobachtung keinerlei Krankheits- und besonders auch keine Lähmungserscheinungen bekommen haben".

In Nr. 19 der Deutschen medizinischen Wochenschrift vom Jahre 1913 habe ich empfohlen, erstmalig Neugeborenen, Säuglingen und erwachsenen Menschen $^{1}/_{10}$ ml [1]), dagegen Kindern von 1 bis 16 Jahren $^{1}/_{20}$ ml von MM I subkutan (sk) zu injizieren. Unsere erweiterten Erfahrungen in Marburger Kliniken haben bestätigt, daß insbesondere die Kinder im schulpflichtigen Alter gegenüber meinem Mittel in der Regel stärker empfindlich sind, als Personen der früheren und späteren Altersklassen. Während nämlich 6 bis 14jährige Kinder zum Teil schon auf die subkutane Injektion von $^{1}/_{20}$ ml = 50 mg des MM I-Präparates mit geringer Rötung und Schwellung („r" und „i"), zuweilen auch stärker („R" und „I") unter Temperatursteigerung reagierten, blieb bei Neugeborenen ausnahmslos und bei Kindern bis zu 5 Jahren, sowie bei Erwachsenen in der Regel jede Reaktion aus („0"). Häufiger trat aber eine deutliche Reaktion ein, wenn MM I nicht subkutan, sondern intrakutan („itk") injiziert wurde. Sogar nach $^{1}/_{50}$ ml (= 20 mg) in 0,1 ml itk gegeben, haben wir öfter bei graviden Frauen und einmal auch bei einem drei Tage alten Kinde eine Reaktion (ri) beobachtet. Das hängt mit der bemerkenswerten Tatsache zusammen, daß beim Menschen ebenso wie beim Meerschweinchen die intrakutane Lokalreaktion durch kleinere Giftmengen erzeugt wird, wie die subkutane Lokalreaktion. Ähnlich verhält sich bekanntlich auch das Tuberkulosegift. Ich interpretiere diese Tatsache so, daß intrakutan das Gift länger in loco zurückgehalten wird wie subkutan, lasse aber daneben die Möglichkeit offen, daß intrakutan giftempfindlichere vitale Elemente getroffen werden wie subkutan, wobei ich namentlich an die nervösen Endapparate denke.

Eine MM I-Dosis, die intrakutan keine Entzündungsreaktion erkennen läßt, übt nach meiner Erfahrung auch keine antitoxinproduzierende Wirkung aus; auf eine erheblichere Antitoxinproduktion dürfen wir erst dann rechnen, wenn die Dosis bei subkutaner Injektion zur Erzeugung einer Reaktion ausreicht. Ist intrakutan

---

[1]) Ich schreibe „ml" (Milliliter) statt „ccm" (Kubikzentimeter).

bei einem Individuum die Reaktion nur wenig ausgesprochen und schnell vorübergehend, dann muß hinterher das fünf- bis zehnfache Multiplum subkutan injiziert werden, ehe es zu einer Reaktion mit mäßiger Temperatursteigerung kommt.

Man erkennt leicht, daß wir in der Intrakutan-Injektion eine wertvolle Methode zur unschädlichen Ermittelung der individuellen Empfindlichkeit gegenüber meinem Diphtherieschutzmittel besitzen. Wir haben auch die v. Pirquetsche Kutanmethode („k") und die Jennersche perkutane Impfung („pk") nach dieser Richtung vergleichend geprüft; aber die Intrakutanmethode hat sich am meisten bewährt.

Die probatorische Intrakutanmethode zur Ermittelung der individuellen Empfindlichkeit führt beim Eintritt einer intensiveren Reaktion mit Temperatursteigerung ebensogut zur Antitoxinproduktion wie die Subkutanmethode. Bei sonst schwer zu immunisierenden Tierarten, speziell bei Meerschweinchen, bevorzuge ich die intrakutane Immunisierungsmethode vor allen anderen Arten der Antigen-Applikation.

12.

Gebrauchsanweisung

für die vom Marburger Behringwerk erhältliche Diphtherie-Testgiftlösung „TL" bei ihrer Anwendung zur Prüfung des Blutes von schutzgeimpften Menschen auf seinen Antitoxingehalt.

Die nachfolgende Prüfungsvorschrift setzt das, was in meiner „Einführung in die Lehre von der Bekämpfung der Infektionskrankheiten" 1912 (Aug. Hirschwald) über die von Professor Römer angegebene Intrakutanmethode[1]) abgedruckt ist, als bekannt voraus. Sie bezieht sich nur auf diejenige Modifikation dieser Methode, welche für die mit meinem Diphtherieschutzmittel behandelten Impflinge ausgearbeitet worden ist.

Um das zur Blutprüfung erforderliche Testgift auch auswärtigen Interessenten zugänglich zu machen, habe ich das Marburger Behringwerk veranlaßt, aus D. G. 7 eine Giftlösung „TL" herzustellen, welche in 1 ml [2]) 1600 + M und 3200 Ln [3])-Dosen enthält, und von welcher nach der Frankfurter Subkutanmethode 3,75 ml durch 1 AE bis zu Lo neutralisiert werden. Die aus dem unten abgebildeten Etikett ersichtliche Kennzeichnung des Testgiftpräparates er-

[1]) Zu dem in meiner „Einführung" S. 139 enthaltenen Prüfungsschema V des Herrn Prof. Römer habe ich zu bemerken, daß dasselbe einen Druckfehler enthält; es muß in diesem Schema statt „1,0 ml Prüfungs-Serum" „0,1 ml Prüfungs-Serum" heißen.

[2]) Ich sage statt „Kubikzentimeter" (= ccm) Milliliter (= ml).

[3]) Die Erklärung der Zeichen „+ M" und „Ln" findet sich in meiner „Einführung" auf S. 119. (Vgl. auch die Zeichenerklärung auf S. 498 ff.).

möglicht ohne Schwierigkeit das Herausfinden der von Herrn Dr. Siebert, dem Leiter des Marburger Behringwerks, aufbewahrten Prüfungsprotokolle, welche über die Ergebnisse der von 10 zu 10 Tagen wiederholten Testgift-Kontrolle Auskunft geben. Für wie lange die einwandfreie Beschaffenheit des Testgiftes beim Transport nach auswärts garantiert werden kann, läßt sich erst auf Grund langdauernder Erfahrung feststellen. Was die auf dem Etikett angegebenen Zahlenwerte angeht, so will ich bei ihrer Erläuterung ausgehen von der Blutserumprüfung auf $^1/_{100}$fach normal, bei welcher die in der Injektionsflüssigkeit enthaltene Testgiftmenge („Prüfungsdosis") $^1/_{160}$ ml beträgt.

Die intrakutane Prüfungsdosis von $^1/_{160}$ ml TL mit 20 Ln- und 10 + M-Dosen wird durch den Zusatz von $^1/_{2000}$ AE. (Antitoxin-Einheit) bis zu 1 Ln-Dosis neutralisiert. Auf Grund dieses Neutralisierungsverhältnisses und unter der Voraussetzung, daß immer 0,1 ml von der Toxin-Antitoxinmischung intrakutan injiziert wird, ist leicht zu berechnen, daß man eine 8fache Verdünnung von TL $\left(=\frac{TL}{8}\right)$ mit einem Serum (S), welches auf $^1/_{100}$fach zu prüfen ist, zu gleichen Teilen mischen muß. Für die Ausführung des Mischungsversuches gehe man in folgender Weise vor:

Man stelle sich zunächst $\frac{TL}{8}$ her, indem man 0,5 ml TL hinzufügt zu 3,5 ml 0,85 Proz. Kochsalzlösung (NaCl-L.). Von dieser 8fachen TL-Verdünnung wird mit der Pipette 1 ml entnommen und in einem kleinen Fläschchen mit 1 ml des darin vorgelegten (auf $^1/_{100}$fach zu prüfenden) Serums gemischt.

Danach entsteht in der Mischlösung $\frac{TL}{16}$ und $\frac{S}{2}$. 0,1 ml von dieser Mischlösung (welche nach einstündigem Stehen in einem auf 37° eingestellten Brutraum intrakutan einzuspritzen ist), enthält demgemäß $^1/_{160}$ ml TL und $^1/_{20}$ ml S.

Das Serum ist vor der Mischung mit dem Testgift durch einstündiges Erhitzen auf 58° zu inaktivieren.

Ist ein Serum höher zu prüfen, z. B. auf $^1/_{10}$fach, so wird an der Giftdosierung nicht geändert; das Serum aber muß man um soviel verdünnen, als dem zu prüfenden Multiplum von $^1/_{100}$fach entspricht. Bei der Prüfung auf $^1/_{10}$fach ist also $\frac{S}{10}$, bei der Prüfung auf 1fach $\frac{S}{100}$, auf 2fach $\frac{S}{200}$ usw. zu gleichen Teilen mit $\frac{TL}{8}$ zu mischen.

Das Testgift darf kein Glyzerin oder andere Zusätze enthalten, welche an sich schon kutane Reizungserscheinungen hervorrufen.

Falls bei der Kontrolle im Marburger Behringwerk ein TL-Präparat sich als minderwertig oder aus anderen Gründen als nicht einwandfrei erweist, dann wird die Operations-Nummer (Op.-Nr.), aus welcher der Inhalt der zum Versand bestimmten Fläschchen entnommen ist, beseitigt und eine neue Op.-Nr. hergestellt.

Man kann das Testgift „TL“ auch für eine höhere Prüfungsdosis benutzen, indem man beispielsweise nicht $\frac{TL}{8}$, sondern unverdünntes TL mit dem zu prüfenden Serum zu gleichen Teilen mischt. Für diesen Fall ist jedoch der Antitoxinbedarf zur Neutralisierung nicht — wie man nach dem sogenannten Gesetz der Multipla erwarten sollte — 8mal, sondern 20mal größer, so daß die in 0,1 ml Injektionsflüssigkeit enthaltene Prüfungsdosis von $^1/_{20}$ ml TL erst durch $^1/_{100}$ AE. bis zu 1 Ln neutralisiert wird.

Will man ein Serum auf kleinere Antitoxinwerte prüfen, dann sind stärkere TL-Verdünnungen herzustellen. So habe ich beispielsweise das TL-Testgift auf eine $^1/_{600}$fache Antitoxinlösung eingestellt, die durch 600fache Verdünnung des 10fach normalen Testantitoxins aus Ehrlichs Frankfurter Institut gewonnen wurde, und ich fand dabei, daß diese $^1/_{600}$ Normalantitoxinlösung (DAN $^1/_{600}$) mit $\frac{TL}{40}$ zu gleichen Teilen gemischt werden muß, um bei intrakutaner Injektion von 0,1 ml Ln zu geben. 0,1 ml von einer solchen Mischung enthält den 20. Teil von $^1/_{600} = {}^1/_{12000}$ AE. neben $^1/_{800}$ ml TL. Diese TL-Dosis ist also für $^1/_{12000}$ AE. die Prüfungsdosis, deren 20faches Multiplum $\left(= 1 \text{ ml } \frac{TL}{40}\right)$ mit einem auf $^1/_{600}$fach zu prüfenden Serum zum Zweck der intrakutanen Injektion zu gleichen Teilen gemischt werden muß[1]).

Die Abfüllungen zu je 10 ml bekommen eine laufende Nummer und einen Vermerk über das Datum der Abfüllung dieser Nummer, sowie auch über das Datum der Herstellung der Op.-Nr., aus welcher sie entnommen sind.

Jeder Abfüllung geht eine genaue Prüfung der Op.-Nr. voraus; die Prüfung wird dann später periodisch wiederholt.

Fläschchen mit 10 ml Testgift sind vom Marburger Behringwerk für 2 Mark erhältlich.

Behringwerk Marburg **Diphtherie-Testgift** **TL** Op. Nr. ...... Lfde. Nr. .... **Preis 2 Mark**	Prüfungsdosen von TL sk für L_0 mit 1 AE: 4,0 ml „ „ L+ „ 1 AE: 5,0 ml itk „ $^1/_{100}$ AE: $^1/_{20}$ ml „ „ $^1/_{2000}$ AE: $^1/_{160}$ ml „ „ $^1/_{12000}$ AE: $^1/_{800}$ ml in 1 ml {3200 Ln {1600 + M

[1]) Man vergleiche mit dieser Vorschrift die von Viereck genauer ausgeführte auf S. 94—96.

Arbeiten meiner klinischen Mitarbeiter über TA.

13.

Die Anwendung des neuen Diphtherieschutzmittels in der Marburger Frauenklinik[1]).

Von W. Zangemeister.

Die Immunisierung gegen Diphtherie ist in ein neues Stadium getreten, seitdem es v. Behring gelungen ist, das Diphtherietoxin dem menschlichen Organismus in ungefährlicher Form einzuverleiben und eine Schutzwirkung von verhältnismäßig langer Dauer zu erzielen. Das rasche Absinken der Immunität und die Giftigkeit artfremden Eiweißes, namentlich bei wiederholter Darreichung, haben sich bei der Anwendung der passiven Immunisierung mit Tierserum häufig genug fühlbar gemacht, insbesondere, wenn es in größeren Anstalten und bei Epidemien darauf ankam, die Schutzwirkung auf einen größeren Zeitraum auszudehnen oder wiederholt zur Geltung zu bringen.

Die außerordentliche Verbreitung der Diphtherie und ihre hohen Gefahren verleihen dem neuen Mittel v. Behrings eine Bedeutung, die sich heute noch kaum abschätzen läßt.

Da nun die Morbidität an Diphtherie bereits im ersten Lebensjahr recht bedeutend ist[2]), lag es nahe, den Versuch zu machen, die Immunisierung schon so frühzeitig als möglich d. h. beim Neugeborenen vorzunehmen, um einerseits der Erkrankung rechtzeitig vorzubeugen und andererseits Überempfindlichkeitserscheinungen zu vermeiden, die bei älteren Kindern dann zu erwarten waren -- und wie die Erfahrung gezeigt hat, tatsächlich vorkommen —, wenn sie bereits eine Erkrankung an Diphtherie durchgemacht haben.

Außerdem liegt nunmehr die Möglichkeit vor, in vielleicht noch schonenderer Form dem Neugeborenen dadurch einen längerdauernden Schutz zu verschaffen, daß die Mutter bereits in der Gravitität immunisiert wird. Wissen wir doch aus zahlreichen Untersuchungen[3]), daß das Antitoxin von der Mutter auf das Kind sowohl intrauterin übergeht, als auch durch die Milch übertragen wird.

Ferner hat v. Behring nachgewiesen, daß die von der homologen Gattung stammenden Schutzkörper bei ihrer Übertragung auf andere Inidividuen die gleiche Schutzdauer bedingen, wie sie sonst nur bei aktiver Immunisierung möglich ist.

---

[1]) Aus D. med. Woch. 1913. Nr. 21.

[2]) Nach dem statistischen Material des Kgl. preußischen statistischen Landesamts (Das Gesundheitswesen des Preußischen Staates im Jahre 1911 — Berlin 1912 — S. 1, 10, 78) starben an Diphtherie (Krupp) 0,105 Proz. der im ersten Lebensjahr befindlichen Kinder (d. s. 1286) = 0,58 Proz. der Todesfälle dieses Lebensjahres. Die Morbididät an Diphtherie beträgt etwa das 9fache davon, also etwa 1 Proz.

[3]) Ehrlich, Zeitschr. f. Hyg. Bd. 12. — Fischl und v. Wunschheim, Zeitschr. f. Heilk. 1895, Bd. 16. — Römer, Berl. klin. Woch. 1901. — Zeitschr. f. diät. u physik. Ther. 1904/1905, Bd. 8. — Kreidl und Mandl, Wien. klin. Woch. 1904, Nr. 22. — Lustig, Zentralbl. f. allg. Path. 1904, S. 756. — Schenk, Monatsschr. f. Geb. u. Gyn. Bd. 19, S. 159, 344, 568. — Polano, Monatsschr. f. Geb. u. Gyn. Bd. 20, S. 1039. — Zeitschr. f. Geb. u. Gyn. Bd. 53, S. 456. — Schütz, Berl. klin. Woch. 1905, Nr. 40. — Kayser, Zeitschr. f. klin. Med. Bd. 56, S. 17.

Von diesen Gesichtspunkten ausgehend, wurden an meiner Klinik, einem Wunsche v. Behrings folgend, Untersuchungen unternommen, über deren Ergebnis wir hier kurz berichten wollen.

A. Schwangere:

Die Injektionen wurden subkutan gemacht. Es wurde zunächst eine 40fache Verdünnung einer Diphtherietoxinantitoxinmischung „M I" verwandt und mit einer Dosis begonnen, die voraussichtlich ohne Reaktion blieb. Es bestand die Absicht, die Dosen täglich bis zum Auftreten einer Reaktion zu verdoppeln.

Fall 1. Gravida mens. IX. (La.), 24 Jahre alt, I-para, 58,2 kg, keine Diphtherie bisher. Am 28., 29., 30. Oktober 1912 wurden 0,2, bzw. 0,4, bzw. 0,8 ccm der oben angegebenen Verdünnung injiziert [1]), ohne daß eine Reaktion eintrat.

Auf eine Injektion von 1,5 ccm am 31. Oktober 1912 kam es zu leichten Reaktionserscheinungen (Drüsenschwellung, Temperatursteigerung), die nach einigen Tagen wieder verschwanden.

Die Gravida hatte also erst auf eine Dosis von 37,5 mg reagiert.

Eine am 5. November 1912, also nach 5 bzw. 8 Tagen, entnommene Blutprobe ergab einen Antitoxingehalt von $^1/_3$ AE. im Kubikzentimeter Blut.

Fall 2. Gravida mens. X. (Li.), 19 Jahre alt, II-para, 75,5 kg, als Kind Diphtherie, bekam am 28. Oktober 1912 0,2 ccm $^1/_{40}$ M I. Die Patentin reagierte wahrscheinlich infolge von Überempfindlichkeit nach früher überstandener Diphtherie auf diese kleine Dosis (5 mg). Die Erscheinungen gingen auch hier in wenigen Tagen zurück. Eine am 7. November 1912, also nach 10 Tagen, entnommene Blutprobe ergab einen Antitoxingehalt von 2 AE. im Kubikzentimeter Blut. Dieser auffallend hohe Titer ist im Sinne der Interpretation v. Behrings zu deuten, nach der eine starke Antitoxinproduktion bei solchen Individuen auftritt, die früher Bazillenträger gewesen sind [2]). Im allgemeinen dauert das Inkubationsstadium für die Antitoxinproduktion nach der Injektion von M I etwa 3 Wochen; wenn in diesem Fall und dem Fall 1 das Blut schon nach viel kürzerer Zeit antitoxinhaltig gefunden wurde, so erinnert das an den Fall K. v. Behrings, bei dem gleichfalls schon frühzeitig Antitoxin produziert wurde. Der hohe Titer dieses Falles K., der später auftrat, läßt die Annahme zu, daß auch in unseren beiden Fällen nach einiger Zeit noch eine erhebliche Steigerung des Antitoxingehalts zu beobachten gewesen wäre; leider konnte das Blut aus äußeren Gründen nicht weiter geprüft werden.

Fall 3. Gravide mens. X. (Schn.), 23 Jahre alt, II-para, 58,3 kg, hatte als Kind Diphtherie; sie erhält am 12. Oktober 1912 1 mg M I, ohne Reaktion, und am 13. Oktober 1912 5 mg. Die daraufhin eingetretene Reaktion verschwand nach einigen Tagen; sie ist ebenso wie im Fall 2 infolge Überempfindlichkeit nach überstandener Diphtherie nach einer verhältnismäßig kleinen Dosis eingetreten. Eine am 1. November 1912, also nach 19 Tagen, entnommene Blutprobe ergab einen Antitoxingehalt von nur $^1/_{40}$ AE. im Kubikzentimeter Blut

Fall 4. Gravida mens. X. (Schr.), 24 Jahre alt, I-para, 70,0 kg, keine Diphtherie überstanden; erhielt am 12. November 1912 10 mg M I, ohne deutliche Reaktion. Von weiteren Injektionen wurde aus äußeren Gründen abgesehen. In der bei der Entbindung am 20. November 1912, also nach 8 Tagen, gewonnenen Blutprobe fand sich ein Antitoxingehalt von mehr als $^1/_{10}$ AE. [3]) im Kubikzentimeter Blut; das aus der Nabelvene entnommene und genau geprüfte kindliche Blut war $^3/_4$fach normal ($^3/_4$ AE. im Kubikzentimeter Blut).

Es ergibt sich aus diesen Versuchen, die natürlich im Laufe der Zeit noch vermehrt werden müssen, daß die Reaktionsschwelle für das Antitoxingemisch v. Behrings (nach erstmaliger Injekton) bei Schwangeren, die keine Diphtherie gehabt haben, etwa bei einer Dosis von 30 mg liegt, während im letzteren Falle (überstandene Diphtherie) schon wesentlich kleinere Mengen eine Reaktion auslösten.

Auffallend ist die Schnelligkeit, mit der die Immunkörperproduktion eintrat, und zwar bei verhältnismäßig geringen Reaktionserscheinungen.

---

[1]) 1 ccm M I/40 enthält 25 mg M I. — Fall 1 hat demnach 5, 10, 20, dann 37,5 mg bekommen.

[2]) v. Behring, D. med. Woch. 1913, S. 876.

[3]) Eine genauere Prüfung war infolge der geringen Blutmenge nicht möglich.

B. Neugeborene:

Bei ihnen wurde mit sehr kleinen Dosen begonnen. Die Feststellung der Reaktionsschwelle war hier von besonderem Wert, da man annehmen darf, daß beim Neugeborenen die Beeinflussung der eine Reaktion hervorrufenden Dosis durch erworbene Überempfindlichkeit in der Regel auszuschließen ist.

1.	Schn.	5 Tage,	3440 g,	erhält	0,2 mg M I	ohne Reaktion.
2.	S.	6 „	2960 g,	„	0,4 mg „	
3.	Z.	3 „	2900 g,	„	1,0 mg „	
4.	Ho.	4 „	2160 g,	„	2,0 mg „	
5.	M.	4 „	2780 g,	„	5,0 mg „	
6.	B.	3 „	2930 g,	„	5,0 mg „	
7.	Th.	2 „	4450 g,	„	10,0 mg „	
8.	Bö.	3 „	3130 g,	„	15,0 mg „	
9.	R.	5 „	3190 g,	„	20,0 mg „	
10.	V.	3 „	2400 g,	„	10,0 mg[1] „	
11.	F.	5 „	2280 g,	„	20,0 mg „	
12.	We.	3 „	3180 g,	„	30,0 mg „	
13.	Hö.	2 „	2800 g,	„	50,0 mg „	
14.	Schu.	2 „	3920 g,	„	100,0 mg „ ,	worauf eine mäßige Reaktion eintrat.

Wir führen die Versuche deshalb einzeln auf, um zu zeigen, wie langsam und vorsichtig mit der Dosis gestiegen wurde und wie tolerant die Neugeborenen gegenüber dem v. Behringschen Gemisch bis zu Dosen von 30 mg waren.

Erst eine Dosis von 100 mg M I vermochte also eine Reaktion auszulösen, während bei den behandelten Erwachsenen (Schwangeren) eine erheblich kleinere Menge wirksam war.

Diese Tatsache findet eine gewisse Bestätigung in einer Mitteilung von Magyar und Schick. Bei Prüfung mittels intrakutaner Injektion von $^1/_{10}$—$^1/_5$ mg einer Diphtheriegiftlösung (D.-G.-L.), die im intrakutanen Meerschweinversuch[2] bei $^1/_{10}$ mg noch Nekrose erzeugt hatte, fanden die genannten Autoren bei 434 Kindern

im ersten Lebensjahr	(24)	positive	Reaktion	12 mal
		negative	„	12 „
„ 2.—5. „	(146)	positive	„	91 „
		negative	„	55 „
„ 5.—15. „	(264)	positive	„	131 „
		negative	„	133 „

Was die Neugeborenen betrifft, so wird deren starke Resistenz gegenüber dem Diphtheriegift unter Berufung auf Bondy noch besonders hervorgehoben mit den Worten: „Neugeborene reagieren auf nicht eingeengtes Diphtheritoxin negativ."

Über den Antitoxingehalt des Blutes unserer mit M I behandelten Neugeborenen ließen sich deshalb keine Aufschlüsse gewinnen, weil wir von Blutentnahmen, wie sie diesbezügliche Untersuchungen erfordert hätten, Abstand nehmen mußten. Um trotzdem einen gewissen Aufschluß zu gewinnen, besteht die Absicht, die Immunisierungen fortzusetzen und die Erkrankungshäufigkeit dieser Kinder im Laufe der nächsten Jahre zu verfolgen.

Schluß. Die bisherigen Beobachtungen lassen natürlich noch viele Fragen offen oder noch nicht genügend geklärt. Immerhin können sie doch als Grundlage für weitere Untersuchungen dienen. Sie haben soviel schon ergeben, daß die Anwendung des v. Behringschen Toxinantitoxingemisches beim Neugeborenen nicht bloß möglich ist, sondern wegen der bei ihnen noch fehlenden Überempfindlichkeit aus dem Grunde ganz besonders geeignet erscheint, weil voraussichtlich die Reaktionsschwelle bei allen Neugeborenen sehr gleichmäßig sein wird.

Unsere Beobachtungen zeigen ferner, daß sich beim Erwachsenen relativ leicht und gefahrlos eine Giftimmunität erzeugen läßt, die nicht nur das betreffende Individuum erfolgreich zu schützen imstande ist, sondern die oft auch genügt, um andere Individuen passiv zu immunisieren. In dieser Hinsicht kommt einmal das Neugeborene

[1]) Die Dosis wurde deshalb wieder herabgesetzt, weil eine neue Verdünnung des M I zur Verwendung kam.

[2]) Verh. d. Gesellsch. f. Kinderheilk. Bd. 29, S. 9.

in Betracht; außerdem aber besteht auch die Möglichkeit, das bei der Entbindung physiologischerweise durch Lösung der Plazenta abgehende Blut für Immunisierungs- und Heilzwecke auszunutzen, was von um so größerem Wert ist, als es sich dabei um artgleiches Serum handelt, dessen Schutzkraft eine längere ist und dessen präventive oder kurative Anwendung die üblen Nebenwirkungen des artfremden Serums nicht befürchten läßt.

14.

Technische und theoretische Bemerkungen zur Anwendung des neuen Diphtherieschutzmittels[1]).

Von Stabsarzt Dr. Viereck, kommandiert zum Institut für Hygiene und Experimentelle Therapie in Marburg.

I.

In Nr. 19 der D. med. Woch. ist von Exz. v. Behring eine Gebrauchsanweisung für das Diphtherieschutzmittel Op.-Nr. MM I enthalten. Diese Operations-Nr., die dem Frankfurter Institut von Exz. Ehrlich zur Prüfung übergeben ist, wurde in der Medizinischen und Chirurgischen Klinik in Marburg benutzt. In Magdeburg-Sudenburg ist von Schreiber-Hahn eine Operations-Nr. M I zur Anwendung gelangt. Beide Präparate sind Mischlösungen von Diphtheriegift und Diphtherieantitoxin, enthalten diese beiden Bestandteile aber in einem verschiedenen Mischungsverhältnis. Während nämlich MM I im Meerschweinchenversuch einen krankmachenden Giftüberschuß kaum noch erkennen läßt, bewirkt die intrakutane Injektion von M I deutliche Vergiftungserscheinungen. M I ist hergestellt am 18. Juli 1912 und enthielt damals die für etwa 200 g Meerschweinchengewicht tödliche Minimaldosis in 1 ccm (1 ccm = etwa 200 + M).

Im Juli und August 1912 wurden auf Veranlassung von Exz. v. Behring von Römer und Viereck Immunisierungsversuche mit positivem Erfolg ausgeführt am Meerschweinchen, Hund, Schaf, Pferd. Dagegen starben zwei Affen an interkurrenten Krankheiten (Eingeweidewürmer und Tuberkulose), bevor eine Antitoxinproduktion nachweisbar wurde.

Auf Grund der bei diesen Tierversuchen gewonnenen Erfahrungen wurden im November 1912 die ersten Versuche in der Marburger Frauenklinik begonnen zu dem Zweck, diejenige Dosierung ausfindig zu machen, die beim Menschen ohne bedenkliche Nebenwirkungen eine antitoxinproduzierende Reaktion auslöst.

Von der intrakutanen Applikation wurde dabei abgesehen, nachdem sich gezeigt hatte, daß sie recht schmerzhaft sein kann, wenn das Mittel in stärkerer Konzentration gegeben wird. Und das ist unvermeidlich, weil man nur eine geringe Flüssigkeitsmenge (0,1—0,2 ccm) intrakutan einspritzen kann.

Zum Zweck der Konservierung wurde sowohl der Stammlösung wie den Verdünnungen Karbolsäure (bis zu 0,4 Proz.) hinzugesetzt. Der spezifische Giftwert und Immunisierungswert von M I blieb auffallend gut während der Beobachtungsdauer von 10 Monaten erhalten, obwohl das Mittel bei Zimmertemperatur aufbewahrt worden ist.

Die Injektion wurde bei den Frauen in der Frauenklinik am Unterarm, und zwar bei mehreren Wiederholungen abwechselnd rechts und links, vorgenommen. Es wurde so ermöglicht, das die lokalen Wirkungen des Mittels der Feststellung leicht zugänglich waren. Als solche kamen in Betracht: Rötung, Schwellung, Schmerzhaftigkeit, Drüsenschwellung. Um die Allgemeinwirkung zu verfolgen, wurde die Temperatur mehrmals täglich gemessen, die Pulsbeschaffenheit kontrolliert und das subjektive Befinden notiert[2]). Bei den Neugeborenen wurden die Injektionen auf der rechten Brustseite gemacht. Es wurde diese Stelle, die freilich wegen des dickeren Unterhautbindegewebes weniger gut zur Feststellung der reaktiven Schwellungen und

[1]) Aus D. med. Woch. 1913. Nr. 21.

[2]) Das makroskopische Blutbild (Zahl und Art der Leukozyten), Viskosität, Gerinnungsenergie des Blutes usw. konnten aus äußeren Gründen nicht kontrolliert werden.

Rötung sich eignet, vorgezogen, da sie durch die Wickel vor störenden Insulten geschützt ist. Die kleine Stichöffnung der Nadel wurde mit Watte und Kollodium verschlossen. Die Injektionen wurden in meiner Gegenwart von der Schwester gemacht. Von intramuskulären Injektionen wurde Abstand genommen, weil dabei die Stärke und Dauer der lokalen Reaktionen sich nicht gut erkennen lassen.

Um krankmachende Nebenwirkungen nach Möglichkeit zu vermeiden, wurde mit einer solchen Dosierung begonnen, von der auf Grund anderweitiger Beobachtungen anzunehmen war, daß sie reaktionslos vertragen werden würde. Dann wurde bei demselben Individuum die Dosis gesteigert, bis die Reaktionsschwelle erreicht war. Andere Personen des gleichen Lebensalters erhielten hinterher von M I annähernd diejenige Menge erstmalig, die bei dem Vorversuch schließlich eine Reaktion ausgelöst hatte. Bei den Neugeborenen wurde die mehrmalige Injektion vermieden.

II.

In der Gebrauchsanweisung auf S. 874 in Nr. 19 der D. med. Woch. hat v. Behring denjenigen Krankenhausdirektoren, denen er sein Diphtherieschutzmittel zur Prüfung übergibt, die Untersuchung des Blutes der Impflinge vor und nach der immunisierenden Behandlung auf Antitoxingehalt zur Pflicht gemacht. Es existiert nun zwar eine sehr genaue Anweisung zur antitoxischen Wertbestimmung von Römer, die in v. Behrings „Einführung in die Lehre von der Bekämpfung der Infektionskrankheiten" aufgenommen ist. Zur Erleichterung der Ausführung von einwandfreien antitoxischen Blutprüfungen soll jedoch in folgendem speziell diejenige Modifikation von Römers Intrakutanmethode genau beschrieben werden, die für den vorliegenden Zweck am leichtesten ausführbar ist.

Es soll hier zunächst angenommen werden, daß das aus dem auf Antitoxingehalt zu prüfenden Blut eines Impflings ausgeschiedene Serum — das bekanntlich etwa 30 Proz. mehr Antitoxin enthält als das serumliefernde Blut — daraufhin untersucht werden soll, ob es mehr oder weniger als $^1/_{100}$ Antitoxin-Einheit in 1 ccm enthält. Um das zu entscheiden, mischen wir das Serum mit dem Diphtherietestgift, das als D. G. 7 bezeichnet wird. Dieses Gift wird schon seit mehr als 10 Jahren im Institut aufbewahrt und hat während dieser Zeit seinen antitoxinbindenden (indirekten) Giftwert unverändert beibehalten. Früher ebenso wie jetzt ist es $13^1/_3$fach normal, d. h. daß unter genau festgelegten Bedingungen eine Antitoxin-Einheit (1AE.) erforderlich ist, um 0,075 ccm D. G. 7 bis zum Limesglattwert (Lo) bei subkutaner Injektion zu neutralisieren.

Mit Hilfe von Römers Intrakutanmethode erhalten wir sehr verschiedene antitoxinbindende Werte, je nachdem wir größere oder kleinere Prüfungsdosen von D. G. 7 verwenden. Für unsere Blutprüfungen wählen wir stets $^1/_{8000}$ ccm D. G. 7 als Prüfungsdosis, und diese Dosis wird durch $^1/_{2000}$ AE. bis zum Nekrosegrenzwert (Ln) neutralisiert.

Setzt man zu $^1/_{2000}$ AE. weniger als $^1/_{8000}$ ccm D. G. 7 hinzu, so bleibt die Nekrose aus; bei einem stärkeren Giftzusatz aber wird sie umfangreicher und tritt schneller ein. Wir injizieren intrakutan immer 0,1 ccm von der Toxin-Antitoxin-Mischung und stellen uns die Mischlösung auf die Art her, daß wir von einer 400fachen Verdünnung unseres Testgiftes 1 ccm vermischen mit 1ccm von einer $^1/_{100}$fach normalen Diphtherie-Antitoxinlösung. Wir erhalten dann 2 ccm Mischlösung, von der 0,1 ccm enthält:

$$\left\{\begin{array}{l} ^1/_{8000} \text{ ccm D. G. 7} \\ ^1/_{2000} \text{ A. E.} \end{array}\right.$$

Haben wir nun beispielsweise das Blut eines menschlichen Individuums daraufhin zu prüfen, ob es mehr oder weniger als $^1/_{100}$ AE. in 1 ccm des aus seinem Blut ausgeschiedenen Serums enthält, dann mischen wir

$$\left\{\begin{array}{l} \text{1 ccm Serum} \\ \text{1 ccm } ^1/_{400} \text{ D. G. 7} \end{array}\right.$$

und spritzen einem Meerschweinchen von 250 g Gewicht (= $\mathfrak{M}^{250}$) von dieser Mischlösung 0,1 ccm intrakutan ein. In dieser Injektionsdosis ist vom Diphtheriegift die Prüfungsdosis $^1/_{8000}$ ccm enthalten, zusammen mit $^1/_{20}$ ccm Serum. Bekommt das Meerschweinchen an der Injektionsstelle keine Nekrose, dann enthält $^1/_{20}$ ccm Serum mindestens $^1/_{2000}$ AE., und 1 ccm Serum ist mindestens $^1/_{100}$fach normal; durch Verminderung des Serumzusatzes bei gleichbleibender Prüfungsdosis vom Gift müssen wir dann ein nekroseerzeugendes Gemisch uns herstellen.

Ich nehme an, daß wir jetzt dasselbe Serum bei einem zweiten Meerschweinchen auf $^1/_{10}$fach, statt auf $^1/_{100}$fach, prüfen wollen; dann müssen wir uns die Mischung:

$$\begin{cases} 1 \text{ ccm } ^1/_{10} \text{ Serum} \\ 1 \text{ ccm } ^1/_{400} \text{ D. G. 7} \end{cases}$$

herstellen. Macht diese Mischung bei der Intrakutaninjektion von 0,1 ccm Nekrose, so läßt sich aus der Schnelligkeit ihres Eintrittes und aus ihrem Umfang oft schon schließen, ob wir dem Grenzwert mehr oder weniger nahe sind. Eine sehr genaue Wertbestimmung können wir aber nunmehr dadurch herbeiführen, daß wir an einem einzigen Meerschweinchen mehrere Intrakutaninjektionen machen, durch die wir das fragliche Serum z. B. auf $^1/_{20}$fach, $^1/_{40}$fach, $^1/_{80}$fach prüfen, indem wir zu 1 ccm $\frac{\text{D. G. 7}}{400}$ hinzusetzen: 0,2 0,4 und 0,8 ccm Serum auf 1 ccm aufgefüllt.

War es bei der Prüfung auf $^1/_{100}$fach (1 ccm Serum + 1 ccm $\frac{\text{D. G. 7}}{400}$ zur Nekrose gekommen, so läßt sich aus dem Grade ihrer Intensität darauf schließen, ob der Grenzwert annähernd erreicht ist, oder ob in 1 ccm Serum erheblich weniger als $^1/_{100}$ AE. enthalten war.

Das auf seinen Antitoxingehalt zu prüfende Blut inaktivieren wir durch einstündiges Erhitzen auf 58°, da wir die Beobachtung gemacht haben, daß nicht-inaktiviertes Serum an sich schon Nekrose machen kann.

Die zur antitoxischen Blutprüfung dienenden Meerschweinchen sollen annähernd 250 g wiegen, müssen gesund sein und im After eine Temperatur von weniger als 39° haben. Gravide Tiere sind auszuschalten, ebenso alle Tiere, die zu anderweitigen, insbesondere zu Diphtherieversuchen schon vorher benutzt worden sind. Um die dunkelbräunliche Färbung der nekrotisierten Hautstelle besser zu erkennen, bevorzugen wir hellhaarige Meerschweinchen, deren Haut weniger pigmentiert ist als die der dunkelhaarigen. Die Haare müssen vor der Injektion entfernt sein, was wir mit Hilfe von Kalziumhydrosulfid-Bepinselung 24 Stunden vor der Injektion am schonendsten bewirken.

Zum Zweck einer genauen Dosierung muß verhindert werden, daß beim Herausziehen der Nadel nach erfolgter intrakutaner Injektion Flüssigkeit zurückfließt, man drückt deswegen für kurze Zeit hinterher einen Finger auf die Einstichstelle. Bei richtig ausgeführter Injektion entsteht eine Hautauftreibung (Quaddel), die nach einigen Minuten wieder verschwindet.

An einem einzigen Meerschweinchen kann man bis zu sechs Blutprüfungen vornehmen, auf jeder Seite drei. Um jedoch die Exaktheit des Prüfungsergebnisses nicht durch Giftüberschuß und namentlich nicht durch Antitoxinüberschuß zu beeinträchtigen, darf das nur dann geschehen, wenn man weiß, daß die zu prüfenden Flüssigkeiten ein solches Mischungsverhältnis haben, bei dem nahezu der Nekrosegrenzwert (L_n) erreicht wird. Prüfen wir beispielsweise ein Serum auf $^1/_{100}$fach, während es tatsächlich $^1/_{10}$fach normal oder noch höher ist, so hat das Meerschweinchen einen Antitoxinüberschuß bekommen, der nach seiner Resorption auf das in den anderen Gemischen enthaltene Gift neutralisierend einwirkt, was dann zu fehlerhaften Schlußfolgerungen führt. Diese Fehlerquelle ist viel weniger groß, wenn man statt $^1/_{8000}$ ccm — unter Zugrundelegung der in v. Behrings Buch „Einführung in die Lehre von der Bekämpfung der Infektionskrankheiten" auf S. 119—125 enthaltenen genauen Vorschrift des Herrn Prof. Römer — größere Prüfungsdosen von unsrem Testgift, z. B. $^1/_{800}$ ccm oder $^1/_{118}$ ccm wählt. Dann ist aber der Tierverbrauch viel größer, weil Gemische mit einem Giftüberschuß bei der Wahl von größeren Prüfungsdosen viel eher die Tiere krank machen und töten, zumal bei gleichzeitiger Prüfung von mehreren Gemischen.

Die Erkennung der Nekrosen und die Unterscheidung großer und mit stärkerer Hautblutung einhergehenden Nekrosen (N) von kleinen (n) ist bei einiger Übung nicht schwierig. Die spezifischen Diphtherienekrosen hinterlassen eine deutliche Narbe oder machen sich später durch Hautschilferung und Enthaarung bemerkbar. Der Haarmangel an den Injektionsstellen im Verein mit einer eigenartigen bräunlichen Färbung und Abschilferung der Haut kann als charakteristisch für die Wirkung eines Diphtheriegiftüberschusses in der Mischlösung gelten.

III.

In v. Behrings Institut wird großer Wert gelegt auf eine unzweideutige und nach einheitlichem Schema durchzuführende Protokollierung der Behandlungsart und der Beobachtungsergebnisse unter Benutzung von Abkürzungen für häufig wiederkehrende Daten und Begriffe.

Für die Intrakutanprüfung eines Serums dient uns ein Schema, das an dem hier reproduzierten Meerschweinchenprotokoll erläutert werden soll.

𝔐 290 Nr. 10513 3. V. 13 vorm. 10 Uhr 38,7°

„ 11 „ $\left\{\begin{array}{l}1 \text{ ccm } \frac{\text{D. G. 7}}{400} \\ 1 \text{ ccm L-Serum}\end{array}\right.$ 2. V. 13

Davon 0,1 ccm itk l. v.
(geprüft auf $^1/_{100}$ fach)
nachm. 6 Uhr 38,9°

290	4. V. 13	vorm.	10	Uhr	39,2°	„	6 „	39,4°	r. i.
290	5. V. 13	„	10	„	39,6°	„	6 „	39,7°	R. J.
290	6. V. 13	„	10	„	39,5°	„	6 „	39,6°	R. J.
290	7. V. 13	„	10	„	39,3°	„	6 „	39,4°	n
290	8. V. 13	• „	10	„	39,0°	„	6 „	39,1°	N
290	9. V. 13	„	10	„	38,7°	„	6 „	38,8°	N

Dieses Protokoll ist zu lesen: „Normales Meerschweinchen von 290 g Gewicht (Nr. 10 513), mit normaler Körpertemperatur vor der Injektion, erhält am 3. Mai 1913 um 11 Uhr vormittags auf der linken Körperseite vorne intrakutan eingespritzt 0,1 ccm von einer Mischlösung, die in 2 ccm $^1/_{400}$ ccm Diphtherietestgift Nr. 7 und 1 ccm Serum aus dem Blut von Fall L. enthält. Die Blutentnahme war erfolgt am 2. Mai 1913. Da 0,1 ccm von der Mischlösung $^1/_{20}$ ccm Serum enthält mit der Prüfungsdosis von dem Testgift ($^1/_{8000}$ ccm), die zur Neutralisierung bis zu Ln $^1/_{2000}$ Diphtherieantitoxineinheit gebraucht, so ist das Serum geprüft auf $^1/_{100}$ AE. in 1 ccm (= $^1/_{100}$fach). An der Injektionsstelle war nach 24 Stunden geringe Rötung und Schwellung, nach zweimal 24 Stunden und dreimal 24 Stunden starke Rötung und starke Schwellung, nach viermal 24 Stunden eine kleine und nach fünfmal 24 Stunden eine große Nekrose zu erkennen. Danach ist anzunehmen, daß das Serum erheblich weniger als $^1/_{100}$fach normal ist, was auch daraus entnommen werden kann, daß bis zur Ausbildung der Nekrose eine nicht unbeträchtliche Temperatursteigerung sich bemerkbar machte. Das Körpergewicht blieb während der Beobachtungsdauer unverändert."

Zur Eintragung der Beobachtungsergebnisse an menschlichen Individuen dient uns ein von dem Lithographen Meder in Marburg zu beziehendes Temperaturkurvenschema.

IV.

Eine erst durch vermehrte Beobachtungen am Menschen zu beantwortende Frage betrifft die Dosierung von MM I bei der erstmaligen Injektion im Einzelfall.

Wenn erreicht werden soll, daß schon die einmalige, höchstens zweimalige Anwendung des Mittels einen für längere Zeit ausreichenden Infektionsschutz gewähren soll, dann muß die Injektionsdosis eine antitoxinproduzierende Reaktion hervorrufen, die zwar nicht immer von einer erheblichen Temperatursteigerung begleitet zu sein braucht, aber — soweit wir bis jetzt erkennen können — an der Einspritzungsstelle eine merkliche Entzündung bewirkt. Diese kann so gering sein, daß sie nur bei genauer Beobachtung diagnostiziert werden kann als schnell vorübergehende Infiltration, die wir durch das Zeichen $L_{\smile}$ vermerken, und erst deutlicher zum Ausdruck kommt, wenn eine gleich große Dosis nach 8—14 Tagen von neuem subkutan eingespritzt wird. Wenn aber die lokale Reaktion vollkommen ausbleibt, dann nehmen wir bis auf weiteres auf Grund der bisher von uns in Marburg gemachten Beobachtungen an, daß auch eine Antitoxinproduktion, und damit ein Immunisierungserfolg, fehlen wird.

Nun haben schon die Injektionen an Neugeborenen und erwachsenen Personen in der hiesigen Frauenklinik uns gezeigt, daß man nicht etwa, nachdem für eine Reihe von Individuen die Reaktionsschwelle ausfindig gemacht ist, entsprechend dem Körpergewicht größere oder kleinere Quantitäten schematisch von dem Mittel vorschreiben darf. Wir haben gesehen, daß von M I für Neugeborene die Reaktionsschwelle bei

100 mg, für Frauen aber schon bei etwa 40 mg zuweilen nicht unbeträchtlich überschritten wird. Nehmen wir danach 20 mg (= $^1/_{50}$ ccm) als durchschnittlich zur Lokalreaktion beim Menschen von 70 kg Gewicht ausreichend an, für Neugeborene von etwa $3^1/_2$ kg aber 100 mg, dann ist auszurechnen, daß erwachsene Menschen — auf das Körpergewicht berechnet — nicht weniger als 100mal stärker empfindlich sind gegenüber M I als Neugeborene. Der Giftüberschuß in M I ist etwa 15mal größer als in MM I. Dieselben Individuen in der Frauenklinik würden demgemäß voraussichtlich erst auf eine 15mal größere Dosis von MM I reagiert haben, also Erwachsene auf durchschnittlich 300 mg = 0,3 ccm und Neugeborene gar erst auf 1500 mg = 1,5 ccm. In der Gebrauchsanweisung auf S. 874 in Nr. 19 der D. med. Woch. ist als erstmalige Dosis $^1/_{10}$ (0,1) bis $^1/_{20}$ (0,05) ccm vorgeschrieben. Das geschah deswegen, weil demnächst wohl hauptsächlich an schulpflichtigen Kindern das neue Mittel angewendet werden wird, und diese sind durchschnittlich nach unseren Erfahrungen empfindlicher als erwachsene Menschen. Sollte an Neugeborenen sich bestätigen, daß sie $^1/_{10}$ ccm von MM I immer reaktionslos vertragen, dann wird für diese auf ein Schutzmittel von der Zusammensetzung von M I oder auf ein solches mit noch stärkerem Giftüberschuß zurückgegriffen werden müssen.

Sowohl die Tierversuche, wie die bisherigen Beobachtungen am Menschen lassen darauf schließen, daß die Differenz zwischen der Dosis des neuen Diphtherieschutzmittels, die eine eben noch erkennbare Reaktion auslöst, und derjenigen, die etwas stürmischere, aber noch ungefährliche Reaktionssymptome bewirkt, recht bedeutend ist. Auch das 10- bis 20fache des Quantums, mit dem $L_{\smile}$ erreicht wird, würde bei demselben Individuum voraussichtlich noch keine bedenklichen Folgeerscheinungen haben.

15.

Vierte Mitteilung über v. Behrings Diphtherievakzin[1]).

Von Priv.-Doz. Dr. Kleinschmidt und Stabsarzt Dr. Viereck.

I.

Die Verwendung des v. Behringschen Diphtherievakzins in Gestalt der Marken M I und MM I bestätigte schon in den ersten Versuchen beim Menschen die tierexperimentellen Ergebnisse, nach denen es ohne Schwierigkeit gelingt, mit dem Vakzin ausgiebige Antitoxinproduktion zu bewirken. Über klinische Erfahrungen ist von Hahn[2]), Matthes[2]), Schreiber[3]) und Zangemeister[4]) kurz berichtet worden. Vor der Freigabe des neuen Diphtherieschutzmittels zu allgemeinem ärztlichen Gebrauch mußten jedoch die zweckmäßigste Applikationsart und die Dosierung des Vakzins in verschiedenen Altersklassen und Gesundheitszuständen noch genauer studiert werden. Auch über die Zeit des Eintritts der Immunität sollten umfangreichere Erfahrungen gesammelt werden.

Wir haben uns bemüht, durch Untersuchungen an der Kinderabteilung der Medizinischen Klinik die obengenannten Untersuchungen zu ergänzen, und möchten im folgenden über das Ergebnis unserer klinischen Studien berichten.

II.

Folgende Applikationsformen für den Vakzin sind bisher auf ihre Brauchbarkeit untersucht worden:

1. die kutane Anwendung nach Art der v. Pirquetschen Tuberkulinimpfung,
2. die intrakutane Injektion,
3. die subkutane Injektion,
4. die intramuskuläre Injektion.

Die kutane Anwendung geschah mittels des v. Pirquetschen Impfbohrers an der Beugeseite des Unterarmes. Als Applikationsort für die intrakutane In-

[1]) Aus D. med. Woch. 1913. Nr. 41.
[2]) Kongreß für innere Medizin, Wiesbaden 1913.
[3]) D. med. Woch. 1913, Nr. 20.
[4]) Ebenda 1913, Nr. 21.

jektion diente ebenfalls der Arm oder die Rückenhaut zwischen den Schulterblättern. Wir möchten für Bettlägerige die Injektion am Arm vorziehen, da bei stärkerer Reaktion am Rücken das Liegen Beschwerden machen kann. Die Intrakutaninjektion erfordert größte Sorgfalt, wenn Fehlerquellen vermieden werden sollen.

Wir gebrauchten ebenso wie Römer bei seiner intrakutanen Diphtherieantitoxinbestimmung eine mit Zwanzigstel-Einteilung versehene, 1 ccm fassende Glasstempelspritze (Marke Lieberg) oder Rekordspritze, armiert mit einer feinen, aber widerstandsfähigen Kanüle. Zur Einspritzung wird zwischen Daumen und Zeigefinger eine kleine Hautfalte erhoben und die Kanüle in paralleler Richtung zur Oberfläche möglichst dicht unter diese eingeführt. Die ovale Öffnung der Kanüle hält man zweckmäßigerweise dem Auge zugekehrt, um zu erkennen, wann die Kanülenöffnung eben unter der Hautoberfläche verschwunden ist; hierauf schiebt man die Kanüle noch 1—2 mm weiter, um dann langsam die Flüssigkeit zu injizieren. Nach dem Herausziehen der Kanüle muß man die Einspritzungsstelle mit Daumen und Zeigefinger komprimieren, um das Herausfließen eines Teiles der Flüssigkeit zu verhindern. Wenn die Flüssigkeit in die Haut gelangt, entsteht eine vollständig blasse Quaddel, die nur langsam verschwindet. Die Injektion in die Haut ist mit einem gewissen Schmerz verbunden, sie ließ sich jedoch bei älteren Kindern gewöhnlich ausführen, ohne daß eine Träne floß.

Die subkutane und intramuskuläre Injektion sind so allgemein gebräuchlich, daß sie einer technischen Erörterung nicht bedürfen. Die subkutane Injektion geschah an der lateralen Fläche des Oberschenkels, bei Neugeborenen an der rechten Brustseite. Über intramuskuläre Anwendung besitzen wir keine ausreichenden Erfahrungen und verweisen in bezug auf diese Art der Vakzineinjektion auf die Publikation von B. Hahn[1]).

Bei kutaner Impfung wurde ein Tropfen des Präparates auf die Haut gebracht und dann die Bohrung ausgeführt. Nach den mit dem Tuberkulin gemachten Erfahrungen darf man annehmen, daß hierbei nur Spuren zur Resorption gelangen. Bei intrakutaner Applikation war die Menge der injizierten Flüssigkeit in der Regel 0,1 ccm. Als höchste Dosis haben wir 0,25 ccm angewandt. Bei subkutaner und intramuskulärer Injektion können größere Mengen injiziert werden. Wir sind bei subkutaner Injektion nicht über 2 ccm hinausgegangen.

III.

Nach kutaner Applikation des Präparates MM I, selbst in unverdünntem Zustande, sahen wir keine Lokalreaktion. Wir haben sie aus diesem Grunde und außerdem wegen der Unmöglichkeit, bei ihr eine genaue Dosierung vorzunehmen, nicht weiter angewandt. Bei intrakutaner Applikation erzeugten auch Verdünnungen des Präparates eine wahrnehmbare Lokalreaktion, und zwar bemerkenswerterweise in wesentlich geringerer Dosierung als bei subkutaner Anwendung.

Eine ähnliche Erfahrung hat man bekanntlich bei der Anwendung des Tuberkulins gemacht. Diese Tatsache hängt einmal wohl damit zusammen, daß bei intrakutaner Injektion der entstehende Lokaleffekt für uns deutlicher erkennbar ist, doch ist auch zu berücksichtigen, daß intrakutan das Gift länger in loco zurückgehalten wird als subkutan. v. Behring läßt daneben die Möglichkeit offen, daß intrakutan giftempfindlichere vitale Elemente getroffen werden als subkutan, und denkt hierbei namentlich an die nervösen Endapparate.

Es liegt auf der Hand, daß die Möglichkeit, bei intrakutaner Applikation schon durch sehr geringe Mengen des Schutzmittels eine erkennbare Reaktion auszulösen, uns zu einem brauchbaren Verfahren verhilft, um in durchaus unschädlicher Weise die individuelle Empfindlichkeit gegenüber dem Vakzin zu ermitteln.

Daß bei verschiedenen Menschen eine verschiedenartige Empfindlichkeit gegenüber dem Diphtherievakzin besteht, ist in den früheren Mitteilungen bereits erörtert worden. Es ergab sich hieraus die Notwendigkeit, vor der Immunisierung jedesmal eine probatorische Injektion vorzunehmen. Zunächst geschah dies subkutan mit 50 mg des Präparates MM I, wonach in der Regel keine oder eine nur sehr schwache Reaktion sichtbar wird. Intrakutan markiert sich dagegen die verschiedene Empfindlichkeit auch bei geringerer Dosierung noch in deutlicher Weise. 20—25 mg MM I genügten in allen bisher untersuchten Fällen vollständig, um eine merkliche Lokal-

[1]) l. c.

reaktion hervorzurufen, und führten bei größerer Empfindlichkeit zu einer quantitativ meßbar stärkeren lokalen Entzündung.

IV.

Die nach Applikation des Mittels auftretenden Erscheinungen können in folgender Weise klassifiziert werden:

1. Rötung und Infiltration (ri), 2. ausgedehnte Rötung und Infiltration verbunden mit Schmerzhaftigkeit auf Druck oder spontan (bei subkutaner Anwendung), Schilferung bei intrakutaner Anwendung (RJ; s), 3. Lymphdrüsen-Schwellung und -Schmerzhaftigkeit, 4. Fieber, eventuell allgemeine Beschwerden wie Kopfschmerzen, Appetitlosigkeit, Mattigkeit.

Die Reaktion ersten Grades (ri) ist charakterisiert durch Rötung und Infiltration von etwa 1—2 cm Durchmesser und klingt nach 2—3 Tagen ab, um nur noch an einer längere Zeit bestehenbleibenden Verfärbung kenntlich zu sein. Als Reaktion zweiten Grades bezeichnen wir ausgedehntere Rötung und Infiltration (über 2 cm Durchmesser) von entsprechend längerer Dauer und ausgesprochener Schmerzhaftigkeit auf Druck oder spontan. Rötung von mehr als 9 cm Durchmesser kam bei den von uns angewandten Verdünnungen des Vakzins nicht vor. Nach intrakutaner Injektion beobachteten wir bei irgend stärkerer Reaktion regelmäßig nach 3 bis 4 Tagen Schilferung der oberflächlichen Hornhautschichten. Schwellung der inguinalen, kubitalen oder axillaren Lymphdrüsen zeigt an, daß der durch den Vakzin hervorgerufene Entzündungsprozeß den lymphatischen Apparat in größerer Ausdehnung mitergriffen hat und rechtfertigt die Bezeichnung einer Reaktion dritten Grades. Kommt es schließlich zu Temperatursteigerung, also einer Allgemeinreaktion, die womöglich — in seltenen Fällen — auch mit allgemeinen Beschwerden wie Kopfschmerzen, Appetitlosigkeit, Mattigkeit verbunden ist, so sprechen wir von einer Reaktion vierten Grades. Die Temperatursteigerung tritt in den ersten 24 Stunden nach der Einverleibung des Vakzins ein, erreicht gewöhnlich eine Höhe von 38,1—38,7° C — in einem Ausnahmefall betrug sie 40,1° — und sinkt entweder alsbald ab oder erreicht erst nach einigen Tagen wieder die Norm, indem die Kurve stufenweise abfällt.

Unsere Kurvenprotokolle geben einerseits ein Bild von der Art der Temperaturreaktion und zeigen andererseits, wie wir die Art der Lokalreaktion und das Resultat der Blutprüfung im Protokoll angeben.

RJ bedeutet ausgedehnte Rötung und Infiltration,

Ldr „ Lymphdrüsenschwellung,

ri „ geringe Rötung und Infiltration,

Blutprobe $^1/_8$fach bedeutet $^1/_8$ AE. in 1 ccm Serum,

Ist $^1/_{100}$fach = s angegeben, so ist damit gemeint, daß bei der Prüfung auf $^1/_{100}$fach noch Schilferung der Haut eingetreten ist, daß also etwas weniger als $^1/_{100}$ AE. in 1 ccm Serum war,

1 fach = n bedeutend dementsprechend, daß bei der Prüfung auf 1 fach geringe Hautnekrose eingetreten ist, also wesentlich weniger als 1 AE. in 1 ccm Serum vorhanden war,

5 fach = 0 besagt, daß bei Prüfung auf 5 fach keine Hautveränderung eingetreten ist, also mehr als 5 AE. in 1 ccm Serum vorhanden waren.

In dem Falle Marie St. sei besonders auf die ungestörte Gewichtszunahme während der Behandlung hingewiesen, wie sie gewöhnlich bei älteren Kindern beobachtet wurde.

Das Protokoll des Falles K. ist in der ersten Mitteilung schon wiedergegeben. Nachzutragen ist, daß die letzte Blutprüfung am 21. Juli noch einen Antitoxingehalt von $^1/_5$—1 AE. in 1 ccm Serum ergab.

V.

Als Kriterium für den Immunisierungserfolg dient uns der Gehalt des Blutes an Diphtherieantitoxin, wie er sich in exakter und zugleich bequemer Weise mit Hilfe der Römerschen Methode im Meerschweinchenversuch feststellen läßt. Technische Einzelheiten, die bei der Anwendung dieser Methode Beachtung verdienen, sind bereits in der dritten Mitteilung erörtert worden. An dieser Stelle möchten wir jedoch darauf aufmerksam machen, daß man daran denken kann, auch noch in anderer Weise den Immunisierungserfolg nachzuweisen. Schick hat nämlich eine Methode beim Menschen verwertet, die es gestattet, ohne Heranziehung des Tierexperiments den Antitoxingehalt des Blutes zu erkennen. Sie besteht in der intrakutanen Einverleibung von Diphtherietoxin, das — in bestimmter Dosis — zu einer der Tuberkulinreaktion ähnlichen Reaktion führt, wenn kein Antitoxin vorhanden ist, dagegen reaktionslos vertragen wird, wenn sich Antitoxin im Blute findet. Die zu verwendende Dosis des

Diphtheriegiftes muß je nach der Stärke des betreffenden Präparates variiert werden. Für das im Marburger Institut für experimentelle Therapie meist gebrauchte Gift Ballon 7 konnten wir in einigen Fällen, die weniger als 0,01 AE. in 1 ccm Blut besaßen, feststellen, daß $^1/_{20000}$ bzw. $^1/_{10000}$ ccm Gift 7 (entsprechend 3,25 bzw. 7,5 + M) die von Schick beschriebene Reaktion (Rötung, Infiltration von 10—12 mm Durchmesser, später Pigmentierung) auslöste, während geringere Dosen wirkungslos blieben. $^1/_{10}$ AE. in 1 ccm, was wir als Mindestwert für einen zur Diphtherieprophylaxis ausreichenden langdauernden Immunisierungserfolg annehmen möchten, wurde dagegen angezeigt, wenn erst $^1/_{1000}$ ccm Gift 7 (entsprechend 75 + M) imstande war, eine Reaktion zu erzeugen. Wieweit diese Zahlen verallgemeinert werden dürfen, muß dahingestellt bleiben. Aus tierexperimentellen Untersuchungen v. Behrings, über die dieser an anderer Stelle berichten wird, geht hervor, daß allerlei Unregelmäßigkeiten bei dieser indirekten Antitoxinbestimmung vorkommen können. Immerhin ist eine grob quantitative Prüfung mit dieser Methode möglich.

VI.

Das in v. Behrings Diphtherievakzin enthaltene Diphtheriegift ist in seiner lokalen Wirkung nicht wie das genuine Gift vom Antitoxingehalte des Blutes abhängig. Die Erfahrung hat gezeigt, daß vielfach Menschen mit antitoxinhaltigem Blut gegenüber dem Vakzin nicht weniger empfindlich, sondern stärker empfindlich sind als solche mit antitoxinfreiem Blut. Diese „paradoxe" Tatsache wird unserem Verständnis näher gebracht, wenn wir berücksichtigen, daß der Diphtherieantitoxingehalt, den wir bei gesunden menschlichen Individuen finden, auf eine frühere diphtherische Infektion mit immunisierendem Erfolg hinweist. Viele Bazillenträger ohne irgendwelche klinisch nachweisbare Erkrankung produzieren Antitoxin, und die in der Medizinischen Klinik und anderweitig nach der Vorschrift von v. Behring ausgeführten Blutprüfungen haben für Kinder über fünf Jahren in mehr als der Hälfte der untersuchten Fälle einen positiven Antitoxingehalt ergeben, der freilich bisweilen $^1/_{100}$ AE. in 1 ccm Blut noch nicht erreicht.

Nun wissen wir durch v. Behrings tierexperimentelle Untersuchungen, daß der aktive Immunisierungsprozeß zur Überempfindlichkeit führt gegenüber demjenigen toxischen Agens, durch das er eingeleitet wird. Diese Überempfindlichkeit kann bei der Prüfung mit genuinem Gift durch vorhandenes Blutantitoxin verdeckt werden, tritt aber bei der Prüfung mit stark abgeschwächtem Gift nicht selten zutage und kann in der Regel deutlich nachgewiesen werden bei der vergleichenden Prüfung mit Toxin-Antitoxingemischen.

Kretz hat in seiner Arbeit „Die paradoxe Reaktion"[1]) im Jahre 1902 gezeigt, daß selbst bei hohem Blutantitoxingehalt Pferde mit Fieber und ausgiebiger Antitoxinproduktion auf die Injektion solcher Toxin-Antitoxingemische reagieren, die für normale Kontrollpferde unschädlich und zu einer nennenswerten Antitoxinproduktion unfähig sind. Im Anschluß an einen von v. Behring mitgeteilten Spezialfall von histogener Giftüberempfindlichkeit akzeptiert Kretz v. Behrings Ausdruck „paradoxe Reaktion" und versteht darunter die von ihm im Sinne der Ehrlichschen Seitenkettentheorie gedeutete Tatsache, daß ein für normale Kontrolltiere neutrales Toxin-Antitoxingemisch toxische Eigenschaften zeigt bei aktiv immunisierten Individuen der gleichen Art.

Nach dem gegenwärtigen Stande unserer Kenntnisse kommt für die Deutung dieses paradoxen Phänomens in erster Linie in Betracht, daß Toxin und Antitoxin in vitro nach den Gesetzen der Kolloidalchemie eine Adsorptionsverbindung eingehen, die unter Umständen wieder gesprengt werden kann. Ob nun im Immunisierungsprozeß ein gelöstes Ferment entsteht, das in vivo das Diphtheriegift wieder frei macht, oder ob die Spaltung durch Zellen mit erhöhter Giftaffinität bewirkt wird, oder was man sonst zur Erklärung heranziehen mag, die Tatsache, daß v. Behrings Diphtherievakzin für menschliche Individuen mit antitoxinhaltigem Blut sehr oft eine stärkere Toxizität besitzt als für Menschen mit antitoxinfreiem Blut, ist von uns und an anderen Orten in über hundert Einzeluntersuchungen immer von neuem bestätigt worden.

VII.

Die schon in früheren Arbeiten in dieser Wochenschrift mitgeteilten großen Differenzen in der individuellen Vakzinempfindlichkeit sind im wesentlichen festgestellt

[1]) Zeitschrift für Heilkunde, Abteilung für pathologische Anatomie, Bd. 23. Neue Folge 3. S. 400 ff.

worden bei Benutzung der Operationsnummern M I und MM I. Es war nun von größter Wichtigkeit zu untersuchen, wie neue Operationsnummern sich nach dieser Richtung verhalten. Die Operationsnummer M I ist jetzt (im Winter 1913/14) 15 Monate, MM I 10 Monate alt, und man kann nicht ohne weiteres annehmen, daß solche Marken, die viel kürzere Zeit aufbewahrt sind, qualitativ die gleichen Eigenschaften besitzen wie die älteren Mischungen. Des weiteren war aber auch der Erzatz von M I und MM I durch neue Marken sorgfältig vorzubereiten durch genaue vergleichende Voruntersuchungen über den Grad ihrer Toxizität für den Menschen. In der Medizinischen Klinik sind im Laufe der letzten Monate die Marken M II und M III zur Anwendung gekommen unter der Voraussetzung, daß M II 6—8 mal, M III 10—12 mal stärker wirksam ist als MM I. Diese Voraussetzung stützte sich auf tierexperimentell begründete Angaben von Exzellenz v. Behring. Zum Zweck der Untersuchung, ob diese Verhältniszahlen auch für den Menschen Gültigkeit besitzen, gingen wir so vor, daß wir bei einem und demselben Individuum gleichzeitig die Präparate MM I, M II und M III intrakutan injizierten, beispielsweise in einem Fall je 0,1 ccm von $\frac{\text{MM I}}{4}$ und $\frac{\text{M III}}{44}$, in einem anderen Fall je 0,1 ccm $\frac{\text{MM I}}{4}$ und $\frac{\text{M III}}{40}$ usw. Aus dem Intensitätsgrad der danach beobachteten Reaktionen konnte dann geschlossen werden, daß $\frac{\text{MM I}}{4}$ und $\frac{\text{M III}}{40}$ als gleichwertig zu betrachten sind, was durch die Beobachtungen in anderen Fällen und an anderen Orten annähernd bestätigt worden ist. Ebenso stimmt die klinische Wertbestimmung von M II mit der tierexperimentellen ziemlich überein. M II hat sich nämlich in unseren Untersuchungen als 8 mal stärker erwiesen als MM I. Die beigefügten Abbildungen sind gelegentlich dieser Untersuchungsreihen angefertigt. Es ist deutlich zu erkennen, daß im ersten Fall noch ein Unterschied in der Reaktionsstärke besteht, während im zweiten Übereinstimmung erzielt wurde. Die Abbildungen geben zugleich einen gewissen Eindruck von der Art der Reaktion, wie sie gewöhnlich auf die Injektion des Diphtherievakzins in dieser Konzentration $\frac{(\text{MM I})}{4}$ eintritt. Fall II zeigt den ersten Grad, Fall I den zweiten Grad der Reaktionsstärke an. In dem einen Fall haben wir nur eine geringfügige Rötung und Infiltration, in dem anderen nimmt diese größeren Umfang an und ist von ausgesprochener Schilferung der Haut gefolgt.

VIII.

Die v. Behringsche Schutzimpfung geht von der Voraussetzung aus, daß durch das Vorhandensein von einem genügenden Blutantitoxingehalt Erkrankungen an Diphtherie mit Sicherheit ausgeschlossen werden können. Diese Voraussetzung hat eine feste wissenschaftliche Unterlage in zahllosen tierexperimentellen Beobachtungen, und für den Menschen wird sie durch die Erfolge der präventiven Diphtheriebekämpfung mit Pferdeheilserum genügend gestützt.

Der Grad der Diphtherieimmunität ist abhängig von der Menge des Blutantitoxins. Bei der Immunitätsbeurteilung ist jedoch eine Verstärkung der krankmachenden Energie der Diphtheriebazillen durch andere Infektionserreger in Betracht zu ziehen, wie das von den Streptokokken durch zuverlässige Autoren Roux, Escherisch usw.) behauptet worden ist. Übrigens pflegen diphtherische Erkrankungen nach voraufgegangener aktiver Antitoxinproduktion, auch wenn ein Antitoxingehalt kaum mehr nachweisbar ist, leichter zu verlaufen und schneller abzuklingen, was wohl darauf zurückzuführen ist, daß Individuen, die eine mit Antitoxinproduktion einhergehende bazilläre oder toxische Infektion überstanden haben, bei erneuter Infektion zu schnellerer und reichlicherer Antitoxinbildung befähigt sind.

IX.

Wir verfügen bisher in der Medizinischen Klinik über 27 mit dem Vakzin behandelte, überwiegend ältere Kinder, die längere Zeit beobachtet werden konnten, und haben bei diesen Kindern insgesamt 121 Blutprüfungen ausgeführt. 14 Kinder sind subkutan, 13 intrakutan behandelt. Im ganzen scheint die intrakutane Injektion intensivere

[1]) Wir haben bei mit dem Vakzin behandelten Kindern, auch wenn der Antitoxingehalt noch weniger als $^1/_{20}$ AE. in 1 ccm Blut betrug, bisher nie eine Diphtherieerkrankung auftreten sehen, obwohl durch Zufall zeitweise ausreichende Gelegenheit zur Infektion gegeben war.

Antitoxinproduktion zur Folge zu haben als die subkutane Injektion gleicher Dosen des Vakzins. Die Stärke und Schnelligkeit der Antitoxinproduktion zeigte sich bei gleicher Dosierung und Applikationsweise in hohem Grade abhängig von der Stärke der Reaktion. Schwache Reaktionen (ersten Grades) sind nicht selten ohne Effekt. Reaktionen zweiten Grades scheinen in der Regel wirksam zu sein, zumal, wenn sie bei wiederholter Einspritzung eintreten. Erfolgt schon bei erstmaliger Injektion eine sehr starke Reaktion, beispielsweise von der Stärke wie in dem bereits mehrfach erwähnten Falle K., so wird man sich auf diese eine Injektion beschränken, auch wenn die auslösende Vakzindosis sehr klein war. Gewöhnlich wird jedoch voraussichtlich die zweimalige Vakzininjektion zu fordern sein, wenn wir auf eine ausreichende Immunisierung gegenüber der epidemiologischen Infektion mit einiger Sicherheit rechnen wollen.

Schlußsätze. Die früheren Mitteilungen in Nr. 19, 20 und 21 der D. med. Wochenschrift über Behrings Vakzin zur präventiven Diphtheriebekämpfung werden in mehrfacher Beziehung ergänzt und erweitert auf Grund von Beobachtungen während der Zeitdauer von neun Monaten in der Marburger Medizinischen Klinik.

Bestätigt wird einerseits die Unschädlichkeit, anderseits die immunisierende Wirksamkeit des Diphtherievakzins bei geeigneter Dosierung und Applikationsweise. In vergleichenden Untersuchungen hat sich für die Immunisierung die Intrakutanmethode der Subkutanmethode als mindestens gleichwertig erwiesen. Dabei dient uns die erste intrakutane Vakzininjektion gleichzeitig zur unschädlichen Ermittlung der individuellen Empfindlichkeit (probatorische Injektion).

Es werden vier Grade der zur Antitoxinproduktion führenden Vakzinreaktionen unterschieden, und es wird gezeigt, wie man durch gleichzeitige intrakutane Injektion verschiedene Operationsnummern des Vakzins aufeinander einstellen kann durch Vergleichung der danach eintretenden Reaktionsgrade.

Das sicherste Kriterium für den Immunisierungserfolg ist der Blutantitoxingehalt, welcher durch Blutprüfung ermittelt wird. Bis auf weiteres nehmen wir an, daß ein Gehalt von $^1/_{20}$ AE. in 1 ccm Blut auch gegenüber schwereren Infektionen ausreichenden Schutz gewährt.

Zur Erreichung eines solchen Antitoxingehaltes wird voraussichtlich eine zweimalige Vakzininjektion, wenn die zweite Injektion eine Reaktion zweiten Grades bewirkt hat, für die übergroße Mehrzahl aller behandelten Fälle ausreichend sein.

16.

Über v. Behrings Diphtherie-Vakzin[1]).

Von Dr. K. Kissling.

Seit Ende Juni d. J. habe ich mit dem mir von Exzellenz v. Behring zur Verfügung gestellten Diphtherieschutzmittel bei 310 Menschen, meistens Kindern, Immunisierungsversuche ausgeführt.

In erster Linie wollte ich praktisch den Nutzen der aktiven Immunisierung mit dem v. Behringschen Vakzin erproben, und so habe ich zunächst nur bei diphtheriegefährdeten Personen Immunisierungsversuche vorgenommen, wozu sich mir reichliche Gelegenheit bot.

Die zurzeit hier herrschende, verhältnismäßig ausgedehnte Diphtherieepidemie macht es verständlich, daß wiederholt in verschiedenen Krankensälen, namentlich der Infektionsabteilungen, Diphtheriefälle vorkamen oder eingeschleppt wurden. Dadurch war ich in der Lage, auf ganzen Krankenabteilungen, die diphtheriegefährdet waren, sämtliche Kranke zu immunisieren. Insbesondere hat Herr Schottmüller mit großem Entgegenkommen seine Scharlachabteilung zur Verfügung gestellt; auf dieser war wiederholt Diphtherie eingeschleppt worden und hatte zu Hausinfektionen Veranlassung gegeben.

Außerdem wurden Immunisierungen vorgenommen auf der Masern-, Keuchhusten-, einer Säuglingsabteilung, auf einem Pavillon, der mit innerlich-kranken Knaben belegt war, und weiter auf einer Baracke mit innerlich-kranken Männern; auf allen Abteilungen nur, nachdem dort Diphtherieerkrankungen vorgekommen waren.

Zur Verwendung gelangte ausschließlich die Marke MMI des Schutzmittels in fünffacher Verdünnung.

---

[1]) Aus D. med. Woch. 1913. Nr. 51.

Die eingespritzten Mengen schwanken zwischen 0,1 und 0,3 ml; mehr als 0,3 ist niemals gegeben. Bei den ersten 199 Fällen wurde nur eine einmalige Einspritzung gemacht, während bei den übrigen, zuletzt immunisierten Fällen eine zweimalige Injektion vorgenommen worden ist, nachdem es sich, wie weiter unten noch ausgeführt werden soll, gezeigt hatte, daß eine einmalige Einspritzung mitunter noch keinen vollkommenen Schutz gewährt.

Im Anfange haben wir den Vakzin teils subkutan, teils intrakutan verabfolgt, später nur noch intrakutan. Von einer probatorischen Injektion zur Feststellung der Empfindlichkeit der einzelnen zu immunisierenden Menschen gegenüber dem Diphtherievakzin habe ich abgesehen, da es uns bei der Art unserer Versuche ja darauf ankam, immer möglichst rasch die Immunisierung herbeizuführen.

Als Injektionsstelle wurde sowohl für subkutane wie für intrakutane Impfung fast in allen Fällen die Haut des Rückens zwischen Schulterblatt und Wirbelsäule gewählt; ich glaube, daß diese Körperstelle, die wir ja auch für die Tuberkulinjektionen bevorzugen, sich für die Impfung am meisten eignet. Tritt hier wirklich einmal eine stärkere Lokalreaktion auf, so belästigt sie die Geimpften kaum, auch scheint es, als ob es an dieser Stelle nicht zu so starken Reaktionen kommt wie z. B. bei der Impfung am Arm. Jedenfalls löste bei drei Fällen, die am Oberarm gespritzt wurden (2 Ärzte und 1 Pflegerin) die intrakutane Injektion von 0,2 $\frac{\text{MM I}}{5}$ so starke Lokal- und Allgemeinerscheinungen aus, wie wir sie bei keinem anderen Fall gesehen haben. (Große schmerzhafte Infiltrate, die in einer Ausdehnung von 6 zu 8 cm eine intensive Rötung aufwiesen. Temperatursteigerung bis zu 38,4°, schmerzhafte Drüsenschwellungen in der Axilla, Behinderung in der Beweglichkeit des Armes.) Bei dem einen der beiden Ärzte war der Antitoxingehalt des Blutes vor der Injektion weniger als $^1/_{200}$fach; bei der Pflegerin betrug er mehr als $^1/_{10}$, weniger als einfach; am fünften und achten Tag nach der Injektion jedesmal erheblich mehr als vierfach.

Weiter beobachtete ich gerade in den letzten Tagen bei einer Schwester auf die intrakutane Injektion von 0, 1 ml, der mir erst kürzlich zugegangenen Marke M III a, fünffach verdünnt, am Oberarm ebenfalls eine schwere Lokal- und Allgemeinreaktion, mit Erbrechen, Temperaturanstieg bis 38,8° und Bildung einer kleinen Nekrose an der Injektionsstelle. Der Antitoxingehalt des Blutes war vor der Injektion etwa $^1/_{10}$fach, jetzt acht Tage nach der Injektion beträgt er etwa 20fach! (s. Kurve 9.)

Bei den Impfungen am Rücken bekamen wir ausschließlich Reaktionen des ersten und zweiten Grades nach der Kleinschmidt-Viereckschen Klassifizierung[1]). Lymphdrüsenschwellungen haben wir nur bei den oben erwähnten Fällen von Reaktion vierten Grades, in denen am Oberarm geimpft worden war, beobachtet, bei allen anderen, am Rücken geimpften, kamen sie, wie leicht erklärlich ist, nicht vor. ein weiterer Grund, die Injektionen an der Rückenhaut vorzunehmen.

Bei einer ganzen Reihe von Kindern wurden im Anschluß an die Impfung Temperatursteigerungen festgestellt, ohne sonstige Allgemeinerscheinungen (Kopfschmerzen, Appetitlosigkeit, Mattigkeit) und ohne stärkere Lokalreaktionen als bei dem ersten und zweiten Grad der Kleinschmidt-Viereckschen Einteilung. Da es sich aber um Kinder der Infektionsabteilungen handelte, war es oft schwer zu entscheiden, ob die Temperaturen auf die Vakzination oder eine andere Ursache zurückzuführen waren. Die Art der zu immunisierenden Personen brachte es mit sich, daß auch Fiebernde und schwerer Kranke geimpft wurden; ein besonderes Verhalten dieser Kranken gegenüber der Impfung, ein Einfluß auf die Fieberkurve oder die Reaktionen ließ sich dabei aber nicht erkennen.

Auch wir haben durchweg die bereits in den früheren Mitteilungen niedergelegte Erfahrung bestätigt gefunden, daß die Empfindlichkeit gegen das Schutzmittel mit zunehmendem Alter steigt und bei ganz kleinen Kindern, besonders bei Säuglingen am geringsten ist, dagegen am stärksten im dritten Dezennium, nachher wieder abfällt.

Reaktionen des ersten und zweiten Grades belästigen die Geimpften kaum, und man kann deshalb ohne weiteres sagen, daß durch sie keinerlei Schädigung des Organismus verursacht wird. Reaktionen des dritten und vierten Grades lassen sich bei vorsichtiger Dosierung wohl mit Sicherheit vermeiden, kommen sie aber wirklich einmal zustande, so sind die durch sie gesetzten Störungen und Belästigungen der Impflinge eben so gering oder noch geringer, als das bei der Schutzpockenimpfung der Fall ist. Das hat v. Behring bereits in der ersten Mitteilung ausgeführt.

[1]) Siehe Nr. 41 der D. med. Woch. 1913.

Ich gehe nun zunächst auf die einzelnen Gruppen der Immunisierten ein:

1. Am 20. Juni war in einem Saal mit Knaben (unter 14 Jahren) der Medizinischen Abteilung (Prof. Brauer) ein Diphtheriefall vorgekommen. Die Untersuchung sämtlicher an verschiedenen inneren Krankheiten leidenden Knaben ergab, daß alle frei von Diphtheriebazillen waren, mit Ausnahme eines achtjährigen Knaben, der an einer schweren Nephritis litt, die wahrscheinlich im Anschluß an eine Diphtherie entstanden war. Dieser Bazillenträger hatte wohl die Veranlassung zu der im Saale vorgekommenen Diphtherieerkrankung gegeben. Sämtliche Knaben wurden noch am selben Tage immunisiert, die eine Hälfte intrakutan, die andere subkutan, und nur einmal. Auch die Hochfiebernden vertrugen die Injektion gut. Eine weitere Diphtherieerkrankung kam in dem Saale nicht vor; ich möchte aber doch erwähnen, daß mir am 11. Juli gemeldet wurde, daß einer der Knaben eine Angina mit Diphtheriebazillen habe. Nach den mir gezeigten Präparaten und der Kultur schienen auch wirklich Diphtheriebazillen anwesend zu sein; aber der von Herrn Prof. Fränkel vorgenommene Tierversuch fiel negativ aus. Bei einem zweiten, sechsjährigen Knaben dieser Gruppe, der am 20. Juni 0,3 $\frac{\text{MM I}}{5}$ intrakutan eingespritzt erhalten hatte, wurde am 20. Oktober eine katarrhalische Angina mit spärlichen Diphtheriebazillen festgestellt, die Temperatur stieg nicht über 37,8°, keine Drüsenschwellung.

2. Auf der mir unterstellten Masernabteilung wurde am 27. Juni und am 9. Juli Diphtherie eingeschleppt. Sämtliche Kinder und drei erwachsene Kranke, im ganzen 32 Fälle, wurden immunisiert, 29 mit 0,1, 3 mit 0,2 ml, teils subkutan, teils intrakutan. Eine weitere Diphtherieerkrankung kam auf der Abteilung nicht zustande.

3. Nachdem auf der Scharlachabteilung (Dr. Schottmüller), namentlich in einem Saale, wiederholt Diphtheriefälle vorgekommen waren, wurde seit Anfang Juli bei allen dort untergebrachten und neu aufgenommenen Kranken (in der Mehrzahl Kinder) das Schutzmittel verabfolgt, und zwar in Mengen von 0,1 bis 0,3 ml $\frac{\text{MM I}}{5}$. Im ganzen sind auf der Scharlachabteilung 197 Kranke immunisiert, von diesen 89 einmal gespritzt, die übrigen zweimal. Von den letzteren ist kein Fall an Diphtherie erkrankt, während wir unter den nur einmal Gespritzten folgende Fälle beobachten konnten:

Fall 1. Eine 32jährige Patientin wurde am 12. Juli mit einem sicheren Scharlach hier eingeliefert, der Rachenabstrich ergab damals nur Streptokokken. Am 16. Juli erhielt sie $\frac{\text{MM I}}{5}$ 0,3 sk. Am 4. August (also 19 Tage später) leichter Temperaturanstieg, am 5. August 39,3, Angina, keine Membranen, aber sichere Diphtheriebazillen. Sie hatte ebenso wie die vier folgenden Kinder auf dem Saal der Scharlachabteilung gelegen, in dem wiederholt Diphtherieerkrankungen vorgekommen waren. Die Antitoxinbestimmung am 16. Juli war etwa $^1/_{100}$fach. Am 14. August etwa $^1/_{100}$fach (s. Kurve 1).

Fall 2. Der zweite Fall betrifft das fünfjährige Mädchen Sch., das ebenfalls mit Scharlach am 15. Juni hier aufgenommen wurde; damals im Rachenabstrich nur Streptokokken. Am 30. Juni Immunisierung $\frac{\text{MM I}}{5}$ 0,2 sk. Vom 18. bis 24. Juli Otitis, am 7. August (37. Tag nach der Immunisierung) Temperaturanstieg bis 39,5, klinische Diphtherie. Diphtheriebazillen in Reinkultur; am nächsten Tage fieberfrei, leichtester Verlauf. 14. August Antitoxingehalt mehr als $^1/_{10}$fach (s. Kurve 2).

Fall 3. Ein zehnjähriges Mädchen W., das am 23. Juli mit leichtem Scharlach aufgenommen war und im Rachenabstrich nur Streptokokken hatte, wurde am 2. August immunisiert (0,2 sk.). Am 4. August (also schon zwei Tage später) bzw. 5. August ganz leichte Diphtherie mit sicherem bakteriologischen Befund (s. Kurve 3).

Fall 4. Ein neunjähriger Junge Oh., aufgenommen am 12. Juni mit ganz leichtem Scharlach, Rachenabstrich Streptokokken. Am 3. Juli immunisiert (0,2 itk.). Am 4. Juli beginnt leichte Nephritis, am 9. August (also fünf Wochen nach Immunisierung) waren bei allgemeiner Abimpfung im Saale bei dem Knaben Diphtheriebazillen gewachsen. Die genauere Untersuchung des Rachens ergab zwei kleine membranöse Beläge; Diphtheriebazillen in Reinkultur. Keine Störung des Befindens, keine Halsschmerzen. Die Beläge waren am nächsten Tag abgestoßen (s. Kurve 4).

Fall 5. Ein neunjähriges Mädchen L., aufgenommen am 1. September mit Scharlach. Am 15. September 0,2 $\frac{\text{MM I}}{5}$ itk. Am 20. September fieberhafte Angina mit Diphtheriebazillen, die aber ganz leichten Verlauf nimmt (s. Kurve 5).

Ich komme weiter unten auf diese Fälle zurück.

4. Auf einer Männerbaracke der Inneren Abteilung mit gemischt inneren Krankheiten wurde am 21. Juli ein Kranker mit Angina aufgenommen, die sich als sichere Diphtherie erwies. Sämtliche 17 Kranke der Baracke bekamen eine einmalige Injektion von 0,3 $\frac{\text{MM I}}{5}$ intrakutan, worauf meist kräftige Reaktionen an der Injektionsstelle erfolgten; keiner erkrankte an Diphtherie.

5. Am 10. August erkrankte ein Kind in der mir unterstellten Keuchhustenabteilung, auf der 16 Kinder im Alter bis zu 1 Jahr, 7 im Alter von 1—7 Jahren in Behandlung waren, an Diphtherie. Es wurde festgestellt, daß ein $^3/_4$ Jahre altes Kind, das an einer Rhinitis litt, eine Reinkultur von Diphtheriebazillen in der Nase beherbergte. Außerdem fand sich bei der Gelegenheit, daß eine Pflegerin des Saales Bazillenträgerin war. Am Tage, nachdem das erste Kind an Diphtherie erkrankt war, erkrankten noch zwei weitere Kinder im Alter von ein und zwei Jahren an Diphtherie. Man sieht also, daß es sich um eine sehr virulente Infektion gehandelt haben muß. Sämtliche Kinder, mit Ausnahme des zuerst erkrankten, also auch die beiden am 11. August erkrankten, bekamen am 10. August $\frac{\text{MM I}}{5}$ — 0,2 itk. Daß bei den am 11. erkrankten von der am 10. erfolgten Einspritzung ein Erfolg noch nicht zu erwarten war, liegt auf der Hand, eine weitere Erkrankung kam aber in der Folgezeit nicht vor.

6. Von den eben erwähnten Kindern blieben auch diejenigen diphtheriefrei, die im September noch auf der Abteilung lagen, als von neuem ein sehr schwerer Diphtheriefall eingeschleppt wurde. Es wurden 14 weitere Kinder mit 0,2 $\frac{\text{MM I}}{5}$ itk. gespritzt. Von dieser letzten Serie erkrankten späterhin drei an Diphtherie, die ich deshalb zunächst noch im Auszug folgen lasse:

Fall 6. Ein $^1/_2$jähriger Knabe, der am 15. September mit starker Bronchitis bei Keuchhusten aufgenommen war, erhielt bereits am ersten Tage 0,2 $\frac{\text{MM I}}{5}$ itk. Er hatte noch weitere drei Tage hohes Fieber, das wohl durch broncho-pneumonische Prozesse bedingt war. Am zehnten Tag nach der einmaligen Einspritzung des Schutzmittels Fieber, Krupphusten, Einziehungen; am folgenden Tag Exitus. Der Obduktionsbefund ergab: Laryngitis pseudomembranacea. Pneumoniae peribronchialis. Bronchiectases pulm. utriusque (s. Kurve 6).

Fall 7. Dreijähriges Mädchen P. mit Pertussis und Bronchitis, aufgenommen am 9. September. Am 15. September 0,2 $\frac{\text{MM I}}{5}$ itk. Am 27. September (also elf Tage später) unter jähem Temperaturanstieg Auftreten einer nekrotisierenden Angina mit Streptokokken, keine Diphtheriebazillen. Am nächsten Tag scharlachverdächtiges Exanthem. Am 30. September klinische Diphtherie, jetzt auch in Nasen- und Rachenkultur Diphtheriebazillen, schwere Nephritis, Heilung (s. Kurve 7).

Fall 8. $^1/_2$jähriges Mädchen S., aufgenommen mit Pertussis am 8. September. Am 14. September 0,2 $\frac{\text{MM I}}{5}$ itk. Acht Tage später Scharlach mit schwerer Angina, profuse Durchfälle. Am achten Tag der Scharlacherkrankung hoher Fieberanstieg, Rachendiphtherie. Am neunten Tag Tracheotomie, Exitus (s. Kurve 8).

Obduktionsbefund: Tonsillitis necroticans. Status post tracheotomiam. Necrosis circumscripta mucosae pharyngis et epiglottidis. Tracheitis pseudomembranacea. Intumescentia lymphoglandul. colli et mesenter. Atelectasis circumscripta lob. inf. pulm. utriusque.

Auf diese drei Fälle werde ich ihrer Wichtigkeit wegen nachher ebenfalls noch genauer eingehen.

7. Schließlich wurde noch eine Serie von 9 Säuglingen am 12. August gespritzt, und zwar mit 0,1 itk. Am 11. August war eine Amme dieser Abteilung an Diphtherie erkrankt. Ihr eigenes Kind, das sie noch gestillt hatte, bekam eine Rhinitis, die späterhin eitrig wurde, wobei die Untersuchung Diphtheriebazillen in Reinkultur ergab. Von den im selben Zimmer liegenden und einmal gespritzten Säuglingen ist keiner erkrankt.

Die soeben ausgeführten Berichte bestätigen zunächst die in den früheren Mitteilungen, zuletzt besonders von Kleinschmidt und Viereck[1]), festgestellte Unschädlichkeit des Behringschen Diphtherie-Vakzins bei geeigneter Dosierung und Applikationsweise.

[1]) Siehe Nr. 41 der D. med. Woch. 1913.

Wollen wir nun weiter aus dem von mir bearbeiteten Materiale ein Urteil über den praktischen Nutzen und den Erfolg der vorgenommenen Immunisierungen gewinnen, so ist zunächst noch einmal hervorzuheben, daß sämtliche 310 von uns mit dem Schutzmittel behandelten Personen diphtheriegefährdet waren. Besonders von den Kranken der Scharlach-, Masern- und Keuchhustenabteilung dürfen wir ohne weiteres annehmen, daß sie in sehr hohem Maße der Gefahr einer Diphtherie ausgesetzt waren, nachdem auf diesen Abteilungen wiederholt Diphtherie eingeschleppt worden war, Diphtherie, die nach dem Charakter der beobachteten Fälle und unter Berücksichtigung der Bösartigkeit der zurzeit hier herrschenden Epidemie für hochgradig virulent und infektiös gehalten werden muß. Zur Erhärtung dieser Auffassung möchte ich folgendes anführen:

Seit 1. Januar 1913 bis 15. November sind im Hause an Diphtherie erkrankt

1. Ärzte	6
2. Schwestern	10
3. Pflegerinnen	4
4. Wärter	1
5. Stationsmädchen	11
zusammen	32

Sämtliche erkrankten Ärzte waren mit den Diphteriekranken in Berührung gekommeng Von den 10 Schwestern sind 9 erkrankt, kurz nachdem sie auf die Diphtherieabteilun-versetzt waren, während von den erkrankten Stationsmädchen 6 auf der Diphtherieabteilung beschäftigt waren.

Daraus sieht man, wie zahlreich schon ganz gesunde Erwachsene bei dieser Epidemie von Diphtherie befallen werden, wenn sie mit Diphtheriekranken zusammenkommen; wie viel mehr mußten dann unsere Kranken mit besonders zu Diphtherie disponierenden Infektionskrankheiten der Gefahr einer Diphtherieinfektion ausgesetzt sein. In der Tat sind auch auf der Scharlach-, auf der Masern- und auf der Keuchhustenabteilung unmittelbar nach Einschleppung der Diphtherie einzelne Kinder an Diphtherie erkrankt, bevor sie hatten geimpft werden können. Von den 310 gefährdeten Personen sind, wie ich oben erwähnt habe, 199 nur einmal geimpft, während bei den übrigen zuletzt immunisierten Fällen eine zweimalige Injektion vorgenommen ist. Von den letzten zweimal Geimpften ist bis jetzt in keinem Falle, trotz der Infektionsgefahr, eine Diphtherie aufgetreten. Unter den nur einmal Geimpften kam es nun bei acht Fallen, die oben einzeln beschrieben sind, trotz der Injektion des Schutzmittels noch zu einer Erkrankung an Diphtherie.

Betrachten wir zunächst die erste Gruppe von fünf Fällen der Scharlachabteilung genauer, so sehen wir, daß in einem Fall am vierten Tag, in einem zweiten Fall am fünften Tage nach der Injektion von 0,2 $\frac{\text{MM I}}{5}$ Diphtherie aufgetreten ist. Nun ist in den früheren Mitteilungen schon darauf hingewiesen worden, daß bei der aktiven Immunisierung immer ein etwas längerer Zeitraum bis zum Eintritt des Diphtherieschutzes vergeht. Hahn hat dieses Stadium auf drei Wochen berechnet, während Kleinschmidt und Viereck beobachtet haben, daß namentlich bei wiederholter Injektion oder bei schon vorhandenem Antitoxingehalt bereits am 8., 11., 14. Tage nach der Impfung recht beträchtliche Antitoxinmengen im Blute nachweisbar sein können. Immerhin nehmen auch diese Autoren an, daß stets erst einige Tage vergehen werden, bis ein wirksamer Diphtherieschutz erwartet werden kann. Aus diesem Grunde dürfen wir uns nicht wundern, wenn es in den beiden oben erwähnten Fällen (3 und 5) drei bzw. vier Tage nach der Injektion des Schutzmittels noch zu einer Diphtherieerkrankung gekommen ist.

Von den 3 weiteren Fällen der Scharlachabteilung erkrankte der eine am 19. Tage, der zweite am 37. Tage nach der Injektion an Diphtherie, während beim 5. Falle 5 Wochen nach der Injektion zufällig zwei kleine Membranen auf der linken Tonsille entdeckt wurden, die eine Reinkultur von Diphtheriebazillen ergaben, ohne daß aber irgendwelche Krankheitserscheinungen bei dem Kinde bestanden. Diese letztere Beobachtung können wir nur so deuten, daß die gegebene Infektionsgelegenheit wohl noch eine minimale Erkrankung einer Tonsille zustande gebracht hat, daß aber infolge des durch die Impfung hervorgerufenen Schutzes es gar nicht zum Auftreten von Krankheitserscheinungen gekommen ist. Leider war hier gerade zu dieser Zeit keine Antitoxinbestimmung vorgenommen worden. Sechs Tage später war der Antitoxingehalt 2 fach!

Bei dem Falle, in dem es am 19. Tage nach der Injektion zu einer Erkrankung kam, konnte nur eine Angina mit Diphteriebazillen festgestellt werden, die einen außerordentlich kurzen und günstigen Verlauf nahm und klinisch nicht als Diphtherie angesprochen werden konnte. Wenn hier wirklich die bei der bakteriologischen Untersuchung gefundenen Diphtheriebazillen die Erkrankung hervorgerufen haben, dann liegt es doch sehr nahe anzunehmen, daß durch die voraufgegangene Impfung immerhin ein Schutz erzielt worden ist, der das Zustandekommen ausgesprochen diphtherischer Erscheinungen verhindert hat. Außerdem haben bei dieser Kranken die Antitoxinbestimmungen ergeben, daß sie sehr wenig Antitoxin vor der Impfung hatte und daß selbst nach dem Überstehen der Angina der Antitoxingehalt nur etwa $^1/_{100}$ fach war.

Bei dem letzten Fall dieser Gruppe endlich trat am 37. Tage nach der Injektion eine ganz leichte Diphtherie auf, die spielend überwunden wurde. Zwischen der Impfung und dieser Erkrankung lag bei der Kranken aber eine Periode von einem sechstägigen, durch eine Otitis und Drüsenschwellungen hervorgerufenen Fieber. v. Behring hat bereits festgestellt, daß durch interkurrentes Fieber der durch chemischen Abbau im Stoffwechsel bedingte Antitoxinschwund verstärkt und beschleunigt wird. Es ist demnach auch im letzterwähnten Falle zunächst damit zu rechnen, daß durch die sechstägige interkurrente Fieberperiode der durch die Impfung erzeugte Schutz der Patientin herabgesetzt worden ist. Der außerordentlich leichte Verlauf der Diphtherieerkrankung läßt aber andererseits auch wieder erkennen, daß doch noch ein gewisser Schutz vorhanden war.

Besonderes Interesse beansprucht nun noch die zweite Gruppe von drei Fällen, die auf meiner Keuchhustenabteilung zur Beobachtung kamen (siehe oben, Fall 6, 7 und 8) und von denen zwei leider einen unglücklichen Ausgang genommen haben.

Bei einem dreijährigen Mädchen mit schwerem Keuchhusten stellte sich am zwölften Tage nach einer einmaligen Einspritzung unter Temperaturanstieg eine nekrotisierende Angina ein; es wurde auch vorübergehend ein scharlachähnliches Exanthem beobachtet; in der Rachenkultur waren Streptokokken, aber keine Diphtheriebazillen. Am vierten Fiebertage zeigte die Angina diphtherische Beläge, und sowohl Nasen- wie Rachenkultur ergaben Diphtheriebazillen. Trotzdem das Kind nun auch noch eine schwere Nephritis bekam mit Eiweißmengen bis zu 10 Proz., spielte sich die Diphtherie verhältnismäßig leicht ab. Es war allerdings sofort auch Heilserum gegeben worden.

Daß es in diesem Falle trotz der einmaligen Einspritzung des Schutzmittels zu der Diphtherieerkrankung kam, läßt sich aus der schwer nekrotisierenden Angina und dem durch das Fieber bedingten Antitoxinschwund erklären. Auffallend ist doch immerhin, daß das Kind, das in einem infizierten Saale lag, zuerst eine nekrotisierende Angina mit Streptokokken bekommt und daß sich dann nach vier Tagen die Diphtherie zugesellt.

Ähnlich liegt es bei einem anderthalbjährigen Kinde aus demselben Saale, das am neunten Tage nach einer einmaligen Injektion an Scharlach erkrankte und bei dem am achten Scharlachtage eine Diphtherie festgestellt wurde, die nach den klinischen Erscheinungen am siebenten Scharlachtag begonnen hat.

Auch hier wird man der Scharlacherkrankung, die außerdem mit profusen Durchfällen einherging, die Schuld zuschreiben müssen, wenn es trotz der Immunisierung zu einer Diphtherieerkrankung gekommen ist. Auch bei dem letzten Falle, einem halbjährigen Knaben, bei dem eine rasch zum Tode führende Diphtherie am zehnten Tage nach der Einspritzung auftrat, läßt sich das Versagen der Impfung einmal mit dem zu kurzen Zeitraum erklären und damit, daß das an Keuchhusten und schwerer Bronchitis mit broncho-pneumonischen Herden leidende Kind zur Zeit der Impfung und auch noch an den drei folgenden Tagen hoch fieberte. Es handelte sich außerdem um ein sehr elendes Kind. Wie ich noch besonders hervorheben möchte, sind die drei eben erwähnten Kinder im selben Saal gelegen, beim letzten war die Diphtherie am 25. September, bei den beiden anderen am 29. bzw. 30. September aufgetreten.

Aus diesen Betrachtungen ergibt sich, daß bei Kindern eine einmalige Impfung keinen vollkommenen Schutz gewährt, daß aber, wenn nicht ganz besondere Verhältnisse vorliegen, eine trotz der Impfung auftretende Diphtherie einen außerordentlich leichten und günstigen Verlauf nimmt. Weiter geht aus unseren Beobachtungen hervor, daß der Schutz einer einmaligen Impfung versagt, wenn durch interkurrentes Fieber oder Infektionskrankheiten, die an sich schon eine Disposition zur Diphtherieerkrankung schaffen, ein Antitoxinschwund eintritt.

Da im günstigsten Falle immer einige Tage vergehen, bis wir auf einen wirksamen Schutz durch die Impfung rechnen können, so wird man in Zeiten und an Orten mit besonders bedrohlicher Infektionsgefahr zweckmäßigerweise die aktive Immunisierung mit der passiven zu kombinieren haben, wie dies von Kleinschmidt und Viereck bereits vorgeschlagen worden ist.

Tabelle I. Personal der Diphtherieabteilung.

Nr.	Name	Früher Di.	Wie lange auf Di.-Abtl.	Rachenabstrich Datum	Rachenabstrich Di.-B.	Antitoxingehalt des Blutes
1.	Oberschwester Voll	nein	10 Monate	7. VIII.	—	am 7. VIII. $^1/_2$- bis 1fach
2.	Schwester Ahlbeck	nein	5 „	7. VIII.	—	„ 7. VIII. etwa 1fach
3.	„ Paetau	nein	18 „	9. VIII.	+	„ 9. VIII. „ 2fach
4.	„ Thiele	nein	8 „	9. VIII.	—	„ 9. VIII. mehr als 4fach
5.	„ Scharf	nein	1 Jahr	9. VIII.	—	„ 9. VIII. etwa 2fach
6.	„ Wollhöfer	nein	$2^1/_2$ Monate	12. VIII.	—	„ 12. VIII. etwas weniger als $^1/_{10}$fach
7.	„ Schlewe	nein	4 Tage	12. VIII.	—	„ 12. VIII. weniger als $^1/_{10}$fach
8.	„ Moritz	nein	$4^1/_2$ Monate	12. VIII.	—	„ 12. VIII. mehr als 1fach
9.	Oberschwester Schier	mit 8 Jahren	$1^1/_2$ Monate	27. X.	+	„ 27. X. etwa 3fach
10.	Schwester Knispel	? als Kind	6 Tage	27. X.	—	„ 27. X. „ 1fach
11.	„ Grulich	am 12. X. an Di. erkrankt	4 Wochen	7. XI.	—	„ 7. XI. „ $^1/_{10}$fach
12.	„ Raith	nein	7. XI. Di.-Abt. eingetreten (am 8. XI. 01 $\frac{\text{M IIIa}}{5}$ sk.)	8. XI.	—	{ „ 8. XI. „ $^1/_{10}$fach „ 17. XI. „ 20fach
13.	„ Grellmann	nein	1. X.	8. XI.	—	„ 8. XI. wesentlich mehr als 1fach, etwas weniger als 3fach
14.	Pflg. Czogor	vor $2^1/_2$ Jahren Di. vor $1^1/_2$ Jahren Scharlach	$1^1/_2$ Jahr	14. VIII.	—	„ 14. VIII. mehr als 1fach
15.	Stat. Mäd. Levermann	nein	$^1/_2$ Jahr	14. VIII.	—	„ 14. VIII. mehr als $^1/_{10}$fach
16.	„ „ Schröder	nein	5 Monate	14. VIII.	—	„ 14. VIII. mehr als $^1/_{10}$fach, weniger als 1fach

Tabelle II.

Nr.	Name	Früher Diphtherie	Rachenabstrich Datum	Rachenabstrich Di.-B.	Antitoxingehalt des Blutes	Bemerkungen
1.	Dr. Brandtner	nein	28. X.	— —	am 26. Juli weniger als $^1/_{200}$fach „ 23. Sept. „ „ $^1/_{100}$ „ „ 30. „ aktiv immunisiert „ 24. Okt. noch etwa $^1/_{50}$fach „ 6. Nov. $^1/_{20}$fach	 1 mal 0,2 $\frac{\text{MM I}}{5}$ seit 1. Okt. auf Di.-Abt.
2.	Dr. Reid	nein	28. X.	+	am 24. Okt. mehr als 2fach „ 30. Sept. aktiv immunisiert „ 22. Sept. etwa $^1/_{100}$fach	 1 mal 0,2 $\frac{\text{MM I}}{5}$ seit 1. Okt. auf Di.-Abt.
3.	Dr. Sitzler	nein	28. X.	—	am 27. Okt. zwischen $^1/_{10}$- und 1fach	
4.	Dr. Haeffner	nein	28. X.	—	am 27. Okt. etwas weniger als 1fach	
5.	Dr. Müller	nein	28. X.	—	am 28. Okt. weniger als $^1/_{100}$fach	
6.	Dr. Hanauer	nein	30. X.	—	am 30. Okt. etwa 1fach	seit 15. Mai viel mit Di. in Berührung
7.	Dr. Becker	im Januar 13 Di. mit Scharlach	30. X.	—	am 30. Okt. etwa $^1/_2$fach	seit $1^1/_2$ Jahren viel mit Di. in Berührung
8.	Dr. Lindenstruth	vor 16 Jahren Di.	28. X.	—	am 28. Okt. etwas weniger als 1fach	vor 8 Monaten 1500 I. E. sk.
9.	Dr. Wevr	im Februar 13 Di.	29. X.	—	am 29. Okt. weniger als $^1/_2$fach	Februar 13 3000 AE. Juli 12 bis August 13 viel mit Di. in Berührung
10.	Dr. Reichel	im Oktober 13 Di.	6. XI.	—	am 6. Nov. etwa $^1/_{10}$fach	seit $3^1/_2$ Monat. viel mit Di. in Berührung
11.	Dr. Kissling	nein	27. X.	—	am 24. Okt. etwa $^1/_{50}$fach Anfang Juli d. J. weniger als $^1/_{100}$fach	seit 1. Oktober auf Di.-Abt.

Zum Schlusse möchte ich noch ganz kurz über die Befunde berichten, die ich bei der Prüfung des Diphtherieantitoxingehalts im Blute von mehreren Ärzten und von Pflegepersonen der Diphtherieabteilung erhoben habe. Ich hatte zuerst bei den Schwestern die Blutprüfungen vorgenommen, um sie dann aktiv zu immunisieren, da wir ja gerade, wie aus den abgedruckten Tabellen ersichtlich ist, unter dem Pflegepersonal der Diphtherieabteilung eine so große Zahl von Hausinfektionen an Diphtherie erleben; allerdings waren fast immer nur ganz junge Schwestern erkrankt, während Schwestern, die längere Zeit schon im Krankenhaus tätig waren, in der Regel nicht erkrankten, wenn sie zur Diphtherieabteilung versetzt wurden, und ganz ähnliche Beobachtungen ließen sich auch bei den Ärzten machen. Diejenigen von ihnen, die in den letzten Jahren an Diphtherie erkrankt sind, waren meist ganz junge Herren, die erst kurze Zeit im Krankenhaus arbeiteten; dabei fiel wieder ganz besonders die Tatsache auf, daß die Mehrzahl der Erkrankten Süddeutsche waren.

Bei den Antitoxinbestimmungen zeigte sich nun, daß die Schwestern und Pflegepersonen, die längere Zeit auf der Diphtherieabteilung arbeiteten, einen ziemlich hohen Antitoxingehalt haben, auch ohne daß sie einmal an Diphtherie erkrankt waren und ohne daß bei ihnen zur Zeit der Blutbestimmung Diphtheriebazillen im Rachen gefunden wurden. Bei den beiden Schwestern, die bei der Untersuchung Diphtheriebazillen aufwiesen, war der Antitoxingehalt etwa 2fach, resp. etwa 3fach.

Da alle Schwestern, die wenigstens einige Wochen auf der Diphtherieabteilung gearbeitet haben, einen Antitoxingehalt von mindestens $^1/_{10}$fach aufwiesen, habe ich von einer aktiven Immunisierung vorerst abgesehen. Wenn die Annahme von Kleinschmidt und Viereck, daß ein Gehalt von $^1/_{20}$ AE. in 1 ccm Blut auch gegenüber schwereren Infektionen ausreichenden Schutz gewährt, zutrifft, dann darf bei diesen Schwestern eine Erkrankung an Diphtherie nicht zur Beobachtung kommen. Dagegen werden in Zukunft diejenigen Schwestern, die der Diphtherieabteilung zugewiesen werden, noch vor ihrem Eintritt auf die Diphtherieabteilung aktiv zu immunisieren sein, und ich werde sie erst dann zum Dienst auf der Abteilung zulassen, wenn ihr Antitoxingehalt wenigstens $^1/_{10}$fach ist.

Wie der hohe Antitoxingehalt, der längere Zeit auf der Diphtherieabteilung beschäftigten Schwestern und Pflegepersonen zu erklären ist, läßt sich noch nicht ohne weiteres entscheiden. Die Vermutung liegt natürlich nahe, daß sie vorübergehend Bazillenträger waren und dadurch Antitoxin gebildet haben. Es wäre dann nur nicht recht einzusehen, warum bei der großen Zahl der Untersuchten (16) nur 2 Bazillenträger gefunden wurden. Wenn man bedenkt, wie häufig die pflegenden Schwestern von diphtheriekranken Kindern angehustet werden, wie auf einer Diphtherieabteilung überall an der Wäsche, Gebrauchsgegenständen usw. Diphtheriebazillen haften, dann kann man sich immerhin ohne Zwang vorstellen, daß Diphtheriebazillen in die Nase oder auf die Mundschleimhaut gelangen, sich dort zwar nicht ansiedeln können, aber durch Abgabe minimalster Toxinmengen die Antitoxinproduktion anregen. Für diese Auffassung sprechen doch sehr die Beobachtungen, die wir an einem meiner Herren Assistenzärzte, dem jetzt seit dem 1. Oktober die Diphtherieabteilung untersteht, gemacht haben. Im Juli betrug der Antitoxingehalt bei ihm weniger als $^1/_{200}$fach, er war bis dahin mit Diphtherie nicht in Berührung gekommen. Ende September, nachdem er einzelne Diphtheriefälle behandelt hatte, war der Antitoxingehalt etwas weniger wie $^1/_{100}$fach; am 30. September bekam er 0,2 $\frac{\text{MM I}}{5}$ itk.; am 24. Oktober Antitoxingehalt noch etwa $^1/_{50}$fach. Ohne daß in der ganzen Zeit Diphtheriebazillen bei ihm nachgewiesen wurden, ist er inzwischen, wo er täglich mit vielen schweren Diphtheriefällen in Berührung kommt, bis zum 6. d. M. auf $^1/_{20}$fach in die Höhe gegangen. Bemerkenswert ist nun, daß er weder Bazillenträger geworden ist, noch Diphtherie bekommen hat, obwohl sein Antitoxingehalt bisher weniger als $^1/_{20}$fach betrug und obwohl er auf der Diphtherieabteilung wohnt und dauernd mit den schwersten Diphtheriefällen in Berührung kommt. Ich selbst hatte im Juli d. J. weniger als $^1/_{100}$fach Antitoxin; die Blutprüfung am 24. Oktober, nachdem ich seit 1. Oktober die Diphtherieabteilung übernommen habe, ergab immer noch weniger als $^1/_{50}$fach; dabei ist aber zu berücksichtigen, daß ich täglich nur eine Visite auf der Abteilung mache, wobei die Berührung mit den Di-Kranken natürlich nicht so intensiv ist wie bei einem die Abteilung behandelnden Assistenzarzt. Ich war bisher also auch mit weniger als $^1/_{50}$fach Antitoxin geschützt. Die Herren Nr. 3, 4 und 8 der Liste sind in letzter Zeit etwas häufiger mit Diphtherie in Berührung gekommen, worin ich die Erklärung dafür erblicke, daß ihr Antitoxingehalt verhältnismäßig hoch ist. Bei den anderen Fällen ergibt sich die Erklärung aus den in die Tabelle eingetragenen Bemerkungen.

Schlußsätze. 1. Von 310 der Diphtheriegefahr besonders stark ausgesetzten Kranken, welche während einer Zeitdauer von fünf Monaten mit v. Behrings Diphtherie-Vakzin geimpft worden sind, erkrankten an Diphtherie

von 111 zweimalig geimpften Fällen = 0,
„ 199 einmalig „ „ = 8.

Darunter innerhalb der ersten 9 Tage nach der Impfung 3. Mit klinisch zweifelhaften Symptomen 3. Kompliziert durch Scharlach und anderweitig akzidentelle Erkrankungen 3.

2. Von den klinisch bzw. bakteriologisch diagnostizierten Diphtherieerkrankungen ließen 5, die sämtlich Scharlachrekonvaleszenten betrafen, einen so auffallend leichten Krankheitsverlauf erkennen, daß mit großer Wahrscheinlichkeit ein günstiger Einfluß der Impfung angenommen werden muß.

3. a) Im Gegensatz zu Kleinschmidt und Viereck ist nach unseren Erfahrungen die Interskapularregion als Impfstelle zweckmäßiger als der Oberarm.

b) In Übereinstimmung mit den genannten Autoren scheint die intrakutane Injektion des Vakzins der subkutanen vorzuziehen zu sein. Eine besondere probatorische Injektion ist dabei nicht erforderlich.

c) Auch in unseren Fällen hat sich der Vakzin vollkommen unschädlich erwiesen.

d) Für die Massenimpfung in der Vakzinationspraxis können Blutuntersuchungen auf Antitoxingehalt entbehrt werden, sie behalten aber, wo sie ausführbar sind, einen großen wissenschaftlichen Wert.

e) Ähnlich zu beurteilen ist die Durchführung von Temperaturmessungen.

4. a) auch in unseren Hamburger Fällen ist oft schon nach einmaliger Impfung eine bedeutende Antitoxinproduktion nachweisbar gewesen. (Bis zu 20fach normalem Blut.)

b) Die Annahme von Kleinschmidt und Viereck, daß bei einem $^1/_{20}$fach normalen Blut Diphtherieerkrankungen kaum vorkommen werden, wird durch unsere Beobachtungen bestätigt oder wenigstens nicht widerlegt.

c) Zur Erreichung des für einen ausreichenden Diphtherieschutz erforderlichen Blutantitoxingehaltes scheint eine zweimalige Impfung empfehlenswert und in der Regel genügend zu sein, wenn danach eine deutlich wahrnehmbare Lokalreaktion eingetreten ist.

5. Wenn einerseits während der ersten Tage nach der erstmaligen Impfung ein genügender Diphtherieschutz nicht in Aussicht gestellt werden kann, so haben wir anderseits auch keine Anhaltspunkte dafür gewonnen, daß infolge der Impfung zunächst eine verstärkte Diphterieempfänglichkeit (sogenannte negative Phase) eintritt; es scheint im Gegenteil, wenn keine sonstigen Komplikationen vorliegen, eine nach der Impfung erfolgende Diphtherieinfektion einen außerordentlich leichten Verlauf zu nehmen. Danach wäre bei besonders diphtheriegefährdeten Individuen die Impfung durchaus nicht kontraindiziert.

6. Anderweitige Erkrankungen, auch solche mit fieberhaftem Verlauf, sind keine Kontraindikation für die Impfung.

7. Während des Zeitraums zwischen der Impfung und einer Diphtherieinfektion auftretende fieberhafte Erkrankungen scheinen den Vakzinationserfolg (vermutlich wegen gesteigerten Antitoxinverbrauchs) zu beeinträchtigen.

8. Entsprechend der starken Infektionsgelegenheit bei der schweren Diphtherieepidemie, in der wir stehen, beobachteten wir eine beträchtliche Zahl von Diphtherieerkrankungen bei jungen Ärzten und Pflegepersonal. Die Disposition zur Erkrankung schwindet aber nach längerem Arbeiten auf der Diphtheriestation infolge einer insensiblen Immunisierung mit antitoxinproduzierendem Erfolg.

9. Es wird bestätigt, daß im Säuglingsalter die Empfindlichkeit gegen den Vakzin in der Regel erheblich geringer gefunden wird als im späteren Kindesalter und daß die stärkste Empfindlichkeit bei Erwachsenen beobachtet wird.

17.

Praktische Erfahrungen mit dem v. Behringschen Schutzmittel gegen Diphtherie[1]).

Von Sekundärarzt Dr. Benno Hahn und Abteilungsarzt Dr. Fritz Sommer.

Auf dem vorjährigen Kongreß für Innere Medizin in Wiesbaden berichtete der eine von uns über die Ergebnisse seiner Versuche mit dem neuen Behringschen Schutzmittel gegen Diphtherie. Es war ihm gelungen, durch zwei- oder mehrmalige subkutane oder intramuskuläre Injektionen des Impfstoffes nach ungefähr 20 Tagen eine Produktion von Diphtherieantikörpern zu erzielen.

Wir haben in den folgenden Monaten gemeinsam in weiteren Versuchen durch Änderung der Technik und der Dosierung schon nach zehn Tagen eine genügende Antikörperbildung erreichen können (bis 15 AE. in einem Kubikzentimeter Serum). Dann haben wir nach dem Vorgang von Kleinschmidt und Viereck uns auch mit der intrakutanen Applikation (itk.) beschäftigt und haben auch hier bei völliger Unschädlickeit für den Organismus schon am zehnten Tage nach der Erstinjektion einen Antikörperzuwachs gefunden. Die ständige serologische Kontrolle bewies, daß wir bei einem sehr hohen Prozentsatz unserer Impflinge durch subkutane intramuskuläre oder intrakutane Injektion des Impfstoffes eine für die Praxis genügende serologische Immunität erzielen können.

Wir hielten uns deshalb für berechtigt, bei Epidemien das neue Verfahren auch ohne serologische Kontrolle anzuwenden. Die Berechtigung sahen wir in der völligen Unschädlichkeit des Verfahrens und der Sicherheit, mit der in dem größten Prozentsatz der Fälle ein Schutzkörpergehalt von mindestens $^1/_{10}$fach normal ($^1/_{10}$ Antitoxineinheiten in 1 ccm Serum) bei genügender Impfung zu erreichen war, der auch bei prophylaktischer passiver Immunisierung durch Heilserum als ausreichend erachtet wird.

Wir haben deshalb bei einigen in unserem Regierungsbezirk herrschenden, leichteren und schwereren Epidemien das neue Verfahren praktisch verwertet. Dabei haben wir auch eine Reihe theoretischer und praktischer Fragen studieren können, für deren Erledigung uns das Krankenhaus nicht geeignet erschien.

Zuerst bot sich uns dazu Gelegenheit bei der Aufforderung des Herrn Direktor Alt in Uchtspringe, in einem geschlossenen Haus der Heilanstalt, in dem am 4. und 7. September zwei Fälle von Diphtherie vorgekommen waren, die Schutzimpfung anzuwenden. Es wurden in dem geschlossenen Frauenpavillon 34 Patientinnen und 11 Pflegerinnen im Alter von 15 bis 54 Jahren) an drei aufeinanderfolgenden Tagen vom 11. bis 13. September v. J. mit einer subkutanen und zwei intramuskulären Injektionen behandelt. Benutzt wurde das Gemisch MI, über dessen Anwendung und Erfolge Hahn in Wiesbaden berichtet hatte. Das Gemisch besitzt im Gegensatz zu den späteren von uns und anderen Autoren benutzten Impfstoffen einen relativ großen Toxinüberschuß, infolgedessen bei höherer Dosierung wegen der Reaktionserscheinungen nach subkutaner Anwendung zur intramuskulären Applikation übergegangen werden muß.

Es wurde absichtlich für alle Impflinge die gleiche Dosis gewählt (Erstinjektion $^1/_{200}$ ml MI subkutan, zweite Injektion $^1/_{20}$ ml intramuskulär, dritte Injektion $^1/_{10}$ ml intramuskulär in je 1 ccm Flüssigkeit). Zur subkutanen Injektion wurde die Radialseite des Unterarmes, zur intramuskulären die Glutäen oder die Interskapularmuskulatur gewählt. Die Reaktion auf die Erstinjektion bestand in der Mehrzahl der Fälle in einer größeren oder kleineren Rötung und Infiltration der Impfstelle. Nur in wenigen Fällen war keine Reaktion zu erzielen. Als Reaktionserscheinungen auf die zweite und dritte Injektion beobachteten wir Schmerzen an der Injektionsstelle, in vier Fällen eine geringe Temperatursteigerung bis 38,4° am nächsten Tage. Sonstige Nebenerscheinungen wurden nicht festgestellt.

Wenn auch kein weiterer Fall von Diphtherie vorgekommen ist, so möchten wir dieser Tatsache keine Beweiskraft zumessen, da zugleich bie beiden Diphtheriefälle isoliert wurden. Der Beweis für den Erfolg der Schutzimpfung ist schwerlich in einer Krankenanstalt zu erbringen, da eine sofortige Isolierung der Erkrankten und Des-

[1]) Aus D. med. Woch. 1914 Nr. 1.

infektion der Umgebung allein schon der Weiterübertragung der Löfflerbazillen ein Ziel setzen kann: Er ist unseres Erachtens nur durch Impfungen zu Epidemiezeiten in der Praxis zu führen, wenn in der übrigen Bevölkerung die Epidemie weiterhin ihre Opfer fordert, während vom zehnten Tage nach dem Impftermin an bei genügend oft Geimpften keine weiteren Erkrankungen oder höchstens leichte abortive Fälle vorkommen, wie wir dies auch bei der Pockenimpfung sehen, die auch sonst viele Analogien mit der Behringschen Schutzimpfung aufweist. Die Immunisierungen in Uchtspringe waren uns aber aus anderen Gründen sehr wertvoll: Wir hatten in elf Fällen Gelegenheit, das Blut vorher und nach zehn Tagen auf ihren Gehalt an Antitoxinen zu prüfen. Während das hochwertigste Serum vor der Impfung $^1/_8$fach normal war, besaßen nach zehn Tagen 7 Fälle (63 $^0/_0$) einen einfach bis zehnfach normalen Schutzkörpergehalt. Ein Serum war nur $^1/_{25}$fach (vorher 0), drei Patienten hatten überhaupt keine Antitoxine gebildet. Dabei ließen sich jedoch Beziehungen zwischen Schutzkörpergehalt und Lokal- (Hautrötung und Infiltration) und Allgemeinreaktion (Fieber, Kopfschmerzen, Mattigkeit) nicht feststellen, wie dies auch schon aus den in Wiesbaden von Hahn demonstrierten Tabellen hervorgeht. Den Grund für einen der Antikörperproduktion so wenig entsprechenden Ausfall der lokalen Reaktion glauben wir vor allem in individuellen Verschiedenheiten der Haut und der Dicke und Beschaffenheit des Unterhautfettgewebes suchen zu müssen.

Wir können also bei der intramuskulären resp. subkutanen Injektionsmethode weder durch eine bestimmte schematische Dosierung auf eine regelmäßig eintretende Antikörperbildung rechnen, noch auf Grund der Allgemein- und Lokalreaktion die für normale Fälle ausreichende Dosis erhöhen oder verringern.

Wir mußten also vorläufig die Brauchbarkeit einer solchen Methode für die Praxis bezweifeln und haben uns deshalb der Ausbildung der intrakutanen Methodik zugewandt. Über unsere klinischen Erfahrungen mit ihr werden wir an anderer Stelle ausführlicher berichten. Sie ist jedenfalls vorläufig die einzige Methode für die Praxis und wurde daher von uns bei den weiteren Epidemien ausschließlich verwendet.

Bei solchen Massenimpfungen in der Praxis konnte natürlich von Temperaturmessungen und serologischen Blutprüfungen aus naheliegenden Gründen keine Rede sein. Wir hielten uns hier in erster Linie an die lokale Reaktion, die bei der intrakutanen Methodik nach den bisher vorliegenden Untersuchungen ein Indikator für eine zu erwartende oder ausbleibende Antitoxinproduktion zu sein scheint. Vorbedingung ist hierbei allerdings eine vollkommen gleichmäßige Technik, da natürlich bei einmal tieferer, einmal oberflächlicherer Injektion dieselben Fehlerquellen wie bei der Subkutanmethode zutage treten.

Wir konnten bisher in jedeim Falle von genügend starker Lokalreaktion nach Itk.-Impfung eine ausreichende Schutzkörperproduktion nachweisen.

Daß trotz fehlender lokaler oder allgemeiner Reaktion in einzelnen Fällen bei genügender Zufuhr von Impfstoff doch eine Schutzkörperbildung stattfindet, möchten wir glauben, wenn uns auch vorläufig eine Erklärung dafür fehlt. Diese Tatsache wird aber keinesfalls den Wert der Schutzimfung verringern.

Reaktionen haben wir in jeder Stärke beobachtet, aus rein praktischen Gründen behielten wir jedoch die von Kleinschmidt und Viereck angegebenen Reaktionstypen nicht bei.

Als Reaktionsgrad 0 bezeichnen wir auch die kleinsten Rötungen und Infiltrationen bis zum Durchmesser von 0,5 cm (die zweifellos hier und da durch kleine Sekundärinfektionen verursacht sein können),

als Reaktionsgrad I Rötung und Infiltration von 0,5 bis 1,5 cm Durchmesser (klein R, klein J),

als Reaktionsgrad II (mittel R, mittel J) von 1,5 bis 2,5 cm Durchmesser.

Jenseits dieser Grenze notieren wir alle rein lokalen Reaktionen mit groß R, groß I (Reaktionsform III), wenn möglich mit Angabe des Durchmessers. In nicht seltenen Fällen fanden wir bei starken Lokalreaktionen einen zart rosa Hof angedeutet, der sich sowohl gegen die starke Innenrötung, wie gegen das Normale scharf absetzte.

Schwellungen der Nackendrüsen haben wir nur selten konstatiert, haben indessen auch nicht in jedem Fall darauf geachtet. Eine stärkere Beteiligung des Lymphapparates sahen wir nie.

Über eventuelle Temperatursteigerungen können wir nicht berichten, weil sich Messungen leider nicht durchführen ließen, immerhin waren uns für das Auftreten einer Allgemeinreaktion die subjektiven Angaben der Kinder oder auch die der

Eltern von Wert. Während die Kinder spontan oft über Mattigkeit und Kopfschmerzen klagten, wurden wir von Müttern öfters darauf aufmerksam gemacht, daß ihre Kinder am Tage nach der Injektion mürrisch, verdrießlich und matt gewesen seien und schlecht gegessen hätten. Wir möchten das ganze Bild am ehesten mit einer leichten Tuberkulinreaktion vergleichen, die trotz fehlender Temperaturerhöhung dieselben Erscheinungen darbieten kann.

Als für die Praxis geeignetste Injektionsstelle wählten wir die Rückenhaut zwischen den Schulterblättern, weil wir bei der Vorliebe der Kinder, sich an den Impfstellen zu kratzen, eine artifizielle Beeinflussung der Impfstelle bzw. Kratzinfektionen befürchteten. Wir machten dabei die Beobachtung, daß eine zu tiefe Injektionsstelle leichter zu Schmerzen in der Schultermuskulatur führte, eine zu hohe leicht durch den Druck der Kleidung ungünstig beeinflußt wurde, und raten, eine Hautstelle in Höhe der Spina scapulae zur Impfung zu wählen. Die Stelle der Wahl wurde durch einen im Äther-Alkohol getränkten Tupfer gereinigt. Als Injektionsspritzen benutzten wir eine 1 ccm Rekordspritze mit 20. Einteilung mit stumpf angeschliffenen Platin-Iridiumkanülen (Stärke 12—15), die jedesmal durch Ausglühen sterilisiert wurden. Wir haben, um keine toxischen Eiweiß-Abbauprodukte mit einzuspritzen, nach dem Erkalten das noch in der Nadel befindliche Gemisch jedesmal herausgespritzt. In der Technik richteten wir uns ganz nach den von Römer für das Meerschweinchen angegebenen Vorschriften.

Wir haben in jedem Falle darauf gesehen, eine einwandfreie Quaddel bei der Injektion zu erhalten, die ungefähr zwei Minuten stehen blieb. Nur in vereinzelten Fällen, wo wir mehr als 0,2 ccm Flüssigkeit injizieren mußten, haben wir die Nadel, nachdem wir 0,2 ccm injiziert hatten, während des Spritzens tiefer geschoben wie bei der Infiltrationsanästhesie nach Schleich. Bei Säuglingen war eine gute Quaddelbildung kaum zu erreichen; trotz einwandfreier Methodik war die Quaddel fast sofort verschwunden und die Flüssigkeit von dem umgebenden Gewebe aufgesogen.

Von der anfangs vorgeschlagenen Injektion in zehntägigen Zwischenräumen sind wir schon bei den ersten Versuchen abgewichen: Uns leitete dabei vor allem der Beweggrund, eine Immunität in möglichst kurzer Zeit zu schaffen, und das erreichen wir zweifellos am besten durch Einverleibung einer möglichst großen Menge des Gemisches innerhalb kurzer Zeit. Da außerdem eine Nachschau der Impfstellen am zweiten Tage nach der jeweiligen Injektion stattfinden mußte, da an diesem Tage die Lokalreaktion im allgemeinen am ausgesprochensten ist, so haben wir an die Nachschau gleich die nächste Impfung angeschlossen und so am ersten, dritten und fünften Tage die Injektionen vorgenommen. Nachteile durch diese Schnellimmunisierungen infolge von Kumulation haben wir in keinem Falle gesehen.

Als Impfgemisch wurden von uns in der ersten Ortschaft (Niegripp) zwei Präparate benutzt: MM I und M III. In allen übrigen Dörfern haben wir mit dem Impfstoff MM II geimpft. Alle drei Gemische besitzen einen Überschuß an Toxin, unterscheiden sich aber wesentlich durch den Grad ihrer Giftigkeit.

Wie schon unsere klinischen Erfahrungen uns gelehrt hatten, bestehen ganz enorme individuelle Verschiedenheiten in der Empfindlichkeit gegen das Toxin-Antitoxingemisch. Wenn wir vom Säugling absehen, der eine auffallende Toleranz gegen den Impfstoff besitzt und das 50fache der Dosis reaktionslos verträgt, die beim Kind und Erwachsenen zu einer recht erheblichen lokalen und Allgemeinreaktion führen kann, so finden wir doch vom 2. bis zu dem 30. Lebensjahre auf gleiche Dosen Verschiedenheiten der Reaktion, die sich vorläufig weder durch Alter und Geschlecht, noch durch überstandene Diphtherien erklären lassen. Nur eine gewisse familiäre Disposition konnten wir feststellen. Während das eine Kind schon auf die Erstimpfung mit stärkster Lokal- und leichter Allgemeinreaktion antwortet, reagiert ein anderes, gleichalteriges auf die 50fache Dosis nur mit einer kleinen Rötung und Infiltration.

Wir wählten deshalb eine Dosis bei der Erstinjektion, die nur beim allerempfindlichsten Impfling noch gerade eine starke Reaktion (groß R, groß I mit leichten Allgemeinerscheinungen) auslösen konnte. Je nach der Reaktion injizierten wir am dritten Tage dann das Doppelte bis Zehnfache der ersten Dosis. War auch hierauf noch keine Reaktion zu verzeichnen, so wurde am fünften Tage das 5fache der Zweitdosis, also das 50fache der Erstdosis verabfolgt. Hierbei erzielten wir außer bei den Säuglingen, in jedem Falle eine genügende Reaktion, die nach unseren und anderer Autoren Erfahrungen zur genügenden Antikörperproduktion führt.

Es sei die genaue Dosierung an ein paar Beispielen erörtert:

Vom Gemisch MM II wurde bei der Erstimpfung jedem Kinde itk. $\frac{0,1}{10}$ linksseitig injiziert. Trat eine enorm große Infiltration und Rötung ein, vielleicht sogar mit Hofbildung, Lymphdrüsenschwellung und Allgemeinerscheinungen, so wurde von einer Zweitimpfung abgesehen. In diesem Falle wurde auf Grund unserer serologischen Erfahrungen die probatorische Erstimpfung als genügend immunisatorisch wirksam angesehen; war nur eine große Rötung und Infiltration (groß R, groß I, mindestens 3 ccm) vorhanden, so wurde als nächste Dosis $\frac{0,1}{5}$ gewählt; die hiernach auftretende starke Reaktion wurde dann als genügend angesehen. Auf die Reaktion II (mittel R, mittel I) hin wurde $\frac{0,1}{2}$ injiziert, also die 5fache Dosis; auch hiernach erfolgte dann meist eine genügende Reaktion, so daß von einer Drittimpfung abgesehen wurde. War die Reaktion 0 bis klein R klein I, so wurde als nächste Dosis 0,1 des konzentrierten Gemisches gewählt und eine mittlere Rötung und Infiltration als genügende Reaktion aufgefaßt. Im negativen Fall wurden je nach der Reaktion 0,3—0,5 des konzentrierten Impfstoffes injiziert, und zwar in der oben angegebenen Weise, halb intrakutan, halb subkutan. Hier durfte natürlich weniger die Rötung als die Infiltration für den Effekt maßgebend sein, und es wurde eine kleine Rötung und mittlere Infiltration als positiver Impfeffekt verzeichnet.

Wie es bei einer freiwilligen und so neuartigen Impfung nicht anders zu erwarten war, hatten wir natürlich gegen einen gewissen Widerstand, gegen Mißtrauen und Gleichgültigkeit der Bevölkerung zu kämpfen. Es sind schon zur ersten Nachschau eine Anzahl Kinder nicht wieder erschienen, ebenso haben nach der Zweitimpfung eine große Anzahl Impflinge sich nicht zur Nachschau gestellt. Während wir jene als absolut „ungenügend immunisiert" ansehen müssen, können wir für die Impflinge, die wohl auf die Erstimpfung mäßig reagiert, zur Nachschau auf die Zweitimpfung nicht wieder erschienen sind, nicht garantieren, da uns jede Kontrolle darüber fehlt. Wenn auch zweifellos eine ganze Anzahl dieser Kategorie auf die Zweitinjektion mit einer vollkommen genügenden Reaktion geantwortet haben wird, so sind uns doch nicht wenige Fälle bekannt, wo trotz leichter Erstreaktion die Zweitimpfung vollkommen versagte; wir müssen deshalb diese Kinder als „zweifelhaft immunisiert" bezeichnen.

Es ist deshalb von uns eine Sonderung der Impflinge nach diesen Gesichtspunkten in die drei Kategorien der

1. vollkommen Immunisierten,
2. zweifelhaft Immunisierten,
3. ungenügend Immunisierten

vorgenommen wurden.

Bevor wir nun kurz auf die einzelnen Epidemien eingehen, sei noch vorausgeschickt, daß es natürlich ohne Fehler, die bei späteren Epidemien ohne weiteres vermieden werden können und von uns in der Folge auch vermieden wurden, nicht abgegangen ist. Es lag dies einerseits in der ungenügenden Dosierung des Impfstoffes, anderseits in der anfangs fehlerhaften Organisation bei den Impfterminen.

1. Dorf Niegripp.

Etwa 1100 Einwohner.

Erkrankungen vom 1. Juli bis 1. Oktober	21 Fälle	7 % Todesfälle.
Erster Impftermin am 1. Oktober		
Erkrankungen vom 1. Oktober bis 13. Dezember	9 Fälle	

Zahl der		davon erkrankten nach dem 1. Oktober
Nicht geimpften Kinder		4
Innerhalb der ersten zehn Tage erkrankten Impflinge . . .		3
Ungenügend Immunisierten	44	1
Zweifelhaft Immunisierten	29	1
Voll Immunisierten	40	0

In dem einen Fall von klinischer Diphtherie bei dem ungenügend immunisierten Kinde konnten allerdings bakteriologisch weder im Ausstrich noch im Kulturverfahren Löfflerbazillen nachgewiesen werden. Das zweifelhaft immunisierte, erkrankte Kind wies bei positivem bakteriologischen Befunde eine klinisch sichere Diphtherie auf.

Bei einem der Kinder, das am siebenten Tage nach der Impfung Diphtherie akquirierte, verlief die Erkrankung abortiv ohne Fieber und mit kaum sichtbarem Belag; wir entschlossen uns nur deshalb zur Heilseruminjektion, weil eine Kontrolle in den nächsten Tagen aus äußeren Gründen unmöglich war. Bei einem anderen, am ersten Tage nach der Impfung erkrankten Kinde verlief die Diphtherie mittelschwer. Über den dritten Fall liegen uns keine Notizen vor.

Die auffallend geringe Zahl der voll Immunisierten im Verhältnis zu den zur Erstimpfung überhaupt erschienenen Kindern lag zum Teil in unserer damals noch nicht ganz ausgebildeten Organisation. Bei allen späteren Impfungen stellte sich die Prozentzahl der Vollimmunisierten bedeutend günstiger. Anderseits wurde die zweite Impfung vorgenommen mit einem Gemisch (M III), das sich wider Erwarten innerhalb kurzer Zeit ganz bedeutend abgeschwächt hatte. Wir haben infolgedessen in vielen Fällen überhaupt keine genügende Reaktion erhalten. Zu nochmaligen Impfungen glaubten wir die Impflinge nicht veranlassen zu sollen. Diese Fehlerquelle hat sich schon bei den nächsten Impfterminen mit Sicherheit vollkommen vermeiden lassen. Wohl scheint vorläufig bei jedem Gemisch die Möglichkeit einer Abschwächung vorhanden zu sein. Doch läßt sich im Tierversuch jede Abschwächung, sowie deren Grad mit Sicherheit nachweisen. Deshalb kann eine sich infolgedessen als notwendig erweisende Erhöhung der Dosis rechtzeitig bekannt gegeben oder der Impfstoff, ähnlich wie auch das Heilserum, eingezogen werden. Die Erkrankungszahlen zeigen, daß vom Augenblick der Impfung an die Epidemie nicht zufällig spontan erloschen war.

2. Stadt Bismarck.

Etwa 3000 Einwohner.

Erkrankungen vom 7. September bis 25. Oktober	23 Fälle	6 % Todesfälle.
Erster Impftermin am 25. Oktober		
Erkrankungen vom 25. Oktober bis 13. Dezember	10 Fälle	

Zahl der		davon erkrankten nach dem 25. Oktober
Nicht geimpften Kinder		10
Innerhalb der ersten zehn Tage erkrankten Impflinge . . .		0
Ungenügend Immunisierten	33	0
Zweifelhaft Immunisierten	54	0
Voll Immunisierten	89	0

Auch hier zeigen die nach der Schutzimpfung aufgetretenen Erkrankungen in der Bevölkerung, daß ein Abklingen oder Erlöschen der Epidemie nicht durch Zufall mit dem Impftermin zusammenfiel.

3. Stadt Egeln.

Etwa 5300 Einwohner.

Erkrankungen vom 12. Januar bis 11. November . . .	72 Fälle	7,5 % Todesfälle.
Erster Impftermin am 11. November 1913		
Erkrankungen vom 11. November bis 18. Dezember	27 Fälle	

Zahl der		davon erkrankten nach dem 11. November
Nicht geimpften Kinder	1089	21
Innerhalb der ersten zehn Tage erkrankten Impflinge .		4
Ungenügend Immunisierten	89	0
Zweifelhaft Immunisierten	130	1
Voll Immunisierten	304	1

Bei den innerhalb der ersten zehn Tage erkrankten Kindern verlief in einem Falle die Infektion sehr leicht, so daß von einer Heilserumbehandlung abgesehen wurde. Über den Charakter der anderen drei Erkrankungen liegen uns keine Notizen vor.

Ein voll immunisiertes Kind erkrankte am 12. Dezember an einem fraglichen Halsbelag. Vom behandelnden Arzte wurde vorsichtshalber Heilserum injiziert. Im Ausstrich und Kulturverfahren wurden jedoch keine Diphtheriebazillen gefunden.

Am 16. Dezember erkrankte schließlich ein voll immunisiertes Kind an einer Halsentzündung, die klinisch als Diphtherie angesehen werden mußte. Nähere Angaben über den Charakter der Erkrankung liegen uns noch nicht vor, doch konnten auch hier bakteriologisch keine Löfflerbazillen nachgewiesen werden.

Das zweifelhaft immunisierte und erkrankte Kind hatte auf die Erstimpfung kaum reagiert und war zur Nachschau nach der Zweitimpfung nicht wieder erschienen; diese Erkrankung war schwer, geht aber in Heilung aus.

Wir haben hier leider trotz vorzüglicher Organisation nur ungefähr 20 % aller Kinder der Stadt voll immunisieren können. Auffallend war hier die durchschnittlich geringe Empfindlichkeit der Kinder gegen das Gemisch im Vergleich mit anderen Ortschaften, besonders mit Bismarck. Wir hatten den Eindruck, als ob die Reaktionsfähigkeit bei bezüglich Lebensalter und Kräftezustand gleichartigem Kindermaterial in den Ortschaften wechsele und ein gewisser „genius loci“ nicht zu verkennen sei.

4. Dorf Niederndodeleben.

Etwa 2200 Einwohner.

Erkrankungen vom 5. Januar bis 12. November	33 Fälle	7,5 % Todesfälle.
Erster Impftermin am 12. November		
Erkrankungen vom 12. November bis 13. Dezember .	9 Fälle	

Zahl der		davon erkrankten nach dem 12. November
Nicht geimpften Kinder		6
Innerhalb der ersten zehn Tage erkrankten Impflinge . .	2	2
Ungenügend Immunisierten	11	0
Zweifelhaft Immunisierten	8	0
Voll Immunisierten	57	1

Die beiden innerhalb der ersten zehn Tage erkrankten Kinder akquirierten eine außerordentlich leichte Diphtherie, so daß von dem behandelnden Arzt in dem ersten Fall von der Heilseruminjektion ganz abgesehen wurde, in dem zweiten Fall wurde eine sehr geringe Heilserumdosis injiziert. Die Erkrankung des voll immunisierten Kindes verlief so leicht und abortiv, daß von jeder Heilserumbehandlung abgesehen werden konnte. Die Beläge waren bereits am dritten Krankheitstage wieder verschwunden. Eine bakteriologische Sicherung der Diagnose wurde leider nicht vorgenommen.

Auch hier sind also in den der Schutzimpfung folgenden Wochen bei Nichtgeimpften weitere Erkrankungen vorgekommen.

5. Dorf Colbitz.

Etwa 2200 Einwohner.

Erkrankungen vom 1. Januar bis 26. November . . .	118 Fälle	4,5 % Todesfälle.
Erster Impftermin am 26. November		
Erkrankungen vom 26. November bis 13. Dezember .	10 Fälle	

Zahl der		davon erkrankten nach dem 26. November
Nicht geimpften Kinder		9
Innerhalb der ersten zehn Tage erkrankten Impflinge . .		1
Ungenügend Immunisierten	23	0
Zweifelhaft Immunisierten	15	0
Voll Immunisierten	58	0

Auch hier fordert die Epidemie noch täglich weitere Opfer.

In Berkau schließlich, einem Dorf von etwa 700 Einwohnern, war im Jahre 1911 eine Epidemie von 40 Erkrankungen aufgetreten, die sich noch bis ins erste Quartal 1912 mit 10 Erkrankungen hineinzog. Seitdem sind dort immer noch vereinzelte Fälle aufgetreten, in diesem Jahr bisher 10, so daß man wohl von endemischer Diphterie zu sprechen berechtigt ist. Seit der am 10. November vorgenommenen Impfung ist nur eine Neuerkrankung bei einem Nichtgeimpften aufgetreten, man wird sich daher ein Urteil über den Wert der Schutzimpfung erst nach Jahr und Tag bilden können. Besonders günstig fällt dabei ins Gewicht, daß fast 12 % der Einwohnerschaft, darunter der größte Teil aller schulpflichtigen Kinder, voll immunisiert wurden. Wir können hier 85 Kinder den Vollimmunisierten, 19 den zweifelhaften und 9 den ungenügend Immunisierten zurechnen.

Wir haben also bei 5 Epidemien und 1 Endemie insgesamt 633 Kinder „voll immunisiert“, 255 Kinder sind als „zweifelhaft immunisiert“, weitere 209 Kinder aus oben erwähnten Gründen als „ungenügend geimpft“ zu bezeichnen.

Von diesen 633 voll immunisierten Kindern sind bisher 2 Impflinge, davon 1 Kind ganz abortiv, das andere mit negativem Bazillenbefund erkrankt, bei den zweifelhaft Immunisierten sind 2 und unter den ungenügend Immunisierten 1 diphtherische Erkrankung vorgekommen. Innerhalb der ersten zehn Tage, wo bekanntlich ein genügender Schutz noch nicht vorhanden ist, sind bei 10 Impflingen Diphtherieerkrankungen festgestellt worden, unter der übrigen Einwohnerschaft 51 vorgekommen. Ob die von uns wohl im allgemeinen erreichte und in der Praxis im allgemeinen als genügend angesehene Immunität von $^1/_{10}$ Einheiten im Kubikzentimeter Serum ausreicht, oder ob eine Hochimmunisierung erforderlich ist — ich erinnere daran, daß der Begriff der Immunität bei der Diphtherie wie ja auch bei den Pocken nur ein relativer ist und Schutz gegen eine Masseninfektion nur eine besonders hohe serologische Immunität gewährleistet — das werden uns die Erfahrungen lehren, die wir in den nächsten Wochen und Monaten machen werden. Weder Tierexperiment noch klinischer Versuch, sondern nur die Praxis kann hierauf eine Antwort geben.

Ein Erlöschen der Epidemie konnte selbstverständlich bei dem Bruchteil, den die Vollgeimpften im Vergleich zur Gesamtzahl der Kinder (in Egeln etwa 1 : 5) oder der Einwohnerzahl (in Egeln etwa 1 : 18) bildeten, nicht erwartet werden.

Einige Tatsachen und Erfahrungen, die wir im Verlauf dieser Impfperiode sammelten, mögen hier noch kurz besprochen werden.

Verschiedentlich wurde ärztlicherseits die Möglichkeit der Sensibilisierung durch das Gemisch und die Gefahr der Anaphylaxie bei einer später wiederholten Schutzimpfung oder Heilseruminjektion diskutiert. Wir möchten an dieser Stelle nochmals ausdrücklich betonen, daß bei der in einer Injektion enthaltenen verschwindend kleinen Menge Eiweiß eine Sensibilisierung vollkommen ausgeschlossen ist. Dasselbe haben unsere darauf gerichteten klinischen und experimentellen Versuche gezeigt. Auch die Frage der negativen Phase innerhalb der ersten zehn Tage konnte von uns an der Hand mehrerer Fälle eindeutig verneint werden. Bei zehn Impflingen war ja, wie wir oben gesehen haben, in dieser Zeit eine Diphtherie zum Ausbruch gekommen. Bei diesen Kindern verlief eine Erkrankung mittelschwer, die bei vier Kindern abortiv. Über die übrigen Fälle liegen uns Notizen nicht vor. Es liegt bei den abortiven Erkrankungen wohl zweifellos eine günstige Beeinflussung der Infektion durch die Schutzimpfung vor.

Die Frage, ob eine gleichzeitige oder kurz darauf folgende Heilseruminjektion den immunisatorischen Effekt der Schutzimpfung zuschanden machen könnte, wurde von Hahn bereits auf dem Wiesbadener Kongreß erörtert. Damals konnte Matthes aus seiner Klinik berichten, daß trotz einer kurz nach dem Schutzmittel applizierten Heilseruminjektion der betreffende Patient nach 16 Tagen 175 fach normales Serum gebildet hatte.

Es hat sich bei unseren Impfperioden, um eine möglichst große Anzahl Kinder zur freiwilligen Schutzimpfung zu veranlassen, ungefähr folgendes Verfahren am besten bewährt.

Es wurde zunächst wiederholt amtlich bekannt gemacht, daß zu bestimmter Stunde, meist im Schul- oder Rathaus, eine kostenlose Schutzimpfung stattfinden würde. Es wurde dabei darauf hingewiesen, daß der Schutz im allgemeinen erst nach zehn Tagen eintreten würde und nur durch eine zwei- oder dreimalige Impfung zu erreichen wäre. Die Impfung ziehe keine nennenswerten Nebenerscheinungen, jedenfalls keine Gesundheitsschädigungen nach sich und sei am ehesten mit der Pockenschutzimpfung zu vergleichen. In demselben Sinne wurde von den Herren Kreisärzten, Schulärzten und den ortsansässigen praktizierenden Kollegen in der liebenswürdigsten Weise Belehrung erteilt. Auch die Herren Lehrer und Gemeindeschwestern haben in dankenswerter Weise ihren oft recht beträchtlichen Einfluß in unserem Sinne geltend gemacht.

Als schweren Nachteil haben wir bei allen diesen Impfungen empfunden, daß an den angesetzten Terminen die Impflinge, unter denen sich sicher nicht wenige Bazillenträger und schon diphtherisch Infizierte befanden, in dichten Gruppen auf der Straße oder in den Warteräumen sich zusammendrängten und so die Gefahr der Weiterverbreitung natürlich recht groß war. Wir schlagen vor, in ähnlichen Fällen die Schutzimpfung nach Möglichkeit gruppenweise vorzunehmen.

Wir glauben weiterhin, mit drei Gemischen bzw. Lösungen eines Impfstoffes auskommen zu können, von denen das Gemisch I in 0,1 ccm Flüssigkeit die probatorische Dosis enthält. Das Gemisch II enthält die zehnfache, das Gemisch III die fünfzigfache Menge der probatorischen Dosis in 0,1 ml. Durch Verdoppelung (0,2) oder Halbierung der Dosen (0,05) ist eine genügende Variierung in der Dosierung möglich.

Schlußsätze. 1. Die subkutane und intramuskuläre Applikation des v. Behringschen Toxin-Antitoxingemisches führt zwar in der größten Zahl der Fälle zu einer genügenden Schutzkörperproduktion, ist jedoch vorläufig für die Praxis nicht brauchbar, da weder Lokal- noch Allgemeinreaktion einen Schluß auf die zu erwartende oder ausbleibende Antikörperproduktion zuläßt.

2. Dagegen geht bei intrakutaner Anwendung des Schutzmittels eine genügend starke Lokalreaktion (eventuell begleitet von leichten Allgemeinerscheinungen) im allgemeinen mit einer entsprechenden Schutzkörpervermehrung einher.

3. Bei 5 Epidemien und 1 Endemie in der Praxis wurden im ganzen 633 Kinder auf diese Weise voll immunisiert. Erhebliche Nebenwirkungen wurden dabei nicht beobachtet.

4. Während die Epidemien bei der übrigen Bevölkerung andauerten, kamen bei den voll immunisierten Kindern bisher 2 Erkrankungen, davon 1 ganz abortive, 1 mit negativem Bazillenbefund vor.

5. Diphtherische Erkrankungen, die bei Impflingen während der ersten zehn Tage nach der Schutzimpfung zum Ausbruch kamen, während welcher Zeit bekanntlich serologisch eine Antikörpersteigerung noch nicht nachweisbar ist, verliefen in einigen Fällen abortiv. Die Erkrankungen wurden also schon während der ersten zehn Tage durch die Schutzimpfung günstig beeinflußt.

6. Eine negative Phase und die Gefahr der Anaphylaxie besteht nicht.

Literatur: 1. E. v. Behring, D. med. Woch. 1913. Nr. 19. — 2. Hahn, Verhandlungen des Kongresses für Innere Medizin, Wiesbaden 1913. — 3. Kleinschmidt und Viereck, D. med. Woch. 1913. Nr. 41. — 4. E. Schreiber, D. med. Woch. 1913. Nr. 20. — 5. Zangemeister und Viereck, D. med. Woch. 1913. Nr. 21.

18.

Über die Prophylaxe der Diphtherie nach v. Behring[1]).

Von Doz. Dr. J. Bauer, Oberarzt der Klinik.

Das Diphtherieheilserum beherrscht die kurative Therapie der Diphtherie in Klinik und Praxis. Vor knapp $^3/_4$ Jahren etwa hatte ich Gelegenheit, an dieser Stelle unsere günstigen Erfahrungen mit dem Heilserum in der Klinik der Diphtherie in das rechte Licht zu rücken. Kurze Zeit darauf, auf dem Wiesbadener Kongreß für Innere Medizin im April 1913, überraschte v. Behring die medizinische Welt mit der Botschaft, daß es ihm gelungen sei, ein neues Mittel zur Prophylaxe der Diphtherie zu finden[2]).

Wer wollte leugnen, daß ein solches Mittel wünschenswert wäre? Hat doch das Heilserum als Vorbeugungsmittel der Diphtherie uns infolge seiner kurzfristigen Schutzwirkung im Stiche gelassen. Auch der Entdecker des Heilserums hat sich in dieser Einsicht, unermüdlich den Kampf gegen diese Seuche wieder aufnehmend, bemüht, einen neuen Weg zwecks Verhütung der Diphtherie einzuschlagen. Er hat zu diesem Behufe ein Schutzmittel hergestellt, das aus Diphtheriegift und zugehörigem Antitoxin besteht. Die Anwendung dieser Simultanmethode stützt sich auf die Tatsache, daß ein Toxin-Antitoxingemisch nicht, wie man ursprünglich annahm, eine feste, irreversible Verbindung darstellt, sondern u. a. auch im Organismus spaltbar ist. Das lehrte die Erfahrung, daß ein im Meerschweinchenversuch neutrales Gemisch für eine andere Tierart, z. B. den Affen, hochgiftig sein kann. Ferner konnte Morgenroth auch im Reagenzglase eine Toxin-Antitoxinmischung trennen.

v. Behring wählte eine Gift-Gegengiftmischung als Vakzin, die für Meerschweinchen ungiftig, für Menschen wenig oder ebenfalls nicht giftig ist. Das uns von Exzellenz

[1]) Vortrag, gehalten i. d. Rhein.-Westf. Ges. f. innere Med., Nerv.- u. Kinderheilk. am 16. November 1913.

[2]) D. med. Woch. 1913. Nr. 19.

v. Behring gütigst überlassene Schutzmittel, MM I, ist für den Menschen relativ ungiftig.

Das Mittel soll ein- oder zweimal subkutan injiziert werden und dann dem Impfling für lange Zeit einen Schutz gegen die Diphtherieerkrankung gewähren. Der Schutz kommt dadurch zustande, daß ein ausreichender Antitoxingehalt im Blute des Impflings hervorgerufen oder ein bereits vorhandener gesteigert wird.

Voraussetzung für dieses Vorgehen ist also, daß ein Mensch, der ausreichenden Antikörpergehalt seines Blutes — als solcher wird $^1/_{10}$ IE. in 1 ccm des Serums angesehen — besitzt, frei von diphtherischer Erkrankung bleibt. Diese Annahme ist theoretisch gut fundiert, wird aber endgültig erst erwiesen sein, wenn wir genügend Erfahrungen über den Antitoxingehalt von Diphtherie-Patienten, -Rekonvaleszenten und -Gefährdeten gemacht haben. Zu diesen Erfahrungen bildet auch meine Arbeit einen Beitrag.

Zwei Fragen habe ich mir nun auf Grund meiner bisherigen Erfahrungen mit v. Behrings Schutzmittel zur Beantwortung vorgelegt.

1. Gelingt es mittels des Vakzins, den Antitoxingehalt der Menschen in allen Fällen zu steigern?

Der Zweck des prophylaktischen Schutzes gegen Diphtherie kann in erster Linie nur der sein, gefährdete Personen (Ärzte, Schwestern, Insassen eines Säuglingsheims oder Waisenhauses usw.) vor der Diphtherie (d. h. der diphtherischen Intoxikation) zu behüten. Es muß daher in allen Fällen gelingen, ausreichende Schutzkörpermengen zu erzielen.

2. Mein Hauptaugenmerk habe ich aber darauf gerichtet, ob wir Diphtheriebazillenträger durch die Verwendung von v. Behrings Vakzin gegen Diphtherie schützen oder sie sogar von ihren Bazillen befreien können.

Zur Beantwortung der ersten Frage liegt schon einiges Material vor, zu der der zweiten keines.

Bisher[1]) sind Resultate über Behandlung mit v. Behrings Vakzin nur aus den Marburger Kliniken und dem Krankenhaus Magdeburg-Sudenburg bekannt geworden.

Ende Mai 1913 hatte ich durch die Liebenswürdigkeit und das Entgegenkommen von Exzellenz v. Behring Gelegenheit, mich in Marburg mit der neuen Schutzimpfung und der dort geübten Antitoxinbestimmung am Meerschweinchen, der Römerschen Intrakutanmethode, die unbestreitbare Vorzüge vor den früheren Antitoxinbestimmungsmethoden besitzt, vertraut zu machen. Bisher habe ich 80 Serumproben von 30 verschiedenen Individuen quantitativ genau auf ihren Antitoxingehalt bestimmt. 14 Patienten, Kinder von 1 bis 6 Jahren, habe ich mit v. Behrings neuem Schutzmittel teils einmal, teils mehrmals behandelt und vor und nach der Behandlung den Antitoxingehalt ihres Blutes festgestellt. Ich richtete mich bei meinem Vorgehen nach v. Behrings Vorschriften[2]). Meistens injizierte ich $^1/_{10}$ ml MM I subkutan, in einigen Fällen mehrmals hintereinander, in anderen stieg ich mit der Dosis auf $^1/_5$ ml. Alles dieses geht aus den aufgehängten Kurven hervor[3]).

Sie ersehen aus diesen, daß der Titer des Antitoxingehaltes bei den meisten Impflingen anstieg, einerlei, ob sie schon von vornhinein im Besitze einer gewissen Antitoxinmenge waren oder nicht[4]). Bei manchen steigt die Antitoxinkurve steil in die Höhe, bei anderen langsam.

Sie erkennen aber auch, daß in einigen Fällen die Antitoxinkurve nicht oder nur um ein Unbedeutendes anwächst. Handelt es sich in diesen Fällen um ein Versagen des Schutzmittels? Meines Erachtens handelt es sich nicht darum. Es reicht in diesen Fällen die angegebene und angewandte Dosis des Vakzins wahrscheinlich nicht aus.

Gibt es ein Kriterium dafür, ob die Dosis des Schutzmittels genügend ist? Wenn Sie die Kurven genauer betrachten, so erkennen Sie, daß überall da, wo eine stärkere lokale oder allgemeine Reaktion auf die Einverleibung des Vakzins erfolgte, auch ein Zunehmen des Antitoxingehaltes zu verzeichnen ist. Die Stärke der Reaktion sehen Sie durch die Höhe der gezeichneten schwarzen Säulen kenntlich gemacht. In den meisten Fällen sinkt der nach der Impfung angestiegene Antitoxintiter im Laufe von Wochen etwas, bleibt aber monatelang höher, als er anfänglich war. Nur in zwei Fällen sinkt er in drei Monaten etwa auf den anfänglichen Stand

[1]) D. med. Woch. 1913. Nr. 19. 20. 21 u. 41.
[2]) Ebenda Nr. 19. S. 874.
[3]) Nur zwei dieser Kurven konnten hier aufgenommen werden.
[4]) Weniger als (>) $^1/_{200}$- oder $^1/_{500}$fach normal ist als Antitoxinmangel aufzufassen.

zurück. In diesen beiden Fällen aber war der ursprüngliche Stand des Schutzkörpergehaltes schon ausreichend.

Die Möglichkeit, durch die Vakzinbehandlung den Antitoxingehalt zu steigern, gilt sowohl für Individuen, die Diphtherie überstanden haben, die Diphtheriebazillenträger sind, als auch für solche, die nach anamnestischen Angaben niemals Diphtherie gehabt haben. Ein Ansteigen des Titers ist ferner bei denjenigen zu beobachten, die keinen nachweisbaren Antitoxingehalt des Blutes ursprünglich aufweisen, als auch bei denjenigen, die von vornherein im Besitze von größeren oder kleineren Antitoxinmengen sind. Warum das eine Kind reichlich Antitoxin besitzt, das andere weniger oder gar keins, läßt sich nicht genauer festlegen. Sehr dekrepide Kinder waren frei von Antitoxin. Aber auch besser entwickelte zeigten aus unbekannten Gründen sich bar des Antitoxins.

Erwachsene, die ich prüfte, besaßen einen verschiedenen Gehalt an Antitoxin, meist aber einen nicht unbeträchtlichen. Einige Gebärende hatten mit ihren Neugeborenen ungefähr gleichen Antitoxingehalt. Einmal fand ich im Kolostrum einer Frau positiven Antitoxingehalt, in der Milch in mehreren Fällen keinen.

Es ist schon längere Zeit bekannt, daß der Neugeborene mit Antitoxin im Blute als Erbteil der Mutter auf die Welt kommt. Diese Schutzkörper schwinden aber nach Karasawa und Schick[1]) etwa innerhalb sechs Wochen. Ältere Säuglinge hingegen besitzen oft Antitoxin, ältere Kinder sogar zum größten Teile. Nach Untersuchungen von Kleinschmidt[2]), die vor kurzer Zeit erschienen sind, haben die Keimträger unter den älteren Säuglingen öfter Diphtherieantitoxin im Blute als die Nichtbazillentragenden, die Menge des bei Bezazillenträgern gefundenen Antitoxins ist im allgemeinen höher als bei Nichtbazillenträgern. Von 6 von mir untersuchten älteren bazillentragenden Säuglingen waren 5 antitoxinfrei, 1 besaß ausreichenden Antikörpergehalt. Von 4 Bazillenträgern von 1—3 Jahren hatten 2 keinen, 2 ausreichenden Blutantitoxingehalt. In 2 anderen Fällen konnte ich mich von der von B. Hahn festgestellten Tatsache überzeugen, daß Kinder, die richtige Diphtherie überstanden hatten, frei von Antitoxin waren und blieben. Diese Kinder wurden nicht etwa Bazillenträger.

Welchen Einfluß hatte die Vakzinbehandlung auf die zehn von mir behandelten Bazillenträger? Keiner von ihnen bekam während fünfmonatiger Beobachtung eine echte Diphtherie, obgleich sie alle während der ganzen Zeit auf der Diphtherieabteilung stationiert waren. Nur 2 Kinder, von denen eines mit reichlichem Antitoxingehalt, erwarben eine akute fieberhafte Rhinitis, und es fanden sich im Nasenabstrich Diphtheriebazillen[3]). Es handelte sich jedoch um Kinder mit exsudativer Diathese, die öfter Fieberzacken und Schnupfen und Bronchitis aufwiesen. Ein Knabe, der wegen nicht diphtherischer Angina ins Krankenhaus kam, wurde von mir prophylaktisch behandelt und lag vier Monate lang zwischen Diphtheriepatienten, ohne Diphtherie zu erwerben.

Diese Befunde können nur einen Beitrag für die Schutzwirkung der Vakzinbehandlung bilden. Den endgültigen Beweis werden erst lange fortgeführte Untersuchungsreihen bringen können.

Von ihren Bazillen wurden die Bazillenträger durch die Impfung in keinem Falle befreit, auch nicht in den Fällen, in denen der Antitoxingehalt des Blutes ganz beträchtlich wurde.

Die zehn von mir untersuchten Bazillenträger, die natürlich lokal unbehandelt blieben, behielten ihre Bazillen monatelang. Sieben davon konnte ich fünf Monate lang beobachten.

Schluß. Wenn ich also meine bisherigen Resultate mit der Prophylaxe der Diphtherie zusammenfasse, so bin ich der Überzeugung, daß uns das v. Behringsche Schutzmittel gute Dienste leisten kann da, wo es sich darum handelt, diphtheriegefährdete Personen gegen eine Infektion zu schützen. Auch Diphtheriekeimträger werden nach meinen Erfahrungen durch Anwendung dieses Vakzins vor der Gefahr einer Diphtherieerkrankung geschützt. Sie verlieren aber durch die ausschließliche Vakzinbehandlung ihre Bazillen nicht.

---

[1]) Jahrb. f. Kinderheilk. Nr. 72.

[2]) Jahrb. f. Kinderheilk. Nr. 78. S. 442. (8. Okt. 1913).

[3]) Die Untersuchung auf Diphtheriebazillen geschah im Bakteriologischen Institut der Akademischen Krankenanstalten (Stabsarzt Dr. Fromme).

19.

Über die Diphtherieschutzimpfung von Säuglingen nach v. Behring[1]).

Von Dr. P. Rohmer, Privatdozent für Kinderheilkunde.

In seinem auf dem diesjährigen Kongreß für innere Medizin gehaltenen Vortrag hat v. Behring u. a. die Säuglinge vorläufig von der Behandlung mit seinem Diphtherieschutzmittel ausgeschlossen, und zwar deshalb, weil über deren Fähigkeit zur Antitoxinbildung sowie über die bei ihnen zur Erzielung einer hinreichenden Antitoxinproduktion nötige Dosierung des Schutzmittels noch nichts Sicheres feststand. Diese Frage bedurfte also einer gesonderten Bearbeitung, die aber nach den Intentionen v. Behrings um so nötiger war, als es äußerst wichtig wäre, wenn man die Kinder, ähnlich wie es bei der Jennerschen Pockenschutzimpfung geschieht, bereits in diesem Alter gegen Diphtherie immunisieren könnte. Ich habe mich daher, einer Anregung Exz. v. Behrings folgend, gerne der Aufgabe unterzogen, die speziellen Verhältnisse des Säuglingsalters gegenüber der Diphtherieschutzimpfung einer weiteren Prüfung zu unterziehen. Obwohl nun meine diesbezüglichen Untersuchungen von ihrem Abschluß noch weit entfernt sind, so möchte ich doch die bisher abgeschlossenen Fälle veröffentlichen, und zwar deshalb, weil sich aus ihnen bereits jetzt einige wichtige neue Tatsachen und Fragestellungen ergeben haben, welche auch anderen Untersuchern gewisse Anhaltspunkte für ihr Vorgehen liefern können.

Ausgehend von der bekannten geringen Empfindlichkeit der Säuglinge für das Diphtherieschutzmittel verwandte ich fast ausschließlich das stärkste der zurzeit im Gebrauch befindlichen Präparate, TA VI. Injiziert wurde nur intrakutan, und zwar immer 0,1 ccm, an der Beugeseite des Vorderarms in der Nähe der Ellbeuge. Das Vorgehen gestaltete sich ganz schematisch so, daß zuerst $\frac{\text{TA VI}}{20}$, dann in zweitägigen Abständen je nach der Reaktion $\frac{\text{TA VI}}{10}$ oder $\frac{\text{TA VI}}{5}$, bis zuletzt in den meisten Fällen unverdünntes TA VI gegeben wurde. Die auf diese Weise erreichte Reaktion wurde vorläufig als hinreichend stark „sensibilisierend" angenommen und die zuletzt gegebene Dosis etwa 14 Tage später wiederholt („antitoxinproduzierende Injektion"). Bei sämtlichen Kindern wurde der Nasen- und Rachenabstrich auf Diphtheriebazillen untersucht, und der Diphtherieantitoxingehalt des Blutes vor und etwa 5—8 Tage nach Abschluß der Behandlung untersucht[2]).

Um eine allgemeine Übersicht zu gewinnen, wurden zunächst 20 Säuglinge behandelt, welche ich nach Alter, Konstitution und Ernährungszustand möglichst verschieden auswählte. 4 von diesen Kindern scheiden aus, weil sie vor Abschluß der Behandlung entweder zur Entlassung kamen odor an interkurrenten Erkrankungen starben. Es bleiben somit noch 16 fertig behandelte Fälle übrig, über welche hier kurz berichtet werden soll.

Nachstehende Tabelle gibt eine knappe Übersicht über die Fälle, wobei zu bemerken ist, daß ich mit Reaktionen I. Grades mit Hagemann, Kleinschmidt und Viereck[3]) solche bezeichne, deren größter Durchmesser weniger als 2 cm, mit Reaktion II. Grades solche, bei welchen wenigstens ein Durchmesser mehr als 2 cm beträgt. Unter Reaktion III. Grades fasse ich alle diejenigen zusammen, bei welchen es zu einer Allgemeinreaktion, entweder in Form von wenn auch eventuell minimalen, aber mit Sicherheit auf die Injektion zurückzuführendeu Temperatursteigerungen oder Schwellung und Schmerzhaftigkeit der regionären Lymphdrüsen, oder beider zusammen kam; hierbei trat bisher in sämtlichen Fällen auch eine stärkere Hautreaktion auf.

In der Tabelle ist ferner nur die letzte, antitoxinproduzierende Reaktion angeführt; sie war manchmal ebenso stark als die 14 Tage vorausgehende sensibilisierende Reaktion, häufig etwas stärker, in einzelnen Fällen schwächer, so daß sich vorläufig hieraus keine sicheren Beziehungen zwischen beiden Reaktionen erkennen lassen.

Betrachtet man die Fälle von dem Gesichtspunkte der Antitoxinproduktion aus, so zerfallen sie zwanglos in 2 Gruppen, von denen die eine alle jüngeren, die andere alle

[1]) Berl. klin. Woch. 1914. Nr. 29.

[2]) Letztere Bestimmungen hat in dankenswerter Weise der Leiter der „Behringwerke", Herr Dr. C. Siebert, übernommen.

[3]) Die bisherige Literatur ist zusammengestellt in: E. v. Behring und R. Hagemann, Über das Diphtherieschutzmittel „TA", D. m. Woch. 1914. Nr. 20.

älteren Kinder umfaßt. Die Grenze liegt bei den von mir behandelten Kindern zwischen dem 4. und 5. Monat. Unterhalb dieser Altersgrenze ließ sich mit den angewandten Dosen des Mittels in keinem Falle eine Vermehrung des Antitoxingehaltes erzielen, während jenseits derselben sämtliche Kinder ebenso ausnahmslos eine zum Teil recht beträchtliche Erhöhung desselben zeigen. Beide Gruppen umfassen gesunde, konstitutionell minderwertige und atrophische Kinder, speziell haben einige der jüngeren Kinder der I. Gruppe ein bedeutend höheres Körpergewicht als mehrere Atrophiker der II. Gruppe, ohne daß sich ein Einfluß eines dieser Faktoren erkennen ließe. Ausschlagsebend ist nur das Alter.

Nr.	Alter	Gesundheitszustand Gewicht	Antitoxingehalt des Blutes vor der Behandlung	Zuletzt verwandte Dosis	Reaktionsgrad	Antitoxingehalt des Blutes etwa 8 Tage nach Abschluß der Behandlung
1	$2^1/_2$ Mon.	Gesund. Ammenkind. 4910 g. Di.-Baz. 0.	$^1/_{10}$ bis $^1/_{50}$fach	0,1 TA VI intrakut.	II	$< {}^1/_{50}$fach
2	2 „	Atrophie, dünne Haut 3330 g. Di.-Baz. 0.	$^1/_{50}$fach	do.	II	$^1/_{50}$fach
3	$3^1/_2$ „	Gesund. 4650 g. Di.-Baz. 0.	ca. $^1/_{100}$fach	do.	II	$< {}^1/_{50}$fach
4	$3^1/_2$ „	Mäßige Atrophie. 3550 g. Di.-Baz. +.	$> {}^1/_{50}$fach	do.	II	$< {}^1/_{20}$fach
5	4 „	Atrophie, exsudative Diathese. 3590 g. Di.-Baz. 0.	$^1/_{100}$fach	do.	II	$^1/_{100}$fach
6	5 „	Atrophie, exsudative Diathese. 4159 g. Di.-Baz. +.	$^1/_{600}$ bis $^1/_{1500}$fach	$0{,}1\,\frac{\text{TA VI}}{5}$ intrakut.	II	$> {}^1/_{50}$fach
7	6 „	Atrophie, Rachitis, Ekzem. 4350 g. Di.-Baz. +.	$^1/_{600}$ bis $^1/_{1500}$fach	0,1 TA VI intrakut.	II	$> {}^1/_{10}$fach
8	$6^1/_2$ „	Atrophie, dünne Haut, Neuropathie, Rachitis 3700 g. Di.-Baz. +.	$^1/_{600}$ bis $^1/_{1500}$fach	do.	I	$^1/_{100}$ bis $^1/_{300}$fach
9	$6^1/_2$ „	Atrophie, Rachit., exsudative Diathese. 3500 g. Di.-Baz. +.	$^1/_{600}$fach	do.	I	$^1/_{10}$ bis $^1/_{100}$fach
10	7 „	Pastös. exsudative Diathese, Rachitis. 5800 g. Di.-Baz. +.	$^1/_{50}$fach	do.	II	$^1/_{10}$fach
11	8 „	Rachitis, rauhe Haut. 5100 g. Di.-Baz. 0.	$^1/_{50}$fach	do.	II	$> {}^1/_2$fach
12	9 „	Atrophie, Spasmophilie. 5190 g. Di.-Baz. 0.	$^1/_{1500}$fach	do.	III	ca. $^1/_{600}$fach
13	11 „	Rachitis. 5710 g. Di.-Bac. 0.	$^1/_{600}$fach	do.	III	$^1/_{10}$ bis $^1/_{100}$fach
14	1 Jahr	Atrophie. 4950 g. Di.-Baz. 0.	$^1/_{1500}$fach	do.	III	$^1/_{10}$ bis $^1/_{100}$fach
15	$1^1/_2$ „	Atrophie, dünne Haut, exsudative Diathese. Di.-Baz. 0.	$^1/_{600}$ bis $^1/_{1500}$fach	do.	III	$^1/_{100}$fach
16	$2^1/_2$ „	Bronchialdrüsentuberkulose, guter Ernährungszustand. Di.-Baz. 0.	$^1/_{600}$fach	$0{,}1\,\frac{\text{TA VI}}{5}$ intrakut.	III	$^1/_{10}$—1fach

Nun hatten aber meine sämtlichen 5 Kinder der I. Gruppe schon vor der Behandlung einen nicht unbeträchtlichen Antitoxingehalt des Blutes, welcher nach den bisherigen Erfahrungen zum Diphtherieschutz in der Regel ausreicht, und es bleibt abzuwarten, wie sich gleichalterige Säuglinge ohne Antitoxingehalt verhalten werden. Weitere Erfahrungen werden uns vielleicht in nächster Zeit hierüber Aufschluß geben: vorläufig müßte daran festgehalten werden, daß Säuglinge unter 5 Monaten von der Diphtherieschutzimpfung einstweilen noch auszuschließen sind.

Weiterhin wäre zu prüfen, ob in den Fällen, in welchen keine Antitoxinbildung stattgefunden hat, auch tatsächlich eine spezifische Reaktion auf die Einspritzung des Schutzmittels erfolgt war oder nicht. Denn daß die intrakutane Injektion des artfremden

Eiweißes des Mittels sowie der in ihm enthaltenen Karbolsäure beim Säugling an und für sich eine lokale Entzündung hervorrufen kann, die mit der spezifischen Wirkung nichts zu tun hat, ist bekannt. Zur Entscheidung dieser Frage bin ich so vorgegangen, daß ich sämtliche Injektionen in genau der gleichen Menge und Verdünnung doppelt vornahm, und zwar am rechten Arm mit aktivem, am linken mit stark aufgekochtem TA. Es ergab sich, daß tatsächlich auch mit gekochtem, also sicher nicht mehr spezifisch wirksamem TA lokale Reaktionen sowohl I. als auch II. Grades erhalten werden, welche sich von den durch ungekochtes TA hervorgerufenen in ihrem Aussehen in keiner Weise unterscheiden. Reaktionen III. Grades (Lymphdrüsenschwellung) wurden dagegen mit gekochtem TA auch dann nicht erzielt, wenn eine solche an dem gleichzeitig mit ungekochtem TA behandelten anderen Arm recht deutlich ausgesprochen auftrat. Reaktionen III. Grades sind daher unter allen Umständen spezifisch, während dies bei solchen I. und II. Grades zweifelhaft ist. Allerdings bleibt in den einzelnen Fällen, sobald die Reaktionen stärker werden, die mit gekochtem TA hervorgerufene hinter der mit aktivem TA hervorgerufenen meistens, wenn auch durchaus nicht immer, zurück, zuweilen sogar recht merklich, so daß hier auch bei Reaktionen II. Grades, ja selbst I. Grades, eine spezifische Reaktion sicher vorliegt, wie ja auch die Antitoxinbildung beweist.

In bezug auf die Intensität der lokalen Reaktion verhalten sich die Säuglinge im Alter von 5 bis inklusive 8 Monaten wie diejenigen von 2 bis 4 Monaten: 0,1 unverdünntes TA ruft nur Reaktionen II., zum Teil I. Grades hervor. Die Kinder von 5 bis 8 Monaten antworten hierauf mit Antitoxinbildung, die jüngeren Kinder nicht. Auf die gleiche Dosis erfolgen vom 9. Monat ab Reaktionen III. Grades, aber mit nur geringer Allgemeinreaktion: Die Antitoxinbildung ist hier also nicht größer als bei den fünf- bis achtmonatigen Säuglingen mit schwächerer Lokalreaktion.

Auf eine thoretische Erörterung der Ursachen dieses verschiedenen Verhaltens von Reaktion und Antitoxinbildung in den einzelnen Abschnitten des ersten Lebensjahres möchte ich in dieser kurzen Mitteilung nicht eingehen. Betreffs des weiter zu befolgenden praktischen Vorgehens dürfte es sich empfehlen, die Dosierung so zu wählen, daß Reaktionen III. Grades eben noch vermieden werden. Um diese Grenzdosis auch bei Kindern unter 5 Monaten festzustellen, wird es zunächst nötig sein, die Dosis zu bestimmen, welche in diesem Alter eine Reaktion III. Grades mit schwacher, eben noch unzweifelhaft nachweisbarer Allgemeinreaktion (Temperaturerhöhung, Drüsenschwellung) hervorruft.

An einem größeren Material werden auch weitere Fragen zu entscheiden sein, wie z. B. die Beziehungen zwischen intrakutaner und subkutaner Applikation des Mittels beim Säugling, sowie der Einfluß des Gesundheitszustandes, des Zustandes der Haut (Atrophie!), von Konstitutionsanomalien usw. auf Dosierung, Reaktion und Antitoxinproduktion. Hier sollte vorläufig nur der Nachweis geführt werden, daß es auch beim Säugling möglich ist, eine wirksame Diphtherieschutzimpfung mit dem v. Behringschen Mittel vorzunehmen.

III. Geschichtliches und Allgemeines zur Krankheitsentstehung und Krankheitsbekämpfung.

20.

Therapeutische Standpunkte in geschichtlicher Beleuchtung[1]).

I.

Das Hippokratische Heilsystem.

(Physiatrie, Diätetik, Suggestion, Chirurgie, revulsorische Heilmethode, Alloeopathie.)

Nacheinander, nebeneinander und im Gegensatz zueinander sind in der medizinischen Wissenschaft und Praxis die verschiedensten Heilsysteme zur Geltung gekommen. Viele sind ganz der Vergessenheit anheimgefallen. Andere haben durch alle Zeiten hindurch sich erhalten und tauchen nach vorübergehender Vernachlässigung unter neuen Namen und in neuen Formen immer wieder auf. Das gilt namentlich von dem Hippokratischen Heilsystem, welches ich hier zunächst einer eingehenden Besprechung unterziehen muß, da aus demselben fast alle späteren Heilmethoden hervorgegangen sind. Im wesentlichen werde ich dabei der Hippokratischen Lehre Sydenhams folgen, den ich zu den größten Ärzten aller Zeiten rechne.

Der richtige Hippokratiker, welcher nach dem Satze „Natura sanat, medicus curat" handelt, muß an das Wirken einer Naturheilkraft glauben, welche ankämpft gegen die im lebenden Organismus auftretenden krankmachenden Kräfte. „Physis" (φυσις) ist der griechische Ausdruck für „natura" und die Hippokratische Heilmethode nennt man daher „Physiatrie". Die Naturheilkraft ist bestrebt, schädliche Stoffe unschädlich zu machen und zu diesem Zweck bedient sie sich des Intestinalapparates, in welchem ein Kochprozeß (πεπσις, digestio) stattfindet, und der austreibenden Kräfte absondernder Organe. Aber nicht immer gelingt es der Naturheilkraft, die Schädlichkeiten rechtzeitig durch den Kochprozeß zur Ausscheidung reif zu machen. Dann tritt eine Säfteverderbnis ein, eine Dyskrasie, und nun muß die Heilkraft außerordentliche Anstrengungen machen, um schließlich doch noch im Streit mit den feindlichen Mächten zu siegen. Das kommt zum

[1]) Aus „Einführung in die Lehre von der Bekämpfung der Infektionskrankheiten". 1912. Verlag von August Hirschwald, Berlin.

Ausdruck in erhöhter Tätigkeit des Herzens, der Lungen und anderer Organe, im Fieber und in dem Versuch, die materia peccans durch die natürlichen Ausscheidungswege, namentlich durch die Nieren, die Schweißdrüsen und den Darm, wegzuschaffen. Der Höhepunkt dieser ausscheidenden Tätigkeit, die *Krisis*, ist auch der Höhepunkt der *Krankheit*, welche als ein Kampf (naturae conamen) mit den säfteverderbenden schädlichen Kräften aufzufassen ist. Dem Arzte fällt hierbei die wichtige Aufgabe zu, namentlich in akuten Krankheiten mit typischem Verlauf alle äußeren Schädlichkeiten vom Patienten fernzuhalten und dabei ganz besonders auf die *kritischen Tage* zu achten. Fieber, Pulsbeschleunigung, angestrengte Atmung, Schweißabsonderung, Diarrhöe und andere Krankheitserscheinungen sind für *Hippokrates* nichts anderes als Kampfmittel der vis medicatrix naturae.

Zu den Physiatern können sich ebensogut die starren therapeutischen Nihilisten rechnen, welche als bloße Zuschauer exspektativ am Krankenbett stehen, wie Skeptiker, Eklektiker und therapeutische Optimisten, wenn sie nur in dem einen Punkt einig sind, daß schließlich immer eine besondere Naturheilkraft es ist, welche den Krankheitsprozeß zum guten Ende führt.

Der Satz „Natura sanat" ist aber nur der eine und negative Teil des ärztlichen Programms der Physiatrie. „Medicus curat" ist der andere und positive Teil. Die Krankenpflege, die Ernährungstherapie, die klimatische Therapie, die Balneo- und Hydrotherapie und die sonstigen Abarten der nicht medikamentösen Behandlung, alles das gehört zur *Hippokratischen* und physiatrischen Heilmethode. Der Arzt sorgt dabei mit diätetisch-hygienischen Maßregeln dafür, daß der Naturheilkraft ihre Arbeit erleichtert wird durch Fernhaltung aller Einflüsse, welche zu den bestehenden Schädlichkeiten neue hinzufügen. Auch die suggestive Therapie (Hypnose, *Tempelschlaf*) spielt eine nicht unwesentliche Rolle in der Heilkunst des *Hippokrates*.

Zur physiatrischen Heilmethode gehört dann weiterhin die operative, orthopädische und anderweitig mechanische Behandlung in den Fällen, wo es gilt, Fremdkörper, abgestorbene und kranke Teile zu entfernen und solche grobe Hindernisse für den günstigen Ablauf des Naturheilprozesses zu beseitigen, mit denen der lebende Organismus allein gar nicht, oder nur sehr schwer fertig werden kann.

Was endlich die medikamentöse Therapie betrifft, so lehrte *Hippokrates*, daß der Arzt berufen und verpflichtet ist, der Naturheilkraft nicht bloß nachzuhelfen, sondern unter Umständen sogar ihr entgegenzuwirken. Die Hauptaufgabe des Arztes, bei seiner kurativen Tätigkeit, ist zunächst allerdings die sorgfältige Beobachtung des Kranken; namentlich im Beginn einer Krankheit soll er sich ja hüten, störend und in schädlicher Weise einzugreifen.

„Nil nocere“ ist einer von den Hauptsätzen der Physiatrie. Schreitet aber der Krankheitsprozeß der Krisis entgegen, dann soll der Arzt, unter Zuhilfenahme seiner Erfahrungen über den regulären Verlauf ähnlicher Krankheitsfälle, darauf achten, ob die Materia peccans auch den richtigen Weg der Ausscheidung nimmt. „Wollen die Säfte,“ sagt Hippokrates, „nicht dahin gehen, wohin sie gehen sollen, so muß man sie einen Umweg machen lassen oder einen Seitenweg führen, gleichwie man das Wasser eines Baches in ein neues Bett leitet. Andere Male muß man sogar trachten, den Strom der Säfte zu wenden, indem man die nach unten zieht, welche nach oben streben, und nach oben diejenigen, welche nach unten streben.“

Damit wird dem Arzt eine sehr verantwortliche Tätigkeit auferlegt. Die Krankenpflege, die Diätetik, die Hygiene und die mechanotherapeutische Behandlung haben verhältnismäßig einfache Indikationen. Manuelle Geschicklichkeit, Übung und Geduld reichen für die meisten Fälle aus, um offenbare Schädlichkeiten fernzuhalten und hinwegzuräumen und auf diese Weise sich in den Dienst der Naturheilkraft zu stellen. Wer aber nicht bloß der Naturheilkraft dienen, sondern sie meistern will, wer nicht bloß Minister naturae, d. h. Heilgehilfe zu sein sich begnügt, sondern zum Magister naturae, zum Heilkünstler sich berufen glaubt, der muß ein vieles wissender und gleichzeitig ein der Grenzen seines Wissens und Könnens sich deutlich bewußter Mann, kurz gesagt, ein Philosoph im Sinne der alten Griechen sein.

Wenn wir nun zusehen, wie und in welchen Fällen Hippokrates selbst die Naturheilkraft zu dirigieren und zu beeinflussen suchte, so ist sehr bemerkenswert, daß er seinen die Jahrtausende überdauernden Ruf als größter Arzt erreicht hat, trotzdem ihm bloß eine außerordentlich kleine Zahl von Arzneimitteln zu Gebote stand. Die Arzneimittel waren ihm auch nicht die Hauptsache, sondern die Hauptsache war ihm die richtige Wahl der Zeit und der Umstände für die Verordnung des geeigneten Mittels.

Ich kann es mir nicht versagen, an dieser Stelle wörtlich zu zitieren, wie der Hippokratiker Sydenham über die Heilkunst und ihre Hilfswissenschaften in seinem Briefe an Cole (Übersetzung von J. Kraft. Ulm 1839, S. 82 ff.) sich ausspricht:

„Obgleich wir durch fleißiges Nachforschen die tatsächliche Wirkung und die Werkzeuge, deren sich die Natur bei ihren Unternehmungen bedient, ausfindig machen können, so wird uns doch die Art und Weise, wie sie solches bewirkt, wenn ich mich nicht täusche, immer verborgen bleiben . . . und ich begreife wahrlich nicht, wie es geschehen könne, daß ein Arzt seine Lebenszeit vergeude, um sowohl sich selbst, als auch andere zu hintergehen, indem er sich auf solche Erfindungen verlegt, die mit der Praxis durchaus nichts gemein haben. Denn sowie nur jener ein redlicher und guter Steuermann ist, welcher mehr die nahen und unter dem Wasser verborgenen Felsen kennen und vermeiden zu lernen strebt, statt seinen Geist abmüht, um die Ursache der Ebbe und Flut auszuforschen (was zwar einem Philosophen sehr anständig, doch dem, der acht haben muß, daß das Schiff nicht scheitere, überflüssig ist), so wird auch derjenige Arzt, dessen Amt in nichts anderem, als in der Heilung der Krankheiten besteht, . . . in der Heilkunde gewiß geringe Fortschritte machen, wenn er nicht seine Geisteskräfte darauf richtet, zu erforschen, wie die Natur die Krankheit erzeugt und unterhält, und dementsprechend seine Heilmittel anwendet, statt sich mit eitlen Grübeleien abzumühen, die zur Rettung des Patienten nicht das geringste beitragen. Die Vernachlässigung dieses Gesichtspunktes bewirkt, . . . daß das was man Arzneiwissenschaft nennt, mehr eine Kunst zu fabeln und zu schwätzen ist, als zu heilen. So ist es dahin gekommen, daß das Heil der Kranken abhängig geworden ist von philosophischen Spekulationen."

Noch an einer anderen Stelle, in dem Kapitel „Über Wassersucht" (Kraft Bd. II, p. 246), da wo er zwei Gattungen von schädlich wirkenden Medizinern charakterisiert, kommt Sydenham auf dieses Thema zu sprechen; hier sagt er: „Die zweite Gattung ist diejenige, welche entweder aus Leichtsinn, oder um sich einen Anstrich von Einsicht und Gelehrsamkeit zu geben, mit ihren eingebildeten und mühsam ersonnenen Spekulationen, die zur Heilung der Krankheiten nicht das geringste beitragen, glänzen wollen. Diesen nun gab die Natur nur so viel Verstand, daß sie von ihr gelehrt sprechen können, allein Vernunft gab sie ihnen nicht, womit sie einsehen hätten können, daß man ihr nicht anders als durch Erfahrung, und soweit sie selber den Schleier hebt, auf die Spur kommen könne. Indem uns die Schwäche der menschlichen Natur nie bis zur innersten Einsicht kommen läßt, so müssen wir wohl innerhalb der engen Grenzen bleiben, in welche wir von unseren fünf Sinnen gezwungen werden."

Welche Nutzanwendung Sydenham von dieser Erkenntnis in konkreten Fällen macht, davon noch ein Beispiel. In demselben Kapitel erzählt er von vielen wassersüchtigen Kranken, die er von ihrem Leiden befreit und zu gesunden Menschen gemacht habe. Ausgehend von humoralpathologischen Anschauungen sieht er die Ursache der Wassersucht in einer fehlerhaften Blutmischung, nimmt jedoch hiervon diejenigen Fälle aus, in welchen Gefäßverstopfungen einen auf bestimmte Körpergebiete beschränkten Wasseraustritt bewirken, ferner die Wasseransammlung im Ovarium der Frauen (II, S. 217). Bei der Frage, wie nun dem Hydrops beizukommen ist, schildert er (S. 221--225) die Bedingungen, unter welchen derselbe durch Ableitung auf den Darm beseitigt werden kann, zählt die einzelnen Mittel auf und fährt dann (S. 225—231) fort: „Daß es heimliche und verborgene Öffnungen gebe, durch welche das Wasser aus der Bauchhöhle in die Gedärme gebracht werden kann, ist in der Tat wahr, indem wir täglich beobachten, daß die wassertreibenden Abführmittel eine solche Menge von dem im Bauch eingeschlossenen Wasser durch den Stuhl mitabführen, als wenn es von allem Anfang her schon in den Gedärmen gewesen wäre. Wenn wir aber diese rätselhafte Erscheinung nicht so leicht erklären können, so fällt mir gerade jener weise Ausspruch des nach dem einstimmigen Urteil aller Jahrhunderte weisesten und geschicktesten Arztes Hippokrates ein, der in seinem Buche sagt: „Einige Ärzte und Sophisten behaupten, es sei unmöglich, daß derjenige die Arzneiwissenschaft kenne, der nicht wisse, was der Mensch und wie er entstanden und zusammengesetzt sei. Ich bin aber der Meinung, daß dasjenige, was einige Sophisten und Ärzte von der Natur gesagt und geschrieben haben, mehr auf die Malerei, als die medizinische Kunst Bezug habe.“ Um aber den gottbegnadeten Hippokrates keines Irrtums zu beschuldigen und vorzubeugen, daß die Empiriker ihre Unwissenheit bemänteln, so muß ich ganz frei behaupten, daß ich nach eifrigem Nachdenken, verbunden mit der Erfahrung, allerdings dafür halte, daß es unumgänglich notwendig ist, daß der Arzt den Bau des menschlichen Körpers genau kenne, damit er sich sowohl von der Natur als auch der Ursache der Krankheiten eine deutlichere Idee und eine reinere Anschauung machen kann. Denn es ist unmöglich, daß derjenige, welcher den Bau der Nieren nicht kennt und die Gänge, welche von hier aus in die Blase laufen, beurteilen könne, woher und wie die Symptome, welche ein in dem Becken oder in den Harngängen der Nieren festsitzender Stein hervorbringt, entstehen. Nicht weniger wichtig muß auch dem Wundarzte die Kenntnis der Struktur des menschlichen Körpers sein, damit er bei seinen Operationen die Gefäße und solche Teile nicht berühre, deren Verletzung dem Kranken tödlich sein könnte. Ebensowenig ist er auch imstande, die ausgerenkten Beine einzurichten und in die natürliche Lage zurückzuführen, wenn er sich nicht an dem Gefüge der Knochen, das man Skelett nennt, ganz genau geübt und alles tief dem Gedächtnisse eingeprägt hat. Eine genaue Kenntnis der menchlichen Körperkonstruktion ist also durchaus nötig, denn derjenige, der sie nicht hat, muß sozusagen wie ein blinder Fechter gegen die Krankheiten kämpfen, oder wie einer, der sich ohne Kompaß auf die hohe See wagt. Diese Kenntnis erwirbt man sich jedoch schnell und leicht, indem sie vor anderen schweren den Vorteil hat, daß man sie sich durch Anschauung sowohl der menschlichen als tierischen Kadaver erwerben kann, und dies zwar mit leichter Mühe, so daß sie auch von denjenigen, welche weniger Geistes- und Beurteilungskräfte besitzen, erlernt werden kann. Man muß aber eingestehen, daß bei allen akuten Krankheiten, die mehr als zwei Dritteile der überhaupt herrschenden ausmachen, sowie auch bei den meisten chronischen, etwas Unbegreifliches und eine ganz besondere Eigenschaft vorhanden ist, welche durch die Zergliederung, man mag sie noch so genau anstellen und den Körper auf das sorgfältigste betrachten, nicht erforscht und ans Licht gebracht werden kann. Daher ist es nicht notwendig, daß man auf die Zergliederung des Körpers so viele Mühe verwendet in dem Glauben, daß dadurch die Heilkunde mehr gewinne, als durch die fleißige Beobachtung desjenigen, was den Kranken nützt oder schadet. Ich bin nun der Meinung, daß jener göttliche Mann nur in dieser Hinsicht die Kenntnis des menschlichen Körpers für einen Arzt entbehrlich hielt . . .

„Sowie nun Hippokrates diejenigen tadelt, welche die Zergliederung und genaue Durchforschung des menschlichen Körpers höher schätzen, als die praktische Erfahrung, mit dem gleichen Recht wird jeder vernünftige Mann unseres Jahrhunderts diejenigen tadeln müssen, welche glauben, daß die medizinische Wissenschaft auf keine Art mehr als durch Erfindungen der Chemie gehoben werden kann. Es wäre durchaus das Zeichen eines undankbaren Herzens, wenn man nicht mit Freuden den Vorteil anerkennen wollte, welchen wir der Chemie zu verdanken haben; denn sie verschafft uns manche Arzneimittel, welche, um unserer Heilanzeige zu genügen, trefflich passen, und die Chemie wird deshalb immer, solange sie innerhalb der Grenzen der Pharmakopoe bleibt, eine lobenswerte Kunst für den Arzt sein. Aber diejenigen, welche sich zu sehr damit abmühen und plagen, sind nicht von Irrtum und Fehlern freizusprechen... Demjenigen, welcher die Sache genauer überlegt, wird es wohl einleuchten, daß der Hauptmangel der praktischen Medizin nicht darin besteht, daß wir nicht wissen, auf welchem Wege wir dieser oder jener Heilabsicht Genüge leisten können, sondern darin, daß wir die Heilabsicht nicht hinlänglich genau erkennen, der wir Genüge leisten sollen. Denn der unerfahrenste Apothekerlehrling wird mir binnen einer halben Viertelstunde sagen können, durch welches Mittel ich Erbrechen, Abführen oder Schweiß hervorrufen, oder durch welche ich einen Erhitzten abkühlen kann; allein wer mir mit voller Gewißheit sagen kann, wo diese oder jene Art der Arzneimittel den ganzen Verlauf der Krankheit und Heilung hindurch in Gebrauch gezogen werden müsse, der muß notwendig schon mehr in die Medizin eingeweiht sein . . .

„Obschon nun die medizinische Praxis, ihrem Entwicklungsgange gemäß, aus Hypothesen entstanden zu sein scheint, so haben demungeachtet die Hypothesen ihrerseits, wenn sie einigermaßen begründet sind, doch wiederum der Praxis eigentlich ihren Ursprung zu verdanken. Bei hysterischen Affektionen z. B. verordne ich Eisen und andere blutstärkende Mittel und enthalte mich der abführenden (außer in bestimmten Fällen), aber nicht aus der Ursache, weil ich für ausgemacht halte, daß diese Krankheit von geschwächten oder darniedergedrückten Lebenskräften abhänge, sondern weil mich langjährige Beobachtung des Verlaufs der Krankheitserscheinungen gelehrt hat, daß auf Abführmittel eine Verschlimmerung, auf entgegengesetzt wirkende Mittel eine Besserung eintrat. Aus dieser und anderen Beobachtungen entnahm ich mir nun meine Hypothese, so daß hier der Philosoph dem Empiriker nachhinkt. Denn, wenn ich mit der Hypothese angefangen hätte, so würde ich auf dieselbe Weise unsinnig gehandelt haben, wie derjenige, der den oberen Boden und die Balken eines Hauses eher herrichten wollte, als er den Grund gelegt hätte, was indessen nur solchen zu begegnen pflegt, welche sozusagen in die Luft Schlösser bauen wollen; denn diese allein haben das Privilegium, vom oberen Ende anzufangen."

Für die Hippokratische Medizin wird die Stellungnahme des Arztes bei der Behandlung innerer Krankheiten durch folgende Fragestellung gekennzeichnet: 1. In welchen Fällen ist überhaupt ein aktives Verfahren zur Beeinflussung des Krankheitsverlaufs indiziert? 2. Wo ist eine Nachhilfe auf dem Wege, den der natürliche Krankheitsprozeß eingeschlagen hat, erforderlich? 3. In welchen Fällen nützt der Arzt dadurch, daß er den Krankheitsprozeß in andere Bahnen einzulenken sucht, und mit welchen Mitteln soll das dann geschehen?

Da, wo der Arzt dem natürlichen Krankheitsprozeß einfach abwartend gegenübersteht und sich auf die kurative Behandlung beschränkt, und ebenso da, wo er den natürlichen Ablauf des Krankheitsprozesses bloß zu befördern, und zu beschleunigen sucht, steht er konsequent auf dem Boden der Physiatrie; da kommt im wahren Sinne des Wortes die Naturheilmethode zur Geltung. Anders wenn der Arzt sich genötigt glaubt, die natürlichen Krankheitsäußerungen und den spontanen Verlauf des Krankheitsprozesses zu bekämpfen. Man wird ohne weiteres verstehen, daß Hippokrates als überzeugter Anhänger des Glaubens an die zweckmäßig wirkende Naturheilkraft nur nach gewissenhafter Prüfung und reiflichster Überlegung sich zu solchem Unternehmen berechtigt hielt. Jeder Einzelfall bedarf da nach ihm der sorgfältigsten Prüfung, und wenn man einen allgemein geltenden Grundsatz aus seinen Krankengeschichten und Aphorismen deduzieren will, dann ist es vielleicht der Satz, daß die schädlichen Säfte von lebenswichtigen Organen abgeleitet und nach weniger gefährlichen Stellen des Körpers hingeleitet, oder künstlich entleert werden sollen. Das ist die Heilabsicht, welche Hippokrates mit dem Aderlaß verbunden hat; in diesem Sinne wurden von ihm Abführmittel, Brechmittel und andere säfteentleerende Mittel bei Gehirnkrankheiten und Brustkrankheiten gegeben. In diesem Sinne auch führte er die hautreizenden Mittel, die sogenannten Derivantien und Exutorien, heiße Fußbäder, blasenziehende Mittel, Fontanellen, das Glüheisen u. a. in die Medizin ein. Diese aktive Heilmethode, welche den Namen der revulsorischen Heilmethode bekommen hat, ist zeitweise von der Schulmedizin späterer Jahrhunderte verlassen worden, hat aber stets eine große Popularität behalten und wird wohl auch nie ganz aus dem Arsenal der Heilkunde verdrängt werden können. Soweit es sich um medikamentöse Mittel handelt, soll in der Hippokratischen Medizin durch dieselben ein pathologischer Zustand an ganz anderer Stelle gesetzt werden als an derjenigen, auf welche man heilbringend wirken will. Die Hippokratischen Mittel haben mit der nachgewiesenen oder vermuteten Krankheitsursache gar nichts zu tun; sie sind mit dem krankheiterzeugenden Stoff weder identisch, noch auch sind sie ihm ähnlich, und ebensowenig sind sie in der Wirkung entgegengesetzt. Daher tragen diese Mittel in der Medizin den Namen der allöopathischen, was besagen will, daß sie ganz andersartig sind als die krankheitserzeugende Ursache.

II.

Allopathie, Homöopathie, symptomatische Therapie.

Die allöopathischen Heilfaktoren der Hippokratischen Medizin sind nicht zu verwechseln mit den allopathischen des Galen, welche Zustände im kranken Organismus herbeiführen sollen, die den Krankheiten, welche man bekämpfen will, direkt entgegengesetzt sind. Der Allopath steht auf ganz anderem theoretischen Standpunkt als der Allöopath. Dieser setzt einen krankmachenden Stoff in den Körpersäften voraus und will ihn mit seinen Medikamenten nach einer anderen Stelle hinleiten oder aus dem Körper entfernen; jener dagegen beabsichtigt, die Tätigkeit erkrankter Organe umzustimmen durch Mittel, die auf das kranke Organ selber in entgegengesetztem Sinne einwirken wie die krankmachende Ursache, oder aber er will durch antagonistische Organe ein Gegengewicht gegen eine krankhafte Organtätigkeit in die Wagschale werfen. Contraria contrariis, dieser Grundsatz der Galenischen Medizin, ist das Leitmotiv der Allopathie, welche in der sogenannten physiologischen Medizin ihre Hauptstütze findet. Muskel- und Nervenlähmungen sollen durch

Mittel bekämpft werden, welche nachgewiesenermaßen krampferregende Wirkung haben, und umgekehrt sollen Krampfzustände durch lähmende Mittel beseitigt werden. Kollapszustände sollen durch exzitierende, Exzitationszustände durch sedative und schlafmachende Mittel, Fieberzustände durch Antipyretika in ihr Gegenteil übergeführt werden.

Die allopathische Heilmethode ist — im Gegensatz zu der später zu besprechenden ätiologischen Therapie — eine symptomatische Therapie, welche auf den ersten Blick recht plausibel und rationell erscheint, aber in der Praxis so klägliche Ergebnisse gezeitigt hat, daß Paracelsus und Sydenham ebenso wie die berühmten Diagnostiker der Wiener Schule im Beginn des vorigen Jahrhunderts und die bahnbrechenden Vertreter der Naturwissenschaft in seiner zweiten Hälfte, nicht anders als mit Hohn und Spott oder mit Entrüstung von ihr sprechen konnten. Sie wird von L. Büchner, dem Verfasser von „Kraft und Stoff", folgendermaßen kritisiert:

„Die sogenannte rationelle Therapie (Virchows Arch. Bd. VI, S. 280) konnte nicht halten, was sie versprach . . . . Wie konnte auch eine Zusammenstellung von Grundsätzen, die, wenn wir ehrlich gegen uns selbst sein und die mit Floskeln ärmlich verbrämte Wahrheit ans Licht ziehen wollen, aus nichts anderem bestand, als aus der Ermahnung, kalt zu machen, wo es zu warm, und warm, wo es zu kalt sei, hinwegzunehmen, wo zuviel, und hinzuzutun, wo zu wenig, flüssig zu machen, wo etwas stockt, und wiederum zu verschließen, wo es fließt, aufzulösen, wo es zu fest, und zusammenzuziehen, wo es zu weich sei — wie konnte eine Zusammenstellung solcher Grundsätze, welche weit weniger aus Erfahrung, als aus theoretischer Abstraktion gezogen waren, welche allgemeine Eigenschaften der Arzneimittel voraussetzten, die diese oft gar nicht besitzen, und deren Ausführung endlich im einzelnen Falle auf ganz relativen Anschauungen beruhen mußte — wie konnte sie, sagen wir, Anspruch auf wissenschaftliche Geltung machen? Jeder Versuch, diesem alten Schlendrian einen neuen Frack anzuziehen, mußte mißlingen, und vorurteilsfreie Ärzte, deren Gewissen noch nicht durch jahrelange Routine verhärtet ist, mögen heutzutage kaum mehr ohne eine Art von innerer Beschämung ein Rezept nach diesen Begriffen verschreiben."

Auch Hahnemanns Homöopathie ist symptomatische Therapie, die aber nach dem Grundsatz „Similia similibus" verfährt. Sie will ein *ὅμοιον*, ein simile, d. h. eine ähnliche Krankheit bewirken wie die zu bekämpfende. Hahnemanns Grundsatz war nach unseren jetzigen Kenntnissen gar nicht so übel. Ausgehend von dem Pockenschutz durch die Vakzination, nahm er zunächst an, daß ein krankheiterregender Stoff bei geeigneter Dosierung zum Heilmittel werden könne für die Krankheit, welche er hervorruft. Dann aber spielte bei Hahnemann noch die Vorstellung eine Rolle, daß der kranke Mensch anders auf Medikamente reagiert wie der gesunde, was empirisch durch Heilversuche am Menschen festgestellt werden müsse.

Wenn Hahnemann nichts weiter verbrochen hätte als seinen therapeutischen Grundsatz, dann brauchte es um seine Reputation gar nicht so schlecht zu stehen. Er hätte damit sogar die Mission Pasteurs schon im Beginne des 19. Jahrhunderts übernehmen können. Seine Sünden liegen ganz wo anders. Ihm fehlte das naturwissenschafltiche Gewissen Pasteurs, welches Hypothesen und Grundsätze zwar respektierte, aber doch nur insoweit, als die Tatsachen der Erfahrung damit übereinstimmen. „Nous avons une passion supérieure, c'est la vérité", war Pasteurs Geständnis und Wahlspruch. Hahnemann hat diese naturwissenschaftliche Denkungsweise nicht gehabt. Schon Bretonnau kennzeichnete die praktische Homöopathie, bei aller Anerkennung des ihr zugrundeliegenden gesunden Gedankenkeims, als Charlatanerie und konstatierte, daß für die Lehre von der homöo- und isotherapeutischen Wirkung krankheitserregender Stoffe es gut war, wenn sie von wissenschaftlich denkenden Medizinern ignoriert und vergessen wurde. „Dans l'intérêt de l'art médical mieux vaut qu'un fait majeur soit oublié que perverti", ist sein hierauf bezüglicher Ausspruch.

Übrigens finden sich schon bei Paracelsus Anklänge an die Lehren der Homöopathie.

Neben dem heuristischen Satz „similia similibus" sind noch andere Besonderheiten in der Homöopathie zu erwähnen. Sie arbeitet mit weitgehenden Verdünnungen der medikamentösen Stoffe (Potenzen) und knüpft daran allerlei mystische Vorstellungen und Verordnungen. Sie setzt ferner spezifische Beziehungen zwischen ihren Mitteln und der zu bekämpfenden Krankheit voraus; und das kann man ihr vielleicht zum Verdienst anrechnen in einer Zeit, wo die medizinische Wissenschaft mit Virchow „Spezifiker und alles Spezifische" in der Heilkunde in Acht und Bann tat.

21.

Geschichte der Toxine und Antitoxine[1]).

A. Toxine.

I.

Der historischen Darstellung der Lehre von den Toxinen soll im vorliegenden Abschnitt die Begriffsbestimmung des Wortes „Toxin"

[1]) Aus Handbuch der Immunitätsforschung und experimentellen Therapie Bd. I.

und ein Bericht über die Namengebung für die verschiedenen Toxinmodifikationen vorausgeschickt werden.

Unter einem „Toxin" verstehen wir einen giftigen Proteinkörper, welcher die Fähigkeit besitzt, im tierischen Organismus die Produktion von spezifischen Antikörpern auszulösen. Eine solche Fähigkeit kommt weder den anorganischen Giften, noch den giftigen Alkaloiden und anderen Derivaten von pflanzlicher und tierischer Herkunft zu. Bis zum Pepton denaturierte Proteinkörper produzieren gleichfalls keine Antikörper [1]).

Die genuinen Proteine (Albumine und Globuline), die Proteide, auch Albumosen, welche gleich den Globulinen in reinem neutralen Wasser unlöslich sind, besitzen nämlich die Fähigkeit zur Antikörperproduktion. Sie sind, wie wir uns nach dem Vorgang von Deutsch (Detre) ausdrücken, Antigene. Ursprünglich atoxische Antigene werden zu starker Giftwirkung befähigt, wenn sie einige Wochen nach voraufgegangener Erstinjektion von neuem parenteral einverleibt werden. Wir wissen, daß diese sekundäre Giftwirkung auf der Produktion eines sensibilisierenden (anaphylaktischen) Antikörpers beruht; wir wissen ferner, daß die so zustandekommende Sensibilisierung spezifisch ist; nur gegenüber einem Proteinkörper von der Art desjenigen, welcher die Antikörperproduktion bewirkt hat, tritt sie in Erscheinung.

In ihrer Eigenschaft als Giftkörper für ein spezifisch sensibilisiertes Individuum bezeichne ich die Proteine als Anatoxine. Das anatoxische Vergiftungsbild ist im wesentlichen immer das gleiche, unabhängig von der Natur und Herkunft der verschiedenen Anatoxine. Es wird am sichersten und bei verhältnismäßig geringer Dosierung nach intravaskulärer Anatoxininjektion hervorgerufen. Den am meisten charakteristischen Ausdruck findet die anatoxische Vergiftung im anaphylaktischen Shock der Meerschweinchen. Als Ursache des anaphylaktischen Shocks haben wir eine unter dem Einfluß der vereinigten Wirkung von Anatoxin und anaphylaktischen Antikörper entstehende Blutgiftigkeit anzusehen. Wenn das giftige Blut einen isolierbaren Giftkörper enthält, welcher bei normalen Meerschweinchen die Symptome des anaphylaktischen Shocks hervorzurufen vermag, so bezeichne ich nach dem Vorgang von Richet (1), dem Schöpfer des Namens „Anaphylaxie", diesen Giftkörper als „Apotoxin", wozu aber zu bemerken ist, daß die bisher unter diesem Namen studierten Körper

[1]) Gegen die Behauptung, daß nur Proteinkörper zur Produktion von spezifischen Antikörpern befähigt sind, ist geltend gemacht worden, daß man sogar mit einem anorganischen Gift, dem Arsen, Antikörperproduktion bekommen kann. Die experimentelle Analyse der Arsen-Immunisierung lehrt jedoch, daß erst nach voraufgegangener Arsenprotein-Bildung der Antikörper entsteht, und daß dieser dann seinerseits wiederum ein Proteinkörper ist.

— einschließlich des in vitro von Friedberger (2) dargestellten Anaphylatoxins — eine antigene Wirkung nicht zu haben scheinen und deswegen nur einen zweifelhaften Anspruch auf einen Platz unter den „Toxinen“ besitzen. Man kann die Apotoxine als Übergangsprodukte von den Toxinen zu den übrigen organischen Giften betrachten, ähnlich wie „Peptone“ als Übergangsprodukte von den genuinen Proteinkörpern zu ihren proteinfreien Derivaten aufzufassen sind.

Die am meisten studierten Repräsentanten der Anatoxine, die Blutsera, sind zum großen Teil für nicht sensibilisierte Individuen atoxisch; es gibt unter ihnen aber auch solche, welche gleich dem Aalserum eine primär-toxische Wirkung besitzen; andererseits kennen wir unzweifelhafte Toxine, welche — ähnlich wie das Diphtheriegift für Mäuse — auf manche Tierarten primär kaum eine Giftwirkung ausüben. Das unter dem Namen „Tuberkulin“ so viel studierte Tuberkulosegift und das Rotzgift („Malleïn“) bezeichne ich aus später zu erörternden Gründen als Anatoxoide; beide Gifte sind für die meisten Tierarten primär atoxisch.

II.

Das erste toxische Protein hat wohl Panum (3) entdeckt und im Jahre 1856 in dänischer Sprache beschrieben. 1874 teilte er in Virchows Archiv seine Untersuchungsergebnisse mit.

Panum gewann durch Extraktion eines Bakteriengemisches ein Gift, welches nach subkutaner und intravenöser Injektion Kaninchen unter einem ähnlichen Symptomenkomplex krank machte, wie das belebte Ausgangsmaterial. Vom Magen aus gegeben, war dieses Gift viel weniger wirksam als nach parenteraler Injektion; aber auch parenteral hörte die Giftwirkung auf, wenn die Reinigungsversuche so weit getrieben wurden, daß das danach entstandene Produkt keine Eiweißreaktion gab.

Wenn wir nach dem gegenwärtigen Stande unserer Kenntnisse das Panumsche Bakterientoxin klassifizieren wollen, so werden wir es in eine Reihe mit den Bakterienproteinen von Hans Buchner (4) stellen dürfen. Die Tatsache, daß Panum nicht mit Reinkulturen gearbeitet hat, kann seine Priorität in bezug auf die Toxinentdeckung ebensowenig beeinträchtigen, wie seine Unkenntnis in bezug auf die Existenz verschiedenartiger Infektionserreger unter den Bakterien.

Unter dem Einfluß der epochemachenden Publikation von Robert Koch (5) über die Ätiologie der Wundinfektion vom Jahre 1878 wurde die durch Panum angebahnte toxische Infektionstheorie zugunsten der parasitären vollständig in den Hintergrund gedrängt, bis 1887/88 Löffler (6) und 1888 Roux (in Gemeinschaft mit Yersin (7) das Diphtheriegift entdeckten. Insbesondere mit dem Namen von Roux ist der Beginn der neuen Ära in der Lehre von den Infektionskrankheiten verknüpft. Seitdem wir durch seine epochemachenden Arbeiten die Bedingungen kennen gelernt haben, unter welchen das Diphtheriegift aus Fleischpeptonbouillonkulturen in einfachster Art und Weise gewonnen werden kann, und seitdem wir durch ihn die Proteinnatur, die Thermolabilität, die Spezifizität und die sonstigen Eigenschaften dieses Giftes kennen gelernt haben, wurden bald noch verschiedene andere Infektionsgifte in Reinkulturen von bakteriellen Krankheitserregern gefunden, und mehr und mehr gewöhnte man sich daran, die Symptome einer Infektionskrankheit als Reaktion auf die Giftwirkung belebter Infektionsstoffe zu interpretieren, zumal nach der Entdeckung der Tatsache, daß manche Infektionskrankheiten verhütet und geheilt werden können, ohne jede Rücksichtnahme auf die lebenden Krankheitserreger, allein durch die Unschädlichmachung des von ihnen produzierten Giftes.

III.

Voraufgegangen war der Entdeckung des Diphtheriegiftes das Studium des Abrins, eines aus dem Samen der Papilionacee „Abrus precatorius“ extrahierten Proteinkörpers, welchen im Jahre 1884 Bruylant und Vennemann (8) als Enzym, Warden und Waddel (9) aber als toxisches Protein proklamierten. Die beiden letzteren Autoren gewannen das Abrin durch Alkoholfällung des wässerigen Extraktes aus pulverisiertem Abrus-Samen nach vorausgegangener Entfettung desselben mit Hilfe von Chloroform und Alkohol. Sidney Martin (10) erklärte im Jahre 1887 das von ihm genauer analysierte Abrin für ein Mischprodukt von Globulin und Albumose, welches nach der Koagulation bei ca. 75° seine Giftigkeit verliert. Kaninchen werden nach subkutaner Injektion von $^1/_{300}$ Abrin auf 1000 g Körpergewicht (1:300000) schläfrig, appetitlos, bekommen profuse bluthaltige Durchfälle und zeigen bei der Sektion blutig gefärbte Exsudate in der Brust- und Bauchhöhle. Die Bauchorgane sind sehr blutreich. Auf der Außenfläche des Herzens sind zahlreiche Ekchymosen zu erkennen und das Blut zeigt nur geringe Tendenz zur Koagulation. Vom Magen aus gegeben ist das Abrin zwar nicht ungiftig, aber weniger wirksam als nach parenteraler Verabfolgung.

Bald nach der Abrinentdeckung wurde aus Ricinus communis, ein chemisch ganz ebenso zu beurteilendes Toxin, das Ricin, von Stillmark (11) dargestellt (1889), dem dann anfangs der 90er Jahre noch mehrere andere toxische Pflanzenproteine (Robin, Phallin, Crotin usw.) sich anschlossen.

IV.

Im Anschluß an die Diphtheriegiftgewinnung nach der Methode von Roux hat im Jahre 1889 Kitasato (12) aus der ihm zuerst gelungenen Reinkultur des Tetanuserregers das Tetanusgift gewonnen, nachdem kurz vorher im keimfreien Filtrat von Mischkulturen schon Knud Faber ein Gift mit der Fähigkeit zur Erzeugung von typischem Tetanus demonstriert hatte.

Das Tetanusgift kann leichter und in viel höherem Grade wie das Diphtheriegift durch atmosphärische Einflüsse (Licht, Temperatur, oxydierende Luftsauerstoffwirkung), durch chemische Agentien (Jodtrichlorid, Jod), durch Katalyse (Platin, Palladium, organische Fermente), durch elektrische Strahlung usw., entgiftet werden. An ihm sind zuerst die Giftabschwächungsphänomene von mir und meinen Mitarbeitern (Wernicke, Knorr, Ransom, v. Lingelsheim u. a.) genauer studiert und analysiert worden. Deswegen und auch aus dem Grunde, weil das Tetanusgift bei der Entdeckung der Antitoxine eine hervorragende Rolle gespielt hat, verdient es neben dem giftigen Bakterienprotein Panums, dem Abrin von Warden und Waddel, dem Diphtheriegift von Roux in der Geschichte der Toxine besonders aufgezählt zu werden.

V.

Auch dem für die Immunitätslehre von alters her so bedeutsamen Schlangengift (13) und einigen namentlich von Plinius uns überlieferten Pflanzengiften gebührt in der Geschichte der Toxine ein hervorragender Platz. In bezug auf das Schlangengift wurde — wie wir aus dem epischen Gedicht Pharsalia des Lucanus entnehmen können — zur Zeit der afrikanischen Feldzüge Catos das Wort „immunitas" im Sinne eines Krankheitsschutzes von den Römern auf das Volk der Psyller angewendet. Der jüngere Plinius (14) spricht statt dessen von „repugnantia" und berichtet von den Marsern, daß sie nicht bloß gegenüber dem Schlangengift, sondern auch gegenüber dem Skorpionen- und Bienengift Krankheitsschutz besaßen.

Neben dem Schlangengift und anderen Giften von animalischer Herkunft haben in alter Zeit insbesondere die am Schwarzen Meer wohnenden Völkerschaften viele Pflanzengifte gekannt, die wir deswegen den Toxinen zurechnen müssen, weil sie nach dem glaubwürdigen Bericht des Plinius die Fähigkeit besaßen, auf isopathischem Wege Immunität zu erzeugen, was für uns gleichbedeutend ist mit der Fähigkeit zur Antikörperproduktion. In dem Gedicht, welches die Fahrt der Argonauten nach Kolchis beschreibt (1200 v. Chr.) wird sogar erzählt, daß in diesem Lande in einem botanischen Garten Pflanzen gezogen wurden, deren Gifte an Tieren und an zum Tode verurteilten Menschen geprüft und zur isopathischen Immunität benutzt wurden. Zu den aus pontischen Ländern herstammenden giftigen Pflanzen gehören nach Plinius Colchicum, Atropa Belladonna, Aconitum u. a. Die arzneikundige Kolchische Medea kann als Vorläuferin des pontischen Königs Mithridates auf demjenigen Forschungsgebiet angesehen werden, welches von französischen Autoren jetzt noch durch das Wort „Mithridatisme" gekennzeichnet wird. Wenn Medea durch Bluttransfusion der Sage nach verjüngende Heilwirkungen ausübte, und wenn Mithridates Enten mit Gift behandelte, um ihr Blut hinterher als Gegengift zu verwerten (Plinius l. c., Liber XXV), so muß sogar die Serumtherapie als eine nach Jahrtausenden erfolgte Wiederentdeckung uralter medizinischer Weisheit angesehen werden, die vollständig verloren gegangen war, als die staatlich legitimierten Pharmakopoen statt der genuinen organischen Gifte animalische und vegetabilische Dekokte und durch chemische Eingriffe denaturierte Gifte organischen Ursprungs in ihren Arzneimittelschatz aufnahmen. Die Schilderung der in der römischen Kaiserzeit durch Pilzextrakte (z. B. durch das Gift des Hutpilzes „Boletus" — mit welchem Claudius Tiberius durch Agrippina vergiftet wurde) hervorgerufenen Vergiftungsbilder, mit ihrem langen Inkubationsstadium und schleichenden Verlauf, spricht gleichfalls dafür, daß in alter Zeit vorwiegend genuine toxische Proteinkörper von Heilkünstlern und Giftmischern benutzt worden sind. Toxine von der Art des Ricins und Abrins mögen damals schon gut studiert worden sein, sind aber in Vergessenheit geraten, als im Mittelalter die mineralischen Gifte und Heilmittel das Interesse der medizinischen Alchymisten in erster Linie fesselten, und als dann hinterher auch die toxischen Proteine durch chemische Künste so umgewandelt wurden, daß sie ihren antigenen Toxincharakter dabei einbüßten.

Unter den schon in alter Zeit bekannten Toxinen beansprucht das Schlangengift nicht bloß deswegen unsere besondere Aufmerksamkeit, weil es mit der Immunitätslehre am innigsten verknüpft ist, sondern auch deswegen, weil die Aufklärung der chemischen Toxinnatur gerade am Schlangengift mit besonderem Eifer von verschiedenen Forschern versucht worden ist.

Der erste Forscher, welcher sich mit der chemischen Natur der Schlangengifte beschäftigte, war A. Gautier. Im Jahre 1881 veröffentlichte er eine Arbeit (15), in welcher er als „la najine" und „l'élaphine" zwei aus Schlangengiften gewonnene Alkaloide beschrieb. Gautier erkannte aber später, daß diese Alkaloide nicht das giftige Prinzip der Schlangengifte repräsentieren, daß vielmehr die Schlangengiftwirkung gebunden ist an eine stickstoffhaltige, nicht kristallisierbare Substanz, die den Globulinen und Albumosen nahesteht.

Durch die Untersuchungen von Weir-Mitchell und Ed. T. Reichert (16), welche Autoren ca. 200 im Zoologischen Garten in Philadelphia lebend gehaltene Giftschlangen verschiedenster Art und außerdem noch eingetrocknetes Schlangengift von verschiedener Herkunft geprüft haben, ist festgestellt worden, daß nur die flüssigen Bestandteile des Drüsensekretes der Schlangen giftige Substanz enthalten. Die in der Flüssigkeit schwebenden festen Körper sind ungiftig. Die chemische Analyse erwies das Vorhandensein von Globulin und Albumose in der giftigen Flüssigkeit aller untersuchter Schlangen. Auch hier, wie beim Abrin, war die Albumose weniger energisch wirksam und machte mehr lokale Vergiftungserscheinungen, während das Toxoglobulin ohne nennenswerte Irritation an der Injektionsstelle giftige Allgemeinwirkung äußerte. Das spricht dafür, daß die Albumose ein durch Denaturierung des genuinen giftigen Proteinkörpers entstandener Körper ist, der durch den Akt der Denaturierung abgeschwächt wird. An einem proteolytischen Ferment, welches die Verwandlung von genuinem Protein in denaturiertes bewirken kann, dürfte es im Speichel der Schlangen kaum fehlen. Übrigens scheint die Denaturierung nach den Angaben der beiden genannten Forscher nicht bloß bis zur Albumosenbildung, sondern bis zu wirklichem Kühneschen Pepton erfolgen zu können. Die Lokalwirkung, welche durch das isolierte Protein des flüssigen Giftdrüsensekrets erzeugt wird, äußert sich zuerst in starker Schwellung mit Blutextravasation; später entsteht feuchte Gangrän.

Im Gegensatz zu den meisten anderen Toxinen ist das Schlangentoxin gegenüber thermischen und chemischen Einflüssen relativ stabil. Auch dadurch nimmt es eine Sonderstellung ein, daß es zufolge meiner eigenen Untersuchungen vom Magen aus nicht viel weniger wirksam ist, wie nach parenteraler Verabreichung; wenigstens fand ich für ein von Herrn Calmette bezogenes Schlangengift, daß es für Meerschweinchen stomachal nur $7^1/_2$mal weniger giftig war wie subkutan; am giftigsten fand ich es nach intrazerebraler Applikation, wobei mit 1 g 9 Millionen Gramm Lebend-Meerschweinchengewicht tödlich vergiftet wurden, gegenüber $1^1/_2$ Millionen Gramm bei subkutaner und $^1/_5$ Millionen Gramm bei stomachaler Giftinjektion. Im Gegensatz zu der Giftigkeit des Schlangentoxins im Fütterungsversuch fand ich das stärkste Diphtheriegift und Tetanusgift stomachal fast unwirksam. Die Differenz zwischen subkutaner und intrazerebraler Toxizität bei diesen beiden Giften ist nur gering. Die größte Differenz zwischen der Toxizität bei subkutaner und intrazerebraler Injektion fand ich beim Rotzgift, von welchem eines meiner Präparate in 1 g subkutan nur für 2500 g

Meerschweinchengewicht, intrazerebral aber für 7 500 000 g die tödliche Minimaldosis enthielt. Beim Tuberkulosegift fand v. Lingelsheim (17) in meinem Institut das subkutane und intrazerebrale Toxizitätsverhältnis für normale Meerschweinchen 1:800, für tuberkulöse aber noch beträchtlich höher.

VI.

Als besonderen Toxintypus möchte ich hervorheben das von Richard Pfeiffer (18) als Endotoxin bezeichnete Gift der Choleravibrionen, welches er 1892 in Gestalt der durch Chloroformdämpfe abgetöteten Erreger der asiatischen Cholera studiert hat.

Auch die schonendsten chemischen Reagentien, ebenso wie das Erhitzen über 60°, längeres Eintrocknen usw. schädigen den toxischen Effekt der Choleravibrionen, und es bleiben danach sekundäre Giftstoffe zurück, die sich wie ein abgeschwächtes Toxin verhalten.

In Flügges Lehrbuch „Die Mikroorganismen" vom Jahre 1896 macht R. Pfeiffer (19) folgende Angaben über das genuine Choleragift:

„Das intrazelluläre Choleragift hat sehr merkwürdige physiologische Eigenschaften. Während die bisher genauer studierten Bakterientoxine, das Diphtherie- und Tetanusgift, eine ganz ausgesprochene Inkubation erkennen lassen, tritt die Aktion des Choleragiftes äußerst rapid ein, geht dafür aber, im Gegensatz zu dem heimtückischen protrahierten Verlauf der Tetanus- und Diphtherievergiftung, wenn die Dosis nicht tödlich war, sehr rasch wieder vorüber. Häufig findet man Tiere, welche am Abend schwer krank mit Temperaturen von 30° C dalagen, am nächsten Morgen schon wieder ganz munter mit fast normaler Körperwärme. Dabei hängt die Schwere der Intoxikation nicht allein von der Giftdosis ab, sondern auch sehr wesentlich von der Applikationsweise oder vielmehr von der Schnelligkeit der Resorption. Am raschesten und in den minimalsten Quantitäten wirkt das Toxin von der Blutbahn aus; erheblich größere Quantitäten braucht man zur tödlichen Vergiftung bei intraperitonealer Injektion, und noch um das Mehrfache höher ist die Dosis letalis vom Subkutangewebe aus. Vom Darm werden, solange das Epithel unverletzt ist, die Choleragiftstoffe überhaupt nicht resorbiert. Dagegen tritt tödliche Vergiftung ein, wenn das Darmepithel beispielsweise beim Meerschweinchen durch die intraperitonealen Einspritzungen größerer Mengen der spirituösen Opiumtinktur, wie bei dem Kochschen Versuche, geschädigt wird."

Das R. Pfeiffersche Choleragift erzeugt einen bakteriolytischen Antikörper von komplexer Natur. Er ist zusammengesetzt aus einem thermostabilen spezifischen Immunkörper, welcher nur auf isopathischem Wege gewonnen werden kann und aus dem nichtspezifischen H. Buchnerschen Alexin.

Alles, was R. Pfeiffer vom Cholera-Bakteriolysin in bezug auf den Mechanismus seiner Wirksamkeit festgestellt hat, kann übertragen werden auf das spezifisch-proteolytische Ferment, welches im anaphylaktischen Organismus denjenigen Proteinkörper abbaut, gegenüber welchem dieser Organismus sensibilisiert worden ist. Ich habe für dieses aus einem spezifischen Antikörper und aus Alexin (Komplement) bestehende komplexe Ferment in meinem Buche „Einführung" (20) den Namen „Analexin" vorgeschlagen und das Cholera-Bakteriolysin entspricht gleichfalls meinem Analexinbegriff.

Meerschweinchen, welche mit dem Pfeifferschen Choleravibrionenprotein vorbehandelt sind, können ebensogut als „sensibilisiert", oder „anaphylaktisiert" angesehen werden wie die mit Blutserum vorbehandelten Meerschweinchen, und man darf behaupten, daß die im Laufe der letzten Jahre so viel studierten anaphylaktischen Phänomene Analoga sind der von R. Pfeiffer vor 22 Jahren entdeckten Choleravergiftungsphänomene nach erstmaliger und mehrmaliger Choleragiftzufuhr. Ob wir das Choleratoxin noch weiterhin „Endotoxin" nennen und die Toxine von der Art des Diphtheriegiftes und Tetanusgiftes dementsprechend als „Exotoxine" unterscheiden sollen, sehe ich als eine Streitfrage an, die nicht so wichtig ist wie die Frage, ob man nicht gut daran tut, das Choleratoxin dem Serumprotein und anderen an sich nur wenig giftigen Proteinen an die Seite zu stellen, welche bei wiederholter Anwendung eine verstärkte Giftwirkung entfalten. Die Tatsache, daß die Choleragift-Sensibilisierung von ihrem Entdecker vorwiegend unter dem Gesichtspunkt der Immunität betrachtet wurde, insofern als sensibilisierte Individuen den Import von einer relativ geringen Choleravibrionendosis mit bakteriolytischer Abtötung beantworten, hat eine solche Analogisierung lange Zeit verhindert. Aber für das richtige Verständnis des Antikörperproblems halte ich es für sehr wichtig, daß wir die prinzipielle Gleichheit im Entstehungs- und Wirkungsmechanismus der proteolytischen und bakteriolytischen Antikörper nicht aus dem Auge verlieren. Unter diesem Gesichtspunkt wird uns das Choleragift zu einem Toxin, welches im wesentlichen die Eigenschaften derjenigen Toxine teilt, die ich oben als Anatoxine bezeichnet habe.

VII.

In gewissem Sinne kann man auch das Kochsche Alttuberkulin (21) zu den Anatoxinen rechnen, insofern es nämlich in viel höherem Grade für spezifisch sensibilisierte Individuen giftig ist, wie für normale; es entspricht aber meinem Anatoxinbegriff deswegen nicht ganz, weil normale Individuen nicht durch das Tuberkulin selbst, sondern durch die Tuberkulin produzierenden Tuberkelbazillen tuberkulinüberempfindlich werden.

Das Tuberkulin wurde von R. Koch im Jahre 1890 in Gestalt eines bei 80—100° eingeengten Extraktes aus Glyzerin-Bouillon-Tuberkelbazillenkulturen in den Handel gebracht. Wahrscheinlich ist das wirksame Prinzip ein dem Pepton nahestehendes Proteinderivat, welches den antigenen Charakter eingebüßt hat und demzufolge als „Toxin“ im strengen Sinne dieses Wortes nicht anzusehen ist. Ich bezeichne es als „Anatoxoid“ und bin geneigt, auch das unter dem Namen Mallein im Handel befindliche Rotzgift als Anatoxoid aufzufassen. Die Tatsache, daß Proteinderivate, welche nicht zur Hervorrufung eines anaphylaktischen Zustandes befähigt sind, gleichwohl anaphylaktische Symptome provozieren können bei Individuen, die mit der antigenen Muttersubstanz der Derivate sensibilisiert sind, ist vielleicht so zu erklären, daß sie auf ein Gewebe einwirken, welches unter dem Einfluß des giftproduzierenden Virus einen durch das Derivat präzipitierbaren Antikörper gebildet hat.

In der Geschichte der Toxine darf die Toxoidlehre Ehrlichs, welche in hohem Grade anregend eingewirkt hat auf das medizinische Denken, nicht mit Stillschweigen übergangen werden. Sie kann aber erst nach der Bekanntschaft mit der Lehre von den Antitoxinen richtig verstanden werden.

B. Antitoxine.

VIII.

Am 4. Dezember 1890, in Nr. 49 der Deutschen medizinischen Wochenschrift, ist zum ersten Male über die Existenz eines vom lebenden Organismus produzierten giftneutralisierenden Immunitätsfaktors berichtet worden (22). Die Mitteilung dieser Entdeckung enthielt gleichzeitig die Angabe, daß bei zwei für den Menschen wichtigen Krankheiten, bei der Diphtherie und beim Tetanus, das Inkrafttreten der Wirkung des giftneutralisierenden Immunkörpers Krankheitsschutz gewährt gegenüber der Infektion mit dem lebenden Diphtherievirus und Tetanusvirus. Es wurde ferner die strenge Spezifizität der immunisierenden Leistungsfähigkeit betont, insofern als der Diphtheriegift neutralisierende Immunkörper nur sein Antigen unschädlich macht, aber alle anderen Gifte unbeeinflußt läßt.

In bezug auf das Vorkommen der antitoxischen Immunkörper wurde darauf hingewiesen, daß sie in der zellfreien Blutflüssigkeit sich nachweisen und mit dem Blutserum sich auf andere Individuen übertragen lassen. Bei der Mischung des Immunkörpers speziell mit dem Tetanusgift sei bei quantitativ durchgeführten Versuchen die giftwidrige Kraft — für welche ich damals schon die Bezeichnung „antitoxisch" vorschlug — so groß gefunden worden, daß ein Vielhundertfaches der tödlichen Minimaldosis mit Hilfe des antitoxischen Serums für Mäuse vollkommen unschädlich gemacht werden könne.

IX.

Die Art der Antitoxingewinnung war in der am 4. Dezember 1890 von mir in Gemeinschaft mit Kitasato publizierten Arbeit nicht näher beschrieben worden. Acht Tage später aber veröffentlichte ich (23) 4 verschiedene Methoden, bei deren Anwendung Meerschweinchen diphtherieimmun wurden und gleichzeitig das Diphtherieantitoxin produzierten. Diese Methoden enthalten im wesentlichen alle Immunisierungsprinzipien, welche im Laufe der Zeit dann auf große Tiere, zum Zwecke der Heilserumgewinnung, Anwendung gefunden haben. Ich zitiere hier wörtlich, was ich vor nunmehr beinahe 25 Jahren über die Diphtherieimmunisierung gesagt habe.

„1. Eine der Immunisierungsmethoden, welche ich auf Grund eigener Versuche als sehr zuverlässig bezeichnen kann, ist von Prof. C. Fränkel in der Berliner klinischen Wochenschrift (24) genau beschrieben worden; sie beruht auf der Anwendung sterilisierter Kulturen; man ist mit Hilfe derselben imstande, in 10—14 Tagen Meerschweinchen für solche Impfungen unempfänglich zu machen, welche für normale Meerschweinchen sicher tödlich sind.

2. Ferner habe ich Meerschweinchen in folgender Weise immun gemacht: Ich setzte zu 4 Wochen alten Kulturen Jodtrichlorid in solcher Menge hinzu, daß dasselbe in der Kultur im Verhältnis von 1 : 500 enthalten war, und ließ das Jodtrichlorid 16 Stunden auf die Kultur einwirken. Dann spritzte ich zwei Meerschweinchen von der so behandelten Kultur 2 ccm in die Bauchhöhle.

Nach 3 Wochen infizierte ich nun die Meerschweinchen mit 0,2 ccm einer Diphtheriekultur, die 4 Tage lang in einer Bouillon mit Jodtrichloridzusatz 1 : 5500 gewachsen war. Das Kontrolltier starb nach 7 Tagen; die beiden vorbehandelten Tiere blieben am Leben.

Nach weiteren 14 Tagen vertrugen dann beide Tiere so viel von einer vollvirulenten Diphtheriekultur, als für normale Meerschweinchen genügte, um dieselben nach 36 Stunden zu töten.

Bei beiden ebengenannten Methoden sind es die Stoffwechselprodukte, die von den Diphtheriebazillen in Kulturen erzeugt werden, durch welche die Immunität zustande kommt.

3. Es gelingt aber auch die Immunisierung durch diejenigen Stoffwechselprodukte, welche von den Diphtheriebazillen im lebenden tierischen Organismus erzeugt werden. Untersucht man an Diphtherie verendete Tiere, so läßt sich überaus häufig in der Pleurahöhle ein bernsteingelbes, zuweilen aber auch gar nicht gefärbtes und in anderen Fällen blutiges Transsudat nachweisen. Die Menge desselben ist sehr wechselnd. Meist beträgt es bei Meerschweinchen nicht mehr als 1—5 ccm; in nicht seltenen Fällen aber habe ich von einem einzigen Meerschweinchen bis zu 15 ccm gewinnen können.

Dieses Transsudat enthielt in mehr als 50 untersuchten Einzelfällen nie Diphtheriebazillen; aber es besitzt für Meerschweinchen toxische Eigenschaften. Der Grad der Toxizität ist nicht immer der gleiche, und ich habe den Eindruck gewonnen, daß die blutigen Transsudate giftiger sind als die hellgefärbten. Aber auch nach subkutaner und intraabdomineller Injektion von durchschnittlich 10—15 ccm nicht blutigen Transsudats starben die meisten Meerschweinchen nach mehreren (bis zu 10) Tagen; bei der Sektion findet man dann ausgedehntes hämorrhagisches Ödem an der Injektionsstelle; Transsudat in der Pleurahöhle ist meist nur spärlich vorhanden; jedoch ist ein anderer

Befund, der bei diphtherieverstorbenen Tieren fast regelmäßig zu konstatieren ist, auch hier vorhanden, nämlich Vergrößerung und Rotfärbung der Nebennieren.

Diejenigen Meerschweinchen, welche eine Transsudatinjektion in der oben bezeichneten Quantität überstehen, sind regelmäßig lange Zeit krank; sie sitzen mit gesträubtem Haar zusammengekauert da; vor allem aber zeigen sie ein Symptom, welches mir schon seit langer Zeit dazu dient, den Grad der Erkrankung festzustellen: legt man die Meerschweinchen auf den Rücken, so springen gesunde Tiere sofort nach dem Loslassen auf die Beine; die diphtheriekranken aber erheben sich nur träge, oder sind gar nicht imstande, sich umzudrehen.

Wenn ich nun bei denjenigen Tieren, die in ausgesprochener Weise die eben beschriebenen Krankheitserscheinungen erkennen ließen, abwartete, bis sie sich ebenso verhielten wie gesunde, so konnte ich bei denselben feststellen, daß sie solche Impfungen, die gesunde Tiere nach 3—4 Tagen töteten, ohne Schaden vertrugen.

Das Pleuratranssudat, mit welchem diese Wirkung erzielt wird, ist spontaner Gerinnung fähig; ich habe es bei meinen Versuchen in der Regel vor Eintritt der Gerinnung den Tieren eingespritzt.

4. Eine bis jetzt wohl noch nicht benutzte Immunisierungsmethode kann auch auf die Wirkung der Stoffwechselprodukte der Diphtheriebazillen zurückgeführt werden. Sie besteht darin, daß man die Tiere zuerst infiziert und dann die deletäre Wirkung durch therapeutische Behandlung aufhebt.

Es erinnert diese Methode einigermaßen an das Zustandekommen der Immunität nach dem Überstehen mancher Infektionskrankheiten des Menschen.

Die in einer später mitzuteilenden gemeinschaftlich mit Herrn Hofarzt Dr. Boer ausgeführten Arbeit erzielten Versuchsresultate bei ca. 30 Mitteln beweisen, daß es nicht leicht ist, diphtherieinfizierte Tiere zu heilen. Sehr vorzügliche Desinfizientien, wie das Silbernitrat und das Quecksilber in seinen verschiedenen Verbindungen, das Goldkaliumzyanid usw. lassen da vollkommen im Stich. Aber es gibt einige wenige chemisch wirksame Desinfektionsmittel, welche Meerschweinchen, die nach subkutan erfolgter Infektion alsbald in Behandlung genommen werden, zu heilen vermögen. So besitzt Dr. Boer vereinzelte Meerschweinchen, die durch Goldnatriumchlorid, durch Naphtylamin, durch Trichloressigsäure, Karbolsäure geheilt sind.

Obenan in der Leistungsfähigkeit steht aber das Jodtrichlorid. Von 8 Meerschweinchen, die ich mit 0,3 ccm Kultur subkutan infizierte, starben 2 nicht behandelte Tiere nach 24 Stunden. 4 Tiere, welchen sofort nach der Infektion 2 ccm einer Jodtrichloridlösung (2 kleinere Tiere erhielten 1proz., 2 größere 2proz. Lösung) an die Stelle der Infektion subkutan eingespritzt wurden, blieben sämtlich am Leben; bei 2 Tieren wurde die Behandlung erst nach 6 Stunden begonnen; eines derselben starb nach 4 Tagen, das andere blieb am Leben; bei allen Tieren wurde an den 3 nächstfolgenden Tagen eine neue Jodtrichlorideinspritzung gemacht. Über 6 Stunden hinaus nach der Infektion habe ich bei Meerschweinchen einigermaßen sichere Resultate nicht mehr bekommen, auch dann nicht, wenn die Tiere so schwach geimpft wurden, daß dabei normale Tiere erst nach 4 Tagen starben.

Die überlebenden Meerschweinchen sind lange Zeit krank; ihre Heilung wird eingeleitet durch eine demarkierende Entzündung an der Injektionsstelle; später bildet sich ein trockener Schorf, der immer weniger festsitzend wird, bis man ihn schließlich abheben kann; unter diesem Schorf sind noch nach 3 Wochen lebende und virulente Diphtheriebazillen nachweisbar gewesen.

Infiziert man nun solche Tiere, bei denen zwar das Allgemeinbefinden schon ganz gut geworden ist, bei denen aber noch eine offene Geschwürsfläche besteht, so zeigen sie eine erheblich größere Widerstandsfähigkeit gegen die Infektion als normale; jedoch erst nach vollkommener Verheilung und Narbenbildung habe ich mehrere jodtrichloridgeheilte Tiere, und hat Dr. Boer ein mit Goldnatriumchlorid geheiltes soweit immun gefunden, daß diese Meerschweinchen vollvirulente Diphtherieimpfung vertrugen, an der die Kontrolltiere in 36 Stunden starben."

Die jetzt fast ausschließlich angewendete Methode der Immunisierung von Pferden mit Diphtheriegift aus Bouillonkulturen des Diphtheriebazillus versagte in meinen Meerschweinchenversuchen.

Implicite ist sie aber enthalten in der sub 3) beschriebenen Methode, in welcher ich gifthaltige Transsudate von an Diphtherie verendeten Tieren mit Erfolg zur Immunisierung benutzte. Ich möchte jedoch die Möglichkeit nicht ausschließen, daß die Transsudate neben dem Gift auch eine zur Neutralisierung nicht ausreichende Antikörperquantität enthielten. Wenn das der Fall war, dann handelte es sich hier um die kombinierte Methode, die ich erst später zielbewußt anwendete und am 18. April 1913 auf dem Kongreß für innere Medizin in Wiesbaden zur aktiven Diphtherieimmunisierung des Menschen empfohlen habe (25).

X.

Den Stand der Immunitätslehre zur Zeit der Antitoxinentdeckung und die prinzipielle Bedeutung dieser Entdeckung hat Bouchard (26), gelegentlich der Verteilung des Diphtheriepreises im Jahre 1896, in der Pariser Akademie der Wissenschaften meisterhaft geschildert. Die Wiedergabe der hier hauptsächlich in Betracht kommenden Ausführungen halte ich aus mehreren Gründen für indiziert. Zunächst deswegen, weil Bouchard unter den medizinischen Praktikern seiner Zeit am meisten berufen war, ein Urteil über die therapeutische Eigenart der antitoxischen Heilkörper abzugeben, und weil ihm dieses Urteil von einer so illustren Körperschaft, wie der Pariser Akademie der Wissenschaften, offiziell übertragen war; dann wegen der bemerkenswerten Unparteilichkeit, mit der er sein Referat verfaßt hatte zur Zeit, wo in Frankreich die medizinische und politische Presse zu der Anerkennung, daß ein Deutscher das Diphtherieheilserum entdeckt habe, sich nicht entschließen wollte; zuletzt und hauptsächlich aber, weil nach meiner Kenntnis niemand so scharfsinnig und zutreffend den Ideengang erkannt hat, der mich nach langjährigen Vorarbeiten zur Antitoxinentdeckung führte. Bouchards Akademiebericht ist nach alledem als ein historisch wichtiges Aktenstück anzusehen, welches in der Geschichte der Antitoxine eine ganz besonders eingehende Würdigung verdient. Ich habe daraus, wegen Raummangels, nur einige Bruchstücke im folgenden übersetzt.

„Die neue (antitoxische) Diphtherietherapie hat keinen Zusammenhang mit früheren wissenschaftlichen Errungenschaften. Sie beruht auf der Nutzanwendung der Erkenntnis, daß bei gewissen Infektionskrankheiten das von dem infizierenden Virus erzeugte Gift im Organismus des mit ihm behandelten Individuums ein Gegengift produziert.

Auf den ersten Blick könnte es scheinen, daß es sich hier nur um eine neue Interpretation schon bekannter Tatsachen handelt. Man wußte ja in der Tat von jeher, daß bei gewissen Infektionskrankheiten, die von ihnen genesenden Individuen immun werden, und seit 9 Jahren (seit 1887) weiß man, daß die immun gewordenen Individuen bakterizide Körperflüssigkeiten besitzen. Seit 6 Jahren ist für einige Infektionserreger diese anfänglich nicht richtig verstandene Tatsache von Charrin und Roger definitiv festgestellt worden. Seit 8 Jahren kennt man ferner die Tatsache, daß man nicht bloß mit dem lebenden Virus, sondern auch mit den chemisch wirksamen Sekretionsprodukten des Virus immunisieren kann, und vor 6 Jahren haben wir erfahren, daß ein bakterizider Zustand, wenn er im Gefolge der Immunisierung gegenüber einem bakteriellen Mikroorganismus eintritt, in gleicher Weise auch bewirkt wird durch die Immunisierung mit dem von diesem Mikroorganismus produzierten Gift. Das alles ist unbestreitbar, allen Ableugnungen zum Trotz, vorausgesetzt, daß man die bei einzelnen Infektionskrankheiten gewonnenen Ergebnisse nicht kritiklos verallgemeinert, und vorausgesetzt, daß man unter einem bakteriziden Zustand der Körperflüssigkeiten nicht bloß versteht die bakterienabtötende oder bakterienauflösende Fähigkeit, sondern auch die Entwicklungshemmung und die Virulenzabschwächung[1]). Die humorale Abtötung eines infektiösen Mikroorganismus und seine Abschwächung sind nicht Funktionen von zwei prinzipiell verschiedenen, sondern nur von zwei graduell verschiedenen Zuständen.

Auf den antibakteriellen Zustand einerseits und auf die Phagozytose andererseits glaubte man die erworbene Immunität und die Heilung — eine Manifestation der Immunität — jedesmal zurückführen zu können, indem man immer nur mit diesen beiden Immunitätsfaktoren rechnete.

Und so — da das Blut die heilsamen Phagozyten, das Blutserum die wasserlöslichen antibakteriellen Heilfaktoren enthält — gedachte man durch Transfusion des Blutes von Tieren, welche eine Infektionskrankheit überstanden hatten, auf Menschen, welche an der gleichen Infektionskrankheit litten, die bei der Naturheilung in Frage kommenden Heilkörper mit Erfolg übertragen zu können. Ich bin mir nicht klar darüber, welchen von den oben genannten Heilfaktoren Richet und Hericourt — die zuerst eine Krankheit durch Immunblutübertragung günstig beeinflußten, indem sie den Ausbruch der Pyämie bei einem Hund dadurch verhinderten, daß sie ihm das Blut von einem anderen, mit dem Pyämieerreger vakzinierten Hunde in die Bauchhöhle einspritzten — im Auge hatten; Bertin aber machte für den kurativen und präventiven Einfluß die Leukozyten verantwortlich und bevorzugte deswegen die Injektion von Vollblut statt Serum. Indessen habe ich selbst gezeigt, daß das Serum, selbst wenn es durch Filterkerzen hindurch gegangen ist, eine viel größer Schutzwirkung ausübt, wie das Vollblut.

Die durch diese Auseinandersetzungen gekennzeichnete wissenschaftliche Sachlage in bezug auf das Problem der Heilung und der erworbenen Immunität war gegeben, als am 4. Dezember 1890 die Arbeit von Behring und Kitasato über die Diphtherie- und Tetanusimmunität erschien.

Diese Forscher immunisieren ein Kaninchen gegenüber dem Tetanus. Sie prüfen den Grad der erworbenen Immunität durch Injektion einer solchen Menge von einer lebenden Tetanusbouillonkultur, welche die für Kontrollkaninchen tödliche Minimaldosis um das 140fache übersteigt. Sie entnehmen dem immunisierten Kaninchen Blut aus einer Vene und injizieren davon wenige Tropfen einer Maus in die Bauchhöhle. Einer anderen Maus werden 4 Tropfen von dem aus diesem Blut ausgeschiedenen Serum intraperitoneal injiziert. Gleichzeitig mit diesen beiden vorbehandelten Mäusen werden dann Kontrollmäuse mit Tetanusvirus infiziert, und während danach die letzteren nach 30 Stunden an Tetanus verenden, bleiben die vorbehandelten Mäuse vollkommen gesund. Soweit verläuft alles wie in den hämotherapeutischen Versuchen von Richet und Hericourt und in meinen eigenen serumtherapeutischen Versuchen, in welchen ich bakterizides Serum verwendete. In Wirklichkeit ist aber die Ähnlichkeit nur eine scheinbare:

Eine keimfrei gemachte giftige Tetanusbouillon, von welcher $^1/_{100}$ mg eine Maus nach 6 Tagen, $^1/_{10}$ mg nach 2 Tagen tötete, war für Mäuse, die mit dem Immunblut oder Immunserum des Kaninchens vorbehandelt waren, vollkommen wirkungslos. Demgegenüber verhielten sich Tiere, welche man mit bakterizidem Immunserum behandelte, ganz anders. Wenn beispielsweise das in 8 ccm von einer keimfrei gemachten Pyozyaneuskultur enthaltene Gift die tödliche Minimaldosis für ein normales Kaninchen repräsentiert, so zeigte Charrin, daß für ein immunisiertes Kaninchen weniger als 8 ccm Pyocyaneusgift zur Herbeiführung des Todes genügen. Im bakteriziden Blut büßt das bakterielle Gift demnach von seiner Toxizität nichts ein, während Behring be-

[1]) Um Mißverständnisse zu verhindern, wäre es richtiger gewesen, wenn Bouchard bei dieser seiner Interpretation nicht von einem bakteriziden, sondern von einem antibakteriellen Zustand der Körperflüssigkeiten gesprochen hätte.

wiesen hat, daß das Blut seiner tetanusimmun gemachten Tiere das Tetanusgift unschädlich macht . . ."

„Dieser antitoxische Charakter der Blutflüssigkeit ist das Neue und macht — wie man wohl sagen darf — die Größe der Entdeckung aus, welche wir erlebt haben [1]). Nichts ließ sie voraussehen. Niemand hat sie geahnt, und niemand hat die Idee gehabt, Anspruch auf diese Entdeckung zu erheben. Sie gehört voll und ganz Behring an („elle appartient tout entière à M. Behring"). Ich füge noch hinzu, daß nur Behring imstande war, das Wesentliche in den experimentellen Daten, die er gesammelt hat, klar zu erfassen, und zwar deswegen, weil er früher schon andere Tatsachen studiert und interpretiert hat, deren Feststellung als Etappe auf dem Wege gelten kann, der schließlich zur Entdeckung der Antitoxine führen sollte. Ich spiele hier an auf seine Jodoformstudien, welche schon 13 Jahre zurückliegen, und in welchen er zeigte, daß die Heilwirkung des Jodoforms in der Wundbehandlung nicht auf einer bakteriziden, sondern auf einer giftneutralisierenden (antitoxischen) Wirkung beruht.

So sind wir durch Behring in den Besitz eines dritten Heilfaktors gegenüber den Infektionsstoffen gelangt. Zur Heilwirkung der Phagozyten des Blutes, der Lymphe und verschiedener Gewebe (mobile und sessile Phagozyten), und zur antibakteriellen Wirkung der Flüssigkeiten und Gewebe des Körpers gesellt sich jetzt die antitoxische Blutwirkung."

XI.

Im Laufe der seit der Entdeckung des Diphtherieantitoxins und Tetanusantitoxins jetzt vergangenen 25 Jahre sind viele Versuche unternommen worden zur Gewinnung von antitoxischen Heilkörpern auch für andere Infektionskrankheiten des Menschen und unserer wertvollen Haustiere, aber ohne rechten Erfolg. Am meisten hat sich noch bewährt das von Calmette (27) hergestellte antitoxische Schlangengiftserum.

Sehr viel ist theoretisiert worden in bezug auf die Entstehungsweise der Antitoxine im lebenden Organismus. Nach Ehrlich (28) ist das Antitoxin ein zelluläres Produkt, welches ursprünglich als integrierender Zellbestandteil eine spezifische Affinität zum Toxin hat und bei der Zufuhr des Toxins mit diesem eine Verbindung eingeht, infolge deren er unfähig wird zur Ausübung der ihm normalerweise zukommenden Funktionen. Das bedeutet dann einen physiologischen Defekt, welcher im Sinne der C. Weigertschen Defekt-Ersatz-Theorie (29) die Neuproduktion und Überproduktion des ausgefallenen Antikörpers zur Folge hat. Der überproduzierte Antikörper werde aber in die Körperflüssigkeit abgestoßen und gelange in das Blut, wo er nachträglich zugeführtes Gift von den gefährdeten vitalen Elementen ablenke und dadurch heilsam wirke, während er intrazellulär als Giftzuleiter und infolgedessen als Krankheitsbedingung fungiere. Diese Lehre Ehrlichs hat überaus anregend gewirkt auf das medizinische Denken, und die ihr zugrunde liegende geniale Idee kann man in ihrer epochemachenden Bedeutung gar nicht hoch genug einschätzen.

---

[1]) Ich habe in diesem Satz frei übersetzt, was Bouchard folgendermaßen ausgedrückt hat: „C'est le charactère antitoxique qui constitue la nouveauté et, l'on peut dire, la grande découverte de ces dernières années."

In hohem Grade fruchtbar ist auch Ehrlichs Versuch (30) geworden, durch partielle Antitoxinabsättigung die Giftkonstitution, speziell die Konstitution des Diphtheriegiftes zu ergründen. Durch seine Absättigungsstudien gelangte Ehrlich zu seiner Toxoidlehre, welcher zufolge eine und dieselbe Giftlösung neben dem originären Toxin noch vielerlei Toxinmodifikationen, die Toxoide, enthält. Insbesondere alte abgestandene Diphtheriegifte, welche dadurch ausgezeichnet sind, daß sie ihre Toxizität zum Teil verloren, ihre antitoxinbindende Kraft aber mehr oder weniger vollständig erhalten haben, sollen ein Gemisch von Giftmodifikationen darstellen, in welchen sich Protoxoide, Syntoxoide und Epitoxoide, Toxon, Proto-, Deutero- und Tritotoxin, Proto-, Deutero- und Tritotoxoide usw. nachweisen lassen. Diese Lehre, insofern sie von der Voraussetzung ausgeht, daß diese vielen Namen auch ebenso vielen materiellen Substraten mit besonderer giftiger Funktion entsprechen, habe ich an verschiedenen Stellen bekämpft (31). Ich leugne nicht, daß der ursprüngliche Charakter eines Toxins nicht bloß funktionell, sondern auch materiell modifiziert werden kann; ich bin vielmehr bei der Benutzung von physikalischen und chemischen Agentien schon vor mehr als 20 Jahren von der Voraussetzung ausgegangen, daß man eine chemische Alteration des originären Toxins mit dem Erfolg der Giftabschwächung und verbesserten immunisierenden Leistungsfähigkeit erzwingen kann; auch habe ich zusammen mit Knorr (31), der leider zu früh für unsere Wissenschaft gestorben ist, die Tatsache, daß die Toxizität bei Erhaltung der antitoxinbindenden Energie vermindert werden kann, unabhängig von Ehrlich, und in noch viel ausgesprochenerem Grade, für das Tetanustoxin demonstriert. Ich vertrete aber die Anschauung, daß eine abgeschwächte Toxinlösung, zumal wenn der Abschwächungsprozeß zur Ruhe gekommen ist, eine chemisch homogene Flüssigkeit ist, in welcher die toxischen Proteinmoleküle von gleicher Beschaffenheit sind.

Ehrlich hat, um seine Lehre von der Multiplizität der in einer gegebenen Giftlösung vorhandenen Arten von Giftbestandteilen plausibel zu machen, darauf hingewiesen (28), daß manche Nervengifte ihre neurotrope Giftwirkung einbüßen durch Substitution einer Schwefelsäuregruppe und Karbonsäuregruppe. Ich selbst habe gefunden, daß ein Diphtheriegift mit stark ausgesprochener paralysierender Wirkung durch Jodtrichloridbehandlung diese neurotrope Wirkung verliert. Damit wird die Möglichkeit von Toxinmodifikationen, für welche ich die Bezeichnung als „Toxoide“ gern akzeptiere, zweifellos bewiesen. Eine solche chemisch bewirkte Toxoidbildung kann im Beginn des chemischen Prozesses partiell sein, wird schließlich aber alle Toxinmoleküle gleichmäßig betreffen, ebenso wir wir annehmen, daß die Oxydation des Ammoniaks, wenn die Einwirkung des Oxydationsmittels aufhört, schließlich auf der gleichen Oxydationsstufe für alle Ammoniakmoleküle stehen bleibt, auch wenn sie anfänglich, falls die Sauerstoffzufuhr von oben her erfolgt, in den oberen Flüssigkeitsschichten eine andere ist als in den unteren. Beim Toxin soll aber gerade umgekehrt nach langem Stehenlassen seiner Lösung die chemische Alteration am meisten ungleichmäßig die einzelnen Moleküle beeinflußt haben! Das erachte ich für wenig wahrscheinlich, und ich muß je länger, um so entschiedener Ehrlichs Toxoidlehre für unhaltbar erklären.

Von anderen Ereignissen auf dem Gebiete der Lehre von den Antitoxinen möchte ich in diesem historischen Bericht noch erwähnen die Ergebnisse der Studien betreffend die chemische Natur des Substrates für die antitoxische Funktion. Meine schon frühzeitig ausgesprochene Ansicht, daß das Antitoxin untrennbar an Proteinkörper gebunden ist, erfreut sich jetzt einer allgemeinen Anerkennung. Die weitere Forschung hat aber bewiesen, daß das Serumalbumin antitoxinfrei ist, und daß in den Globulinen wiederum nur ein Teil, nämlich die zwischen dem Alexander Schmidtschen Globulin (Euglobulin) und dem Hammarstenschen Albumin stehende Fraktion (Pseudoglobulin) sich antitoxisch wirksam zeigt. Innerhalb der Pseudoglobulinfraktion besitzt die stärkste antitoxische Energie der dem Albumin näherstehende Anteil (32), welchen ich Paralbumin genannt habe.

Diese Erkenntnis hat zu Heilserumreinigungsversuchen geführt, welche ich in meiner „Einführung" (13) S. 252—259 genauer beschrieben habe.

Literatur.

1a. Richet, Des poisons contenus dans les tentacules des actinies. Congestine et Thalassine. Bull. de la Soc. de Biol. 1903.

1b. Richet, De l'anaphylaxie ou sensibilité croissante des organismes à des doses successives de poison. Archivio di Fisiologia Bd. 1. 1904.

2. Friedberger und Vallardi, Über Anaphylaxie. VIII. Mitteilung. Die quantitativen Beziehungen bei der Anaphylatoxinbildung. Zeitschr. f. Immunitätsforsch. Bd. 7. 1910. (Vgl. ausführliches Literaturverzeichnis in: v. Behring, „Einführung in die Lehre von der Bekämpfung der Infektionskrankheiten".)

3. Panum, Über das putride Gift der Bakterien, die putride Infektion oder Intoxikation und die Septikämie. Virchows Arch. 1874.

4. Buchner, Weitere Untersuchungen über die bakterienfeindlichen und globuliziden Wirkungen des Blutserums. Arch f. Hyg. Bd. 17. S. 173.

5. Koch, R., Über die Ätiologie der Wundinfektion. 1878.

6. Löffler, Der gegenwärtige Stand der Frage nach der Entstehung der Diphtherie. D. med. Woch. 1890. Nr. 5/6. S. 109.

7. Roux und Yersin, Ann. Pasteur 1888. S. 629; 1889. S. 273.

8. Bruylant und Vennemann, Bull. de l'Acad. roy. de Méd. de Belg. 1884.

9. Warden und Waddel, Non-bacillar nature of Abrus poison. Calcutta 1884.

10. Sidney, Martin, The proteids of the Seeds of Abrus precatorius. Proc. of the Roy. Soc. Bd. 42. 1887.

11. Stillmarck, Dorpater Arbeiten. III. 1889.

12. Kitasato, Experimentelle Untersuchungen über das Tetanusgift. Zeitschr. f. Hyg. Bd. 10. S. 267.

13. v. Behring, Einführung in die Lehre von der Bekämpfung der Infektionskrankheiten. 4. Abschnitt im 3. Kapitel, S. 59 ff. Berlin 1912. Hirschwald.
14. C. Plinii secundi, Naturalis historiae. (Hamburg u. Gotha 1851. Julius Sillig.)
15. Gautier, A., Les alcaloïdes dérivés des matières protéiques sous l'influence de la vie des ferments et des tissus. Journ. d'Anat. et de Physiol. 1881.
16. Weir-Mitchell und Reichert, Researches upon the venoms of poisonous serpents. Washington 1886. Smithsonian Contributions.
17. v. Lingelsheim, Über die Wertbestimmung der Tuberkulosegiftpräparate. D. med. Woch. 1898. Nr. 37.
18. Pfeiffer, R., Untersuchungen über das Choleragift. Zeitschr. f. Hyg. Bd. 11. 1892.
19. Pfeiffer, R., Flügges Lehrb. „Die Mikroorganismen" Bd. 2. S. 551. 1896.
20. v. Behring, „Einführung".
21. Koch, R., Erste Mitteilung und weitere Mitteilungen über ein Heilmittel gegen Tuberkulose. D. med. Woch. 1890. Nr. 46a; 1891. Nr. 3.
22. v. Behring, Über das Zustandekommen der Diphtherie-Immunität und der Tetanusimmunität bei Tieren. D. med. Woch. 1890. Nr. 49.
23. v. Behring, Untersuchungen über das Zustandekommen der Diphtherie-Immunität bei Tieren. Ebenda 1890. Nr. 50.
24. Fränkel, C., Immunisierungsversuche bei Diphtherie. Berl. klin. Woch. 1890. Nr. 49.
25. v. Behring, Über ein neues Diphtherieschutzmittel. D. med. Woch. 1913. Nr. 19. — Semaine méd. 7. Mai 1913.
26. Bouchard, Compt. rend. de l'Acad. des Sciences 1896.
27. Calmette, Le venin des serpents. Soc. d'Edit. scientif. Paris 1896.
28. Ehrlich, Die Wertbestimmung des Diphtherieheilserums und deren theoretische Grundlagen. Klin. Jahrb. Bd. 6. 1897.
29. Weigerts Abhandlungen Bd. 1. S. 19. 24. 514 (vgl. auch Mönckenberg, Beitr. z. pathol. Anat. Bd. 34. 1903).
30. Ehrlich, Außer der Arbeit, sub. 28: Ehrlich und Sachs, Über die Beziehungen zwischen Toxin und Antitoxin und die Wege ihrer Erforschung. Leipzig 1905. Fock.
31. Knorr, A., Die Entstehung des Tetanusantitoxins im Tierkörper und seine Beziehung zum Tetanusgift. Fortschr. d. Med. 1897. Nr. 17.
32. Banzhaf, E. J., The preparation of antitoxin. From the Johns Hopkins Hosp. Bull. Bd. 22. Nr. 241. 1911.

22.

Allgemeines über antitoxische Immunität[1]).

A. Theoretisches.

I.

Wenn hier von Immunität die Rede ist, dann wird darunter immer der Schutz gegenüber einer Infektionskrankheit verstanden.

Die antitoxische Immunität ist humorale Immunität, im Gegensatz zu den solidaren Immunitätsarten, welche nicht durch unbelebte, wasserlösliche und in den flüssigen Bestandteilen enthaltene Immunkörper, sondern durch das Verhalten vitaler Körperelemente bedingt sind.

Die solidaren Immunitätsarten lassen sich auf zwei Haupttypen zurückführen, die wir als konstitutionellen und funktionellen Immu-

---

[1]) Aus Handbuch der Immunitätsforschung. 2. Auflage. III.

nitätstypus unterscheiden können. „Konstitutionell" nenne ich die histogene Immunität, welche darauf beruht, daß das infektiöse Agens keine Angriffspunkte in den vitalen Körperelementen vorfindet. Wenn wir beispielsweise weiße Mäuse gegenüber dem Diphtherievirus immun finden, dann ist diese Immunität so zu interpretieren, daß das von dem Virus produzierte Gift für diese Tierart unschädlich ist, und zwar deswegen unschädlich, weil denjenigen lebenswichtigen Zellen und Geweben, die bei diphtherieempfänglichen Tierarten giftempfindlich sind, bei weißen Mäusen die Empfindlichkeit abgeht. Die Diphtheriebazillen sind im Organismus der weißen Mäuse nicht weniger vermehrungsfähig, wie bei empfänglichen Tieren. Sie sind aber ihrer gefährlichen Angriffswaffe beraubt und fallen widerstandslos einem vitalen Kampfmittel von großer Leistungsfähigkeit, der Phagozytose, anheim. Mobile und sessile Zellen bemächtigen sich der eingedrungenen Mikrobien, zerkleinern und verdauen sie mit Hilfe von fermentativ wirksamen Proteinkörpern (Cytasen), wonach die Abbauprodukte durch die Ausführungsgänge der Sekretionsorgane oder durch den Prozeß der Eiterung zum Körper hinausgeschafft werden.

Die Phagozytose ist ein funktioneller oder dynamischer Immunitätsfaktor. Ihr ist es in erster Linie zu verdanken, daß die Mehrzahl der Mikroorganismen zur Erzeugung von Infektionskrankheiten nicht befähigt ist. Andererseits kann sie aber auch die Infektion begünstigen, wenn beispielsweise Tuberkelbazillen durch phagozytäre Wanderzellen im Organismus propagiert werden; denn ihre antibakterielle Leistungsfähigkeit versagt, wenn ein Infektionserreger durch den Aufbau seiner Leibessubstanz oder durch Giftproduktion sich der intrazellulären Digestion zu entziehen vermag und über die Phagozyten die Oberhand behält. Außer der Qualität spielt auch die Quantität der in den animalischen Organismus eindringenden Mikrobien eine entscheidende Rolle in ihrem Kampf mit den Phagozyten. Wir dürfen eben nie die Relativität des Immunitätsbegriffs aus dem Auge verlieren.

Außer der dynamisch wirksamen Phagozytose und der konstitutionell bedingten Giftunempfindlichkeit haben wir noch einen Immunitätsfaktor von humoraler Art zu berücksichtigen, welcher repräsentiert wird durch eine antiinfektiöse Beschaffenheit der Körperflüssigkeiten. So besitzt die Blutflüsigkeit der Ratten gegenüber dem Milzbrandvirus abtötende Kraft, und diese Tiere sind deswegen in ziemlich hohem Grade milzbrandgeschützt.

Die vorerwähnten antibakteriellen Kampfmittel der weißen Mäuse gegenüber den Diphtheriebazillen und der Ratten gegenüber den Milzbrandbazillen sind angeboren und werden phylogenetisch vererbt.

Nun gibt es aber nicht bloß eine angeborene, sondern auch eine erworbene antibakterielle Immunität. Sie kann erworben sein durch epidemiologische Infektion, die nicht immer zur klinisch diagnostizierbaren typischen Erkrankung führen muß, sondern auch abortiv verlaufen kann. Im Gegensatz zu dieser gewissermaßen spontan erworbenen Immunität kann die Immunität auch erzeugt werden durch eine kunstgemäße Behandlung mit dem Infektionsstoff. Sowohl die spontan erworbene wie die künstlich erzeugte Immunität ist zurückzuführen auf die Produktion von Antikörpern. Durch Antikörperübertragung kann bei einer Reihe von Infektionskrankheiten die Immunität hergestellt werden, ohne daß dabei vitale Kräfte mitwirken; und ohne unser Zutun kann diese sogenannte passive Immunität bei Säuglingen entstehen durch die Aufnahme der Milch von einer immungewordenen Mutter oder Amme; ja die Immunisierung kann schon vor dem Beginn des Individuallebens, im Mutterleibe, stattfinden, wenn der Antikörperübergang perplazentar erfolgt.

Wie gegenüber den infektiösen Bakterien, so sind auch gegenüber andersartigen Parasiten die Immunitätsverhältnisse zu beurteilen.

Der antiparasitären steht nun die antitoxische Immunität gegenüber.

Als antitoxische Immunität könnte man die auf Giftunempfindlichkeit zurückzuführende Diphtherieimmunität der Mäuse auffassen. Aber wir schließen die histogene Giftimmunität vom Begriff der antitoxischen Immunität aus und verstehen darunter nur die humorale (statische) Giftimmunität, welche auf einen Antitoxingehalt der Blutflüssigkeit beruht.

Ich habe mich bis jetzt noch nicht davon überzeugen können, daß es eine phylogenetisch vererbte humoral-antitoxische Immunität gibt. Das steht freilich außer Zweifel, daß auch neugeborene Individuen sie besitzen können. Wenn das der Fall ist, so müßte aber erst ausgeschlossen werden, daß sie nicht im intrauterinen Leben durch erworbene Antikörper des mütterlichen Blutes entstanden ist, ehe ihr phylogenetisches, oder — wie man sich auch ausdrückt — natürliches Vorkommen als unwiderleglich bewiesen angesehen wird.

II.

Nach meiner Kenntnis der Sachlage ist also die antitoxische Immunität immer ontogenetisch erworben. Ich setze zwar mit Ehrlich voraus, daß normalerweise, durch phylogenetische Vererbung, im animalischen Organismus toxinbindende Körper enthalten sind, welche intrazellulär liegen. Diese sind aber nicht immunisierend wirksam, sondern sie bedingen die spezifische Vergiftung, indem sie giftzuleitend statt giftablenkend wirken. Außerdem nehme ich an, daß die giftbindenden Zellbestandteile an anderweitige Proteinkörper gebunden in der Zelle enthalten sind und mit den Blutantitoxinen nicht identifiziert werden dürfen. Vermutlich entstehen die Antitoxine der Heilsera erst durch Aufspaltung einer antitoxinogenen Gruppe in der Zelle („Seitenkette“ Ehrlichs) unter dem Einfluß des Toxins. Nach Ehrlich findet in der vom Toxin angegriffenen Zelle ein Ausfall von toxinbindender Substanz statt, und dieser Ausfall hat nach allgemein gültigen biologischen Gesetzen (Weigert) eine Regeneration der ausgefallenen Gruppe, ihre Produktion im Überschuß und ihre Abstoßung in die Blutflüssigkeit, in welcher sie als „Antitoxin“ sich betätigt, zur Folge. Den antitoxischen Entgiftungsmechanismus stelle ich mir so vor, daß das Toxin von dem Antitoxin sowohl in vitro wie in vivo physikalisch gebunden (adsorbiert) wird, daß aber diese Bindung in vitro reversibel bleibt. Die definitive Unschädlichmachung des Toxins erfolgt erst unter Mitwirkung eines komplementären Körpers in vivo. Dieser komplementäre Körper ist jedoch nicht identisch mit dem H. Buchnerschen Blutserum-Alexin; vielmehr nehme ich an, daß er von denjenigen Zellen bezogen wird, zu welchen das Toxin eine spezifische Affinität besitzt. Durch Antikörper plus Komplement wird das chemische Substrat der Toxinwirkung schließlich proteolytisch abgebaut.

Mit dem ersten Teil dieser meiner Entgiftungshypothese, welche ich seit dem Jahre 1905 im Anschluß an die in meinem Marburger Privatinstitut von Biltz, Much und Siebert (4) ausgeführten Arbeiten vertrete, dürfte jetzt wohl die Mehrzahl der Forscher auf dem Spezialgebiet der antitoxischen Entgiftungsstudien (Bordet [5], Grassberger und Schattenfroh [9], Zangger [20], Morgenroth [14], Mentz von Kroch [13] u. a.) einverstanden sein; dagegen scheint mir, daß ich mit dem zweiten Teil meiner Hypothese, welche die Entgiftung durch Giftzerstörung — ein Ausdruck, den ich schon vor 25 Jahren in meiner Publikation mit Kitasato angewendet habe — voraussetzt, noch ziemlich isoliert dastehe. Nur Nicolle (17) hat im Jahre 1908 eine Hypothese aufgestellt, die sich mit der meinigen fast vollständig deckt, wenn er sagt:

„Voici, par analogie avec les cytolysines bien connues, comment on peut se représenter a priori cette nouvelle espèce d'anticorps? In vitro, les toxinolysines se fixent sur les toxines brutes correspondantes (même altérées) et, grace au pouvoir activant des compléments qu'on leur associe, les „dissolvent“ et en libérent des poisons vrais (dont la quantité doit être très faible dans ces conditions). In vivo, elles se fixent sur les mêmes antigènes et les attaquent plus énergiquement. L'intoxication résultante se trouve liée, quant à son intensité, d'une part à la concentration de l'anticorps au sein de l'organisme, d'autre part à la masse et au degré d'intégrité de la toxine; une toxine coagulée est donc susceptible de consommer beaucoup de lysine sans dommage pour l'économie où s'opère sa destruction. — Rappelons ici, que, pour nous, l'action lytique est toujours précédée d'une coagulation."

Ungefähr dasselbe besagen die im Jahre 1905 im 10. Heft meiner „Beiträge zur experimentellen Therapie" S. 53 veröffentlichten Sätze:

„Eine ungezwungene und zugleich der Vielseitigkeit der Erscheinung Rechnung tragende, weit gefaßte Deutung ergibt sich, wenn man die „Neutralisierungsvorgänge" in zwei Prozesse zerlegt. Im ersten Stadium wird toxisches Material von dem Antikörper (Antitoxin) durch Adsorption gebunden. Dieser Vorgang verläuft nach den allgemeinen Erfahrungen der Kolloidchemie in Abhängigkeit von der Beschaffenheit und der Konzentration der Reagentien. Im zweiten Stadium zerfällt der adsorbierte organische Stoff."

Durch diese Interpretation wird der Mechanismus der antitoxischen Entgiftung in eine Reihe gestellt mit der anaphylaktischen Proteolyse, der spezifischen Bakteriolyse, Hämolyse und den sonstigen Abbauprozessen unter Mitwirkung von spezifischen Antikörpern.

III.

Im allgemeinen läßt sich sagen, daß mit jedem wasserlöslichen Toxin das zugehörige Antitoxin erzeugt werden kann. Dem Diphtherieantitoxin und Tetanusantitoxin sind aber nur wenige therapeutisch brauchbare Antitoxine zur Bekämpfung von Infektionskrankheiten des Menschen und seiner wertvollen Haustiere im Laufe der letzten 25 Jahre hinzugefügt worden. Außer dem Schlangengiftantitoxin könnte man allenfalls noch das Antibotulin nennen. Man hat zwar bei der Cholera, der Pest, der bakteriellen Dysenterie, dem Rauschbrand, der Staphylokokken- und Pyozyaneusinfektion die Existenz von antitoxischen Antikörpern nachgewiesen; soweit aber bei diesen Infektionskrankheiten eine Antikörpertherapie überhaupt von einem praktischen Erfolg begleitet ist, ist er in den Heilseris mehr den antiparasitären Antikörpern zuzuschreiben. Theoretische Bedeutung haben durch Ehrlichs (7, 8) Untersuchungen das Antiricin und Antiabrin gewonnen.

Die Methoden zur Gewinnung von Antitoxinen lassen sich alle auf das isopathische Prinzip zurückführen, welchem zufolge die Produktion eines spezifischen Antikörpers im lebenden Organismus nur durch dasjenige krankmachende Agens veranlaßt wird, welches von dem in Frage stehenden Antikörper spezifisch beeinflußt wird. Dieser Hauptsatz ist noch dahin zu erweitern, daß speziell die antitoxischen Antikörper nicht bloß durch das zugehörige Toxin, sondern auch mit Hilfe der toxinproduzierenden Lebewesen und mit Hilfe von abgeschwächten Modifikationen des Toxins erzeugt werden können.

Die Antitoxinproduktion unter Zuhilfenahme von abgeschwächtem Toxin ist ein Analogon zu Pasteurs Erzeugung einer antiinfektiösen Immunität durch die Benutzung von abgeschwächtem Virus. Die Abfchwächungsmittel sind im Prinzip die gleichen für die verschiedenen Toxine. Hauptsächlich kommen da in Frage Oxydationsmittel von verschiedener Art. Unter dem Einfluß erhöhter Temperatur und der Belichtung, besonders aber auch durch die Gegenwart autooxydabler Körper in der abzuschwächenden Toxinlösung, wird der Luftsauerstoff aktiviert und zur Einleitung oxydativer Prozesse befähigt. Sicherer noch fand ich die Wirkung von Jodpräparaten, von welchen das Jodtrichlorid mir dazu gedient hat, um mit Hilfe seiner giftabschwächenden Wirkung von Meerschweinchen und Kaninchen Diphtherieantitoxin und Tetanusantitoxin zu gewinnen, nachdem ich mit den genuinen Infektionsstoffen nicht zum Ziele gekommen war. Noch wirksamer hat sich mir schließlich die Giftabschwächung durch Zusatz von Antitoxin in solchem Verhältnis erwiesen, daß für das zu immunisierende Individuum in der Toxin-Antitoxinmischung noch ein Giftüberschuß enthalten ist. Diese letztere Art der Abschwächungsmethode, welche gegenwärtig zur Diphtherieimmunisierung in der menschenärztlichen Praxis erprobt wird, bezeichne ich als kombinierte Methode im Gegensatz zu der Jod-Abschwächungsmethode, zur Belichtungs- und Erhitzungsmethode, sowie zu der gewissermaßen spontanen Abschwächung bei längerem Stehen der Giftlösung.

In der Diphtherieheilserum- und Tetanusheilserum - Gewinnungspraxis kommt man bei der Benutzung von Pferden als Antitoxinproduzenten auch ohne Giftabschwächung aus, indem man die Verdünnungsmethode anwendet, bei welcher im Beginn der Behandlung die zur Erreichung der Reaktionsschwelle erforderliche Verminderung der Giftigkeit durch Zusatz von Wasser zum genuinen Toxin bewirkt wird.

Bei der Benutzung von abgeschwächtem Toxin schränke ich den Gebrauch desselben auf die Herstellung der sogenannten Grundimmunität ein. In der Tat wird ja nach erfolgter Antitoxinproduktion während des Eintritts der Grundimmunität späterhin auch das genuine Toxin sich verhalten wie ein abgeschwächtes, insofern als es im lebenden Organismus auf Antitoxin stößt und bei

Gegenwart desselben wie bei der kombinierten Methode in Aktion tritt.

Das Wesen der Giftabschwächung erblicke ich in einer chemischen Modifikation des Toxinmoleküls, welche einhergeht mit einer Molekülvergrößerung, die eine verlangsamte Einwirkung auf die giftempfindlichen vitalen Körperelemente zur Folge hat. Nun können wir aber auch die Verlangsamung der toxischen Wirkung auf rein mechanischem Wege erreichen, z. B. durch Einhüllung der toxischen Substanz in Kollodium (Roux). In jüngster Zeit habe ich auch noch einen anderen Weg eingeschlagen, indem ich beispielsweise das Diphtheriegift mit abgetöteten Diphtheriebazillen verrieben und dann die toxinhaltigen Bazillen mit wässerigen oder kolloidalen Flüssigkeiten emulsioniert habe. Auch diese anscheinend recht wirksame Methode läßt sich auf das allgemeine Prinzip der verbesserten immunisierenden Leistungsfähigkeit durch verlangsamte Toxinwirung zurückführen, wobei freilich die Giftwirkung nicht durch Molekülvergrößerung in die Länge gezogen wird, sondern durch Anlegung eines die wirksame Substanz allmählich abgebenden Depots, ähnlich wie man die Quecksilberwirkung in die Länge zieht, wenn man statt der Quecksilberchloridbehandlung der Syphilis ein Kalomeldepot anlegt. Dieser Vergleich kann auch dazu dienen, um es verständlich zu machen, daß Kollodiumtoxin und Bazillentoxin zweckmäßig in längerem Zeitintervall bei fortgesetzter Behandlung verwendet wird.

Eine theoretisch bedeutsame Frage betrifft die Antitoxinqualität. Wir berechnen quantitativ in einem Heilserum die in 1 ccm enthaltene Zahl von Antitoxineinheiten auf Grund einer Titration mit dem entsprechenden Toxin. Ob nun aber immer eine Tetanus- oder Diphtherie-Antitoxineinheit nach jeder Richtung dieselbe Größe bedeutet, gleichgültig, ob sie vom Pferde, vom Rinde, vom Schaf oder einer anderen Tierart herstammt, und gleichgültig auch, ob sie entnommen wird einem hochwertigen oder minderwertigen Serum, das wird durch die im Tierversuch erfolgte Festlegung der antitoxischen Energie nicht garantiert. Soweit meine Kenntnisse nach dieser Richtung gehen, werden für die therapeutische Praxis ohne nennenswerte Fehlerquelle unsere Antitoxineinheiten als identisch betrachtet werden können. Aber schon vor vielen Jahren, auf Grund der Versuche, welche Knorr (10) an tetanusimmun gemachten Hühnern in meinem Institut ausführte, bin ich zu der Überzeugung gekommen, daß im Beginn der antitoxischen Immunisierung das Antitoxin sich verhält wie eine Toxin-Antitoxinverbindung, in welcher das Antitoxin sich im Überschuß befindet.

B. Praktisches.

IV.

Bei der Beurteilung des praktischen Wertes der antitoxischen Heilserumtherapie, die ich hier nur im Anschluß an die beim Tetanus und der Diphtherie gemachten Erfahrungen besprechen will, muß man einen Unterschied machen zwischen präventiver und kurativer Therapie.

Beim Tetanus des Menschen ist der kurative Antitoxinwert noch immer bestritten, während die präventive Tetanustherapie sich einer ziemlich allgemeinen Anerkennung erfreut. Noch mehr gesichert als beim Menschen ist die antitoxische Präventivtherapie zur Bekämpfung des Tetanus der Pferde. Das hängt damit zusammen, daß das vom Pferde herstammende Tetanusheilserum für Pferde ein homogenes Antitoxin enthält, welches im Organismus dieser Tiere auch bei passiver Immunisierung sehr lange verweilt, während es schon nach ca. 3 Wochen aus dem menschlichen Organismus verschwunden ist, womit die Immunität aufhört. Ein mit der Milch von dem aktiv immunisierten Mutterpferde Nr. 6 passiv immunisiertes Fohlen Nr. 6a brauchte $4^1/_2$ Monate, um seinen Blutantitoxingehalt bis auf 20 Proz. des anfänglichen Höchstwertes zu reduzieren, un ich weiß aus anderweitigen Versuchen, daß nach einmaliger Injektion von homogenem Heilserum noch nach Jahr und Tag ein Antitoxingehalt des Blutes nachweisbar sein kann.

Bei der Diphtherie ist umgekehrt der Nutzen der kurativen Heilserumbehandlung allgemein anerkannt, während die präventive Behandlung mit dem vom Pferde stammenden Antitoxin von vielen Autoren skeptisch beurteilt wird.

V.

Die Urteilsbildung betreffend den kurativen Wert einer medikamentösen Behandlung überhaupt, und der Heilserumbehandlung im besonderen, kann auf sehr verschiedene Art erfolgen.

Nicht zu unterschätzen ist der subjektive ärztliche Eindruck. Ein Arzt mit reicher Erfahrung über den typischen Ablauf des Krankheitsprozesses sowie über den Einfluß, welchen der Genius epidemicus, die Konstitution der Patienten und ihr derzeitiger Gesundheitszustand, das Lebensalter, das Milieu und anderweitige Faktoren auf den typischen Krankheitsverlauf ausüben, kann mit großer Wahrscheinlichkeit prognostizieren, wie im konkreten Fall die Krankheit endigen wird bei der gewohnten Art der Behandlung; und schon eine mäßige Zahl von Beobachtungen wird ihm dann die Überzeugung von dem Wert der neuen, auf spezifische Wirkung Anspruch erhebenden Heilmethode verschaffen können. In Krankenhäusern kann diesem subjektiven Urteil noch größere Bedeutung verliehen werden, wenn möglichst gleichartige Fälle mit dem zu prüfenden Mittel zum Teil behandelt werden und zum anderen Teil unbehandelt bleiben oder die bisher üblichen Mittel bekommen. Sehr lehrreich ist eine statistische Tabelle, welche Kossel 1894 aus mehreren Hundert Diphtheriefällen in der Barackenabteilung des Kochschen Instituts in Berlin konstruiert hat, um nicht bloß die Überlegenheit meines Diphtherieheilserums über die sonstigen Diphtheriemittel zu demonstrieren, sondern um gleichzeitig auch zu zeigen, daß diese Überlegenheit am eklatantesten zutage tritt bei frühzeitig eingeleiteter Serumbehandlung. Bei gleichbleibender, subkutan verabfolgter Serumdosis von 600 AE. starben, wenn die Behandlung, nachdem die ersten Krankheitssymptome erkennbar waren,

spätestens nach 24 St. begann:	0%	gegenüber	30%	bei anderweitiger Behandlung
nach 2mal 24 " "	3%	"	35%	" " "
" 3 " 24 " "	12,5%	"	38%	" " "
" 4 " 24 " "	23%	"	46%	" " "
" 5 " 24 " "	40%	"	50%	" " "
" 6 " 24 " "	47%	"	63%	" " "
" 7 " 24 " "	40%	"	69%	" " ".

Es handelt sich hier um Krankenhausfälle, die am gleichen Ort von einem und demselben Beobachter zusammengestellt sind, was dieser Tabelle ihren bsonderen Wert verleiht.

Weniger einwandfrei sind Sammelstatistiken von der Art, wie ich sie tabellarisch zusammengestellt habe (14) für einen Vortrag auf der 67. Naturforscherversammlung vom Jahre 1895 in Lübeck. Immerhin wird, wenn die Zahlen groß genug, zuverlässig und vollständig sind, wenn außerdem die Fragestellung bei der Sammlung der Fälle unzweideutig war, auch die Sammelforschung brauchbare Ergebnisse liefern können. Das war der Fall für die Zahlen in der hierunter reproduzierten Tabelle.

Tabelle I.

	1891	1892	1893	1894	1895 7 Mon.
Diphtherie-Erkrankungen in ganz Berlin . . .	3502	3772	4206	5249	3111
Diphtherie-Todesfälle in ganz Berlin	1144	1376	1577	1496	495
Es starben demgemäß von 100 Diphtheriekranken in Berlin (Letalität)	31,8	36,5	36,7	26,8	15,9
Diphtheriefälle in den Berliner Krankenhäusern	1727	2120	2403	2900	1666
Todesfälle an Diphtherie in den Berliner Krankenhäusern	613	867	931	611	258
Es starben demgemäß in den Krankenhäusern von 100 Diphtheriekranken (Letalität)	35,5	40,0	38,9	21,1	14,9

Die Sammelstelle für die in vorstehender Tabelle enthaltenen Diphtheriefälle war das Kaiserliche Gesundheitsamt, der Sammelbezirk beschränkte sich auf die Stadt Berlin. Da Meldepflicht bestand, können die Zahlen als vollständig und zuverlässig gelten. Die Meldekarten der Berliner Krankenhäuser wurden einerseits zusammen mit den übrigen Meldekarten und andererseits noch gesondert verarbeitet. Die Fragestellung ging einfach dahin, wie viel Erkrankungen und wie viel Sterbefälle an Diphtherie sich während der Jahre 1891—1895 ereignet haben. Aus den gemeldeten Morbiditäts- und Mortalitätszahlen ergab sich dann die Letalität für die einzelnen Berichtsjahre, indem die Zahl der Sterbefälle prozentisch auf die Erkrankungsfälle berechnet wurde. Wenn wir nun sehen, daß die Letalität vom Jahre 1891—1893 in ganz Berlin zwischen 31,8 Proz. bis 36,7 Proz. liegt, und daß sie mit steigender Morbidität immer größer wird — eine Relation, die auch an anderen Orten und in anderen Jahrgängen sich ganz gesetzmäßig wiederholt — wenn dann trotz steigender Morbidität und bösartiger werdendem Genius epidemicus die Letalität in ganz Berlin 1894 um mehr als $^1/_4$, 1895 sogar um mehr als die Hälfte sinkt, wenn ferner in den Krankenhäusern die Letalität von 40 Proz. des Jahres 1892 schon 1893 mäßiger wird, um 1894 auf ca. die Hälfte und 1895 noch mehr zu sinken, dann wird die Schlußfolgerung unabweislich, daß ein besonderes Moment die Letalitätsziffer beeinflußt haben muß. Nun wissen wir, daß im Jahre 1893 die Serumbehandlung in einzelnen Berliner Krankenhäusern begann und 1894 in den meisten konsequent durchgeführt wurde, daß dagegen außerhalb der Krankenhäuser das Diphtherieserum 1893 gar nicht und 1894 nur in beschränktem Maße verwendet wurde, während 1895 das wachsende Vertrauen in die serumtherapeutische Diphtheriebehandlung auch privatärztlich zur allgemeinen Heilserumanwendung geführt hatte. Die Koinzidenz zwischen steigender Serumanwendung und abnehmender Letalität ist danach eine so vollständige, daß die Tabelle I als ein schönes Beispiel für die Beweiskraft einer sachgemäßen therapeutischen Statistik dienen kann.

Die aus dieser Tabelle zu entnehmende Heilkraft der Antitoxinbehandlung tritt für das Jahr 1894 noch in ganz besonders eindringlicher Weise zutage bei einem vergleichenden Studium der Letalität in der Charité, wo die Serumbehandlung der Diphtheriefälle ziemlich regelmäßig erfolgte, und im Krankenhaus Bethanien zu Berlin, wo sie konsequent abgelehnt wurde. Im gleichen Zeitraum der Beobachtung, in derselben Stadt, bei gleichartigem Krankenmaterial war der Unterschied ein ganz enormer, denn im Jahre 1894 hatte die Charité 16,7 Proz., Bethanien 43,1 Proz. Letalität!

Tabelle II enthält die Zahl der Diphtheriefälle in der Charité und in Bethanien, verteilt auf die Altersklassen.

Tabelle II,
betreffend die Letalität der in die Charité und in das Krankenhaus Bethanien zu Berlin während des Jahres 1894 aufgenommenen Diphtheriefälle.

	Charité			Bethanien		
	Diphtheriefälle		Gestorben	Diphtheriefälle		Gestorben
	unter 1 Jahr	über 1 Jahr		unter 1 Jahr	über 1 Jahr	
Für das ganze Jahr 1894	18	299	53	11	249	112
Letalität		16,7%			43,1%	
Für das IV. Quartal 1894 . . .	7	155	13	—	58	19
Letalität		8%			32,7%	

Heubner, dem ich diese Tabelle verdanke, hat dazu folgende Erklärung abgegeben: „Sämtliche Direktoren der hier in Betracht kommenden Abteilungen gaben mir mit größter Liebenswürdigkeit genaue Auskunft darüber, ob und wann das Heilserum in ihren Anstalten zur Anwendung kam. Die Krankenaufnahmen und Todesfälle konnte ich mir aus den amtlichen Unterlagen im Kaiserlichen Gesundheitsamt zusammenstellen, dessen Direktor, Herr Dr. Köhler, mir diese und sämtliche anderen Quellen mit größter Zuvorkommenheit zur Verfügung stellte."

In Lübeck sagte ich zur Erläuterung: „Das Ergebnis der Vergleichung ist so frappant, daß ich es etwas genauer betrachten will. Die Diphtherieletalität in Bethanien für das ganze Jahr 1894 beträgt 43,1 Proz. und hat somit die Höhe, welche ungefähr derjenigen entspricht, die in den Vorjahren in den Berliner Krankenhäusern mit vornehmlicher Aufnahme von diphtheriekranken Kindern beobachtet wurde. In der Charité dagegen beträgt die Mortalität für das ganze Jahr nur 16,7 Proz. Man wird wohl kaum behaupten wollen, daß die der Charité zugehenden Kranken im allgemeinen leichtere Fälle repräsentieren. Auch der Einwand, daß der Genius epidemicus die so sehr viel höheren Zahlen der Todesfälle in Bethanien verschulde, dürfte hier kaum geltend gemacht werden, wo es sich um denselben Ort und dieselbe Zeit handelt. In der Diphtherieletalität des Krankenhauses Bethanien haben wir auch einen guten Anhaltspunkt für die Beurteilung des Berliner Genius epidemicus im Jahre 1894, und im Interesse der Statistik ist es mit Freude zu begrüßen, daß ein Berliner Krankenhaus mit starker Aufnahme von Diphtheriekranken konsequent der Serumtherapie sich verschlossen hat; ob auch im Interesse der Patienten, das ist freilich eine andere Frage. Aber wir können noch mehr aus dieser Tabelle lernen. Wir sehen aus der Berechnung der Aufnahmen und Sterbefälle im vierten Quartal, wo schon das Heilserum sich Anerkennung verschafft hatte und in genügender Menge mit ausreichender Wirksamkeit zu bekommen war, wie in der Charité die Zahl der Kranken so hoch ist, daß sie mehr beträgt als die für die drei ersten Quartale zusammen. In Bethanien dagegen wird, trotz der kolossalen Zunahme von Diphtherieerkrankungen in Berlin, die Zahl der Aufnahmen im vierten Quartal geringer als dem Durchschnitt des ganzen Jahres entspricht; und was gleichfalls bemerkenswert ist, bei einer relativ hohen Zahl von Erwachsenen ist auch nicht ein einziges Kind unter einem Jahr unter den Aufgenommenen, während die Charité sieben Kinder unter einem Jahr im letzten Quartal zählt. Trotzdem aber ist die Zahl der Heilungen in der Charité im vierten Quartal viermal größer als in Bethanien. Ich weiß nicht, ob auch jetzt noch immer im Krankenhaus Bethanien vom Diphtherieserum kein Gebrauch gemacht wird, würde es dann aber verstehen, wenn die Eltern ihre diphtheriekranken Kinder noch weniger dort unterbringen und sie lieber nach solchen

Krankenhäusern schicken, in welchen die Wahrscheinlichkeit, geheilt zu werden, um das Vierfache größer ist. Ich halte die Beweiskraft der ebengenannten Zahlen für den Nutzen des Heilserums für so stark, daß sie fast noch mehr Eindruck machen muß als die im Kaiser- und Kaiserin-Friedrich-Krankenhaus beobachtete Tatsache, daß mit der Anwendung des Heilserums die Diphtherieletalität um mehr als die Hälfte fiel, um sofort wieder die alte Höhe zu erreichen, wenn es ausgesetzt wurde, eine Tatsache, die wiederholentlich beobachtet wurde und welche Virchow zu dem Ausspruch veranlaßte, daß sie selbst dem Ungläubigsten die brutale Überzeugungskraft der Zahlen beweisen müsse."

Nach einem bemerkenswerten Ausspruch von Bouchard erfindet die Statistik nichts, aber sie übt ein Richteramt aus, und dieses Richteramt erstreckt sich auf alles, was auf Heilenwollen Anspruch erhebt. Eine beweiskräftige Statistik erfordert die Mitwirkung vieler, die erst dann zu erlangen ist, wenn auf anderem Wege die therapeutische Wichtigkeit der neuen Heilmethode schon erwiesen oder wenigstens in hohem Grade wahrscheinlich gemacht worden ist. Demgegenüber ist die Beweiskraft des therapeutischen Tierexperiments auch ohne große Zahlen absolut sicher, wenn das neue Mittel solchen Tieren das Leben rettet, die mit einer für Kontrolltiere tödlichen Dosis infiziert sind; und meine eigene Überzeugung von der Leistungsfähigkeit der antitoxischen Serumtherapie wurde schon vor der Statistik durch das Tierexperiment fest begründet. Auch die Fragen nach der zweckmäßigsten Applikationsweise und Dosierung, dem Einfluß der frühzeitigen serumtherapeutischen Behandlung usw. sind prinzipiell durch das Tierexperiment beantwortet worden. Die Statistik konnte nur für den Menschen bestätigen, was auf Grund experimenteller Forschung wissenschaftlich erkannt worden war. In früherer Zeit, vor der Entdeckung dosierbarer Infektionsstoffe, war (um mit Körösi, dem verstorbenen ungarischen Statistiker, zu reden) die Medizin bei der Beurteilung des therapeutischen Wertes eines Heilmittels auf die regressive Methode angewiesen, bei welcher aus einer vergleichenden Zusammenstellung der Morbiditäts-, Mortalitäts- und Letalitätsziffern in ähnlicher Art, wie das in Tabelle I und II geschehen ist, auf die heilsame Wirkung geschlossen wird. Seitdem wir aber willkürlich Krankheiten und Krankheitsgrade herstellen können, bedienen wir uns im Tierexperiment der progressiven Methode, indem wir vorerst das ursächliche Moment, sei es als krankmachende oder als krankheitverhütende Ursache, induzieren und dann fortschreiten zur Beobachtung des Effekts. Jenners Vakzinationserfolg konnte nur regressiv erschlossen werden; aber Pasteurs Milzbrand- und Hundswutschutzimpfung, sowie meine Heilserumtherapie ist durch die progressive Methode begründet worden. Zuletzt freilich wird man, um für die ärztliche Praxis die therapeutische Wirksamkeit außer Zweifel zu setzen, immer zu der regressiven Methode der Statistik zurückgreifen müssen.

VI.

Ich betrachte es nicht als meine Aufgabe, an dieser Stelle auf Einzelheiten der antitoxischen Therapie einzugehen, aber möchte doch nicht unterlassen, auf einige mehr oder minder berechtigte Bemängelungen derselben von seiten der ärztlichen Praktiker kurz einzugehen. Nur von dem wichtigsten Antitoxinpräparat, vom Diphtherieheilserum, will ich hier reden, aber meine kritischen Bemerkungen so fassen, daß sie auch auf andere Heilsera Anwendung finden können.

Die u. a. neuerdings von Rumpel (18) in Hamburg geleugnete Heilwirkung des Diphtherieserums wird schon durch die im vorigen Abschnitt angeführten Letalitätsziffern genügend dargetan. Wo aber bei einem besonders bösartigen Charakter einer Epidemie tatsächlich die Letalität trotz Serumbehandlung hoch bleibt, da muß alles beachtet werden, was ihre Wirksamkeit verbessern kann. Es muß die Behandlung alsbald nach der Erkennung der ersten Krankheitssymptome einsetzen und nicht erst die bakteriologische Bestätigung der Diagnose abgewartet werden. Die Seruminjektion soll intravaskulär erfolgen, um den Kontakt des Antitoxins mit dem Infektionsstoff zu beschleunigen. Die Serumdosis soll groß genug sein und nicht weniger als 2000—3000 Antitoxineinheiten enthalten. Werden diese Forderungen erfüllt, dann mag immer noch die Sterblichkeitsziffer relativ hoch sein, aber bei der Vergleichung mit der Sterbeziffer der von der Serumbehandlung ausgeschlossenen Fälle am gleichen Ort und zu gleicher Zeit wird man dann zweifellos ähnliche Unterschiede finden, wie im Jahre 1894 bei der Vergleichung der Diphtherieletalität der Charité und des Krankenhauses Bethanien in Berlin.

Um auch bei hoher Dosierung die üblen Nebenwirkungen des Pferdeserums zu verhüten, ist hochwertiges, womöglich nicht weniger als 1000faches Serum zu verwenden, da sowohl die primäre wie die anaphylaktische Serumgiftigkeit entsprechend der in ihr enthaltenen Proteinquantität zunimmt. Ich hoffe übrigens zukünftig eine wesentliche Herabsetzung der Serumgiftigkeit zu erreichen durch ein gereinigtes Heilserum, von welchem ich in meiner „Einführung in die Lehre von der Bekämpfung der Infektionskrankheiten“ ausführlich gesprochen habe. Einen noch größeren Fortschritt in dieser Richtung verspricht das vom aktiv immunisierten Menschen (cf. Abschnitt IX) zu gewinnende „homogene“ Antitoxin, das freilich nur in beschränktem Maße erhältlich sein wird.

VII.

Für die Zwecke der serumtherapeutischen Praxis wählen wir große Tiere und mit Vorliebe das Pferd als Antitoxinproduzenten.

Die im Handel befindlichen Heilsera sind fast ausschließlich Pferdesera.

Zur Gewinnung des Diphtherieheilserums und Tetanusheilserums immunisieren wir die Pferde mit Kulturfiltraten des Diphtheriebazillus bzw. Tetanusbazillus. Maßgebend für die antitoxinproduzierende Energie der auf diese Weise erhaltenen Giftlösungen ist die Höhe ihres Giftwertes, und der Besitz eines starken Giftes ist die wesentlichste Bedingung für die Produktion von hochwertigem antitoxischen Heilserum. Dabei kommt es aber nicht so sehr auf die Toxizität, als vielmehr auf die antitoxinbindende Kraft an. Diese beiden Giftfunktionen, von welchen ich die erstere als *direkten*, die zweite als *indirekten* Giftwert bezeichne, gehen freilich in den frisch gewonnenen (*genuinen*) Giftlösungen parallel nebeneinander, und wir können zu einem Toxin mit hohem indirekten Giftwert nicht gelangen, ohne daß es ursprünglich auch einen hohen direkten Giftwert besaß. Beim Stehenlassen vermindert sich aber die Toxizität, insbesondere beim Tetanusgift, beträchtlich, ohne daß die antitoxinbindende Kraft eine nennenswerte Einbuße zu erleiden braucht; und durch viele chemische Mittel, sowie durch physikalische Einflüsse (Licht, Wärme, adsorbierende Kolloide) können wir willkürlich den direkten Giftwert *einseitig* herabsetzen. Solche Toxine, welche viel weniger giftig geworden sind, als sie es ursprünglich waren, dabei aber ihre antitoxinbindende Kraft annähernd in der ursprünglichen Höhe konserviert haben, nenne ich *abgeschwächte* Gifte.

Wegen der für die Immunisierung ausschlaggebenden Bedeutung des *indirekten* Giftwertes gehe ich bei der quantitativen Giftbewertung von *diesem* aus und bezeichne als Normalgift ein solches Toxin, welches in 1 g die zur Neutralisierung von einer Einheit des zugehörigen Antitoxins erforderliche Energie unter denjenigen Voraussetzungen besitzt, welche vor längerer Zeit zwischen *Ehrlich* und *mir* vereinbart sind. Die zur Bewertung des Diphtheriegiftes und des Tetanusgiftes notwendigen Normalantitoxine sind aus dem Frankfurter Prüfungsinstitut von Exzellenz *Ehrlich* erhältlich.

Zur Bewertung des Diphtheriegiftes benutzten wir Meerschweinchen von ca. 250 g Gewicht, während uns zur Tetanusgiftwertbestimmung weiße Mäuse dienen.

Ich habe zum Zweck einer leichteren und unzweideutigen Verständigung eine Anzahl von Abkürzungen und Zeichen eingeführt, die ich im folgenden für die quantitativen Wertbestimmungen beim *Tetanus* erläutern will.

Die Maus als Individuum bezeichne ich mit den deutschen Buchstaben „𝔐𝔰"; 1 g Lebendmäusegewicht schreibe ich „1 Ms" (lateinisch) und die für 1 Ms tödliche Minimaldosis 1 + Ms, oder auch

$1 + \underset{+}{\mathrm{Ms}}$, wenn ich die leichtkrank machende Minimaldosis ($= 1 + \underline{\mathrm{Ms}}$), die mäßigkrank machende ($= 1 + \underline{\underline{\mathrm{Ms}}}$) und die schwerkrank machende ($= 1 + \underline{\underline{\underline{\mathrm{Ms}}}}$) von der tödlichen unterscheiden will. Bouillonkulturfiltrat wird abgekürzt in „BCF"; das Mäusegewicht wird in kleiner Zahl hoch oben neben 𝔐𝔰 geschrieben. Ferner führe ich hier noch an: eine Antitoxineinheit = 1 AE.; eine Gifteinheit = 1 GE.; 10fach normales Tetanusheilserum = TetAN^{10}; $^1/_{10}$fach normales Tetanustoxin = $\mathrm{TetTN}^{1/10}$. Außer der g r o ß e n Tetanusantitoxineinheit (= 1 TetAE) unterscheide ich noch kleine Antitoxineinheiten (= 1 — Ms), und zwar setze ich 1 TetAE = 40 Mill. — Ms. Die zur Neutralisierung von 1 — Ms ausreichende Giftmenge bekommt das Zeichen „1 + ms". „+ Ms" ist demnach das Zeichen für den direkten, „+ ms" für den indirekten Giftwert. Die subkutane Injektion wird mit „sk." bezeichnet; „r.h." bedeutet „rechts hinten", L_0, $L_{\underline{\ }}$, $L_{=}$, $L_{\equiv}$ und L_+ sind Zeichen für die krankmachenden und für den tödlichen Grenzwert. Der Verdünnungsgrad von Gift und Antitoxin wird durch die entsprechende Zahl im Nenner zum Ausdruck gebracht.

Nach diesen Erläuterungen werden die nachfolgenden Protokolle, welche die Prüfung des direkten und indirekten Giftwertes einer Tetanusgiftlösung vom 30. Dezember 1912 betreffen, ohne Schwierigkeit zu verstehen sein.

1) $𝔐𝔰^{10}$. 2. I. 11, 2 Uhr nachm. $\frac{\mathrm{TetBCF}^{30.\ \mathrm{XII}.\ 10.}}{25\,000}$ Davon 0,25 ml sk. r.h.
3. I. 11 1 ml geprüft auf 1 Mill. † Ms. —
4. I. 11 . . . . =
5. I. 11 . . . . ≣
6. I. 11 . . . . ≣ † 7 Uhr nachm. nach 101 Std.

2) $𝔐𝔰^{12}$. 3. I. 11, 4 Uhr nachm. $^1/_{1000}$ TetAE. (= 40 000 + ms) } in 1 ml
0,05 ml $\mathrm{TetBCF}^{30.\ \mathrm{XII}.\ 10.}$ Davon 0,4 ml sk. l.h. } Flüssigkeit.
4. I. 11 1 ml geprüft auf 800 000 + ms = $\mathrm{TetAN}^1/_{50}$ 0
5. I. 11 . . . . —
6. I. 11 . . . . ≡
7. I. 11 . . . . ≣
8. I. 11 . . . . † gefunden (nach ca. $4^1/_2$ Tagen).

In ganz analoger Weise ist meine Terminologie für die quantitativen Angaben bei der Diphtherie beschaffen. Statt „𝔐𝔰" und „Ms" ist aber immer zu setzen „𝔐" und „M"; 1 D.A.E. enthält 25 000 — M und dementsprechend 1 DGE 25 000 + m.

Zur direkten und indirekten Diphtherie-Giftwertbestimmung ist an Stelle der bisher benutzten Subkutanmethode die von Römer ausgearbeitete Intrakutanmethode vorzuziehen, deren ausführliche Erläuterung und Beschreibung in meiner „Einführung"[17] (S. 119 ff.) enthalten ist. Speziell für die Bestimmung des Antitoxingehaltes im Blute der mit meinem neuen Diphtherieschutzmittel behandelten

Fälle habe ich die Intrakutanmethode (= Itk-Methode), wie sie jetzt in meinem Institut gehandhabt wird, am Schluß des Abschnittes IX genau beschrieben.

VIII.

Die im Mittelpunkt jeder Heilserumgewinnungsstätte stehende Giftproduktion beginnt mit der Züchtung hochvirulenter Bakterienkulturen in kleinen Brütschränken. Hat man sich dann den besten Kulturstamm ausgewählt und sich davon überzeugt, daß die von den Bakterien befreite Kulturflüssigkeit ein starkes Gift liefert, dann werden von diesem Stamm Massenkulturen in Nährbouillon gezüchtet, die uns nach ihrer Filtration das Rohgift liefern, welches durch Einengen im Vakuum oder durch partielle Fällung konzentriert werden kann. Die Tetanusbazillenkultur gedeiht nur bei Sauerstoffabschluß gut, wenn nicht sauerstoffzehrende Mikroorganismen, z. B. der Bacillus subtilis, in die Kulturflüssigkeit mit dem Tetanusbazillus zusammen eingebracht werden; während die Diphtheriebazillen reichlichen Sauerstoffzutritt haben müssen. Nachdem der Giftwert zuerst in der genuinen Giftlösung und dann vor ihrem Gebrauch zur Pferdeimmunisierung — eventuell nach voraufgegangener spontaner oder willkürlicher Abschwächung — nochmals genau festgestellt ist, wird die Immunisierung durch Injektion allmählich immer höher werdender Giftdosen ausgeführt. Ich halte dabei streng darauf, daß jedes Pferd vom Beginn bis zum Ende der immunisierenden Behandlung stets die gleiche Giftlösung bekommt. Im Verlauf des Immunisierungsprozesses wird von Zeit zu Zeit der Blutantitoxingehalt bestimmt. Die Blutentnahme geschieht durch Einstechen eines Troikarts in eine Halsvene. Das in hohen Standgefäßen aufgefangene Blut scheidet innerhalb von 24—48 Stunden den größten Teil seines Serums spontan aus. Nachdem das spontan ausgeschiedene Serum abgegossen ist, werden schließlich die Blutkuchen vereinigt und zentrifugiert, um auch die darin zurückgebliebenen Serumreste zu sammeln. Zum Zweck der Konservierung wird das in Flaschen bis zum Halse gefüllte Serum mit Karbolsäure bis zu einem Gehalt von 0,45 Proz. versetzt und solange stehen gelassen, bis es keine Nachgerinnsel mehr absetzt. Dann wird das klare Serum dekantiert, der Bodensatz zentrifugiert und das Zentrifugat mit dem Dekantat vereinigt zu einer Operationsnummer von 5—10 Liter. Nach Entnahme von Heilserumproben zum Zweck der Einsendung an das Frankfurter Prüfungsinstitut erfolgt die Plombierung in Gegenwart eines vereidigten Kontrollbeamten. Die Lösung der Plombe und die Abfüllung in kleine Fläschchen für den geschäftlichen Vertrieb geschieht erst, nachdem das Prüfungsattest aus Frankfurt eingelaufen ist.

IX.

Ich habe schon erwähnt, daß ich im allgemeinen zur Heilserumgewinnung Pferde mit Hilfe der Verdünnungsmethode immunisiere. Zeitweise habe ich aber auch die kombinierte Methode angewendet. So ist vor 16 Jahren ein Pferd in der Weise behandelt worden, daß ich ihm vorerst 2500 DAE subkutan injizieren und zwei Tage später dann 10 DGE geben ließ, welche Giftdosis ca. 50000mal größer ist als diejenige, mit welcher ich bei der Verdünnungsmethode die Behandlung beginne. Schon nach acht weiteren Giftinjektionen lieferte dieses Pferd ein 250fach normales Diphtherieheilserum. Abgesehen davon, daß man bei dieser Art der Kombination von Antitoxin und Gift mit einer geringeren Zahl von Giftinjektionen bei höheren Antitoxinwerten anlangt, konnte ich jedoch eine Überlegenheit über die Verdünnungsmethode nicht feststellen. Auch die Injektion einer Mischung von Antitoxin und Gift mit Giftüberschuß zum Beginn der Immunisierung hat in früherer Zeit nichts Besseres geleistet. Aber ich hatte mich doch davon überzeugt, daß man mittels der kombinierten Methode den langen Zeitraum für die Herstellung der Grundimmunität durch zuerst minimale und dann immer größer werdende Giftdosen ganz überspringen und vollkommen gefahrlos gestalten kann. Als nun im Laufe der letzten Jahre sich immer dringender das Bedürfnis nach einer präventiven Diphtheriebekämpfung geltend machte, deren Anwendung seitens der Ärzte und des Publikums weniger Widerstand erwarten läßt als die passive Immunisierung mit Pferdeantitoxin, nahm ich das Studium der kombinierten Methode von neuem auf unter Einführung eines neuen Prinzips, welches im wesentlichen darin besteht, daß die Toxinantitoxinmischung das Gift in sehr starker Konzentration, aber mit so viel Antitoxin versetzt erhält, daß die Mischung im Meerschweinchenversuch kaum noch krankmachende Wirkung besitzt.

Bei der Anwendung solcher Gemische auf andere Tierarten und schließlich auf den Menschen zeigte sich dann freilich, daß die Ungiftigkeit für Meerschweinchen durchaus nichts präjidiziert in bezug auf den Grad der Giftwirkung für Individuen von anderer Art, und daß die Annahme einer in vitro erfolgenden irreversiblen Bindung des Toxins durch Antitoxin irrig ist.

Die verschiedenen Operationsnummern meines neuen Diphtherieschutzmittels, welches gegenüber der epidemiologischen Infektion des Menschen nach 1—2maliger Injektion voraussichtlich einen über Jahr und Tag dauernden Schutz gewähren wird, werden im Frankfurter Prüfungsinstitut kontrolliert und in einer Reihe großer Krankenhäuser am Menschen geprüft von Klinikern, die zum Teil in meinem Marburger Institut in der Handhabung des Mittels, in der Gift- und Antitoxintitration und anderen technischen Einzelheiten geschult sind. Bezüglich der bisherigen klinischen Beobachtungsergebnisse und meiner Vorschriften für die Anwendung des Mittels und die Kontrolle seiner Wirksamkeit verweise ich auf die in der Deutschen medizinischen Wochenschrift erfolgten Veröffentlichungen [1]). Hier soll nur noch die Bestimmung des Blutantitoxingehalts bei den Impflingen nach Römers Intrakutanmethode, die in Nr. 21 der Deutschen medizinischen Wochenschrift vom Jahre 1913 durch Viereck empfohlen worden ist, genauer beschrieben werden.

Das notwendigste Erfordernis für eine exakte Antitoxinbestimmung ist ein zuverlässiges Testgift.

Um das zur Blutprüfung erforderliche Testgift auch auswärtigen Interessenten zugänglich zu machen, habe ich das Marburger Behringwerk veranlaßt, aus DG 7 eine Giftlösung „TA" herzustellen, welche in 1 ml [2]) 1600 + M und 3200 Ln [3])-Dosen enthält, und von welcher nach der Frankfurter Subkutanmethode 3,75 ml durch 1 AE. bis zu L_0 neutralisiert werden. Die aus dem unten abgebildeten Etikett ersichtliche Kennzeichnung des Testgiftpräparates ermöglicht ohne Schwierigkeit das Herausfinden der von Herrn Dr. Siebert, dem Leiter des Marburger Behringwerkes, aufbewahrten Prüfungsprotokolle, welche über die Ergebnisse der von 10 zu 10 Tagen wiederholten Testgift-Kontrolle Auskunft geben. Für wie lange die einwandfreie Beschaffenheit des Testgiftes beim Transport nach auswärts garantiert werden kann, läßt sich erst auf Grund langdauernder Erfahrung feststellen. Was die auf dem Etikett angegebenen Zahlenwerte angeht, so will ich bei ihrer Erläuterung ausgehen von der Blutserumprüfung auf $^1/_{100}$fach normal, bei welcher die in der Injektionsflüssigkeit enthaltene Testgiftmenge („Prüfungsdosis") $^1/_{160}$ ml beträgt.

Die intrakutane Prüfungsdosis von $^1/_{160}$ ml TL mit 20 Ln- und 10 + M-Dosen wird durch den Zusatz von $^1/_{2000}$ AE. (Antitoxin-Einheit) bis zu 1 Ln-Dosis neutralisiert. Auf Grund dieses Neutralisierungsverhältnisses und unter der Voraussetzung, daß immer 0,1 ml von der Toxin-Antitoxinmischung intrakutan injiziert wird, ist leicht zu berechnen, daß man eine 8fache Verdünnung von TL $\left(= \frac{TL}{8}\right)$ mit einem Serum (S), welches auf $^1/_{100}$fach zu prüfen ist, zu gleichen Teilen mischen muß. Für die Ausführung des Mischungsversuches gehe man in folgender Weise vor:

Man stelle sich zunächst $\frac{TL}{8}$ her, indem man 0,5 ml TL hinzufügt zu 3,5 ml 0,85proz. Kochsalzlösung (NaCl-L.). Von dieser 8fachen TL-Verdünnung wird mit der Pipette 1 ml entnommen und in einem kleinen Fläschchen mit 1 ml des darin vorgelegten (auf $^1/_{100}$fach zu prüfenden) Serums gemischt.

Danach entsteht in der Mischlösung $\frac{TL}{16}$ und $\frac{S}{2}$. 0,1 ml von dieser Mischlösung (welche nach 2stündigem Stehen in einem auf 37° eingestellten Brutraum intrakutan einzuspritzen ist), enthält demgemäß $^1/_{160}$ ml TL und $^1/_{20}$ ml S.

Das Serum ist vor der Mischung mit dem Testgift durch einstündiges Erhitzen auf 58° zu inaktivieren.

Ist ein Serum höher zu prüfen, z. B. auf $^1/_{10}$fach, so wird an der Giftdosierung nichts geändert; das Serum aber muß man um soviel verdünnen, als dem zu prüfenden Multiplum von $^1/_{100}$fach entspricht. Bei der Prüfung auf $^1/_{10}$fach ist also $\frac{S}{10}$, bei der Prüfung auf 1fach $\frac{S}{100}$, auf 2fach $\frac{S}{200}$ usw. zu gleichen Teilen mit $\frac{TL}{8}$ zu mischen.

---

[1]) Diese Veröffentlichungen sind im Abschnitt II dieses Buches abgedruckt worden.

[2]) Ich sage statt „Kubikzentimeter" (= ccm), Milliliter (= ml).

[3]) Die Erklärung der Zeichen „+ M" und „Ln" findet sich in meiner „Einführung" auf S. 119. (Vgl. auch die Zeichenerklärung auf S. 169/70 dieses Buches.

Das Testgift darf kein Glyzerin oder andere Zusätze enthalten, welche an sich schon kutane Reizungserscheinungen hervorrufen.

Falls bei der Kontrolle im Marburger Behringwerk ein TL-Präparat sich als minderwertig oder aus anderen Gründen als nicht einwandfrei erweist, dann wird die Operations-Nummer (Op.-Nr.), aus welcher der Inhalt der zum Versand bestimmten Fläschchen entnommen ist, beseitigt und eine neue Op.-Nr. hergestellt.

Man kann das Testgift „TL" auch für eine höhere Prüfungsdosis benutzen, indem man beispielsweise nicht $\frac{TL}{8}$, sondern unverdünntes TL mit dem zu prüfenden Serum zu gleichen Teilen mischt. Für diesen Fall ist jedoch der Antitoxinbedarf zur Neutralisierung nicht — wie man nach dem sogenannten Gesez der Multipla erwarten sollte — 8mal, sondern 20mal größer, so daß die in 0,1 ml Injektionsflüssigkeit enthaltene Prüfungsdosis von $^1/_{20}$ ml TL erst durch $^1/_{100}$ AE. bis zu $\cdot$ 1 Ln neutralisiert wird.

Will man ein Serum auf kleinere Antitoxinwerte prüfen, dann sind stärkere TL-Verdünnungen herzustellen. So habe ich beispielsweise das TL-Testgift auf eine $^1/_{600}$fache Antitoxinlösung eingestellt, die durch 600fache Verdünnung des 10fach normalen Testantitoxins aus Ehrlichs Frankfurter Institut gewonnen wurde, und ich fand dabei, daß diese $^1/_{600}$ Normalantitoxinlösung (DAN $^1/_{600}$) mit $\frac{TL}{40}$ zu gleichen Teilen gemischt werden muß, um bei intrakutaner Injektion von 0,1 ml Ln zu geben. 0,1 ml von einer solchen Mischung enthält den 20. Teil von $^1/_{600} = {}^1/_{12000}$ AE. neben $^1/_{800}$ ml TL. Diese TL-Dosis ist also für $^1/_{12000}$ AE. die Prüfungsdosis, deren 20faches Multiplum $\left(= 1 \text{ ml } \frac{TL}{40}\right)$ mit einem auf $^1/_{600}$fach zu prüfenden Serum zum Zwecke der intrakutanen Injektion zu gleichen Teilen gemischt werden muß.

Die Abfüllungen zu je 10 ml bekommen eine laufende Nummer und einen Vermerk über das Datum der Abfüllung dieser Nummer, sowie auch über das Datum der Herstellung der Op.-Nr., aus welcher sie entnommen sind.

Jeder Abfüllung geht eine genaue Prüfung der Op.-Nr. voraus; die Prüfung wird dann später periodisch wiederholt.

Fläschchen mit 10 ml Testgift sind vom Marburger Behringwerk für 2 Mark erhältlich.

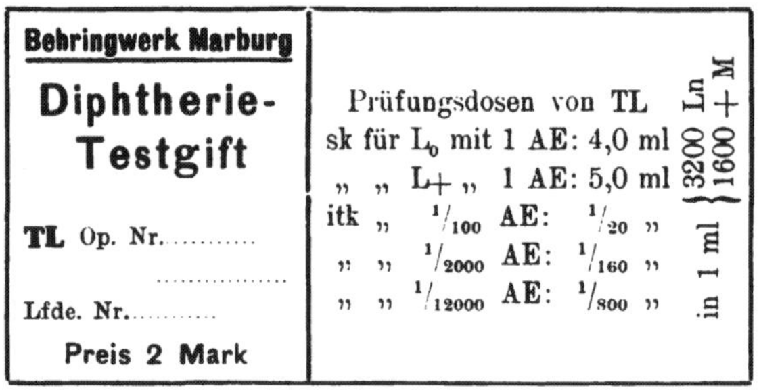

Literatur.

1. v. Behring, Leistungen und Ziele der Serumtherapie. D. med. Woch. 1895. Nr. 38.

2. v. Behring, Einführung in die Lehre von der Bekämpfung der Infektionskrankheiten. Berlin 1912. Hirschwald. S. 119 ff.

3. v. Behring, Über ein neues Diphtherieschutzmittel. D. med. Woch. 1913. Nr. 19.

4. Biltz, Much und Siebert, Experimentelle Beiträge zu einer Adsorptionstheorie der Toxinneutralisierung und verwandter Vorgänge. Behrings Beitr. z. exper. Ther. 1905. H. 10.

5. Bordet, Ann. de l'Inst. Pasteur 1903.

6. Ehrlich, Die Wertbestimmung des Diphtherieheilserums und deren theoretische Grundlagen. Klin. Jahrb. Bd. 6. 1897.

7. Ehrlich, Experimentelle Untersuchungen über Immunität. I. Über Ricin. D. med. Woch. 1891. Nr. 32.

8. Ehrlich, Experimentelle Untersuchungen über Immunität. II. Über Abrin. D med. Woch. 1891. Nr. 44.

9. Graßberger und Schattenfroh, Über die Beziehungen von Toxin und Antitoxin. Leipzig und Wien 1904.

10. Knorr, Die Entstehung des Tetanusantitoxins im Tierkörper und seine Beziehung zum Tetanusgift. Fortschr. d. Med. 1897. Nr. 17.

11. Kossel, Über die Behandlung der Diphtherie des Menschen mit Diphtherieheilserum. Zeitschr. f. Hyg. Bd. 11. 1894.

12. Körösi, Neue Beiträge zur Frage des Impfschutzes. Ref. 10. intern. med. Kongreß, Berlin 1890. Berlin 1891. Puttkammer & Mühlbrecht.

13. Mentz v. Krogh, Ist die Bindung von Diphtherietoxin und Antitoxin eine Adsorptionsbindung. Zeitschr. f. Hyg. Bd. 48. 1911.

14. Morgenroth, Untersuchungen über die Bindung von Diphtherietoxin und Antitoxin, zugleich ein Beitrag zur Kenntnis der Konstitution des Diphtheriegiftes. Zeitschr. f. Hyg. Bd. 48. 1904.

15. Nicolle, M., et Pozerski, Une conception générale des anticorps et de leurs effets. 1° Les anticorps des toxines solubles. Ann. de l'Inst. Pasteur 1908. S. 26.

16. Nicolle, M., et G. Art, Une conception générale des anticorps et de leurs effets. 2° Les anticorps des albuminoides et des cellules. Ann. de l'Inst. Pasteur 1908. S. 132.

17. Nicolle, M., Une conception générale des anticorps et de leurs effets. 3° Les anticorps normaux. Ann. de l'Inst. Pasteur 1908. S. 237.

18. Rumpel, Sitzungsberichte des Ärztlichen Vereins Hamburg 1912 und Verhandlungen des Kongresses für innere Medizin 1913.

19. Weigerts Abhandlungen Bd. 1. S. 19, 24 u. 514 (vgl. auch Mönckeberg, Beitr. z. pathol. Anat. Bd. 34. 1903).

20. Zangger, Deutungsversuch der Eigenschaften und Wirkungsweise der Immunkörper. Zentralbl. f. Bakt., Orig., Bd. 34. 1903.

23.

Über Idiosynkrasie, Anaphylaxie, Toxin-Überempfindlichkeit, Disposition und Diathese[1]).

Die in der Überschrift enthaltenen Wortbildungen bedeuten alle eine abnorme individuelle Geneigtheit zu krankhaften Lebensäußerungen; sie sind aber keine Synonyma, sondern jede von ihnen hat Nebenbedeutungen, welche zu sehr voneinander abweichen, um den Ersatz der einen durch die andere zu gestatten.

I. Idiosynkrasie.

Obwohl die Etymologie des Wortes „Idiosynkrasie" den Zusammenhang mit den humoralen Traditionen der alten Krasenlehre verrät, hat man bis in die neueste Zeit dabei meistenteils als ihre Ursache eine neuropathologische Veranlagung angenommen, freilich ohne jeden Versuch einer wissenschaftlichen Begründung dieser Annahme.

Abgesehen von der Neigung und Fähigkeit, mit heftigen und ungewöhnlichen Krankheitssymptomen auf gewisse in der Regel ganz harmlose Agentien zu reagieren, brauchen solche Individuen,

---

[1]) Sonderabdruck aus „Schmidts Jahrbücher" der gesamten Medizin Bd. 319. S. 113. 1914.

welche mit einer Idiosynkrasie behaftet sind, keinerlei Anzeichen eines abnormen Verhaltens zu zeigen.

Der Ausdruck „Idiosynkrasie" ist nur für die spezifische Überempfindlichkeit menschlicher Individuen üblich. Auf Tiere ist er, bisher wenigstens, kaum angewendet worden.

Ein bemerkenswertes Beispiel von Geruchs-Idiosynkrasie finde ich in Eckermanns „Gesprächen mit Goethe" (Leipzig, Max Hesses Verlag) S. 524 erwähnt, wo Goethe von sich folgendes mitteilt:

„Wir (Schiller und Goethe) waren, bei aller Gleichheit unserer Richtungen, Naturen sehr verschiedener Art, und zwar nicht bloß in geistigen Dingen, sondern auch in physischen. Eine Luft, die Schillern wohltätig war, wirkte auf mich wie Gift. Ich besuchte ihn eines Tages, und da ich ihn nicht zu Hause fand und seine Frau mir sagte, daß er bald zurückkommen würde, so setzte ich mich an seinen Arbeitstisch, um mir dieses und jenes zu notieren. Ich hatte aber nicht lange gesessen, als ich von einem heimlichen Übelbefinden mich überschlichen fühlte, welches sich nach und nach steigerte, so daß ich endlich einer Ohnmacht nahe war. Ich wußte anfänglich nicht, welcher Ursache ich diesen elenden, mir ganz ungewöhnlichen Zustand zuschreiben sollte, bis ich endlich bemerkte, daß aus einer Schieblade neben mir ein sehr fataler Geruch strömte. Als ich sie öffnete, fand ich zu meinem Erstaunen, daß sie voll fauler Äpfel war. Ich trat sogleich an ein Fenster und schöpfte frische Luft, worauf ich mich dann augenblicklich wiederhergestellt fühlte. Indes war seine Frau wieder hereingetreten, die mir sagte, daß die Schieblade immer mit faulen Äpfeln gefüllt sein müsse, indem dieser Geruch Schillern wohltue und er ohne ihn nicht leben und arbeiten könne."

Goethes Antipathie gegen den Geruch fauler Äpfel wird gewiß von vielen Personen geteilt. Aber seine Reaktion mit derartig krankhaften Symptomen dürfte doch recht ungewöhnlich sein und unter den Begriff der Idiosynkrasie fallen. Fast noch mehr pathologisch ist freilich Schillers sympathische Neigung für diesen Geruch; niemand wird aber, trotz ihrer Abnormität, hier von „Idiosynkrasie" sprechen wollen, da dieser Abnormität das Kriterium der unangenehmen Empfindung und des Krankheitsgefühls fehlt.

Wie in medizinischen Kreisen vor 15 Jahren über die Idiosynkrasie geurteilt wurde, mögen folgende Sätze von Samuel (im Lehrbuch der allgemeinen Therapie von Eulenburg und Samuel, Bd. I, S. 195. Wien und Leipzig 1898. Urban & Schwarzenberg) zeigen:

„Es ist zu berücksichtigen, daß einzelne, sonst durchaus kräftige Personen Idiosynkrasien gegen bestimmte Mittel haben. Derartige Idiosynkrasien sind schon bei einzelnen diätetischen Mitteln wohl bekannt; viele bekommen beim Genuß von Krebsen, Erdbeeren, Spargeln und Morcheln nicht bloß ein Nesselfeuer, sondern auch Bauchgrimmen, Erbrechen und Durchfall, einzelne nach Alkohol fleckige Röte und Schwellungen des Antlitzes und der Extremitäten, manche nach Kakao Magenkrampf und Pyrosis. Manche Erwachsene vertragen Morphium so schlecht, daß sie selbst in Dosen von 0,0005 g bereits psychisch beeinträchtigt werden. Auch Belladonna bewirkt oft schon in kleinen Dosen einen Hautausschlag mit Erhöhung der Temperatur und Halluzinationen; auch Harnverhaltungen und Fieber sind beobachtet."

In der Folgezeit sind insbesondere von den Dermatologen die Erfahrungen über idiosynkrasische Erkrankungen sehr vermehrt worden.

Zu den wenigen oben erwähnten Objekten der Idiosynkrasie kommen hinzu: Brennesseln, Primeln, Jodoform, Chloralhydrat, Chinin, Salizylsäure, Phenazetin, Thallin usw.; ferner das Tuberkulin und die Serumexantheme. Durch Vaselin, Schweinefett, ja durch einfache hydropathische Verbände wurden zuweilen heftige Dermatosen erzeugt. Die Hände der Chirurgen werden nicht selten gegenüber dem Sublimatwasser in hohem Grade überempfindlich und anderes.

Idiosynkrasien gegenüber der Kuhmilch und rohen Eiern sind hauptsächlich bei kleinen Kindern und jungen Leuten vor Eintritt der Pubertät beobachtet worden.

In der Literatur finden sich ferner Angaben über idiosynkrasische Vergiftungen durch verschiedene, aus dem Meere stammende Tiere (Fische, Krustazeen, Muscheltiere).

Die Symptomatologie der Idiosynkrasien deutet fast überall auf Alterationen des Blutgefäßsystems hin.

Wie vielgestaltig die idiosynkrasischen Symptome sein können, welche durch ein und dasselbe Mittel hervorgerufen werden, mag folgendes Zitat aus dem Kapitel „Die Toxikodermien" von Jadassohn in v. Leyden-Klemperers „Deutscher Klinik" vom Jahre 1905 (Bd. X, 2, S. 137), betreffend das Antipyrin, zeigen:

„Die Idiosynkrasie gegen Antipyrin ist keineswegs sehr selten. Es ist auch wiederholt vorgekommen, daß ein Patient zu oft wiederholten Malen das Präparat vertrug und dann plötzlich eine sich steigernde Empfindlichkeit dagegen aufwies. Viel interessanter als die universell disseminierten, masernähnlichen, urtikariellen usw. Exantheme sind die mehr oder weniger streng lokalisierten Eruptionen, bei denen nach jeder Darreichung dieselben Hautstellen — oder aber jedesmal eine oder einige mehr — reagieren, und zwar in Form eines roten, meist erhabenen, oft vesikulös werdenden und besonders gern mit starker Pigmentierung abheilenden Fleckes; zu ihnen gehören auch die blasenbildenden Affektionen der Mundschleimhaut und der Genitalorgane, welche oft ein recht schweres Krankheitsbild bedingen. Gerade bei der lokalisierten Antipyrinidiosynkrasie ist der Beweis erbracht worden, daß die idiosynkrasischen Stellen auch auf die lokale Einreibung von Antipyrinsalben reagieren."

In ähnlicher Mannigfaltigkeit schildert Jadassohn (l. c. S. 140 und 141) die Serumexantheme mit folgenden Worten:

„Die an den Injektionsstellen lokalisierten Exantheme stellen Rötungen und Schwellungen, gelegentlich auch hämorrhagische Verfärbungen und sehr harte Infiltrationen in mehr oder weniger großem Umfang mit meist recht scharfen Grenzen dar.

Sehr viel mannigfaltiger sind die generalisierten und disseminierten Formen: ich sehe von dem bloßen Pruritus, sehe von Herpes, Zoster und Miliaria vollständig ab. Außer diesen kommen vor: einfache hellrote Erytheme, die, wie manche Arzneiexantheme, zentral abheilen, peripherisch fortschreiten, zentral rezidivieren und so zirzinäre, gyrierte Irisformen, ähnlich dem Erythema exsudativum multiforme, aber auch tiefe Knoten, wie das Erythema nodosum, bilden können; Urtikaria in sehr verschiedener In- und Extensität bis zu Riesenurtikaria und zirkumskripten Ödemen (z. B. der ganzen Nasenhaut) papulöse, vesikulöse Effloreszenzen, ausgebreitete hämorrhagische Eruptionen, die der Purpura, dem Morbus maculosus oder selbst einem Pemphigus haemorrhagicus gleichen; ferner masernähnliche Exantheme — auch mit buntscheckiger Rötung und leichter Infiltration an den Wangen — endlich aber und ganz vor allem skarlatiniforme, in starke Desquamation übergehende Ausschläge, welche sogar wiederholt für Scharlach gehalten worden sind.

Je schwerer und ausgebreiteter die Hauterscheinungen der Serumexantheme sind — wie besonders bei den spät auftretenden —, um so mehr werden sie auch von anderen Symptomen begleitet; außer einem manchmal heftigen Pruritus beträchtliche, auch prodromale Temperatursteigerungen mit allen Fiebersymptomen, Delirien, Somnolenz, Herzschwäche, Albuminurie, Diarrhöe oder auch Obstipation, Schwellungen und Rötungen der Nasen-, Mund- und Rachenschleimhaut (mit Schluckbeschwerden) und der Konjunktivae, Lymphdrüsen- und Milzschwellungen, Neuralgien und Myalgien, vor allem aber Gelenkschmerzen und -schwellungen, speziell in Knien und Füßen."

II. Anaphylaxie.

Zur Zeit, als Jadassohn in Übereinstimmung mit den übrigen Vertretern der Medizin die Serumexantheme unter den Begriff der Idiosynkrasie subsumierte (1905), erschien die Monographie „Die Serumkrankheit“ von v. Pirquet und Schick. Von da ab werden die nach wiederholter Injektion zu beobachtenden Serumexantheme nicht mehr dem Idiosynkrasiegebiet zugezählt, sondern in dem Kapitel von der Anaphylaxie behandelt; nur die zuweilen bei erstmalig injizierten Personen auftretende Serumkrankheit lassen wir mit v. Pirquet als Idiosynkrasie gelten, falls sie sich alsbald nach der Serumbehandlung als „sofortige“ und „Früh“-Reaktion einstellt.

Für diese Unterscheidung ist die Tatsache maßgebend, daß die Serumkrankheit nach Reinjektionen, sowie die bei erstmaliger Injektion nach einem Inkubationsstadium von 8—12 Tagen auftretende Spätreaktion, nachweislich in kausalem Zusammenhang stehen mit einem isopathisch erzeugten Antikörper, welcher beim Zusammentreffen mit dem Antigen in der Blutbahn anaphylaktische Vergiftungssymptome auslöst. Ich will an dieser Stelle es dahingestellt sein lassen, ob die Giftwirkung, entsprechend der Lehre Friedbergers, durch Anaphylatoxin (Apotoxin)-Entstehung aus Antigen-Antikörperverbindung, unter Mitwirkung von Komplement, zu erklären ist, oder ob wir mit Bordet u. a. annehmen sollen, daß die Antigen-Antikörperverbindung durch Adsorption lebenswichtiger Blutbestandteile toxisch wirkt. Wie dem auch sei, man kann nicht die anaphylaktische Serumkrankheit den idiosynkrasischen Krankheitssymptomen an die Seite stellen, wenn an der Definition festgehalten wird, daß die letzteren, mögen sie durch Kontakt oder durch alimentäre und parenterale Resorption hervorgerufen sein, in bezug auf den Mechanismus ihres Zustandekommens gänzlich für uns im Dunkeln liegen.

Noch manche andere von den früher idiosynkrasisch interpretierten Fällen mit gesteigerter oder qualitativ veränderter Reaktion auf gewisse Stoffe müssen wir jetzt der Anaphylaxie hinzurechnen. Außer dem Serumprotein wird beispielsweise das Kuhmilchprotein dadurch für manche Kinder zu einem heftigen Gift, daß sie zu einer Zeit, wo der Digestionsapparat es unverändert in das Blut übertreten läßt — was während der ersten Lebenswochen regelmäßig und später nicht selten dann geschieht, wenn durch irgendwelche interkurrente Krankheiten das Epithel lädiert oder desquamiert ist —, spezifisch sensibilisiert werden und den anaphylaktischen Antikörper produzieren. Das gleiche gilt vom Vogeleiprotein.

In hohem Grade bemerkenswert ist, daß für gewisse Arzneiexantheme, die durch Medikamente hervorgerufen werden, welche nach unseren bisherigen Kenntnissen die antikörperproduzierende Fähigkeit der Antigene nicht besitzen dürften, experimentell der Beweis ihrer anaphylaktischen Natur geliefert worden ist.

Von großem Interesse sind in dieser Beziehung die Versuche Brucks, der das Serum von Menschen, die gegen Jodoform idiosynkrasisch waren, auf Meerschweinchen übertrug und bei den letzteren dadurch Jodoform-Überempfindlichkeit erzeugen konnte. Die Symptome, welche die so vorbehandelten Meerschweinchen nach der Injektion von Jodoform zeigten, glichen vollständig dem Bilde der Anaphylaxie. Bruck nimmt an, daß bei der Einführung des Jodoforms in den menschlichen Körper eine Jodeiweißverbindung entsteht, die als artfremdes Eiweiß Anaphylaxie hervorruft. Spritzt man nun das Serum eines gegen Jodoform anaphylaktischen Menschen in den Körper des Meerschweinchens, so gelangt der Jodeiweiß-Antikörper in den Organismus, und die nachfolgende Injektion von Jodoform schafft durch Bildung von Jodeiweiß die Bedingungen zum Auftreten der anaphylaktischen Reaktion.

E. Klausner (Arzneiexantheme und Überempfindlichkeit, Münchn. med. Woch. 1910. Nr. 38) wiederholte die Versuche Brucks und erzielte die gleichen Resultate. Er dehnte nun seine Experimente weiter aus, indem er das Jodkalium zur Prüfung heranzog. Das Serum von Menschen, die auf Jodkalium abnorm reagierten, wurde auf 6 Meerschweinchen übertragen, denen man 48 Stunden später je 0,5 g Jodkalium injizierte. Darauf trat bei allen Versuchstieren der gleiche Symptomenkomplex auf. Alsbald nach der Injektion blieben die Tiere regungslos liegen und verendeten entweder sofort oder im Verlauf der ersten Stunde, während die Kontrolltiere in dieser Zeit keine Krankheitssymptome zeigten. Auch hier entsprachen die Krankheitserscheinungen dem Bilde des anaphylaktischen Shocks. Die hier zitierte Anaphylaxieerzeugung durch Jodoform und Jodkalium ist den Fällen an die Seite zu stellen, in welchen ein an sich nicht antigener Giftkörper von organischer Herkunft, z. B. das von Faust aus Kobragift und Krotalusgift dargestellte stickstoffreie Sapotoxin, als Antigen wirksam wird durch Adsorption an kolloidales Protein.

Daß eine Anaphylaxie durch Vererbung entstehen kann, indem ein anaphylaktischer Antikörper perplazentar oder mit der Muttermilch übertragen wird, daß ferner mit der Ammenmilch ein anaphylaktischer Zustand hergestellt werden kann, ist experimentell bewiesen, und diese Tatsache berechtigt uns, auch manche primäre Idiosynkrasie in das Anaphylaxiegebiet zu verweisen.

Diese Beispiele lassen voraussehen, daß noch viele andere Fälle von alimentärer Idiosynkrasie und von scheinbar idiosynkrasischen Arzneiexanthemen im Sinne der Anaphylaxielehre werden aufgeklärt werden können, wonach dann das Idiosynkrasiegebiet sehr eingeengt sein wird[1]).

III. Toxin-Überempfindlichkeit.

Im Jahre 1893 veranlaßte ich A. Wladimiroff, in seine unter meiner Leitung ausgeführte Arbeit „Über die antitoxinerzeugende und immunisierende Wirkung des Tetanusgiftes bei Tieren" (Zeitschr. f. Hyg. Bd. 15) einige Angaben über meine Beobachtungen betreffend die Giftüberempfindlichkeit mit aufzunehmen. Es heißt daselbst (l. c. S. 417—419):

„Ich mache an dieser Stelle von der freundlichen Erlaubnis des Herrn Prof. Behring Gebrauch, einiges aus dem Kapitel über die „Überempfindlichkeit", welches er selbst seiner Zeit einer eingehenden Diskussion unterwerfen wird, in gedrängter Kürze zu besprechen.

Bei der Analyse des Protokolles über die Behandlung der Ziege Nr. 2 war festgestellt worden, daß das Tier nach 5wöchentlicher Behandlung auf eine Dosis von Tetanusgift, welche ca. 10mal geringer war als die Anfangsdosis, eine stärkere Reaktion gezeigt hatte, als nach der ersten Einspritzung. Mithin ist die Ziege empfindlicher gegen das Tetanusgift geworden, als sie in normalem Zustande gewesen war. Wollten wir den Grad dieser Überempfindlichkeit durch die Zahl 10 bezeichnen, so wäre das nicht zutreffend. Wie wir gleich sehen werden, drückt diese Zahl nicht die ganze Überempfindlichkeit aus, vielmehr muß dieselbe bedeutend höher beziffert werden.

Vergegenwärtigen wir uns das Resultat der Milch- und Serumprüfungen, so muß es auf den ersten Blick paradox erscheinen, daß ein Tier, welches in seinem Blute und sogar in den Sekreten beträchtliche Mengen von Tetanusantitoxin enthält, weniger Widerstandsfähigkeit dem Tetanusgifte gegenüber besitzen soll, als es besessen hat zu einer Zeit, da noch kein Antitoxin in seinem Organismus vorhanden gewesen ist. Dieser scheinbare Widerspruch wird aber aufgeklärt, wenn man die Vorgänge berücksichtigt, welche sich während der Giftbehandlung im tierischen Organismus abspielen.

Das unter dem Einfluß der Giftwirkung produzierte Antitoxin zirkuliert eine Zeitlang im Organismus und ist während dieser Zeit imstande, denjenigen Grad der Giftwiderständigkeit, welchen dieses Tier ohnehin besitzt, zu erhöhen. Aber früher oder später wird das Antitoxin nach übereinstimmender Angabe aller, welche sich mit

[1]) Es empfiehlt sich vielleicht, um den Übergang von der Terminologie der älteren Autoren zum gegenwärtigen Sprachgebrauch zu erleichtern, primäre oder idiopathische und anaphylaktische Idiosynkrasien zu unterscheiden.

dieser Frage beschäftigt haben, vollständig ausgeschieden und verschwindet spurlos aus den Gewebssäften und dem Blute. Die durch gelöstes Antitoxin bedingte Giftwiderständigkeit ist demnach eine transitorische im Gegensatze zu der dauernden Unempfindlichkeit, welche ein Organismus von Natur besitzt.

Diese letztere erklärt Prof. Behring nicht im Sinne der Humoralpathologie, sondern im Sinne der solidaren Auffassung der Krankheitslehre, welche die Reaktionsfähigkeit auf Gifte und die Krankheitsdisposition nicht von einer eigenartigen Mischung der Körperflüssigkeiten abhängig macht, sondern von dem Verhalten belebter Teile des Organismus. Um seine Auffassung dieser Art Giftwiderständigkeit auch in der Bezeichnung zum Ausdruck zu bringen, spricht Behring von „Empfindlichkeit" (als einer Eigenschaft, welche ausschließlich belebten Teilen des Organismus zukommt, nicht aber den Flüssigkeiten).

Das einer Tierspezies von Natur zukommende Verhalten gegenüber dem Tetanusgift würde als normale Empfindlichkeit zu bezeichnen sein. Unterempfindlich würde dann ein Individuum derselben Tierspezies sein, wenn seine Giftwiderständigkeit erhöht, dagegen überempfindlich, wenn dieselbe herabgesetzt ist.

Aus den Ziegenversuchen nun hat sich in Übereinstimmung mit früheren Resultaten Behrings ergeben, daß ein Individuum willkürlich überempfindlich gemacht werden kann, so daß es weniger Gift verträgt als in normalem Zustande, und daß trotzdem ebendasselbe Individuum noch eine transitorisch erhöhte Giftwiderständigkeit besitzt, die in dem Verhalten der Körperflüssigkeiten ihre Ursache hat. Nach Abzug der durch das Antitoxin bedingten Giftwiderständigkeit würde das in Frage kommende Tier noch mehr überempfindlich sein.

Nur bei oberflächlicher Betrachtung erscheint es unvereinbar, daß ein Individuum, welches selbst nicht nur nicht immun, sondern sogar weniger giftwiderständig geworden ist, als vor der Behandlung, trotzdem ein Blut besitzen kann, welches andere Individuen immunisiert. In Wirklichkeit wird der hierin scheinbar zu findende Widerspruch dadurch gelöst, daß das Individuum durch die Vorbehandlung überempfindlich geworden ist, also eine viel geringere toxische Minimaldosis hat, als nicht behandelte Individuen derselben Gattung. Durch das Experiment ist es festgestellt, daß die toxisch wirkende Minimaldosis bei der Ziege Nr. 2 etwa 10mal kleiner geworden ist. Das ist aber noch nicht die ganze Überempfindlichkeit; ein Teil derselben wird dadurch verdeckt, daß im Blute dieser Ziege noch Antitoxin kreist. Könnten wir dieses Antitoxin aus dem Zirkulationssystem künstlich entfernen, so würden wir finden, daß nicht der zehnte, sondern vielleicht schon der hundertste Teil derjenigen Giftdosis toxische Wirkung hervorruft, welche bei normalen Ziegen hierzu erforderlich ist.

Die experimentell festzustellende Widerstandsfähigkeit bzw. Empfänglichkeit gegenüber dem Tetanusgift ist nach alledem bei Tieren, die mit Tetanusgift vorbehandelt sind, von zwei Faktoren abhängig; einmal von dem Verhalten der lebenden Gewebe und außerdem von der Menge der infolge der Behandlung im Blute auftretenden gelösten Antitoxine. Die letzteren erhöhen unter allen Umständen die Giftwiderständigkeit auch dann, wenn durch den Akt der Vorbehandlung die Empfindlichkeit gegen das Gift gesteigert wird.

Jedenfalls wird durch meine Ziegenversuche für den Tetanus die Tatsache bestätigt, welche Behring durch anderweitige Versuche eruiert, aber bisher noch nicht publiziert hat, daß ein Individuum, ohne selbst Giftimmunität erlangt zu haben, ein Blut liefern kann, mit welchem man imstande ist, andere Individuen gegen das Gift zu schützen."

Ich stehe auch jetzt noch auf dem hier vor mehr als 20 Jahren gekennzeichneten Standpunkt, daß die isopathische Tetanusgiftüberempfindlichkeit der Ziegen, ebenso wie die 7 Jahre später von mir in Gemeinschaft mit Kitashima in der Berl. klin. Wochenschrift beschriebene Diphtheriegiftüberempfindlichkeit der Meerschweinchen und Affen, nicht von der Gegenwart eines anaphylaktischen Antikörpers abhängig, sondern als eine unter dem Einfluß der mithridatisierenden Giftbehandlung entstandene histogene Alteration aufzufassen ist. Trotz immer von neuem wiederholten und vielfach modifizierten Versuchsanordnungen ist es mir nicht gelungen, die Tetanusgift- und Diphtheriegiftüberempfindlichkeit auf frische Tiere zu übertragen, so daß dieses wesentliche Kriterium der Anaphylaxie — im heutigen Sinne des Wortes[1]) — auf die von mir untersuchten Überempfindlichkeitsfälle nicht zutrifft. Bei dem Versuch einer über die Behauptung ihrer histogenen bzw. zytogenen Natur hinausgehenden Charakterisierung schien mir früher einigermaßen plausibel die Hypothese, daß in dem ersten Stadium der allmählich ansteigenden Giftinjektionen die giftempfindlichen Zellen, welche nach Ehrlich ihre spezifische Empfindlichkeit einem Antikörpergehalt verdanken sollen, zur Mehrproduktion des intrazellulären Antikörpers irritiert werden, wonach dann die Empfindlichkeit gesteigert werde. Es könnte aber auch sein, und das halte ich jetzt für wahrscheinlicher, daß die spezifisch empfindlichen Zellen der nervösen Leitungs- und Zentralorgane durch die Giftbehandlung krank gemacht und die Zellen im kranken Zustand durch die gleiche

1) Was Richet, der Schöpfer des Wortes „Anaphylaxie" experimentell demonstriert hat, entspricht im wesentlichen meiner Giftüberempfindlichkeit. Erst v. Pirquet und Otto haben der Anaphylaxie ihren heutigen Begriffsinhalt gegeben.

Giftdosis schwerer geschädigt werden als im gesunden. Gegenwärtig neige ich mich deswegen mehr zu der letzteren Vorstellung, weil ich die Überzeugung gewonnen habe, daß nicht sowohl die spezifisch giftempfindlichen Zellen des Nervensystems, welche unter dem Gifteinfluß nachweislich die Krankheitssymptome auslösen, sondern anderweitige Zellen als wesentlich in Betracht kommende Quellen für das Blutantitoxin anzusehen sind.

Jedenfalls erachte ich es für angebracht, die von mir studierten Toxinüberempfindlichkeitsfälle vom Anaphylaxiebegriff zu trennen, ebenso aber auch sie abzusondern vom Idiosynkrasiebegriff, dessen Geltungsbereich nach meinem Sprachgefühl da aufhört, wo die abnorme Reaktionsfähigkeit nicht eine angeborene und in bezug auf ihr Zustandekommen uns gänzlich unbekannte individuelle Eigentümlichkeit ist, sondern willürlich durch isopathische Behandlung hergestellt wird.

IV. Disposition.

Die Idiosynkrasie wie die Anaphylaxie und isopathische Toxin-Überempfindlichkeit kann man in gleicher Weise definieren als individuelle Disposition zu einer vom Arttypus abweichenden (qualitativ verschiedenen und quantitativ gesteigerten) Reaktion auf gewisse Stoffe. Aber wir sprechen von Idiosynkrasie nur, wenn wir annehmen, daß diese Disposition in der angeborenen Körperkonstitution begründet ist, was nicht ausschließt, daß die Manifestation durch den Eintritt krankhafter Reaktion nicht von Kindheit an bis ans Lebensende, sondern nur in bestimmten Lebensperioden erfolgt; während wir beim Gebrauch der Bezeichnungen Anaphylaxie und Toxin-Überempfindlichkeit die isopathische Erwerbung der vom Arttypus abweichenden Disposition voraussetzen — mit dem Unterschied jedoch, daß bei der Anaphylaxie die krankhafte Reaktion *humoral* zu interpretieren ist und durch den anaphylaktischen Antikörper auf normale Individuen übertragen werden kann, während da, wo das nicht der Fall ist und wo wir glauben, die abnorme Disposition auf histogene Besonderheiten zurückführen zu müssen, „Überempfindlichkeit“ vorliegt, welcher Ausdruck also die Hypothese der *solidaren*, und speziell der neuropathologischen Interpretation in sich einschließen soll.

Jede durch äußere Ursachen bedingte Erkrankung hat zur Voraussetzung die Empfänglichkeit für das von außen stammende krankmachende Agens. Wenn wir beispielsweise von „Erkältungskrankheiten“ reden, dann nehmen wir bewußt oder unbewußt an, daß bei den von ihnen betroffenen Individuen naßkalte Witterung, insbesondere bei starkem Winde, auf gewisse Organe einwirkt, und wir wissen, daß nicht alle Individuen derselben Art auf Kältereiz in gleicher Weise reagieren, daß ferner ein und dasselbe Individuum zu verschiedenen Zeiten eine verschiedene Reaktionsfähigkeit haben und daß durch geeignete Vorbehandlung eine Abhärtung und auch eine Überempfindlichkeit bewirkt werden kann.

Manche Krankheiten, welche in früherer Zeit auf Erkältung zurückgeführt wurden, wie z. B. die kruppöse Pneumonie, fassen wir jetzt als Infektionskrankheiten auf, ohne damit leugnen zu wollen, daß der Kältereiz bei ihrer Entstehung gleichfalls ein ursächliches Moment ist. Zum Zustandekommen der Pneumonie ist aber nach der jetzigen Auffassung ein Virus unerläßlich, während der Kältereiz durch andere Hilfsursachen ersetzt werden kann. Nun wissen wir, daß viele Menschen bei voller Gesundheit Pneumonievirus in ihrer Mundhöhle beherbergen, und wenn wir es trotzdem als wesentliche Krankheitsursache anerkennen, so müssen wir annehmen, daß entweder solche Virusträger pneumonieimmun sind, oder daß zum Zustandekommen der Pneumonie in dem, was man Erkältung nennt, ein Hilsfaktor hinzutritt, der auch durch Trauma, anderweitige Erkrankung usw. repräsentiert werden kann. Es gehört also zur Pneumonieentstehung eine Mehrheit von ursächlichen Faktoren, die wir als endogene und exogene Krankheitsbedingungen unterscheiden, und von welchen die endogene Krankheitsbedingung oder Disposition durch verschiedene von Ort und Zeit, von Lebensalter, von physiologischen und pathologischen Zuständen abhängige Momente erhöht und vermindert werden kann.

Weder die Disposition allein, noch auch das Virus allein genügt zur Krankheitsentstehung. Der disponierte Organismus muß dem Virus exponiert sein; Disposition und Exposition zusammengenommen machen erst die volle Krankheitsursache aus.

Ich vertrete mit Entschiedenheit die Lehre, daß von Natur normalerweise die endogene Disposition bei allen Individuen derselben Art und Rasse so gleichmäßig ist, daß das, was wir individuelle Disposition nennen in dem Sinne einer wesentlichen Verschiedenheit von der phylogenetisch angeborenen Reaktionsfähigkeit, abhängig ist von akzidentellen Beeinflussungen der ursprünglichen Disposition. Zu dieser Überzeugung bin ich gelangt auf Grund sorgfältiger und zahlreicher Tierexperimente. Gegenüber dem Tetanusgift sind beispielsweise alle weißen Mäuse so gleichmäßig empfindlich, daß wir, bei Berücksichtigung des Körpergewichtes für die Dosierung, bis auf wenige Prozente Fehlerquellen voraussagen können, ob sie nach einer bestimmten Dosis leicht oder schwer erkranken, oder ob sie nach zehn, sechs, vier und noch weniger Tagen sterben werden. Ähnlich verhält es sich mit den Meerschweinchen nicht bloß gegenüber dem Tetanusgift, sondern auch gegenüber dem

Diphtheriegift. Wir können auch voraussagen, daß geschwulsttragende Tiere, deren Gewicht durch eine Masse vermehrt wird, die für die Giftverteilung nicht in Betracht kommt, stärker empfindlich sein werden, als ihrem Gesamtgewicht entspricht. Wir wissen ferner, warum tuberkulöse Individuen mit generalisierter Erkrankung des Lymphgefäßsystems unterempfindlich erscheinen bei subkutaner, aber nicht bei intravaskulärer Giftprüfung; es wird nämlich bei solchen Tieren die Giftresorption vom Unterhautgewebe aus verlangsamt und infolgedessen der Vergiftungseffekt abgeschwächt.

Sehr viel weniger unterrichtet sind wir über die normalen Giftempfindlichkeitsverhältnisse und über die Empfänglichkeit für virulente Infektionsstoffe bei wertvolleren Tieren, die wir nicht zu Tausenden, wie Meerschweinchen und Mäuse, zum Studium ihrer normalen Disposition und der Ursachen für die Abweichung von der Norm heranziehen können; und am wenigsten wissen wir vom Menschen, den wir dem bloß wissenschaftlichen Experiment überhaupt nicht unterwerfen dürfen. Aber ich hege nicht den geringsten Zweifel daran, daß eine Normalempfindlichkeit, wie sie an kleinen Tieren festgestellt worden ist, auch für unsere wertvollen Haustiere und für den Menschen existiert, derart, daß Abweichungen von dieser Normalempfindlichkeit sich auf ihre Ursachen zurückführen und schließlich quantitativ voraussagen lassen.

In dem Beispiel von der Pneumonie ist die Ursache dafür, daß bei gleichgestalteter Infektionsgelegenheit von vielen Individuen nur einzelne erkranken, sehr durchsichtig; es muß, wie wir gesehen haben, zu derjenigen Disposition, welche von Natur und bedingt durch die Zugehörigkeit zur gleichen Art, vorhanden ist, noch eine örtlich und zeitlich bedingte Disposition hinzukommen, welche nicht alle Individuen in gleicher Weise betrifft. Ich schlage vor, diese verschiedenen Dispositionen als essentielle und akzidentelle zu unterscheiden, so daß wir mit dreierlei Faktoren für das Zustandekommen einer toxischen oder parasitären Infektion zu rechnen haben, nämlich:

1. mit dem Infektionsstoff,
2. mit der essentiellen Disposition,
3. mit der akzidentellen Disposition.

Der Infektionserfolg ist oft in hohem Grade abhängig von der Art der Einverleibung des Infektionsstoffes. Wir kennen infektiöse Gifte, welche parenteral appliziert von höchster Toxizität sind, dagegen nach intestinaler Applikation wie harmlose Proteinkörper sich verhalten, wenn nicht durch Läsion und Desquamation die intestinalen Schleimhäute abnorm durchgängig werden und deswegen de facto zur parenteralen Vergiftung Gelegenheit geben, was dann als akzidentelle Disposition anzusehen ist. Umgekehrt gibt es auch Infektionsstoffe, die vom Magen aus ihre stärkste infektiöse Energie entfalten (das Virus der Cholera, des Abdominaltyphus, der Dysenterie). Bei der Cholera scheint ein indisponierter Magen akzidentell die Disposition zu verstärken, so daß man den paradoxen Satz aufstellen kann: Indisposition schafft Disposition; sie disponiert zu infektiöser Erkrankung. Bei dieser Gelegenheit sei auch daran erinnert, daß R. Koch im Meerschweinchenexperiment das Opium als zur Choleraerkrankung disponierendes Mittel demonstriert hat, während man beim Menschen damit die Cholera kurativ zu bekämpfen versucht.

Außer der Applikationsart, von welcher es abhängt, daß bei gleichgestalteter essentieller Disposition ein und derselbe Infektionsstoff zuweilen ganz verschieden wirksam ist, wird der Infektionserfolg auch in hohem Grade beeinflußt durch die Dosierung. Für toxische Infektionsstoffe wird das wohl allgemein ohne weiteres zugestanden; für einen Parasiten aber soll nach dem Urteil älterer Autoren es nicht viel ausmachen, ob man ihn in größerer oder kleinerer Menge in den disponierten Organismus bringt; und es gibt in der Tat experimentelle Beobachtungen, welche ein solches Urteil zu bestätigen scheinen. So genügt ein einziger vollvirulenter Milzbrandvirus, um vom Unterhautgewebe aus Meerschweinchen an Milzbrand sterben zu lassen; und in neueren Versuchen konnte ich mit Dr. Willemer zeigen, daß das tuberkulöse Krankheitsbild bei Meerschweinchen nicht wesentlich verschieden ist nach der Infektion mit dem tausendsten, millionsten und tausend-millionsten Teil eines Gramms von der Kultur, welche in meinem Institut als „Tb 10061" bezeichnet wird. Demgegenüber verhalten sich Diphtheriebazillen in bezug auf den Einfluß der Dosierung genau so wie das Gift, und zwar nicht bloß solche Kulturen, welche schon fertiges Gift enthalten, sondern auch solche, welche ganz giftfrei sind, z. B. eintägige Diphtheriebouillonkulturen.

Bedeutsamer als die Dsierung ist der Virulenzgrad eines parasitären Infektionsstoffes. Ebenso wie von der Virulenz der Milzbrandbazillen und der Tuberkelbazillen es abhängt, ob mit ihnen beispielsweise Rinder milzbrandkrank und perlsüchtig gemacht werden können, ebenso spielt die Virulenz eines Krankheitserregers für seine Infektiosität auch gegenüber dem Menschen sicherlich eine entscheidende Rolle.

Die Abhängigkeit des Infektionserfolges von der Toxizität bzw. Virulenz und von der Dosierung eines Infektionsstoffes stellt einen komplizierenden Faktor dar, welcher auch dann, wenn alle Menschen genau die gleiche angeborene (essentielle) Disposition besitzen, im konkreten Fall es mit sich bringen kann, daß während einer Epidemie in einem gegebenen Bezirk nur ein größerer oder kleinerer Prozentsatz der Bevölkerung erkrankt; denn über die aggressive Energie des in den Organismus verschiedener Individuen hineingelangenden Infektionsstoffes können wir bei den epidemiologischen Infektionen ebensowenig eine sichere Aussage machen, wie über die Bedeutung akzidenteller Dispositionsverhältnisse.

Dazu kommt nun noch, daß eine zur klinisch-manifesten Erkrankung nicht ausreichende Virulenz und Dosierung den Infektionsstoff zur Bildung von Antikörpern befähigen kann, was insbesondere für Diphtherie- und Cholerainfektionen bewiesen ist. Die ursprüngliche Disposition kann danach temporär vermindert oder gänzlich aufgehoben sein. Bei anderen Krankheiten können voraufgegangene latent verlaufene Infektionen einen andersartigen Einfluß auf die Disposition ausüben. So nehme ich für die Tuberkulose an, daß die Disposition zur Lungenschwindsucht mit einer relativ schwachen tuberkulösen Infektion im frühen Kindesalter zusammenhängt. Man nimmt ferner an, daß die Entstehung erysipelatöser Erkrankungen durch voraufgegangenes Erysipel sogar begünstigt wird.

Das Wort „Disposition“ ist eine genaue Übersetzung von „Diathese“. Diese beiden Worte haben aber einen verschiedenen Sinn in unserem Sprachgebrauch. Man spricht von einer Disposition, aber nicht von einer Diathese für die Tuberkulose, Lungenschwindsucht, Cholera, Pnumonie usw., und man sagt lymphatische, arthritische, exsudative Diathese, wendet aber auf diese Krankheitsanlagen den Ausdruck „Disposition“ nicht an, obwohl ich das für durchaus zulässig erachte, da nach meinem Sprachgefühl „Diathese“ ein Unterbegriff zum Oberbegriff „Disposition“ ist.

Der Diathesebegriff scheint mir übrigens eine humorale Nebenbedeutung zu haben, ebenso wie der neuzeitliche Begriff „Aggressibilität“ — im Gegensatz zur solidarpathologischen „Irritabilität“ — vorwiegend humoralpathologisch zu verstehen ist.

Darin besteht wohl ziemlich allgemeine Übereinstimmung, daß unter Diathese zu verstehen ist eine angeborene Überempfindlichkeit, welche sich dadurch äußert, daß normalerweise unschädliche Agentien den Symptomenkomplex auszulösen imstande sind, welcher in der medizinischen Literatur als Ausdruck der „entzündlichen“ (White-Virchow), der „arthritischen“ (Comby), der „exsudativen“ (Czerny), der „thymiko-lymphatischen“ (Escherich-Paltauf) Diathese gilt.

In älterer Zeit näherte sich der Diathesebegriff dem der „Dyskrasie“, und was man früher als Dyskrasien beschrieben hat, erwies sich im Laufe der Zeit zum größten Teil als zugehörig zu den Infektionskrankheiten, zumal zu solchen mit chronischem Verlauf.

Die Annahme einer begrifflichen Verwandtschaft zwischen Dyskrasie und Infektionkrankheit ist nicht meine Erfindung. Sie stammt von Rud. Virchow her, welcher in seinem Aufsatz „Embolie und Infektion“ (Ges. Abh. S. 636 ff.) S. 642 ff. sagt: „Alle Beobachter stimmen darin überein, daß es gewisse krankhafte Verhältnisse gibt, unter denen eine große Neigung zur Bildung von Eiter an vielen Punkten des Körpers auftritt. Die älteren Chirurgen, selbst noch Phil. von Walther und Rust, nannten diesen Zustand „Eiterdiathese“ [1]), oder, wenn sie ihn humoral zu begründen suchten, „Eiterdyskrasie“. Unter den neueren ist es fast nur Tessier gewesen, der den weniger verfänglichen Ausdruck der purulenten Diathese zu retten gesucht hat, während für die Eiterdyskrasie der durch Piorry vorgeschlagene Name Pyämie immer mehr Boden gewonnen hat. Nun kann wohl kein Zweifel existieren, daß in dieser Frage die humorale Auffassung den Vorzug verdient, da wir eine zu große Menge von Fällen kennen, in denen die Einbringung gewisser Substanzen in das Blut jene Diathese zu vielfacher örtlicher Eiterung bedingt, während wir keinen Fall kennen, wo das Nervensystem primär so verändert würde, daß daraus direkt eine solche Diathese hervorginge. Da wir aber keine anderen allgemein verbreiteten und zugleich kontinuierlicher Leitung zugänglichen Gewebe im Körper kennen, als die Säfte (oder speziell das Blut) und die Nerven, so halte ich es allerdings für unverfänglich, die Dyskrasie hier zuzulassen und eine Verunreinigung (Infektion, Miasis) des Blutes als den Mittelpunkt zu betrachten.“

Die Begründung sowohl der Humoralpathologie wie der Solidarpathologie erfolgte zum Teil unter Aufwendung einer sehr scharfsinnigen Argumentation, und man kann jetzt noch vielfach großen Vorteil von weit zurückliegenden begrifflichen Unterscheidungen ziehen, so z. B., wie mir scheint, wenn man bei der Analyse der Krankheitsentstehung die drei alten ätiologischen Faktoren der Solidarpathologie im Auge behält, die Irritabilität, das Irritament und die Irritation. In modern-humoraler Sprache können wir in ähnlicher Art bei der ätiologischen Krankheitsanalyse unterscheiden:

1. den Grad der essentiellen und akzidentellen Aggressibilität (Disposition),
2. die krankmachende Energie des aggressiven Mittels (Toxizität und Virulenz),
3. die Art der Aggression (Infektionsweg),

[1]) Soweit ich aus der älteren Literatur erkennen kann, unterscheidet sich der Begriffsinhalt des Wortes „Diathese“ von dem der „Dyskrasie“ nicht sowohl durch die solidare und humorale Nebenbedeutung, als vielmehr dadurch, daß die Diathese der Krankheitsanlage, die Dyskrasie der Krankheit selbst näher steht.

wobei jedoch das in unserer heutigen medizinischen Sprache gebräuchliche Wort „Aggressin“ nicht zu identifizieren ist mit dem „aggressiven Mittel“ dieser Einteilung. Gegenwärtig wird nämlich unter „Aggressin“ ein die aggressive Energie des Infektionsstoffes verstärkendes Sekretionsprodukt verstanden, welches ungefähr dem gleichkommt, was Bouchard vor einem Vierteljahrhundert „secretion nuisible“ genannt hat.

V. Analyse und Klassifizierung der Heufieberdisposition.

Zur Demonstration der Wandlungen in der Definition des Dispositionsbegriffs ist das Heufieber besonders gut geeignet.

Im 4. Bande der „Deutschen Klinik“ (1907), in dem Kapitel „Über Bronchialasthma“, erwähnt A. Fraenkel das Heufieberasthma als idiosynkrasische Erkrankungsform, die vor 100 Jahren zum erstenmal von dem englischen Arzt Bostock beschrieben wurde und deswegen auch als „Bostockscher Sommerkatarrh“ bezeichnet worden ist. Nachdem schon 1837 Elliotson das Heufieber mit dem Pollengehalt der Luft in Zusammenhang gebracht hatte, ist doch erst 1873 durch die schönen Experimente von Blackley, welcher in ähnlicher Art, wie später Dunbar, reingewonnene Pollen an Heufieberpatienten prüfte, die Hypothese Elliotsons wissenschaftlich begründet worden.

Helmholtz, der selbst unter dem Heufieber stark gelitten hat, glaubte als Ursache einen lebenden Erreger annehmen zu müssen. Die Ergebnisse seiner Untersuchungen sind enthalten in einem Brief an den verstorbenen Bonner Pharmakologen C. Binz, welcher diesen Brief im Jahre 1869 in Virchows Archiv (Bd. 46, S. 100—102) veröffentlicht hat. Das Interesse für alles, was ein Mann wie Helmholtz untersucht und beschrieben hat, außerdem aber der Umstand, daß es sich um seine eigene Krankheitsgeschichte handelt, rechtfertigt es sicherlich, wenn ich diesen Brief von neuem in Erinnerung bringe und hierunter wiedergebe.

„Ich leide,“ sagt Helmholtz, „soweit ich mich darauf besinnen kann, seit dem Jahre 1847 an dem eigentümlichen von den Engländern als Hay-fever bezeichneten Katarrh, dessen Besonderheit bekanntlich darin besteht, daß er den Befallenen regelmäßig in der Zeit der Heuernte ergreift (mich zwischen dem 20. Mai und letzten Juni); daß er bei kühlerem Wetter pausiert, dagegen schnell eine große Intensität erreicht, wenn die Befallenen sich der Hitze und dem Sonnenschein aussetzen. Dann tritt außerordentlich heftiges Niesen ein, starke ätzende dünne Absonderung, mit der viel Flimmerepithel fortgespült wird. Dies steigert sich nach wenigen Stunden schon zu schmerzhafter Entzündung der Schleimhaut und der äußeren Nase, erregt Fieber mit heftigem Kopfschmerz und starker Abmattung, wenn die Patienten sich nicht aus der Hitze und dem Sonnenschein zurückziehen können. In einem kühlen Raum dagegen verschwinden diese Symptome ebenso schnell, wie sie gekommen sind, und es bleibt dann für einige Tage nur eine schwächere Absonderung und Empfindlichkeit zurück, wie sie durch den Verlust des Epithels bedingt wird. Ich bemerke dabei, daß ich in allen anderen Jahren sehr wenig Neigung zu Katarrhen oder Erkältungen habe, während das Heufieber nun seit 21 Jahren in der genannten Jahreszeit nie ausgeblieben ist, und weder früher noch später im Jahre jemals bei mir vorkam. Der Zustand ist äußerst lästig und steigert sich, wenn man gezwungen ist, sich viel der Sonne auszusetzen, zu äußerst heftigem Unwohlsein.

Die wunderliche Abhängigkeit der Krankheit von der Jahreszeit brachte mich auf den Gedanken, daß Organismen daran schuld sein könnten. Bei der Untersuchung des Sekretes fand ich in den letzten fünf Jahren regelmäßig gewisse vibrionenartige Körperchen in demselben, die ich zu anderen Zeiten in meinem Nasensekret nicht beobachtete. Sie sind sehr fein und nur mit der Immersionslinse eines sehr guten Hartnackschen Mikroskopes zu erkennen. Charakterisitsch für die gewöhnlich isolierten einzelnen Glieder ist, daß sie je vier Körnchen in einer Reihe enthalten, von denen je zwei paarweise miteinander wieder enger verbunden sind. Die Länge der Glieder ist 0,004 mm. Auf dem erwärmten Objekttisch bewegen sie sich mit mäßiger Lebhaftigkeit, teils vor- und rückwärts schießend in der Richtung ihrer Längsachse; bei kühlerer Temperatur sind sie sehr träge. Zuweilen findet man sie reihenweise aneinander gelagert, auch wohl in verästelten Reihen. In der feuchten Kammer einige Tage aufbewahrt, vegetieren sie weiter und schienen etwas größer und deutlicher zu werden, als unmittelbar nach der Entleerung. Zu bemerken ist, daß nur dasjenige Sekret sie enthält, was durch heftiges Niesen entleert ist, nicht das langsam austropfende. Sie sitzen also wohl in den verborgenen Nebenhöhlen und Rezessen der Nase ziemlich fest.

Als ich Ihre erste Notiz über die giftige Einwirkung des Chinins auf Infusorien las, beschloß ich sogleich einen Versuch damit zu machen, in der Voraussetzung, daß die beschriebenen Vibrionen, wenn sie nicht schuld an der ganzen Krankheit seien, dieselbe doch durch ihre Bewegungen und die von ihnen gebildeten Zersetzungsprodukte sehr viel unangenehmer machen könnten. Zu dem Ende machte ich mir eine gesättigte neutrale Auflösung von schwefelsaurem Chinin, welche zwar nicht viel von dem Salz enthält (1: 740), aber hinreichend wirksam ist und mäßiges Brennen in der Nasenschleimhaut erregt. Ich ließ 4 ccm von der Lösung mit einer Pipette in jedes Nasenloch einfließen, nachdem ich mich auf den Rücken gelegt und die Nasenlöcher in die Höhe gekehrt hatte. Dann wandte ich den Kopf hin und her, um die Flüssigkeit nach allen Richtungen herumfließen zu lassen. Beim Aufstehen fließt dann der Rest über das Gaumensegel in den Schlund.

Der gewünschte Erfolg war sogleich da und hielt zunächst für einige Stunden an; ich konnte mich, ohne Anfälle von Niesen und anderen unangenehmen Symptomen zu bekommen, der Sonnenhitze aussetzen. Eine dreimalige tägliche Wiederholung der Einträufelungen genügte unter den ungünstigsten äußeren Bedingungen, um mich frei zu halten. Die Vibrionen fehlten alsdann im Sekret. Wenn ich nur abends ausgehe, genügt eine Einträufelung vor dem Ausgehen. Nach einigen Tagen der Anwendung schwinden die Symptome ganz und gar, wenn ich aber dann die Einträufelungen aussetze, kommen die Symptome wieder, bis das Ende des Juni sich nähert.

Die ersten Versuche machte ich mit dem Chinin im Sommer 1867; in diesem Jahre (1868) habe ich es von Anfang an gebraucht, sowie sich die ersten Symptome des Übels im Mai zeigten, und es gelang dadurch, sogleich seine Entwicklung zu unterdrücken.

Ich hatte mich bisher noch gescheut, die Sache zu veröffentlichen, weil ich keinen anderen Patienten gefunden habe, an dem ich Versuche hätte anstellen können. Doch, glaube ich, läßt die ganz außerordentliche Regelmäßigkeit in der jährlichen Wiederkehr und dem jährlichen Verlauf dieser Krankheit darüber wohl keinen Zweifel, daß wir es hier wirklich mit einer ganz bestimmten und schnellen Einwirkung des Chinin auf den Verlauf derselben zu tun haben; und dies scheint mir wiederum meine Hypothese sehr wahrscheinlich zu machen, daß die im Nasensekret lebenden Vibrionen, selbst wenn es durchaus keine für die Krankheit spezifische Form sein sollte, sondern eine auch sonst häufig vorkommende, doch mindestens die Ursache der schnellen Steigerung der Erscheinungen durch warme Luft sind, indem sie von der Wärme zu lebhafter Tätigkeit angeregt werden."

Helmholtz scheint die Pollenhypothese von Elliotson nicht gekannt zu haben. Seine „Vibrionen" möchte ich nach der mitgegebenen Abbildung in der Hauptsache für Streptokokken halten, neben denen er aber wohl noch andere Mikroorganismen fand, die er, ähnlich wie zu jener Zeit Billroth, für Entwicklungsstadien einer polymorphen Bakterienart (Coccobacteria septica) gehalten hat. Übrigens läßt noch im Jahre 1907 A. Fraenkel die Frage nach der Ätiologie des Heufiebers offen, wenn er (l. c. S. 40) sagt: „Sticker äußert sich dahin, daß der Bostocksche Katarrh eine Infektionskrankheit sei, deren Pathogenese nur aus dem Zusammentreffen eines lebendigen spezifischen Krankheitserregers mit einer besonderen Disposition befriedigend zu erklären sei. Danach stünden also gewisse äußere Reize nur in indirekter Beziehung zur Entstehung der Krankheit. Ohne deren Ursache zu sein, bewirken sie bei den einmal befallenen Individuen die auf- und abschwankenden Verschlimmerungen. Unter diesen Reizen darf auch nach Sticker dem Blütenstaub ein gewisser Vorrang eingeräumt werden. Schon Helmholtz, welcher ebenfalls an Heufieber litt, hielt dasselbe vermutungsweise für eine Infektionskrankheit, indem er in seinem Nasensekret bei der mikroskopischen Untersuchung lebhaft sich bewegende, vibrionenartige Körperchen fand. Vieles spricht allerdings für die Richtigkeit dieser Annahme, aber bis jetzt fehlt uns noch jede genaue Kenntnis des wirklichen Erregers."

Inzwischen hatten die im Jahre 1902 von Dunbar mit seinen Mitarbeitern (Weichardt, Kattein, Prausnitz und Kammann) begonnenen und seit 1903 publizierten Heufieberarbeiten schon den einwandsfreien Beweis für die Richtigkeit der Pollenätiologie geliefert.

Meinen nachfolgenden Auseinandersetzungen lege ich hauptsächlich die Ergebnisse dieser Arbeiten in der vorzüglichen Darstellung von Prausnitz (Kolle-Wassermann, 2. Aufl., 1913, Bd. II) zugrunde. Danach sind die Pollen von fast sämtlichen Gramineen und Cyperaceen, außerdem die von Maiglöckchen, Polygonatum, Rübsaat, Wolfsmilch und eine Reihe von Kompositen (Chrysanthemum, Astern), nicht aber die vielfach angeschuldigten Pollen von Goldregen, Rosen, Veilchen und Linden zur Erregung des Heufiebers befähigt. In Amerika spielen die in Europa seltenen Kompositen Ambrosia und Solidago eine große Rolle und speziell Ambrosia ist als Ursache des sogenannten „Herbstkatarrhs" anzusehen.

Bekanntlich entwickeln sich die Pollen in den männlichen Blüten aus dem Staubbeutel (Anthere), in welchem Pollensäcke abgeteilt sind, die einen Komplex von Pollenmutterzellen enthalten. Diese liefern den pollenhaltigen Staub. Nach eingetretener Reife gelangt dieser Staub aus den Antheren nach außen, um durch Bestäubung auf die Fruchtknotennarbe (Stigma) und als Sperma in die Eizelle des Fruchtknotens (Embryosack) zu gelangen.

Für experimentelle Arbeiten werden von den blühenden Pflanzen die Staubblätter, welche meistens aus einem Stiel (Filament) bestehen, an dem ein Konnektiv den Staubbeutel trägt, von den Halmen, aus welchen sie hervorsprießen, durch leichtes Klopfen in sterilisierte Schalen befördert, in welchen sich dann der Blütenstaub auf dem Boden ansammelt. Dieser kann nun als solcher zur Prüfung auf seine Wirksamkeit in der heufieberfreien Zeit bei Heufieberpatienten geprüft werden, oder man stellt aus ihm durch Extraktion das Pollengift dar, welches von Dunbar als Albuminsubstanz erkannt worden ist. Das ausgefällte Pollentoxin ist so stark wirksam, daß bei den zur Heufiebererkrankung disponierten Personen durch die konjunktivale oder nasale Applikation eines Tropfens von einer 1:2000-Aufschwemmung in wenigen Minuten die subjektiven und objektiven Symptome des Heufiebers mit Sicherheit hervorgerufen werden, bei besonders stark disponierten Individuen sogar durch millionenfache Verdünnung.

Daß das Pollengift nicht bloß bei lokaler Applikation auf die empfindlichen Schleimhäute, sondern auch vom Blute aus wirksam ist, hat Prausnitz, selbst ein Heufieberpatient, an sich durch subkutane Injektion erprobt. Personen ohne Heufieberdisposition verhalten sich refraktär gegenüber dem Pollengift.

Dunbar hat von Pferden, die er mit dem Pollengift behandelte, ein Serum (Pollantin) gewonnen, welches er zur Heufiebertherapie empfiehlt. Der Antikörper scheint von den meisten Pollenarten in gleicher Qualität gebildet zu werden; jedoch machen die Pollen von den Kompositen Ambrosia, Liguster u. a. eine Ausnahme; der durch sie produzierte Antikörper ist nämlich unwirksam gegenüber den Pollen von Gramineen und Cyperaceen.

Die spezifische Wirkung des Pollengiftes bei Heufieberpatienten läßt keinen Zweifel an seiner ätiologischen Bedeutung. Damit ist aber noch nichts entschieden über die Frage, ob wir die Heufieberdisposition als Idiosynkrasie, als Toxin-Überempfindlichkeit, Diathese oder als Anaphylaxie zu charakterisieren haben.

Einige Anhaltspunkte für den Ausfall dieser Entscheidung liefern folgende Sätze von Prausnitz (l. c. S. 1488 und 1489):

„Die das Polleneiweiß abbauenden Körper sollen nach der Auffassung von Weichardt und Schittenhelm in den Epithelzellen des Respirationstraktus vorhanden sein, weshalb sie von einer zellulären, epithelialen Anaphylaxie als Grundlage der Heufieberdisposition sprechen. In diesem Sinne wäre vielleicht der oben beschriebene Versuch zu verwerten, wo nach der subkutanen Injektion des Pollenextraktes bei einem Heufieberpatienten die typischen Symptome von seiten des Respirationsapparates eintraten, während ein normaler Mensch keine entsprechenden Erscheinungen zeigte.

So hat Freeman beim Versuch der aktiven Immunisierung von Heufieberpatienten gegen Gräserpollen wiederholt nach subkutaner Injektion von Pollenextrakten das Auftreten typischer Heufieberanfälle beobachtet [1]).

Die Betrachtung des Heufiebers als eines anaphylaktischen Zustandes würde auch für die Entstehung der Heufieberdisposition eine

[1]) Ähnlich könnte man auch die interessante Beobachtung von Benjamin und Witzinger deuten, wo bei einem pollenempfindlichen und mit Pferdeserum vorbehandeltem Menschen die Reinjektion von Pferdeserum außerhalb der Heufieberzeit alle Erscheinungen des Heufieberanfalls auslöste. Die Beobachtung harrt allerdings noch der Bestätigung, würde aber eventuell sehr im Sinne der obigen Hypothese sprechen.

einigermaßen befriedigende Erklärung bieten, während die älteren Hypothesen (neuropathische Veranlagung, gichtische Diathese, nasale Anomalien usw.) sich schon seit langem als unzulänglich erwiesen hatten.

Über die Entstehung dieser Überempfindlichkeit kann man sich nach Wolff-Eisner folgende Vorstellung machen. Vorher nicht disponierte Personen könnten durch einen zufälligen Kontakt mit ungewöhnlich großen Pollenmengen, z. B. als Kinder durch Spielen im blühenden Grase, sensibilisiert werden. In der Tat wird von manchen Patienten die Krankheit auf eine derartige Gelegenheitsursache zurückgeführt. Im folgenden Jahre kommt dann das Heufieber bei den nunmehr überempfindlichen Personen in typischer Weise zum Ausbruch. Im Sinne dieser Auffassung verwertbar wären die Fälle von Kammann und Wolff-Eisner, die beide im Verlaufe ihrer Heufieberuntersuchungen gegen Ambrosia-, bzw. Roggenpollen überempfindlich geworden sind. Gegen dieselbe scheint aber ein von Dunbar beobachteter Fall zu sprechen, wo eine mit der Gewinnung von Ambrosiapollen beschäftigte Dame bereits am zweiten Tage an typischen Heufieberanfällen erkrankte, obwohl sie nie in Amerika gewesen war und daher kaum gegen diese Pollen hatte sensibilisiert werden können. Diese Beobachtung wäre im Sinne der obigen Hypothese nur zu erklären, wenn man die etwas gezwungene Annahme machen wollte, daß eine solche Sensibilisierung auch durch die Pollen einheimischer Kompositen, wie von Chrysanthemum, erfolgen könnte.

Daß es möglich ist, Tiere gegen Pflanzenextrakte künstlich anaphylaktisch zu machen, zeigten Karasawa, sowie Wendelstadt und Fellmer, welche diese Methode zur Differenzierung von Mehlen, Fruchtauszügen usw. verwendeten. Ähnliche Versuche sind von Dunbar mit den für das Heufieber in Betracht kommenden Pollen ausgeführt worden. Er konnte durch Injektion von Roggenpolleneiweiß Meerschweinchen gegen die nachfolgende intravenöse Injektion des gleichen Eiweißes sensibilisieren. In etwa zwei Dritteln der Fälle kam es zu typischem Anaphylaxietod der so behandelten Tiere.

Auch die passive Übertragung der Anaphylaxie scheint ihm beim Tier gelungen zu sein. Ein normales Meerschweinchen erhielt zunächst das Serum eines mit Pollen vorbehandelten Meerschweinchens und 24 Stunden später das homologe Polleneiweiß injiziert. Es reagierte mit deutlichen Krämpfen, erholte sich jedoch wieder.

Hierzu ist zu bemerken, daß ich auch normale Meerschweinchen mit relativ großen Mengen des reinen Roggenpollenproteins akut unter dem Bilde der Anaphylaxie zu töten vermochte. Sofort nach der intravenösen Injektion des Extraktes von $^1/_4$—$^1/_2$ g Pollen traten Schrei- und Springkrämpfe auf, die Tiere zeigten hochgradige Orthopnöe, fielen auf die Seite und starben in etwa 4—5 Minuten. Bei der Sektion zeigte sich starke Lungenblähung, das Herz schlug noch einige Minuten nach dem Tode, die Blutgerinnung war verzögert."

Unter Zugrundelegung meiner Unterscheidungen zwischen Idiosynkrasie, isopathischer Überempfindlichkeit und Anaphylaxie innerhalb des Begriffs der Disposition bin ich geneigt, die Heufieberdisposition zur Toxin-Überempfindlichkeit zu rechnen, aber die Möglichkeit nicht auszuschließen, daß auch Heufieber-Idiosynkrasie-Fälle vorkommen.

Die Weichardt-Schittenhelmsche Hypothese, daß die Disposition zur Heufiebererkrankung unter dem Einfluß des Pollengiftes auf einer spezifischen Empfindlichkeit der Epithelzellen des Respirationstraktus beruhe, ist mit der Möglichkeit einer Erzeugung der Heufieberdisposition durch Übertragung des Serums von Heufieberpatienten auf heufieberfreie Individuen und damit auch mit der Annahme einer Pollen-Anaphylaxie, so wie ich dieselbe definiere, nicht vereinbar, und die Beweiskraft des Dunbarschen Meerschweinchenexperiments scheint mir durch den Versuch von Prausnitz, in welchem Meerschweinchen auch ohne vorherige Behandlung mit dem Serum pollenbehandelter Tiere unter dem Bilde des anaphylaktischen Shocks erkrankten, aufgehoben zu werden.

Andererseits beweisen die Fälle Kammann und Wolff-Eisner, daß die Heufieberdisposition isopathisch erworben werden kann, womit mir ihre Zugehörigkeit zum Begriff der isopathischen Toxin-Überempfindlichkeit erwiesen zu sein scheint. Ebenso aber, wie wir zurzeit annehmen müssen, daß es eine primäre idiosynkrasische Disposition zur Serumkrankheit sowohl beim Menschen wie bei Tieren gibt, werden wir bis auf weiteres auch von Natur vorkommende Pollengift-Idiosynkrasiefälle nicht ableugnen dürfen.

Wer mit mir das reinliche Auseinanderhalten der durch die Ausdrücke „Idiosynkrasie", „Toxin-Überempfindlichkeit", „Anaphylaxie" und „Diathese" gekennzeichneten Dispositionsarten für eine berechtigte Forderung hält, der wird ebenso wie ich es unliebsam empfinden, daß von verschiedenen Autoren jene Ausdrücke in verschiedenem Sinne gebraucht werden, und wird eine andere Terminologie für wünschenswert halten. Ich möchte nun vorschlagen, diese vier Überempfindlichkeitsbegriffe (Hypersensibilität der Franzosen) zunächst als „idiopathische" und „toxopathische" Dispositionen in zwei Gruppen einzuteilen und innerhalb dieser Gruppen dann zu unterscheiden:

I. 1. Idiosynkrasie und 2. Diathese.

II. 1. Anaphylaxie und 2. nichtanaphylaktische Toxinüberempfindlichkeit.

Zu diesen 4 Dispositionsarten kommen noch manche andere. Außer der örtlichen und zeitlichen Disposition zur Erkrankung an Abdominaltyphus, Cholera usw. im Sinne v. Pettenkofers nenne ich hier die anatomisch begründete Disposition, z. B. die Brustkorbanomalie, insofern sie zur Lungenschwindsuchtentstehung disponiert; ferner die chemisch begründete Disposition, z. B. wenn der Zuckergehalt des Blutes zur Furunkulose disponiert, und wenn der Phloridzindiabetes (nach Leo) weiße Mäuse rotzempfänglich macht.

24.

Experimentelle Analyse und Theorie der anaphylaktischen und apotoxischen Vergiftung[1]).

I.

Zur anaphylaktischen Vergiftung rechne ich alle diejenigen Krankheitsprozesse, welche bei spezifisch-sensibilisierten Individuen durch das sensibilisierende Agens hervorgerufen werden. Dahin gehören der anaphylaktische Shock sowie die subakut eintretenden Entzündungsphänomene, welche durch v. Pirquet unter dem Namen „Serumkrankheit" zusammengefaßt worden sind. Das sensibilisierende Agens des Blutserums ist gebunden an Proteinsubstanz. Auch alle sonst in der Natur vorkommenden Proteine, soweit sie nicht bis zu Pepton und noch weitergehenden Zerfallsprodukten abgebaut werden, sind zur spezifischen Sensibilisierung befähigt, und bei der Nachbehandlung erzeugen sie genau dieselben Krankheitssymptome wie die Serumproteine.

Das sensibilisierende Protein erzeugt im lebenden Organismus einen Überempfindlichkeitszustand, der seine Entstehung einem Antikörper, dem anaphylaktischen Antikörper, verdankt. Als antikörpererzeugendes Agens wird das Protein „Antigen" genannt; in seiner Eigenschaft als Produzent der anaphylaktischen Vergiftung bei einem sensibilisierten Individuum nenne ich es „Anatoxin". Das anatomische Protein ruft aber nicht direkt den anaphylaktischen Vergiftungsprozeß hervor, sondern indirekt, indem es nämlich beim Zusammentreffen mit seinem Antikörper zur Quelle eines fermentähnlichen Zerfallsprozesses (Proteolyse) wird, der in verschiedenen Stadien abläuft. Nach der Lehre von Friedberger entsteht das direkt wirksame anaphylaktische Gift (Anaphylatoxin), das ich — nach dem Vorgange von Richet — als „Apotoxin" bezeichne, innerhalb des zur Peptonisierung führenden Zerfallstadiums.

---

[1]) Aus D. med. Woch. 1914. Nr. 42.

Friedberger hat gezeigt, wie man in vitro aus dem Antigen und Antikörper einen apotoxisch wirksamen Körper herstellen kann, der die gleichen Vergiftungssymptome bei nicht-sensibilisierten Individuen erzeugt, wie das Anatoxin bei sensibilisierten Individuen; dieses Ergebnis der grundlegenden Arbeiten Friedbergers ist die stärkste Stütze geworden für die Lehre, daß die anatoxische Vergiftung in vivo gleichfalls auf ein Apotoxin zurückzuführen ist.

Viele Experimente sprechen dafür, daß die aus Serumprotein und anderweitigen Proteinsubstanzen entstehende apotoxisch wirksame Substanz ein den Proteosen (Peptonen) nahestehendes Abbauprodukt des antigenen Proteins ist. Man kennt aber auch andere Körper, welche anaphylaxieähnliche Krankheitssymptome erzeugen können, trotzdem sie nichts mit den Proteinen zu tun haben. Man weiß ferner, daß aus Proteinsubstanzen auch ohne spezifische (anaphylaktische) Antikörper Apotoxin entstehen kann. Speziell das frische Blutserum kann durch Behandlung mit Kaolin, Agar, Stärke und anderen kolloidalen Adsorptionsmitteln dieselbe apotoxische Wirksamkeit erlangen, wie das von Friedberger aus Antigen und Antikörper hergestellte Anaphylatoxin.

Diejenigen Krankheitsprozesse, welche zwar symptomatisch mit der anaphylaktischen (anatoxischen) Vergiftung übereinstimmen, ihrem Ursprung nach aber insofern wesentlich verschieden sind, als sie nicht im Organismus überempfindlicher (sensibilisierter) Individuen sich vollziehen, nenne ich anaphylaktoid. In das Gebiet der Anaphylaxie gehören sie nicht eigentlich hinein. Wohl aber handelt es sich um richtige Anaphylaxie, wenn ein nicht mit reinem Antigen, sondern mit dem Serum von sensibilisierten Tieren behandeltes Individuum anatoxisch vergiftet wird [1]).

Diese terminologischen Vorbemerkungen mußten voraufgeschickt werden, um im folgenden für einen mit der Anaphylaxieforschung nicht genau bekannten Leserkreis meine eigenen Untersuchungsergebnisse, betreffend das Zustandekommen der anaphylaktischen und der apotoxischen Vergiftung, in verständlicher Form vortragen zu können.

II.

Auf Grund meiner Untersuchungen bin ich zu der Überzeugung gelangt, daß erst mit der Erkenntnis von der wesentlichen Bedeutung des sogenannten dritten Formelements im Blute (der Blutplätt-

---

1) Ich lasse es hier dahingestellt sein, ob in letzerem Falle es sich um eine aktive oder passive Anaphylaktisierung handelt, und will nur erwähnen, daß meine eigenen Untersuchungen auf eine beschleunigte aktive Anaphylaktisierung, unter dem Einfluß der kombinierten Wirkung von Antigen und Antikörper, hindeuten.

chen oder Thrombozyten) für die Entstehung des anaphylaktischen und apotoxischen Vergiftungsbildes eine unserem Kausalitätsbedürfnis Genüge leistende Anaphylaxietheorie geschaffen werden kann.

Es bedurfte für mich des mit intensiver Arbeit ausgefüllten Zeitraumes von vier Jahren, um zu dieser Erkenntnis zu gelangen. An meinen Anaphylaxiestudien haben die Herren Römer (jetzt in Greifswald), Joseph (jetzt in den Höchster Farbwerken), Zeissler (jetzt in Altona), Schereschewsky (jetzt in Moskau) im Laufe der Zeit sich beteiligt. Die entscheidenden Experimente aber sind in Gemeinschaft mit Schlossberger, der seit dem Beginn des Krieges in Frankreich vor dem Feinde steht, ausgeführt worden. Insbesondere hat Schlossberger mit unermüdlichem Eifer und größtem Sachverständnis die Gewinnung der Blutplättchen, ihre Sichtbarmachung — unter Miwirkung von Schereschewsky — im Dunkelfeld (ohne jeden färberischen Eingriff), den Nachweis ihrer intimen Beziehungen zum Prozeß der anaphylaktischen Vergiftung, ihre Konservierung, ihre Zerlegung in verschiedene chemische Körper und ihre Verarbeitung zum Zytozym und Styptin, sowie die Wertbemessung des letzteren im Gerinnungsversuch (mit den drei anderen rein dargestellten Gerinnungsfaktoren — Fibrinogen, Serozym und Kalziumionen —) mit Erfolg studiert. Ihm ist auch der wichtige Nachweis gelungen, daß die zur Apotoxinbildung im frischen Serum geeigneten Kolloide nur das Zytozym, nicht das Serozym und Komplement adsorbiern.

III.

Zu der noch viel diskutierten Existenz, morphologischen Natur, Entwicklungsgeschichte der Blutplättchen und ihrer Anteilnahme an der Blutgerinnung will ich hier nur einiges mitteilen, was ich als gesichertes Ergebnis historischer Kritik und eigener Nachforschung ansehe.

Die Blutplättchen sind zuerst als besondere Formelemente, welche zur Blutgerinnung in Beziehung stehen, im Jahre 1848 von Zimmermann erkannt worden, dessen mit Unrecht in Vergessenheit geratene Blutarbeiten ich in meiner „Einführung in die Lehre von der Bekämpfung der Infektionskrankheiten" ausführlich gewürdigt habe. Seine erste Mitteilung findet sich in „Rusts Magazin für die gesamte Heilkunde". Im 18. Bd. von Virchows Arch. (1860) S. 228 sagt er von den Plättchen: „Die kleinen Körperchen blieben bei der Gerinnung für sich bestehen, sie wurden von dem Faserstoff eingeschlossen und oft zum Ausgangspunkt von zwei bis drei und mehr Fibrinfasern, die radienförmig zu anderen ebensolchen Körperchen oder zu farblosen Zellen usw. verliefen." Als bahnbrechender Plättchenforscher ist dann Bizozzero zu nennen, von dem der Name „Blutplättchen"[1] herstammt. Er hat als Erster die Plättchen in vivo im strömenden Blut gesehen und ihnen die Rolle als Formelement mit selbständiger Entwicklung vindiziert. Nach vielfachen Irrungen und Wirrungen bekannten sich dann zur Plättchenlehre Bizozzeros in bezug auf die selbständige Existenz — im Gegensatz zur irrigen Lehre Hayems (1880) von ihrer entwicklungsgeschichtlichen Beziehung zu den Erythrozyten — Deetjen[2], Dekhuyzen, Kopsch[3], welche Autoren für die Plättchen den Namen „Thrombozyten" akzeptierten; ferner Aynaud[4], James Homer Wright[5]) u. a.

In seinem im 89. Bd. des Anatomischen Anzeigers veröffentlichten Aufsatz „Die Thrombozyten (Bluttplätchen) des Menschenblutes und ihre Veränderungen bei der Blutgerinnung. (Eine Bestätigung der Befunde Deetjens und Dekhuyzens)" sagt Fr. Kopsch:

---

[1]) Virchows Arch. 1882.
[2]) Virchows Arch. 1901.
[3]) Anat. Anz. 89.
[4]) Pasteur Ann. 1911.
[5]) Publ. of the Massaschusetts General Hospital. Boston 1911.

„Deetjen zeigte in einer vor kurzem erschienenen Arbeit, daß die von Bizozzero als Blutplättchen bezeichneten Elemente aus Kern und Protoplasma bestehen und lebhafter amöboider Bewegung fähig sind."

Von der Richtigkeit dieser Feststellungen habe ich mich durch eigene Untersuchung überzeugt und fühle mich im Hinblick auf die Tragweite dieser neuen Tatsachen verpflichtet, meine Erfahrungen über diesen Gegenstand zu veröffentlichen.

Die direkte Veranlassung zu meiner Nachuntersuchung war der Vortrag von Dekhuyzen auf der Versammlung der Anatomischen Gesellschaft in Bonn, in welchem dieser Autor mitteilte, daß er schon früher zu demselben Resultate wie Deetjen gelangt wäre, und ferner die in der Diskussion von Graf Spee abgegebene Erklärung, daß kein Zweifel mehr an dem Vorhandensein des Kernes der Blutplättchen bestehen könnte.

Die von Deetjen und Dekhuyzen festgestellten Eigenschaften der Thrombozyten sind in verschiedener Hinsicht von großer Bedeutung:

Erstens, weil es nunmehr möglich ist, aus dem Chaos von Dingen, welche die verschiedenen Autoren als Blutplättchen bezeichnet haben, mit Bestimmtheit diejenigen Elemente auszuscheiden, welche Bizozzero in seiner klassischen Untersuchung als Blutplättchen bezeichnet hat, denn nur diese Elemente des Blutes bestehen aus Kern und Protoplasma, sind amöboider Bewegung fähig (Deetjen) und zeigen bei der Blutgerinnung eigenartige, charakteristische Veränderungen (Dekhuyzen), während die aus den roten und farblosen Blutkörpern entstehenden Zerfallsprodukte diese Eigenschaften nicht besitzen.

Zweitens werden die Untersuchungen über Blutgerinnung einen kräftigen Anstoß erfahren durch den Nachweis der charakteristischen Veränderungen der Thrombozyten vor und während der Fibrinbildung.

Drittens wird durch den Nachweis, daß auch die Thrombozyten der Säugetiere einen Kern besitzen, und daß ihr Protoplasma amöboider Bewegung fähig ist, die morphologische Gleichheit der Thrombozyten aller Wirbeltierklassen sehr wahrscheinlich gemacht, während bisher nur die Gleichheit ihrer Funktion angenommen war."

Nachdem ich selbst in Gemeinschaft mit Schlossberger mich davon überzeugt hatte, daß die Thrombozyten — wie ich fortan das dritte Formelement nennen will — im strömenden Blut, speziell in den Blutgefäßen des Meerschweinchenmesenteriums, ohne Schwierigkeit zu sehen sind, richtete ich meine Aufmerksamkeit hauptsächlich auf ihre Gestaltungsverhältnisse im Organismus normaler, sensibilisierter, und im Zustand der anatoxischen Vergiftung befindlicher Tiere — mit dem Ergebnis, daß das Primum movens im anaphylaktischen Vergiftungsprozeß die Agglutination der Thrombozyten ist. Ich glaube auch nachweisen zu können, daß diese Agglutination, bzw. das der Agglutination voraufgehende Klebrigwerden, in dem berühmten Entzündungsexperiment von Cohnheim das primäre Phänomen ist, dem die Randdarstellung der Leukozyten erst als sekundäres Phänomen folgt.

Die Agglutination endigt schließlich mit Thrombozytolyse, welche nach quantitativen Versuchen am Aderlaßblut großer Tiere (Pferde, Rinder, Ziegen, Schafe), die ich in den Zustand starker anaphylaktischer Vergiftung versetzt habe, um ein Vielfaches die ursprüngliche Thrombozytenzahl vermindert.

Meine Vermutung, daß unter dem Einfluß der aktiven Sensibilisierung eine Thrombozytengeneration entsteht, die mit der Bildung des anaphylaktischen Antikörpers eng zusammenhängt, und daß bei passiver Sensibilisierung der fertige Antikörper mehr oder weniger ausgiebig von den Thromobozyten sensibilisierter Individuen gebunden wird, konnte bisher auf experimentellem Wege in einwandfreier Form nicht bestätigt werden, sie wird aber wahrscheinlich gemacht durch die Beobachtung, daß die Thrombozyten von Meerschweinchen, welche mit Pferdeserum oder mit sogenanntem Immunserum sensibilisiert sind, in viel höherem Grade durch Pferdeserum alteriert werden als die Thrombozyten normaler Meerschweinchen. Wie dem aber auch sei: die experimentelle Feststellung einer zur Agglutination führenden Alteration der Thrombozyten unter dem Einfluß der anaphylaktischen Vergiftung rückt mit einem Schlage viele bisher schwer zu deutende Phänomene auf dem Gebiet der Anaphylaxieforschung in ganz andere Beleuchtung. Das trifft ganz besonders zu auf den anaphylaktischen Shock der Meerschweinchen.

IV.

Der Shocktod kann schon 1½—2 Minuten nach intravaskulärer Injektion von anatoxischem Serum bei einem sensibilisierten Meerschweinchen eintreten, und die prodromalen Vergiftungssymptome sind dann schon nach weniger als einer Minute erkennbar. Ist da die Annahme, daß das zur Herbeiführung der so schnell eintretenden Vergiftung befähigte Serum (mit nicht mehr als etwa 2 mg Trockensubstanz) vorerst der Proteolyse anheimfallen muß, ehe es diejenigen materiellen Veränderungen im Organismus einleitet, welche zur Vergiftung führen, — nicht sehr unwahrscheinlich?

Von der Voraussetzung ausgehend, daß die Vergiftungssymptome im anaphylaktischen Shock auf zerebrale Funktionsstörungen hindeuten und, zumal bei dem von mir an Rindern beobachteten Shock, apoplektiformen Charakter tragen, wurde mir zunächst der Gedanke an embolische Prozesse in Gehirngefäßen nahegelegt, wonach dann, im Gefolge meiner Studien an Thrombozyten, der Gedanke auftauchte, daß ein Gefäßverschluß durch diese so leicht alterierbaren Gebilde Ursache des anaphylaktischen Shocks sein könnte.

Bizozzero hat die wesentliche Anteilnahme der Thrombozyten an der Bildung von Thromben schon 1882 nachgewiesen, und auf S. 292 des 90. Bd. von Virchows Arch. beschreibt er Meerschweinchenversuche, die mich in meinem eigenen Gedankengange sehr bestärkt haben.

Er sagt daselbst: „Nachdem das Gekröse ausgebreitet worden (nach einer von Bizozzero genau beschriebenen Methode), besieht man dasselbe erst bei schwacher Vergrößerung, um eine kleine Arterie zu wählen, die auf einer gewissen Strecke frei und recht sichtbar verläuft. Nachdem man eine solche gefunden und dieselbe in die Mitte des Gesichtsfeldes des Mikroskopes gebracht hat, übt man mittels einer feinen Nadel einen leichten Druck auf einen beschränkten Punkt der Arterienwand aus, Nach wenigen Augenblicken sieht man einen Thrombus entstehen. Die vom Blutstrome fortgerissenen Blutplättchen werden, sobald sie an die lädierte Stelle der Arterienwand gelangt sind, angehalten; zuerst sieht man deren nur 2—4—6; sehr bald steigt ihre Zahl auf Hunderte. Gewöhnlich bleibt darunter auch manches weiße Blutkörperchen stehen. Nach und nach an Volumen zunehmend, erfüllt der Thrombus bald das Gefäßlumen und behindert immer mehr den Blutstrom. Ist dieser stark, so kommt ein Augenblick, wo er das Hindernis überwindet und den ganzen Thrombus oder einen Teil desselben fortreißt (Blutplättchenembolus). Doch damit ist der Prozeß nicht beendigt. An derselben verletzten Stelle sieht man von neuem die Blutplättchen stehen bleiben und sich anhäufen; es entsteht wieder ein Thrombus, der abermals durch den Blutstrom fortgerissen wird. Innerhalb einer Viertelstunde kann man dieses Spiel sich drei- bis viermal wiederholen sehen: und das kann so stundenlang dauern, bis endlich die Zirkulation aufhört und damit der Versuch ein Ende hat.

Es ist auch nicht notwendig, ein Gefäß direkt zu verletzen, um die Bildung eines Thrombus zu veranlassen. Es kommt oft vor, daß die Gefäße auf dem Objektträger eine Zerrung erfahren, infolge deren die Wände beschädigt werden und der Strom sich verlangsamt; dadurch entstehen bald wandständige, bald vollkommen obstruierende Thromben und Emboli, welche aus bloßen Blutplättchen nebst wenigen farblosen Blutkörperchen bestehen. . . .“

Diesen Versuch von Bizozzero hat Schlossberger — zum Teil unter Mitwirkung von dem Marburger Pharmakologen Prof. Gürber — wiederholt, und ich konnte mich davon überzeugen, daß die Schilderung durchaus naturgetreu ist.

Man braucht hiervon nur die Nutzanwendung zu machen für analoge Vorgänge in Gehirngefäßen (unter dem Einfluß eines die Thrombozyten alterierenden, intravaskulär applizierten Medikaments), um nicht bloß die perakute Entstehung der Shocksymptome, sondern auch die Tatsache der schnellen Restitutio ad integrum, bei subletaler Dosierung, ohne Schwierigkeit zu verstehen.

Noch größere Solidität aber gewann meine Thrombozytenhypothese, als ich in Gemeinschaft mit Schlossberger bei Meerschweinchen, welche am Shock verendet waren, nach der sofort ausgeführten Gehirnobduktion in Kapillaren und kleinsten Arterien der Pia und des Plexus choroideus, zumal am Scheitelpunkt von Verzweigungen, wandständige und obstruierende Thrombozytenanhäufung feststellen konnte. Es verdient noch hervorgehoben zu werden, daß ich den Eindruck gewonnen habe, als ob die agglutinierten Thrombozyten niemals wieder in den normalen Zustand zurückkehren können, sondern einer regressiven Metamorphose anheimfallen und schließlich aufgelöst werden.

Sehr bemerkenswert ist nun das Faktum, daß alle Mittel, welche nach intravaskulärer Injektion bei normalen, nichtsensibilisierten Meerschweinchen anaphylaktoiden Shock bewirken, in die Reihe derjenigen Agentien gehören, welche in vivo und in vitro die Thrombozyten energisch angreifen. Neuerdings hat übrigens Bordet mitgeteilt, daß auch die zur Apotoxinproduktion in frischem Serum von ihm benutzte Agarlösung die Thrombozyten alteriert:

„Il agglutine“ — sagt er — „fortement les plaquettes sanguines“ [1]).

---

[1]) Zeitschr. f. Immunitätsforsch. 23. S. 42.

V.

Gesetzt den Fall, daß die vorstehenden Beobachtungen von anderen Autoren bestätigt und in dem Sinne gedeutet werden, daß der anaphylaktische Shock sensibilisierter Meerschweinchen, ebenso wie die anaphylaktoiden Shocksymptome normaler Tiere, am letzten Ende immer auf thrombozytäre Verstopfung der kleinsten Gehirngefäße zurückzuführen sind, so entsteht die Frage, ob die shockerzeugende anatoxische Serumwirkung auch anders gedeutet werden kann und vielleicht anders gedeutet werden muß, als durch die Annahme eines in vivo erfolgenden Proteinabbaus bis zu einem proteolytischen Produkte von der Natur des in vitro von Friedberger hergestellten Anaphylatoxins.

Läßt man die quantitativen und zeitlichen Verhältnisse außer acht, dann könnte man zu der Meinung kommen, daß alle einwandfreien experimentellen Forschungsergebnisse bisher im wesentlichen die Lehre Friedbergers von der einheitlichen Entstehung aller anaphylaktischen Vergiftungsformen durch sein Anaphylatoxin bestätigen. Auch die im Gegensatz zu dieser Lehre aufgestellte physikalische Hypothese, insbesondere die von Bordet, welche auf die durch Agar, Pararabin, Stärke, Kaolin und andere Kolloide zu bewirkende Apotoxizität des frischen Meerschweinchenserums aufgebaut wurde, hat durch die Untersuchungen von Jobling und Petersen, sowie von Bordet und Zunz[1]) eine Beleuchtung bekommen, welche Friedberger sicherlich zugunsten seiner Lehre verwerten kann. Die beiden ersten Autoren nämlich haben gefunden, daß durch die Adsorption der Serumlipoide (Zytozym) das frische Serum einen Schutzkörper verliert, welcher die Proteolyse (Autolyse) verhindert, so daß in dem zytozymfrei gewordenen Serum die Bahn frei geworden ist für die Entstehung des Friedbergerschen Anaphylatoxins. Unabhängig von Jobling und Petersen sind Bordet und Zunz zu dem gleichen Ergebnis gelangt, wenn sie den experimentellen Nachweis liefern, daß durch Agar- und Pararabinadsorption das frische Meerschweinchenserum schon nach zwei- bis dreistündigem Verbleiben bei 38° proteolytische Produkte enthält.

„Gleichzeitig mit der Entstehung des anaphylatoxischen Vermögens des Meerschweinchenserums nach zwei- bis dreistündigem Verbleiben bei 38° mit Agar oder mit Pararabin beobachtet man eine Zunahme des Spaltungsgrades des Serums für seine eigenen Proteine oder deren erste Spaltungsprodukte," sagen Bordet und Zunz.

VI.

Ich selbst habe vor mehreren Jahren, zuerst in Gemeinschaft mit Joseph, dann mit Zeissler, die Beschleunigung des proteolytischen Abbaus von antitoxischem Protein aus anatoxischem Serum

[1]) Zeitschr. f. Immunitätsforsch. 23. l. c. S. 60. 1914.

im sensibilisierten Meerschweinchenorganismus dadurch experimentell festgestellt, daß ich nachwies, wie der Antitoxinschwund bei sensibilisierten Tieren schon nach etwa fünf Tagen soweit vorgeschritten ist, wie bei normalen Tieren erst nach etwa 15—20 Tagen. Als ich dann aber mit Zeissler angenommen habe, daß — falls der perakute anaphylaktische Shock seine Entstehung einem proteolytisch produzierten Anaphylatoxin verdankt — bei den am Shock verendeten Tieren gleichfalls deutlicher Antitoxinschwund zu konstatieren sein müßte, da zeigte sich, daß diese Voraussetzung in Wirklichkeit durchaus nicht zutrifft; selbst solche Meerschweinchen, welche den Shock überlebten und deren Blutantitoxin 45—60 Minuten nach der intravaskulären Injektion von antitoxischem Pferdeserum austitriert wurde, hatten ebensoviel Antitoxineinheiten in 1 ccm Aderlaßblut wie normale Kontrolltiere, welche auf die gleiche Weise vorbehandelt waren. Ich habe an anderer Stelle [1]) die hierher gehörigen Versuche folgendermaßen beschrieben:

„In der Voraussetzung, daß zu der Zeit, wo nach intravaskulärer Tetanusheilseruminjektion bei einem sensibilisierten Meerschweinchen die Symptome des anaphylaktischen Shocks sich einstellen, ein deutlicher Antitoxinschwund nachweisbar sein müßte, wenn die anaphylaktische Vergiftung die Folge von proteolytischen Zerfallsprodukten sein soll, führte ich nach mannigfachen Vorversuchen, welche niemals dieser Schlußfolgerung entsprachen, schließlich zusammen mit Dr. Zeissler am 20. März 1913 einen großen Versuch aus, in dem, zusammen mit normalen Kontrolltieren von gleichem Gewicht, drei sensibilisierten Meerschweinchen die nach unseren Vorversuchen zur Shockerzeugung ausreichende Dosis von 0,5 ccm einer 36fachen Verdünnung meines elffach normalen Tetanusserums in das Herz injiziert wurde. Alle sensibilisierten Tiere zeigten danach die unzweideutigen Symptome des anaphylaktischen Shocks. Zwei von ihnen starben nach drei, bzw. sechs Minuten, das dritte überlebte den Shock. Die Antitoxinbestimmung in dem Blut der verendeten Tiere ergab sowohl kurz vor dem Tode, als auch bei der Blutentnahme aus dem Herzen sofort nach dem Todeseintritt den gleichen Gehalt an Antitoxin, wie in dem Blut der nichtsensibilisierten Meerschweinchen wenige Minuten nach der Antitoxininjektion. $^1/_7$ Antitoxineinheit war eingespritzt worden, und annähernd $^1/_{140}$ Antitoxineinheit wurde wiedergefunden in 1 ccm Blut

---

[1]) In einem für die Festschrift zum 70jährigen Geburtstag von Metschnikoff bestimmten Artikel, der jetzt wegen der Kriegsverhältnisse nicht abgedruckt werden kann und dessen Inhalt zum Teil hier mitverarbeitet worden ist.

Nachträgliche Bemerkung. Die vorstehende Anmerkung ist vielfach so gedeutet worden, als ob ich infolge der Kriegsverhältnisse freiwillig meine persönlichen und freundschaftlichen Beziehungen zu Metschnikoff abgebrochen hätte. Um jeden Zweifel an der Unrichtigkeit einer solchen Interpretation auszuschließen, habe ich in der D. med. Woch. eine unzweideutige „Berichtigung" publiziert.

der Meerschweinchen, welche sämtlich 250 g wogen. Bei dem überlebenden Tier ergab die Prüfung der während des anaphylaktischen Shocks entnommenen Blutprobe den Wert von $^1/_{140}$ Antitoxineinheit in 1 ccm Blut, während sechs Stunden später 1 ccm Blut höchstens noch $^1/_{200}$ Antitoxineinheit enthielt. Der Antitoxinschwund bei einem Kontrolltier wurde aber sechs Stunden nach der Antitoxininjektion ebensogroß gefunden."

Der Ausfall dieser Versuchsreihe kann als zwingender Beweis dafür, daß das Friedbergersche Anaphylatoxin für die perakute anaphylaktische Serumvergiftung nicht verantwortlich gemacht werden darf, nur dann gelten, wenn meine Annahme richtig ist, daß die Kurve der Denaturation von antitoxischem Protein im Meerschweinchenorganismus einen brauchbaren Index abgibt auch für die nichtantitoxischen Serumproteine. Diese Annahme wird nun mindestens wahrscheinlich gemacht durch Versuche, welche ich auf folgende Art angestellt habe.

Ich entfernte aus frischem antitoxinhaltigen Aderlaßblut möglichst vollständig das Zytozym und die zytozymliefernden Blutkörperchen, wonach dann durch meine Methode der genauen Antitoxinbestimmung bei Brüttemperatur ein Proteinabbau ebenso durch Antitoxinschwund nachweisbar ist, wie durch die von Bordet angewandte Methode des Proteinzerfallsnachweises durch Bestimmung der Zunahme von Aminstickstoff im agarbehandelten Meerschweinchenserum, und wie durch die mikrochemische Methode Folins in den Versuchen von Jobling und Petersen. Und ebenso wie Bordet kam ich zu dem Resultat, daß durch einstündiges Erhitzen auf 58° der autolytische Zerfall von zytozymfrei gemachtem Serum verhindert wird. In meinen Versuchen wurde nämlich der Antitoxinschwund durch die Inaktivierung des Serums verhütet [1]).

Weitere Untersuchungen werden uns darüber belehren, ob meine nach alledem gewonnene Überzeugung zu Recht besteht, daß der anaphylaktische Shock nach der intravaskulären Seruminjektion bei sensibilisierten Meerschweinchen auf proteolytisch entstandenes Apotoxin, von der Natur des Friedbergerschen Anaphylatoxins, nicht zurückgeführt werden kann, daß man vielmehr den Mechanismus der perakuten anaphylaktischen Serumvergiftung in physikalischen Vorgängen zu suchen hat — und zwar, daß entweder nach dem Zusammentreffen von Antigen und Anti-

[1]) Die hierhergehörigen Experimente werden gegenwärtig wegen ihrer Wichtigkeit wiederholt von Dr. Siebert, wobei namentlich der in meinen Vorversuchen in nicht ganz eindeutiger Weise zutage getretene Einfluß der Erhitzung von zytozymfrei gemachtem Pferdeheilserum einer sorgfältigen Nachprüfung unterzogen wird.

körper die zirkulierende Blutflüssigkeit in einer mit der Integrität der Thrombozyten nicht vereinbaren Art und Weise verändert wird, oder daß die Thrombozyten im sensibilisierten Meerschweinchenorganismus durch das antigene Serum direkt alteriert werden.

VII.

Gelegentlich der für die Untersuchung der vorstehend erörterten theoretischen Probleme ausgeführten Experimente hat Schlossberger ganz besonders die Zytozymstudien sehr vertieft und ist dabei zu einem praktisch wichtigen Ergebnis gekommen, indem er gereinigtes Zytozym von einer derartigen gerinnungserzeugenden Energie gewann, daß 1 g Trockensubstanz nicht weniger als 40 Millionen Kubikzentimeter einer Fibrinogen, Serozym und Ca-Ionen enthaltenden Mischlösung koagulierte, während 1 g des Kocher-Fonioschen Trockenpräparates „Coagulen“, dessen blutstillende Wirkung bekanntlich auf seinem Zytozymgehalt beruht, 2000mal geringere Wirkung bei vergleichender Untersuchung zeigte. Die vergleichende Prüfung in der wundärztlichen Praxis ergab in der hiesigen Chirurgischen Klinik (Magnus) und im Pharmakologischen Institut (Gürber) das gleiche Wirksamkeitsverhältnis.

IV. Tuberkulosebekämpfung.

Tuberkulosebekämpfung[1]).

In der Deutschen medizinischen Wochenschrift und in einer heute ausgegebenen Monographie habe ich manches von dem, was Gegenstand meines Vortrages sein wird, ausführlicher abdrucken lassen, als wegen der Kürze der Zeit hier besprochen werden kann. Wie ich erfahre, ist davon schon allerlei in die Tagesblätter gelangt und in einer mir sehr wenig sympathischen Art und Weise im Reklamestil angekündigt worden. Es scheint, als ob so etwas sich heutzutage nur schwer vermeiden läßt.

Ich will nun in etwas anderer Form, als wie in den beiden genannten Veröffentlichungen, mich bemühen, meine Überzeugung davon zu begründen, daß die Aussicht auf eine wirksame Bekämpfung der Tuberkulose, dieser auf unserem Erdball am meisten verbreiteten Seuche, nicht ganz so trostlos ist, wie nach den Enttäuschungen durch anfänglich vielversprechende Tuberkulosebekämpfungsmittel in weiten Kreisen angenommen wird.

Die Tuberkulose ist eine endemische Infektionskrankheit aller zivilisierten Länder auf der ganzen Erde. Sie befällt nicht bloß den Menschen, sondern auch viele seiner Haustiere, von welchen die Rinder und Schweine am meisten bedroht sind. Aber auch Ziegen, Schafe, Pferde, Hunde und verschiedene Vogelarten werden gelegentlich tuberkulös gefunden, und im willkürlich angestellten Experiment können wir fast jede Tierart, selbst manche Kaltblüter, durch Tuberkulosevirus mit Erfolg infizieren. In Laboratoriumsversuchen werden die krankmachenden Eigenschaften verschiedener Varietäten vom Tuberkulosevirus am meisten an Meerschweinchen und Kaninchen studiert.

Bei der ungeheuren Verbreitung des tuberkuloseerzeugenden Ansteckungsstoffes innerhalb und außerhalb lebender Individuen ist es ein ganz vergebliches Bemühen, den Tuberkulose-Ansteckungsstoff vom Erdboden vertilgen zu wollen, und es ist noch sehr fraglich, was im Kampf gegen die Tuberkulose durch Desinfektionsmaßnahmen überhaupt geleistet werden kann. Es darf gegenwärtig als festgestellte Tatsache gelten, daß kaum jemand von uns und

---

[1]) Vortrag, gehalten auf der Versammlung von Naturforschern und Ärzten am 25. September 1903 in Kassel.

kaum eines von unseren Haustieren der tuberkulösen Infektion entgeht. In dieser Erkenntnis liegt aber mehr Grund zur Beruhigung als zur Beunruhigung; denn wenn trotzdem nicht die Mehrzahl der Menschen an Schwindsucht zugrunde geht, so folgt daraus mit Notwendigkeit, daß die Gefahren der tuberkulösen Infektion im Einzelfall nicht so groß sind, wie man sie sich in der Regel vorstellt; daß es vielmehr besonderer Bedingungen bedarf, wenn die tuberkulöse Infektion zur Schwindsucht führt. Ob derjenige Krankheitszustand, den wir alle unter dem Namen Lungenschwindsucht nur allzu gut kennen, heilbar ist, und insbesondere ob er heilbar ist durch Mittel der ärztlichen Kunst, das weiß ich nicht und habe ich auch nicht zum Gegenstand meiner Untersuchungen gemacht. Das weiß ich aber ganz bestimmt, daß sehr viele tuberkulöse Prozesse einer Heilung zugänglich sind, und in Tierexperimenten habe ich zu erforschen gesucht, ob und wie weit man willkürlich den Heilungsprozeß befördern kann. Davon will ich jedoch heute nicht reden; dagegen will ich hier die Kunst, einem noch nicht tuberkulösen Individuum Tuberkuloseschutz zu verleihen, zum Gegenstand meiner Besprechung machen. Diese Kunst ist schon in beträchtlichem Maße praktisch verwertet worden zur Bekämpfung der Rindertuberkulose, und da ich gut begründete Hoffnung hegen kann, daß meine Arbeiten über die Rindertuberkulosebekämpfung in absehbarer Zeit auch zu einer wirksamen Bekämpfung der menschlichen Tuberkulose führen werden, so darf ich zunächst Ihre Aufmerksamkeit in Anspruch nehmen für einen kurzen Bericht über den gegenwärtigen Stand meiner Tuberkuloseschutzimpfungen beim Rinde.

Hinterher soll dann von meinem heutigen Hauptthema, von der Entstehungsweise der Lungenschwindsucht des Menschen und von den Mitteln zur Verhütung der tuberkulösen Schwindsucht die Rede sein.

Die Lungenschwindsucht des Menschen und die schließlich gleichfalls oft zur Schwindsucht führende Perlsucht des Rindes, beide Krankheiten werden durch ein mikroskopisch und kulturell nicht zu unterscheidendes Kleinlebewesen pflanzlicher Art, den Kochschen Tuberkelbazillus, hervorgerufen. Ohne Tuberkelbazillen gibt es weder tuberkulöse Lungenschwindsucht, noch Perlsucht, und wo in der Umgebung eines noch so tuberkuloseempfänglichen Individuums das spezifische Virus fehlt, kann eine tuberkulöse Erkrankung nicht zu stande kommen. Für ihr Entstehen müssen also immer mindestens drei Momente in Aktion treten:

Erstens der empfängliche Organismus, zweitens der pflanzliche Parasit, drittens die Infektionsgelegenheit, worunter ich diejenige Infektionsbedingung verstehe, welche gegeben wird durch den Import des Tuberkulosevirus an solche Stellen des lebenden Organismus, von denen aus seine Einwanderung in die Säftemasse und in die Blutbahn möglich ist.

Von Natur ist jeder menschliche Organismus zur Erkrankung infolge des Hineingelangens der Tuberkelbazillen in seine Säftemasse disponiert; das gilt nicht bloß für die vom Menschen herstammenden Tuberkelbazillen, sondern auch — wie ich schon hier ausdrücklich betonen, aber erst an anderer Stelle meines Vortrags begründen will für die vom Rinde herstammenden. Aber nicht jede tuberkulöse Gewebserkrankung führt zur Schwindsucht. Häufig hat die tuberkulöse Infektion so geringe Gesundheitsstörungen in ihrem Gefolge, daß sie ein ganzes langes Leben hindurch latent bleibt und erst auf dem Leichentisch erkannt wird.

Ob das Hineingelangen von Tuberkelbazillen in die Gewebssäfte für einen Menschen verderblich wird oder nicht, das hängt von einer großen Zahl von Faktoren ab. Unterschiede in dem angeborenen Empfänglichkeitsgrad spielen dabei sicherlich nur eine untergeordnete Rolle. Viel mehr in die Wagschale fällt schon der Grad von krankmachender Energie, welcher dem importierten Virus zukommt, und welcher in weiten Grenzen schwanken kann. Sehr wichtig ist ferner die Quantität des importierten Virus und die Frage, ob es sich um einmalige, mehrmalige oder gar während eines längeren Zeitraums sehr oft wiederholte Infektion handelt. Von nicht genug zu betonender Wichtigkeit ist dann das Alter des infizierten Individuums, sein derzeitiger physiologischer oder pathologischer Zustand, voraufgegangene Erkrankung anderer Art, die Ernährungsweise, die Beschäftigungsart, das hygienische Verhalten des Aufenthaltsortes, kurz alles das, was man mit dem Sammelbegriff der erworbenen Empfänglichkeit oder erworbenen Disposition zusammenfassen kann. Endlich nenne ich noch die Lage und Beschaffenheit der Eintrittspforte für das Virus.

Wenn Sie das alles berücksichtigen, dann werden Sie ohne weiteres verstehen, wie die Analyse einer tuberkulösen Infektion nicht erledigt ist mit einer Determination der drei wesentlichen Infektionsbedingungen, als da sind angeborene Artempfänglichkeit, Tuberkulosevirus und Infektionsgelegenheit. Vielmehr muß noch das große Heer der soeben aufgezählten und wohl noch mancher anderen akzidentellen Infektionsbedingungen in Rechnung gezogen werden, wenn man sich einigermaßen klar werden will über die unendliche Mannigfaltigkeit der Reaktionsphänomene eines lebenden Individuums gegenüber dem Tuberkulosevirus. Wir nennen heutzutage alles Tuberkulose, was an Veränderungen im menschlichen Organismus als Folge der Einwanderung des Tuberkelbazillus hervorgerufen wird. Die galoppierende Schwindsucht wird in der Statistik in einer Rubrik geführt mit der tuberkulösen Lokalerkrankung eines Gelenks, einer Drüse, eines Organs in der Bauchhöhle, eines kleinen Knötchens in der Gesichtshaut und eines Hautausschlags. Verkalkte Herderkrankungen und sonstige Reste früherer Erkrankungsherde sind für uns tuberkulös. Wir haben allen Grund, die Erkenntnis einer ätiologischen Zusammengehörigkeit dieser für Gesundheit und Leben so verschiedenwertigen Dinge als einen sehr bedeutenden wissenschaftlichen Fortschritt zu rühmen. Man muß nur nicht den Fehler begehen, Tuberkulose und Schwindsucht in einen Topf zu werfen und mit der Diagnose einer tuberkulösen Infektion immer gleich die Anwartschaft auf unvermeidliches Siechtum und ein qualvolles Ende mitzugeben. Wie wenig Berechtigung dazu in Wirklichkeit vorhanden ist, das zeigt uns die Rindertuberkulose-Statistik, und das wird sich dann auch zeigen, wenn ich später von der Statistik menschlicher Tuberkulosefälle sprechen werde.

Unterstützt durch den Herrn Oberpräsidenten Graf Zedlitz, den Herrn Regierungspräsidenten von Trott zu Solz, mehrere Landräte und Kreistierärzte, unter reger Anteilnahme auch des Vorsitzenden der Landwirtschaftskammer Herrn von Stockhausen, habe ich mich zu orientieren versucht über die tuberkulosestatistischen Verhältnisse unter den Rindern unserer Provinz. Nachdem mein Mitarbeiter Dr. Römer mehrere Tausend Rinder durchuntersucht hatte, konnten wir die Arbeit einstellen. Wir fanden nämlich die betrübende Tatsache, daß größere Rinderbestände kaum jemals tuberkulosefrei waren. Als Erkennungsmittel für die Tuberkulose diente uns die Reaktion gegenüber einer relativ kleinen Dosis vom Kochschen Tuberkulin. Wir wissen, daß es tuberkulöse Rinder gibt, welche darauf nicht reagieren; dagegen ist bei einwandsfrei angestellter Versuchsanordnung der positive Ausfall der Tuberkulinprüfung sicher beweisend dafür, daß das in Frage stehende Tier unter dem Einfluß einer Infektion durch Tuberkelbazillen steht. Unsere Zahlen für die festgestellten Tuberkulosefälle sind also zweifellos zu klein. Trotzdem und trotz der Mitberücksichtigung junger Rinder, welche erfahrungsgemäß, auch wenn sie schon tuberkulose-infiziert sind, häufig noch nicht auf die übliche Tuberkulindosis reagieren, fanden wir erschreckend hohe Ziffern für Bestände mit mehr als 20 Rindern, und mußten somit konstatieren, daß es bei uns nicht viel besser steht, wie in anderen Gegenden und Ländern. Ich will hier nur einen der erfahrensten Tuberkuloseforscher, den Professor Bang in Kopenhagen, zitieren, welcher aus Dänemark berichtet, daß in Stallungen mit mehr als 50 Rindern durchschnittlich 60 Proz. tuberkulös sind. Bang fügt dieser Feststellung die Worte hinzu: „Wenn es sich um einen großen Bestand handelt, in welchem die Tuberkulose seit vielen Jahren herrscht, kann man in der Regel die Prüfung der erwachsenen Rinder unterlassen. Die allermeisten werden doch reagieren, selbst wenn sie anscheinend völlig gesund sind."

Auf Grund vieljähriger Beobachtungen kann ich den letzten Satz noch erweitern durch die Worte: „und ihr ganzes Leben lang anscheinend gesund bleiben".

In der Tat bietet in der Regel eine tuberkulose-infizierte Herde auf großen Gütern einen prächtigen Anblick dar. Ernährungszustand, Milchproduktion, Kälberzucht lassen nichts zu wünschen übrig. Ab und zu hustet ein Rind oder magert ab trotz reichlicher Nahrungszufuhr. Dann wird es ausrangiert und die Herde als solche behält ihr das Herz des Landwirts erfreuendes Aussehen. Gehen die Dinge in einer auf Tuberkulin reagierenden Herde lange Jahr so fort, zumal bei dauernder Stallfütterung, dann freilich häuft sich die Zahl der Huster, die Nachzucht leidet, der Milch- und Fleischertrag geht zurück und nun ist das Tuberkuloseelend da. Sorgfältige epizootische Forschungen in unserer Provinz haben mich erkennen lassen, daß eine bei uns heimische Bergviehrasse, das Vogelsberger Rind, vielleicht vor zwölf Jahren noch tuberkulosefrei gewesen sein muß. Durch importiertes Vieh kamen dann die ersten Ansteckungen zustande; aber auch jetzt noch ist der Prozentsatz der auf Tuberkulin reagierenden Tiere etwa viermal geringer, als der der übrigen Viehrassen. Was aber das Allermerkwürdigste ist: Während einer ganz allgemeinen Erfahrung entsprechend bei allen übrigen Viehrassen mit zunehmendem Alter die Zahl der reagierenden Tiere rapide zunimmt, wird bei unserer Vogelsberger Rasse die prozentische Zahl der reagierenden Tiere vom fünften Lebensjahre ab sogar um ein weniges geringer. Das kann zusammenhängen mit der geringeren Zahl der vor fünf Jahren stattgehabten Infektionen; zum Teil muß ich diese statistische Ausnahme aber auch zurückführen auf die größere Zahl der definitiven Ausheilungen und damit auf das spontane Schwinden der Tuberkulinreaktion. Den so festzustellenden günstigeren Verlauf der Tuberkulose unter dem Vogelsberger Vieh bringe ich nun wiederum in Zusammenhang mit einer geringeren Anhäufung des Tuberkulosevirus in den relativ wenig durchseuchten Stallungen, oder, was dasselbe sagen will, mit einer geringeren Dosierung des Infektionsstoffes bei der Infektion von Milchkälbern, welche ja nicht bloß von der Mutterkuh, sondern auch von den anderen Rindern den Infektionsstoff in sich aufnehmen.

Man kann deutlich verfolgen, wie die Zahl der reagierenden Vogelsberger Rinder prozentisch von Jahr zu Jahr größer wird, und ich halte es für sehr wahrscheinlich, daß sie nach Ablauf von zehn Jahren in bezug auf die Tuberkulose nicht besser daran sein werden wie die importierten Rassen, wenn nicht Vorkehrungen getroffen werden zur Eindämmung der fortschreitenden Durchseuchung.

Solche Vorkehrungen von durchaus wirksamer Art stehen uns schon seit längerer Zeit zu Gebote. Ich kenne eine ganze Reihe von Rinderbeständen, die durch strikte Durchführung der bekannten Bangschen Vorschriften tuberkulosefrei gemacht und tuberkulosefrei erhalten wurden. Das ist aber sehr kostspielig, erfordert die stetige Überwachung durch Sachverständige und ist auch dann in der Regel nur möglich auf großen Güterkomplexen, wo alle reagierenden Tiere von dem tuberkulosefrei zu machenden Bestande getrennt und auf andere Güter abgeschoben werden können.

Als ich daher ein in eigenen Rinderstallungen erprobtes Verfahren bekannt gegeben hatte zur wirksamen Tuberkuloseschutzimpfung von Rindern, da fand ich ganz besonders in solchen Viehzüchtungen ein nicht genug zu rühmendes Entgegenkommen, deren Leiter mit der Bangschen Tuberkulosetilgung schon ausgedehnte Versuche angestellt hatten.

Durch Vermittelung des Herrn Oberpräsidenten Graf Zedlitz wurde mir zunächst die Anstellung zahlreicher Rinderschutzimpfungen in drei Kreisen der Provinz Hessen-Nassau ermöglicht; nachdem dann die Versuche ausgedehnt worden waren auf das benachbarte Großherzogtum Hessen und auf die Bollesche Meierei in Köpenik bei Berlin, konnte ich schon im Beginn dieses Jahres die Unschädlichkeit meines Impfverfahrens als gesichertes Ergebnis hinstellen. Seitdem boten mir die großen ungarischen Besitzungen des Prinzen Ludwig von Bayern, ferner zufolge der Initiative des Grafen Schwerin-Göhren eine Reihe von mecklenburgischen Gütern, dann die ausgedehnten Herrschaften des Erzherzogs Friedrich von Österreich, ausgiebige Gelegenheit zur Schutzimpfung von Kälbern unter drei Monaten. Wissenschaftliche Nachuntersuchungen über meine Angaben betreffend den Tuberkuloseschutz immunisierter Rinder sind angestellt worden in den Veterinärinstituten der Universitäten Leipzig und Freiburg von den Professoren Eber und Schlegel; in Darmstadt von Ober-Med.-Rat Lorentz; in Budapest von Prof. Hutyra. Ich selbst habe in Marburg hochimmunisierte Rinder zum Gegenstand eingehender Untersuchungen über Antikörperproduktion gemacht, Kälber von tuberkuloseimmunen Rindern aufgezogen, auch Immunmilchstudien seit einiger Zeit unternommen.

Alle Einzelbeobachtungen sind sorgfältig protokolliert worden; zum Teil sind die Protokolle schon gedruckt, und am Schluß dieses Jahres hoffe ich mit der Verarbeitung und Veröffentlichung des überreichen Materials in meinen „Beiträgen zur experimentellen Therapie" beginnen zu können.

Inzwischen aber schreitet die praktische Verwertung meiner Rinderschutzimpfungsmethode in der landwirtschaftlichen Praxis in stetig zunehmendem Umfange fort. Österreichische und schwedische Forscher, welche im Auftrage ihrer Regierungen die Impftechnik in Marburg studiert haben, sollen in ihren Heimatländern ausgedehnte Impfungen vornehmen; die großherzoglich-hessische Regierung hat ihre Kreisämter angewiesen, mit Mitteln der Polizeikasse unentgeltlich alle Kälber impfen zu lassen, deren Besitzer sich verpflichten zur Kontrolle der geimpften Tiere durch die Kreisveterinärärzte. Von vielen anderen Seiten liegen Anmeldungen zum Bezuge von Impfstoff vor [1]).

Bis vor kurzem habe ich den Impfstoff unentgeltlich mit privaten Mitteln hergestellt und verschickt und die ganze wissenschaftliche, technische und administrative Arbeit mit wenigen Mitarbeitern geleistet. Das läßt sich jetzt nicht mehr durchführen; das übersteigt meine finanziellen Hilfsmittel und, bei aller Arbeitsfreudigkeit in einer so gut gedeihenden und praktisch wichtigen Sache, meine körperliche Leistungsfähigkeit. Gern hätte ich mit der Freigabe des Impfstoffes und der Abgabe des administrativen Betriebes gewartet, bis die in Erwägung gezogene Übernahme durch den preußischen Staat sich vollzogen hat. Bei dem Umfange der täglich sich steigernden rein technischen und geschäftlichen Arbeit habe ich aber schon jetzt eine Entlastung für mich und meinen Mitarbeiter Dr. Römer eintreten lassen müssen durch provisorische Übergabe des Vertriebes der Impfstoffe an die Marburger industrielle Firma Dr. Siebert und Dr. Ziegenbein.

Die vor kurzem erfolgte Freigabe meines Tuberkuloseschutzmittels für Rinder ist nachträglich in vollem Umfange gerechtfertigt worden durch die vor wenigen Wochen erfolgte Mitteilung aus dem Kochschen Institut „Über Immunisierung gegen Tuberkulose". Diese Mitteilung enthält zwar nichts Positives, was ich nicht schon vor Jahr und Tag unter ausführlicher Begrün-

[1]) Anmerkung vom Jahre 1915. Inzwischen wird von vielen Viehbesitzern meine Tuberkuloseschutzimpfung mit dem Bovovakzin mit gutem Erfolge fortgesetzt. Meinerseits habe ich aber schon seit mehreren Jahren aufgehört, für sie Propaganda zu machen, und zwar deswegen, weil ich befriedigende Resultate mit einem nicht vermehrungsfähigen Impfstoff bekommen habe. Diese neue Tuberkuloseschutzimpfungsmethode hoffe ich in absehbarer Zeit in die Praxis einführen zu können.

dung durch eine große Zahl von Experimenten behauptet habe. Auch fehlt darin gerade das, worauf es hauptsächlich ankommt, nämlich die für eine praktisch brauchbare Immunisierung von Rindern beweiskräftigen Protokolle.

Abgesehen aber davon finde ich in der Mitteilung von Kochs Tuberkulose-Immunisierungsversuchen eine außerordentlich erfreuliche Übereinstimmung mit meinen eigenen Versuchsergebnissen bis in kleine Einzelheiten. Das muß jetzt für alle Welt die Zuverlässigkeit meines Immunisierungsprinzips sicherstellen. Die Ausrottung der Rindertuberkulose ist jetzt in der Tat bloß noch eine Frage der gewissenhaften und technisch einwandsfreien Ausführung der Schutzimpfungen; daneben allerdings auch noch eine Frage der Zeit. Ich studiere beispielsweise das praktisch sehr wichtige Problem, welches in längst vergangener Zeit bei der Schutzpockenimpfung die Sachverständigen viel beschäftigt hat. Wir wissen, daß Pockenschutz durch Kuhpockenlymphe nur erreicht wird, wenn der menschliche Organismus mit einem typischen Entzündungsprozeß auf die Impfung reagiert hat. Verhält sich nun die Sache ebenso bei der Tuberkuloseschutzimpfung? Ich kann das mit Bestimmtheit noch nicht sagen, und ich werde im günstigsten Fall erst nach zwei Jahren diese Frage definitiv beantworten können, wenn die bloß einmal und ohne erkennbare Reaktion geimpften Kälber herangewachsen sein werden.

Daß durch eine einmalige Vorbehandlung, wenn danach deutliche Fieberreaktion eintritt, schon ein für die Praxis genügender Tuberkuloseschutz erreicht werden kann, scheint durch neuerdings in einer Herde des Grafen Schwerin-Wolfshagen gemachte Erfahrungen bewiesen zu werden. In dieser Herde gehören tuberkulosefreie Rinder in herangewachsenem Zustande zu den seltensten Ausnahmen. Als nun mein Mitarbeiter Dr. Römer vor 14 Tagen diese Herde besichtigte, traf es sich zufällig, daß alle Jungrinder an einer Nematoden-Krankheit litten. Davon wurden 5 vor fast einem halben Jahre geimpfte Rinder geschlachtet, und bei keinem wurde auch nur eine Spur von Tuberkulose gefunden.

Eine andere wichtige Frage betreffend die Immunitätsvererbung ist jetzt schon der prinzipiellen Beantwortung nahegerückt. Ich glaube sagen zu dürfen, daß ein Tuberkuloseschutz von der immunen Mutterkuh auf ihr Junges während des intrauterinen Lebens in der Regel nicht übertragen ward. Es kann aber eine hereditäre Immunität leicht vorgetäuscht werden. Ich fand beispielsweise bei einem 14 Tage alten, von einer hochimmunisierten Kuh abstammenden Kalbe bei der Prüfung mit Perlsuchtbazillen einen ziemlich beträchtlichen Immunitätsgrad, und ohne Zuhilfenahme meiner anderweitig gesammelten Erfahrungen über die infantile Immunität hätte ich leicht auf den Gedanken kommen können, daß es sich hier um eine vererbte Immunität handle. Vergleichende Untersuchungen haben es aber im höchsten Grade wahrscheinlich gemacht, daß die tatsächlich festgestellte relative Immunität des eben erwähnten Kalbes auf die Ernährung mit der Milch von der immunen Mutterkuh zurückzuführen ist. Es kann noch lange Zeit dauern, ehe ich darüber eine experimentell begründete Erklärung abgeben werde, ob auch die in der Praxis weniger hochimmunisierten Rinder tuberkuloseschutzverleihende Immunmilch liefern; ferner darüber, wie weit sich die immunitätverleihende Eigenschaft einer Milch steigern läßt; ob eventuell die Immunmilch sich zur Tuberuklosebekämpfung beim Menschen verwerten läßt, und ob sie dann auf weite Strecken transportfähig gemacht werden kann, ohne ihre heilsamen Wirkungen zu verlieren. Ich habe zwar allen Grund zu der Hoffnung, daß wir auf dem besten Wege sind, in der Immunmilch ein Kampfmittel gegen die menschliche Tuberkulose in die Hände zu bekommen, dem sich keines der bisher bekannt gewordenen Tuberkulosemittel auch nur annähernd an die Seite stellen läßt, und Sie werden es begreifen, daß ich nichts, was menschenmöglich ist, unterlasse, um diese Hoffnung in einer nicht zu fernen Zukunft zu verwirklichen. Es ist aber vielleicht gerade hier der geeignete Ort für die Abgabe der ganz bestimmten Erklärung, daß von mir nur für vorsichtig tastende Versuche durch schon jetzt designierte, mir befreundete Ärzte Immunmilch zur therapeutischen Verwertung abgegeben wird, und daß ich nicht in der Lage bin, die vielen mir aus dem Publikum und aus Ärztekreisen zugehenden Bitten um ein Tuberkuloseheilmittel auch nur durch Antwortschreiben zu berücksichtigen. Wenn klinischerseits in einwandsfreier Weise die Bedingungen und Grenzen der therapeutischen Immunmilchwirkung festgelegt sind, werde ich öffentlich darüber berichten und für jedermann das Mittel zugänglich machen.

Inzwischen glaube ich ein nützliches Werk zu tun, wenn ich in möglichst allgemein verständlicher Form die wissenschaftlichen Grundlagen für meine Tuberkulosebekämpfungspläne weiteren Kreisen zur Kenntnis bringe. Dabei wird dann auch die Rede sein müssen von solchen Streitfragen auf dem Gebiete der Tuberkuloseforschung, welche wegen ihrer praktischen Wichtigkeit nicht nur bei Medizinern, sondern auch in der Laienwelt während der letzten Jahre ein ungewöhnlich großes Interesse erregt haben.

Ich beginne mit der Frage nach den Beziehungen zwischen den vom Menschen und den vom Rinde herstammenden Tuberkelbazillen.

Haben, wie Koch in London vor zwei Jahren erklärt hat, die Erreger der menschlichen Schwindsucht nichts zu tun mit den Erregern der Rinderperlsucht, dann steht meine Hoffnung auf die Nutzbarmachung meiner Rindertuberkulose-Immunisierungen für die Bekämpfung der menschlichen Tuberkulose auf sehr schwachen Füßen; denn die unter dem Einfluß der immunisierenden Behandlung eines Individuums in ihm entstehenden Schutzkörper wirken immer bloß auf artgleiche, nicht auf artfremde Virusarten. Auch besitzen wir in der ganzen Immunitätsforschung bisher noch kein einwandsfreies Beispiel dafür, daß es möglich ist, mit irgendeinem Infektionsstoff menschliche oder tierische Individuen zu schützen gegen artfremde Infektionsstoffe. Das ist jetzt so allgemein anerkannt, daß es ganz überflüssig wäre, darauf hier näher einzugehen. Wenn nun aus dem Kochschen Institut bestätigt wird, daß man Ziegen, Esel und Rinder mit menschlichen Tuberkelbazillen gegen Perlsuchtvirus schützen kann, so ist m. E. damit auch gleichzeitig zugegeben, daß von einer Artverschiedenheit nicht mehr die Rede sein kann.

Nach dem in jüngster Zeit von den Mitarbeitern Kochs, den Herren Schütz und Neufeld, abgegebenen Urteil soll freilich Koch schon in London gar nicht eine richtige Artverschiedenheit behauptet haben, sondern bloß gesagt haben, daß das menschliche Schwindsuchtvirus und das Perlsuchtvirus nicht identisch sind, und daß ebenso auch Rindertuberkulose und Menschentuberkulose nicht identisch sind. Das wäre freilich etwas ganz anderes, als was alle Welt verstanden hat. Die Lungenschwindsucht des Menschen und die Perlsucht des Rindes präsentieren sich in der Regel dem Anatomen auf den ersten Blick so verschieden, daß es ganz besonders scharfsinniger Untersuchungen und Überlegungen bedurft hat, um auf den Gedanken einer ätiologischen Einheit beider Krankheitsprozesse zu kommen. Aber man kann noch viel weiter gehen; man kann ohne Übertreibung behaupten, daß der tuberkulöse Lupus, die tuberkulöse Skrofulose, die in Gelenken, auf serösen Häuten usw. lokalisierten menschlichen Tuberkulosefälle, anatomisch betrachtet, ebensowenig mit den Lungenschwindsuchtfällen identisch sind wie die Rinderperlsuchtfälle. Der Ausdruck „identisch" paßt nicht einmal auf alle Schwindsuchtfälle; identisch ist ein Ding und ein Prozeß genau genommen nur mit sich selber.

So sind auch ganz gewiß nicht alle Tuberkelbazillen und alle Tuberkelbazillenstämme miteinander identisch. Die fast überall den stärksten Widerspruch herausfordernde Behauptung Kochs, daß ein prinzipieller und durch keine Bindeglieder zu überbrückender Gegensatz zwischen den vom Menschen und den vom Rinde herstammenden Tuberkelbazillen bestehe, hat in aller Welt Beobachtungen zutage gefördert, welche endgültig das Vorhandensein von

Übergangsstufen in der krankmachenden Energie der Säugetiertuberkelbazillen beweisen. Im allgemeinen sind die Rindertuberkelbazillen stärker virulent für alle bis jetzt untersuchten Tierarten als die Menschentuberkelbazillen, und die Stimmen mehren sich stetig, welche für die größere Virulenz der Rindertuberkelbazillen auch für den Menschen plädieren.

Wenn ich nunmehr zu meinem eigentlichen Thema, zur Menschentuberkulose übergehe, so will ich zunächst es versuchen, Ihnen einen Überblick zu verschaffen über die Verbreitung der Tuberkulose unter dem Menschengeschlecht.

Erschreckend groß ist die Zahl der an Schwindsucht sterbenden Menschen, aber noch sehr viel größer ist die Zahl der tuberkulösen und tuberkulös infizierten Menschen.

Erst in neuerer Zeit haben wir einigermaßen zuverlässige Anhaltspunkte bekommen für die Beurteilung der Verbreitung menschlicher Tuberkulose in zivilisierten Ländern.

Wenn wir jeden Fall in der Statistik als tuberkulös verzeichnen, bei welchem durch Tuberkelbazillen Herderkrankungen hervorgerufen worden sind, dann hat der oft zitierte Greifswalder Stabsarzt, ganz wörtlich genommen, durchaus recht mit seinem Ausspruch: „Ein bißchen tuberkulös ist jeder von uns.“

Es ist nicht leicht gewesen, diese Tatsache wissenschaftlich zu begründen, und man kann ohne jede Einschränkung die Behauptung aufstellen, daß die Feststellung der ungeahnten Tuberkuloseverbreitung unter dem Menschengeschlecht unmöglich gewesen wäre ohne die beiden großen und epochemachenden Entdeckungen Robert Kochs, ohne die Entdeckung des Tuberkelbazillus und ohne die Entdeckung des Tuberkulins.

Das Tuberkulosevirus des Menschen in Gestalt des Kochschen Bazillus hat einen engbegrenzten Formenkreis und ist im allgemeinen sehr leicht zu identifizieren, nachdem einmal seine Charaktere von Koch gleich in der ersten Publikation vom Jahre 1882 genau beschrieben worden sind, und zumal nachdem kurz darauf Ehrlich ein spezifisches Färbeverfahren für Tuberkelbazillen angegeben hatte. Wir kennen die Tuberkelbazillen als Stäbchen von verschiedener Länge, aber ziemlich konstanter Dicke, welche zuweilen körnigen Zerfall zeigen. Jetzt herrscht wohl allgemeine Einigkeit darüber, daß in einem Krankheitsprodukt des menschlichen Körpers die Gegenwart solcher nach Koch-Ehrlich färbbarer Stäbchen mit großer Sicherheit den tuberkulösen Charakter des Krankheitsprozesses beweist; die differentialdiagnostisch hierbei allenfalls in Frage kommenden leprösen Prozesse mit ähnlichen Stäbchen lassen sich durch andere Merkmale in der Regel schon bei der makroskopischen Betrachtung als solche erkennen.

Unter Zugrundelegung nun der diagnostischen Bedeutung der Kochschen Stäbchen und unter Zuhilfenahme aller sonst bekannten Erkennungsmittel hat unter Prof. Ribberts Leitung Dr. Naegeli in Zürich keine Leiche eines Menschen, der im Alter von mehr als 30 Jahren gestorben war, ohne Zeichen einer stattgefundenen Infektion mit Tuberkulosevirus gefunden. Im Alter von 18—30 Jahren waren 96 Proz., im Alter von 14—18 Jahren 50 Proz., im Alter von 5—14 Jahren 33 Proz., im Alter von 1—5 Jahren 17 Proz. mit tuberkulösen Herden behaftet, während kindliche Leichen bis zu einem Jahre durchweg deutliche tuberkulöse Herderkrankungen vermissen ließen.

Dieses erstaunliche Ergebnis sorgfältiger anatomischer Untersuchungen, welches übrigens auch durch die Mitteilungen von pathologischen Anatomen in anderen Städten verifiziert worden ist, scheint auf den ersten Blick aller ärztlichen und sonstigen Erfahrung zu widersprechen. Danach müßten wir alle, die wir in diesem Saal versammelt sind, tuberkulös sein! Aber auch die vervollkommnete Diagnose tuberkulöser Infektionen am lebenden Menschen läßt keinen Zweifel darüber, daß die Naegelischen Zahlen, wenigstens für dichtbevölkerte Verkehrszentren, eine allgemeine Gültigkeit besitzen. Wenn wir freilich bloß die wegen tuberkulöser und tuberkuloseverdächtiger Krankheitserscheinungen in ärztliche Behandlung gelangenden Patienten zählen wollten, dann stimmt die Rechnung nicht. Auch durch die Untersuchung lebender Menschen auf Tuberkelbazillen können wir keine Übereinstimmung herstellen zwischen der Leichenstatistik und der epidemiologischen Tuberkulosestatistik. Die Übereinstimmung wird aber sehr groß, wenn man die diagnostischen Hilfsmittel verwertet, welche uns die zweitgenannte Kochsche Entdeckung, die Tuberkulinentdeckung, an die Hand gibt.

Das Tuberkulin in seiner Eigenschaft als Blutgift für tuberkulös infizierte Individuen teilt die Fähigkeit vieler anderer Infektionsgifte, durch Temperatursteigerung wahrnehmbare Reaktionen schon bei einem minimalen Bruchteil derjenigen Dosis auszulösen, welche lebensgefährlich ist und tödlich wirken kann. Ich kenne aus eigener Erfahrung einen Fall von menschlicher Tuberkulose, in welchem nach mehr als dem hundertfachen Multiplum der für dasselbe Individuum zur diagnostischen Fieberreaktion ausreichenden Dosis zwar mehrtägiges starkes Fieber eintrat mit erheblichem Krankheitsgefühl, ohne daß aber hinterher eine Schädigung des Gesamtzustandes zurückblieb. Durch eine starke Dosis von Tuberkulosegift in Gestalt von abgetöteten Tuberkelbazillen zog sich der Entdecker des Tuberkulins eine schwere Erkrankung zu; wahrscheinlich hätte schon der hundertste Teil, gleich ungefähr $1/2$ cg Alttuberkulin genügt, um bei Koch durch vorübergehende Temperatursteigerung zu beweisen, daß auch er einmal unter dem Einfluß infektiöser Tuberkelbazillen gestanden hat. Ich selbst habe vor zehn Jahren auf die Dosis von 4 mg mit Fieber und sehr lebhaftem Krankheitsgefühl reagiert und war danach in San Remo mehrere Tage bettlägerig, so daß mir nicht der geringste Zweifel aufkommt an der tuberkulösen Infektion meines Körpers.

Das lehrreichste Beispiel für die allgemeine Gültigkeit der Naegelischen Zahlen hat in außerordentlich verdienstvollen Untersuchungen der österreichische Stabsarzt Dr. Franz an Soldaten des bosnisch-herzegowinischen Infanterieregiments Nr. 1 und des aus Ungarn sich rekrutierenden Infanterieregiments Nr. 60 geliefert. Um jede Gesundheitsschädigung zu vermeiden, wählte Franz nur die kleinen Prüfungsdosen von 1—3 mg, welche Dosen nur im Wiederholungsfall auf 5 mg gesteigert wurden. Trotzdem und trotz der Tatsache, daß es sich um die gesundesten Individuen der Bevölkerung handelte, fand er bei dem erstgenannten Regiment im ersten Dienstjahr (1901) 61 Proz. und im zweiten Dienstjahr 68 Proz. Tuberkulosefälle. Franz fügt seinem bisher nur im Manuskript mir vorliegenden Bericht hinzu, daß er bei Anwendung der ursprünglich von Koch empfohlenen Prüfungsdosis in der Höhe von 1 cg Tuberkulin annähernd die Naegelische prozentische Zahl für das Alter von 21 Jahren gefunden haben würde, nämlich 96 Proz.

Demgegenüber hat der ungarische Arzt Dr. Nikolaus Berend bei 96 ganz jungen Kindern in keinem einzigen Falle eine positive Tuberkulinreaktion bekommen, trotzdem sich darunter sehr schwächliche Individuen und Abkömmlinge von Eltern mit manifester Tuberkulose befanden, und trotzdem er in der Dosierung bis zu 1 cg anstieg. Also auch hier stimmt die Tuberkulinprüfung mit den Ergebnissen der Naegelischen Leichenstatistik überein.

Eine weitere Bestätigung der Tatsache, betreffend die ungeahnte Verbreitung menschlicher Tuberkuloseinfektionen und Tuberkuloseerkrankungen verdanken wir einer von dem französischen Kliniker André Jousset ausgearbeiteten diagnostischen Methode, der Inoskopie, welche gestattet, auch sehr wenige Tuberkelbazillen, die in großen Flüssigkeitsmengen verteilt sind, dem Auge direkt sichtbar zu machen, statt auf dem Umwege über die Kultur und den Infektionsversuch. Mit Hilfe dieser sehr wertvollen diagnostischen Methode gelingt es, den tuberkulösen Ursprung fast aller seröser Brustfellentzündungen, vieler exsudativer Peritonitiden und Flüssigkeitsansammlungen in der Bauchhöhle von Alkoholikern mit Leberzirrhose, exsudativer Gehirnhautentzündungen, Gelenkentzündungen, mancher Herzkrankheiten und anderer symptomatischer Krankheitskategorien nachzuweisen, wo früher die meisten Ärzte gar nicht an die Möglichkeit eines Zusammenhanges mit tuberkulöser Infektion gedacht haben.

Ich habe geglaubt, in meinem Vortrage mich der Pflicht nicht entziehen zu können, Ihnen meine Überzeugung auszusprechen von der allgemeinen Tuberkulosedurchseuchung dicht zusammenlebender Bevölkerungsschichten, und damit von der Nutzlosigkeit aller Versuche, durch Absperrungsmaßnahmen die Tuberkulose heutzutage in dicht bevölkerten Gegenden auszurotten. Wohin soll es führen, wenn wir beispielsweise alle tuberkulös infizierten Soldaten zum Zweck einer ärztlichen Kontrolle in Garnisonlazarette überführen und später als dienstuntauglich entlassen wollten, wie das ganz ernstlich vorgeschlagen worden ist? Wir würden ja dann bloß noch höchstens 5 Proz. im aktiven Dienste übrig behalten, und auch dieser kleine Rest würde wahrscheinlich nach einigen Jahren als tuberkulös diagnostiziert werden können. Ich kann höchstens befürworten, daß die hustenden Phthisiker von den noch gesund erscheinenden Menschen abgesondert und nicht in Heilstätten, sondern in Invalidenheimen untergebracht werden, in ähnlicher Weise, wie man früher die Aussätzigen in Quarantäne hielt.

Aber wir brauchen trotzdem nicht die Hände in den Schoß zu legen und fatalistisch dem Zugrundegehen des Menschengeschlechtes entgegenzusehen. Die tuberkulöse Infektion bedeutet noch lange nicht tuberkulöse Schwindsucht. Gerade das ungeahnt große tatsächliche Befallenwerden des Menschengeschlechtes von der tuberkulösen Infektion ist geeignet, noch mehr als bisher die Heilbarkeit vieler tuberkulöser Erkrankungen zu beweisen, und zwar die spontane Heilbarkeit; denn von der Heilkraft der bisher angewendeten antituberkulösen Behandlungsmethoden, wie sie sich auch nennen mögen, kann ich nicht viel halten. Auch hier gilt der Satz, der früher in bezug auf die Diphtherie angewendet worden ist: „Die leichten Infektionen gehen in Heilung über, die schweren Infektionen führen zum Tode“; und hier wie bei der Diphtherie habe ich mir die Frage vorlegen müssen, ob es überhaupt Mittel und Wege gibt, die schweren Infektionen mit schlechter Prognose zu verhüten oder, wenn sie schon erfolgt sind, in günstig verlaufende Fälle umzuwandeln?

Sie werden selbst sich diese wichtige Frage beantworten können, wenn ich Ihnen im folgenden die Ergebnisse meiner experimentellen Untersuchungen über Entstehung und Verhütung von tuberkulöser Schwindsucht vorgetragen haben werde. Ich beginne dabei mit der Vorfrage nach den Bedingungen des Zustandekommens der tuberkulösen Schwindsucht beim Menschen.

Da muß ich Ihnen zuallererst das Geständnis ablegen, daß nach meinem Dafürhalten bisher noch nirgends der einwandsfreie Beweis erbracht ist von dem Vorkommen einer Lungenschwindsucht des Menschen infolge einer tuberkulösen Infektion bei einem ausgewachsenen Menschen, daß vielmehr die typische Lungenschwindsucht eine tuberkulöse Infektion im Kindesalter zur Voraussetzung hat. Selbst wenn man die Fälle hinzunimmt, wo Leichendiener, Schlächter, Laboratoriumsarbeiter, wie im Experiment, mit Tuberkulosevirus vom subkutanen Gewebe aus reichlich infiziert worden sind, vermisse ich überall den Beweis dafür, daß durch die traumatische Infektion bei einem vorher noch nicht mit Tuberkelbazillen infizierten Menschen Lungenschwindsucht entstanden ist.

Ich kenne sehr wohl die statistischen Argumente, welche aus der höheren Tuberkulose-Erkrankungsziffer und Sterbeziffer von Krankenpflegern, von Bewohnern eines Hauses, in welchem notorische Phthisiker leben, von Insassen der Gefangenenanstalten — die Entstehung von Lungenschwindsucht durch Einatmung tuberkelbazillenhaltigen Staubes oder tuberkelbazillenhaltiger Tröpfchen beweisen sollen. Aber angesichts der oben geschilderten Verbreitungsverhältnisse der Tuberkulose unter dem Menschengeschlecht ist der Einwand ganz gewiß berechtigt, daß die an Lungenschwindsucht zugrunde gehenden Personen der genannten Art schon vorher tuberkulöse Herde in ihren Lungen hatten, und daß die schon vorhandene Lungenerkrankung durch die tuberkulosebegünstigende Lebensweise jener Personen in floride Phthisis übergeführt worden ist.

Um nicht mißverstanden zu werden, betone ich hier mit Nachdruck, daß ich durchaus nicht Infektionen mit Tuberkulosevirus auch bei erwachsenen Menschen in Abrede stelle; ich nehme sogar an, daß kaum einer von uns der Infektion im vorgeschrittenen Lebensalter entgeht. Nur daß solche Infektionen unmittelbar zur Höhlenbildung in den Lungen und zu den übrigen Symptomen der typischen Lungenschwindsucht führen, halte ich für ebensowenig einwandsfrei bewiesen, wie K o c h mit Recht den ganz einwandsfreien Beweis dafür vermißt, daß das Rindertuberkulosevirus die Ursache menschlicher Lungenschwindsucht in einem konkreten Fall geworden ist.

Ich kann in meinen Konzessionen an die bisherige Auffassung der Schwindsuchtentstehung durch Einatmung von tuberkelbazillenhaltigem Staub und tuberkelbazillenhaltigen Tröpfchen noch weitergehen, indem ich nicht bloß die Möglichkeit, sondern das tatsächliche Vorkommen tuberkulöser Lungenerkrankungen mit schließlichem Ausgang in Schwindsucht durch Infektionen erwachsener Menschen in dem Sinne zugestehe, daß häufig auf der Grundlage einer im frühen Kindesalter erfolgten Infektion eine Lungenschwindsucht erst zum Ausbruch gelangt, wenn spätere Infektionen noch hinzukommen. Aber die Gelegenheit zur Infektion mit Tuberkelbazillen kann für erwachsene Menschen allein für sich für die Entstehung der Lungenschwindsucht einen entscheidenden Faktor nicht repräsentieren. Ich kann mich da auf die Autorität des Geheimrat Moritz Schmidt in Frankfurt a. M. berufen, welcher durch seine unzähligen Untersuchungen tuberkulöser Kehlköpfe während eines Zeitraums von 40 Jahren ganz gewiß mehr als sonst jemand der tuberkulösen Infektion ausgesetzt gewesen ist. Er ist aber ebensowenig wie seine vielen Assistenten schwindsüchtig geworden.

Nach meinen tierexperimentellen Untersuchungen entstehen die für menschliche Lungenschwindsucht charakteristischen Gewebszerstörungen immer erst auf der Basis einer weitgehenden und langdauernden Umstimmung der vitalen Apparate des Gesamtorganismus. Unsere Vorfahren hatten dafür die Ausdrücke „Dyskrasie" und „Konstitutionelle Erkrankung" in die medizinische Sprache eingeführt. Namentlich bei Ziegen, aber auch bei anderen Tierarten, habe ich willkürlich ein der menschlichen Lungenschwindsucht ganz ähnliches Krankheitsbild hervorgerufen, wenn ich durch langdauernde Vorbehandlung einen mäßigen Grad von Tuberkuloseimmunität erzeugt hatte und hinterher dann ein starkes Virus in die Blutbahn einspritzte. So halte ich auch die Gewebszerstörungen bei der menschlichen Lungenschwindsucht für den Ausdruck einer Infektion bei einem durch frühzeitigen Import von Tuberkelbazillen weniger tuberkuloseempfänglich gewordenen Individuum. Die Gewebszerstörung bewirkenden Spätinfektionen können im Einzelfall auf inhalierte Tuberkelbazillen zurückgeführt werden. Sie können aber auch von schon vorhandenen Tuberkuloseherden ausgehen und so gewissermaßen als Autoinfektionen oder Metastasen gedeutet werden. Würden wir eine gleich große Bazillenmenge, wie die in Schwindsuchtlungen zu findende, einem noch nicht partiell immunisierten Menschen in die Gewebssäfte einbringen, dann würde er eine akut zum Tode führende Miliartuberkulose, aber nie im Leben eine Lungenschwindsucht bekommen!

Wenn wir ein tuberkulosefreies Individuum Tuberkelbazillen einatmen lassen, so ist ganz sicher die Gelegenheit zur Infektion der Rachenorgane und des Magendarmkanals gegeben; ob dabei überhaupt Bazillen direkt in die Lungen gelangen, ist dagegen nicht mit Sicherheit zu behaupten. Der Infektion der Rachen- und Halsorgane entspricht immer eine Erkrankung der Lymphgefäße und Drüsen am Halse, die dem infizierten Individuum einen skrofulösen Habitus verleihen. Nun rufe man sich einmal den Hals schwindsüchtiger Menschen in Erinnerung! Es hat fast den Anschein, als ob zu der Zeit, wo ein Mensch als Schwindsuchtskandidat bezeichnet werden kann, seine Halsorgane schon ziemlich immun sein müssen gegen vulgäre tuberkulöse Infektionen!

Auch eine zweite vielverbreitete Anschauung muß ich zurückweisen, welche dahin geht, daß erbliche Faktoren das Entscheidende sind. Rein theoretisch betrachtet ist ja eine intrauterine Tuberkuloseinfektion ganz gewiß möglich und in vereinzelten Fällen ist sie auch tatsächlich festgestellt. Praktische Wichtigkeit hat aber weder die elterliche oder gar vorelterliche Vererbung der Tuberkelbazillen, noch die Hypothese der Vererbung einer körperlichen Disposition zur Tuberkulose.

Und doch ist nach meinen Untersuchungen die in den Volksglauben übergegangene Überzeugung von dem Einfluß der Eltern, Großeltern und naher Verwandter auf die Entstehung der Lungenschwindsucht ganz richtig. Auch ich bin der Meinung, daß man mit vollem Recht von der schlechten Prognose der Familientuberkulosefälle sprechen kann. Wenn in der Krankheitsgeschichte Todesfälle an Lungenschwindsucht bei ganz nahen Verwandten festgestellt werden, dann würde ich die klinisch noch nicht manifestierte, aber durch Tuberkulinreaktion oder durch Inoskopie festgestellte Tuberkuloseinfektion immer recht pessimistisch ansehen.

Man wird mit einigem Recht mich fragen, wie ich die Vererbung leugnen und doch den Einfluß der Aszendenten, Kognaten und Hausgenossen auf die Entstehung der Lungenschwindsucht so hoch veranschlagen kann. Es bedarf jedoch bloß einer kleinen begrifflichen Auseinandersetzung, um meine Auffassung der Sachlage ins rechte Licht zu setzen.

Der Ausdruck „Vererbung der Tuberkulose oder vielmehr der Tuberkelbazillen" kann sehr Verschiedenartiges bedeuten. Man kann da an väterliche und mütterliche Vererbung denken, man kann auf großväterliche und großmütterliche Vererbung und noch weiter in der Ahnenreihe zurückgehen. Wenn wir die elterliche Vererbung als kongenitale, die weiter zurückliegende als prägenitale Heredität bezeichnen, so kommt für die epidemiologische Lungenschwindsuchtentstehung im allgemeinen weder die prägenitale noch die kongenitale Heredität in Betracht, und soweit man bei meiner Annahme des Verwandteneinflusses überhaupt von Vererbung reden will, müßte man von postgenitaler Heredität sprechen

Daß in der Tat die menschliche Tuberkulose in der Regel postgenital entsteht, ist jetzt fast überall anerkannt. Ich habe die Erfahrung gemacht, daß man für wissenschaftliche Forschungen, wenn man Neues entdecken will, gerade die Ausnahmen von der Regel zum Gegenstande seines Studiums machen muß; für die Praxis aber tut man gut, sich an die Regel zu halten. So werden wir auch in der Tuberkulosebekämpfung ohne Schaden die kongenitalen Tuberkulosefälle vernachlässigen können, um so mehr aber die Bedingungen studieren müssen, unter welchen im extrauterinen Leben die zur Schwindsucht führenden Tuberkuloseinfektionen entstehen, und da glaube ich eine neue Regel entdeckt zu haben, welche sich in dem Satz formulieren läßt:

„Die Säuglingsmilch ist die Hauptquelle für die Schwindsuchtentstehung."

Diese Behauptung wird auf den ersten Blick überraschen müssen. Wird doch seit langer Zeit schon darauf gehalten, daß der Säugling keimfreie oder wenigstens keimarme Milch bekommt. Die Muttermilch und die Ammenmilch wird von Brustkindern in keimarmem Zustande genossen. Die Kuhmilch künstlich ernährter Kinder wird meistens vorher abgekocht, wogegen im späteren Lebensalter des Menschen viel geringere Sorgfalt verwendet wird auf die Auswahl möglichst steriler Milch. Wie ist das vereinbar mit der Tuberkulosegefahr, welche gerade die Säuglingsmilch in sich bergen soll?

Und doch ist es so, aber nicht wegen der schlechteren Beschaffenheit gerade der Säuglingsmilch, sondern deswegen, weil der menschliche Säugling, gleich allen tierischen Säuglingen, in seinem Verdauungsapparat der Schutzeinrichtungen entbehrt, die im erwachsenen Zustande normalerweise das Eindringen von Krankheitserregern in die Gewebssäfte verhindern.

Es hat vieljähriger experimenteller Arbeit bedurft, um diese Tatsache einwandfrei festzustellen. Gegenwärtig ist jedoch, wie ich glaube, die Beweiskette so festgefügt, daß ich nicht mehr das geringste Bedenken trage, meinen Tuberkulosebekämpfungsplan auf der Grundlage dieser Tatsache aufzubauen.

Ich will an dieser Stelle nur summarisch die Hauptbeweise für meine Lehre von der leichten Durchgängigkeit des Tubus alimentarius für viele Krankheitserreger, und insbesondere für die Tuberkelbazillen, mitteilen.

Ausgegangen bin ich von der unerwarteten Feststellung durch meinen Mitarbeiter Römer, daß genuine Eiweißkörper die Intestinalschleimhaut neugeborener Fohlen, Kälber und kleinerer Laboratoriumstiere ebenso unverändert durchdringen und eben solche Wirkungen auf den Gesamtorganismus ausüben, wie wenn man sie direkt in die Blutbahn hineinbringt, während erwachsene Individuen aller Tierarten die genuinen Eiweißkörper erst verdauen und in sogenannte Peptone umwandeln müssen, ehe sie die Intestinalschleimhaut passieren können.

Das Diphtherieheilserum und das Tetanusheilserum enthalten Heilkörper in Gestalt von genuinem Protein. Davon geht nun keine Spur nach stomachaler Einverleibung in das Blut von gesunden erwachsenen Tieren und Menschen über; bei Neugeborenen dagegen kann man nach stomachaler Einverleibung fast quantitativ das unveränderte antitoxische Protein experimentell im Blute nachweisen. Diese Entdeckung besagt, daß die größten Moleküle, welche wir kennen, die genuinen Proteinmoleküle, durch die bei Erwachsenen als dialysierende Membranen fungierenden Schleimhäute nicht unverändert hindurchgehen können, während die Schleimhäute des Säuglings sich ihnen gegenüber verhalten wie ein großporiges Filter.

Es war bloß eine naheliegende Konsequenz der unerwarteten Erkenntnis von dieser Ausnahmestellung der Säuglingsschleimhäute, wenn ich dann weiter nachforschte, ob nicht auch Bakterien ungehindert die Schleimhäute neugeborener und sehr junger tierischer Individuen passieren. Für die ersten Versuche nahm ich virulente Milzbrandbazillen, welche in sporenfreiem Zustande, mit Milch stomachal gegeben, erwachsene Meerschweinchen ganz gesund lassen. Sie werden ziemlich schnell mit den Exkrementen wieder ausgeschieden, nur im Blinddarm verweilen sie etwas länger. Meerschweine im Alter bis zu acht Tagen starben dagegen bei der gleichen Bazillenfütterung ebenso schnell an Milzbrand, wie nach der sonst üblichen Infektionsmethode.

Dann ging ich über zu abgeschwächten Milzbrandbazillen, welche für Meerschweine vom subkutanen Gewebe aus unschädlich sind. Nach Verfütterung dieser abgeschwächten Milzbrandbazillen an neugeborene Meerschweine wurde das Blut bazillenhaltig gefunden, ohne daß die Versuchstiere hinterher an Milzbrand zugrunde gingen.

Schließlich, unter Benutzung dieser in Gemeinschaft mit Dr. Much gewonnenen Erfahrungen über die Schicksale der Milzbrandbazillen im neugeborenen und im ausgewachsenen Meerschweinchenkörper nach stomachaler Verabreichung, untersuchte ich mit Römer das Verhalten der Meerschweine gegenüber einer einmaligen Verfütterung von Tuberkelbazillen in genau abgewogener Menge. Auch hierbei zeigte sich, daß, wenn nirgends mehr auf mikroskopischem Wege im Tubus alimentarius Bazillen gefunden werden konnten, der Blinddarm häufig bazillenhaltig war. Auch hier wurden nach der Verfütterung einer sehr geringen Bazillenmenge nur die neugeborenen oder wenige Tage alten Tiere tuberkulös. Gab man größere Dosen, dann kam es vor, daß auch ältere Tiere tuberkulös wurden. Bei neugeborenen Tieren fanden wir wenige Tage später als Sektionsbefund submiliare Verdickungen im kleinen und großen Netz mit Tuberkelbazillen, sowie eben noch mit bloßem Auge erkennbare Knötchen an einer dem Blinddarm nahegelegenen Stelle der Mesenterialwurzel. Von besonderem Interesse ist der Entwicklungsgang der alimentären Meerschweintuberkulose bei den am Leben gelassenen Tieren. Immer kann man bei den mit positivem Erfolge gefütterten Tieren, während ihr Allgemeinbefinden noch durchaus normal ist, zuerst Halsdrüsentuberkulose feststellen, ein Erkrankungsmodus, welcher der menschlichen Skrofulose am meisten entsprechen dürfte. Später entwickelt sich nicht selten dasjenige Bild der Meerschweintuberkulose, welches man bisher als den Ausdruck einer Inhalationstuberkulose aufgefaßt hat.

Ich sehe in diesen Versuchsergebnissen eine experimentelle Bestätigung meiner schon früher vertretenen Auffassung von der Entstehung auch der epidemiologischen Lungentuberkulose des Menschen und der epizootischen Lungentuberkulose des Rindes durch primär-intestinale Infektion, und zwar durch eine intestinale Infektion in sehr jugendlichem Lebensalter, wobei ich unentschieden lasse, ob die intestinale Infektion durch Fütterung oder durch Einatmung zustandekommt.

Man kann in veterinärärztlichen Kreisen vielfach hören, daß die Tuberkulose der Kälber eine Fütterungstuberkulose, die der erwachsenen Rinder dagegen eine Inhalationstuberkulose sei; in der Tat findet man bei jungen Rindern vorwiegend die intestinale, bei älteren die pulmonale Erkrankungsform; dieser Unterschied erklärt sich aber sehr einfach dadurch, daß im Laufe der Jahre die Bauchtuberkulose auf die Brustorgane übergreift und hat mit dem Infektionsmodus nur wenig zu tun.

Man braucht bloß oberflächlich die Statistiken über die Sterblichkeitsziffern für das Säuglingsalter zu studieren, um zu erkennen, daß der Magendarmkanal der Milchkinder nicht bloß für Tuberkelbazillen, sondern auch für andere Infektionsstoffe durchgängig sein muß. In der sehr verdienstvollen Arbeit über das „Gesundheitswesen des preußischen Staates im Jahre 1901", welche von der Medizinalabteilung des preußischen Kultusministeriums vor kurzem herausgegeben worden ist, finde ich die Sterblichkeit während des ersten Lebensjahres beispielsweise für Stettin mit 473,52 auf 1000 lebende Kinder derselben Altersperiode angegeben. Demgegenüber starben in der Altersperiode von 10—15 Jahren von 1000 Lebenden 2,94, mit anderen Worten: „Innerhalb des gleichen Zeitraumes starben 160mal mehr Kinder im Alter bis zu einem Jahr, als Kinder über zehn Jahre in Stettin."

B e r l i n mit 286,29 Proz. Sterblichkeit für das erste Lebensjahr steht ungefähr in der Mitte der Sterbeziffern von 22 Städten Preußens mit über 100 000 Einwohnern; K a s s e l mit 183,54 Proz. hat fast die niedrigste Sterbeziffer, die aber immer noch übermäßig hoch ist; denn diese erschreckenden Zahlenverhältnisse liegen nicht etwa in der Natur der Dinge; es ist nicht eine Naturnotwendigkeit, der wir hilflos gegenüberstehen. Das geht am besten daraus hervor, daß es Orte und ganze Gegenden gibt, wo auch während des ersten Lebensjahres die Kindersterblichkeit sich in mäßigen Grenzen hält.

Wo, wie in Irland und Schottland, in Norwegen und Schweden, die Ernährung der Säuglinge mit Flaschenmilch noch nicht Mode geworden ist, übersteigt die Sterblichkeitsziffer auch für das erste Lebensjahr kaum das Verhältnis von 10 zu 1000 und ist damit fast 50mal kleiner als in Stettin. In Stockholm sah ich ein Findlingshaus mit bewunderungswürdiger, vielleicht einzig in der Welt dastehender Organisation. Jeder Findling bekommt da in einem hygienisch tadellos gehaltenen Hause seine eigene gesunde Amme und findet für sein körperliches Gedeihen bessere Lebensbedingungen als manche unserer Säuglinge selbst in den scheinbar bestgeordneten Familienverhältnissen. In diesem Stockholmer Findelhaus sind nun, im Gegensatz zu den desolaten Zuständen anderer Findlingshäuser, die Lebenschancen ebenso günstig wie im Schoße einer gesunden und naturgemäß lebenden Familie.

Es ist das geradezu ein Experimentum crucis in der Lehre von den Gefahren, die den Säugling bedrohen, wenn ihm die direkte Brustnahrung vorenthalten wird!

Die Behauptung, daß die Beschaffenheit der Säuglingsmilch verantwortlich zu machen ist für die großen Unterschiede in der Sterblichkeitsziffer der Milchkinder, wird heutzutage nirgends ernstlich bestritten. Nur über die ausschlaggebenden Momente in der Milchfrage und in der Frage, wie man in Orten mit sehr hoher Kindersterblichkeit den zum Himmel schreienden Notstand beseitigen kann, gehen die Meinungen weit auseinander.

Nach meinen diesbezüglichen Untersuchungen wird dieser Notstand durch die milchygienische Forderung der Verabreichung von sterilisierter Milch nicht mit durchschlagendem Erfolge bekämpft werden können. Es ist mir sogar noch zweifelhaft, ob die Milchsterilisierung in ihrer jetzigen Handhabung überhaupt als hygienisch berechtigte Forderung dauernd gelten kann. Bei der künstlichen Ernährung von Säuglingen mit Kuhmilch würden vielleicht ganz gute Erfahrungen gemacht werden können, wenn wir die Milch so verabreichen würden, wie sie frisch von der Kuh kommt. Wie steht aber die Sache, speziell in großen Städten, mit der künstlichen Säuglingsernährung durch Kuhmilch? Bei den vielen Manipulationen, die mit einer in großen Städten käuflichen Milch vorgenommen werden, ehe sie vom Kuheuter in das Milchgefäß, von da in die Sammelgefäße des ländlichen Produktionsortes gelangt, dann auf dem Transport in die Stadt und in die Sammelmolkerei, hinterher bei der Abfüllung in die Kleingefäße für den Detailverkauf, schließlich in den Häusern der Konsumenten, würde es ein wahres Wunder sein, wenn nicht gelegentlich krankmachende Keime von den melkenden Personen und von den vielen Menschen, die später noch mit der Säuglingsmilch zu tun haben, die Milch und dann schließlich die Milchkinder infizieren.

War bis zur Ankunft in der Sammelstelle einer Großstadt die Vermehrung krankmachender Mikroorganismen schon weit vorgeschritten, dann sind gewöhnlich auch giftige Substanzen in der Milch vorhanden. Durch die übliche Art der Milcherhitzung kann dann hinterher ein mehr oder weniger großer Teil der krankmachenden Keime abgetötet und der Rest in der Virulenz abgeschwächt werden, so daß die mikroparasitäre Infektionsgefahr von seiten einer gekochten Milch nur gering zu veranschlagen ist; viel weniger sicher können wir aber auf eine Unschädlichmachung der giftigen Substanzen rechnen, und viele Darmkatarrhe bei künstlich ernährten Milchkindern verdanken wahrscheinlich ihre Entstehung nicht einer parasitären, sondern einer toxischen Infektion.

Bei dieser Kritik der Großstadtmilch für Säuglinge habe ich noch gar nicht der mehr oder weniger eingreifenden Veränderungen gedacht, welche die Nährstoffe der Milch durch den Akt des Aufkochens erleiden!

Wie man es auch anfangen mag, sowie wir nicht frische, genuine Milch dem Säugling geben, bringen wir seine Gesundheit in Gefahr; entweder gerät er in die Scilla der parasitären Infektion, oder, wenn wir durch Kochen die Milch keimfrei machen, so fällt er der Charybdis einer schlechten Ernährung in die Hände. Bevor wir nicht ein Milchkonservierungsverfahren besitzen, welches die Nährstoffe der frischen Milch in ihrer ursprünglichen Gestalt erhält und dabei gleichzeitig das Freisein der Milch von krankmachenden Keimen garantiert, wird in Gegenden und Ländern mit überwiegender Flaschenmilchernährung die hohe Kindersterblichkeit nicht mit Erfolg bekämpft werden können.

Übrigens ist es nach den voraufgegangenen Auseinandersetzungen leicht verständlich, daß die künstliche Milchernährung um so größere Gefahren in sich birgt, je längere Zeit vergeht für den Milchtransport von der Milchgewinnungsstelle bis zum Verbrauchsort.

In Gemeinschaft mit mehreren Mitarbeitern, insbesondere mit Herrn Rösler, einem ökonomisch geschulten Delegierten der

Gutsverwaltung des Erzherzogs Friedrich von Österreich, habe ich erkannt, daß das Problem einer rationellen Konservierung der Säuglingsmilch nicht so einfach zu lösen ist, wie man das in milchhygienischen Kreisen vielfach dargestellt hat. Meine eigenen Versuche, welche in kommender Zeit vielleicht ein positives Ergebnis zutage fördern werden, sind vorläufig noch nicht publikationsreif. Inzwischen aber möchte ich nicht unterlassen darauf hinzuweisen, daß ein wesentlicher Fortschritt schon jetzt angebahnt werden könnte, wenn man sich zur Pasteurisierung überall schon am Produktionsort der Milch, und nicht erst in der großstädtischen Sammelstelle, entschließen wollte.

Durch die vorher mitgeteilten Tatsachen und Schlußfolgerungen hoffe ich Sie davon überzeugt zu haben, daß das Problem einer rationellen Säuglingsernährung nicht bloß für die Tuberkuloseentstehung und für die Schwindsuchtverhütung Bedeutung hat, sondern auch in intimster Beziehung steht zu den vielen sonstigen Infektionsprozessen, welche das jugendliche Lebensalter des Menschen in so hohem Grade bedrohen. Aber für die Tuberkulose liegen die Dinge doch wesentlich anders als für andere Milchinfektionen. Die meisten Infektionsstoffe erzeugen schnell verlaufende Krankheiten, welche entweder mit dem Tode oder mit vollständiger Wiederherstellung und damit gleichzeitig eintretender Immunität endigen. Anders steht es mit dem so unmerklich sich einschleichenden Tuberkulosevirus, welches in dieser Beziehung nur in dem Virus der Lepra und Syphilis, vielleicht noch der Malaria tropischer Länder, Analoga hat. Je nach seiner krankmachenden Energie, welche beim Rindertuberkulosevirus durchschnittlich beträchtlich größer ist, als bei dem vom Menschen stammenden Tuberkulosevirus; je nach der Zahl der auf einmal oder wiederholt stomachal eingeführten Tuberkelbazillen, kann es Monate, Jahre und Jahrzehnte dauern, ehe die Infektion zur manifesten Krankheit führt. Monate und Jahre können sogar vergehen, ehe beim Menschen der Infektion eine Tuberkulinempfindlichkeit gegenüber unseren üblichen Prüfungsdosen folgt. Wenn dann in der Pubertätszeit; nach erschöpfenden Wochenbetten und nach zu starker Inanspruchnahme der Milchproduktion, zumal bei ungenügender Ernährung; wenn nach sogenannten Erkältungen und anderen ungünstigen meteorologischen Einflüssen; nach Überanstrengung der Muskeltätigkeit; wenn unter ungünstigen Lebensbedingungen anderer Art, z. B. bei langdauerndem Aufenthalt in lichtarmen und schlecht ventilierten Behausungen und bei unzweckmäßiger Ernährung — Lungenerkrankungen eintreten, deren tuberkulöse Natur nicht mehr zweifelhaft bleiben kann, dann haben wir es mit dem

Beginn der Schwindsucht zu tun; der Beginn tuberkulöser Herderkrankungen liegt schon weit zurück, und der erste Import von Krankheitskeimen, also der Beginn der Infektion, ist nicht zu verlegen in vorgeschrittene Altersperioden, sondern in die früheste Kindheitsperiode; sehen wir doch unter den gleichen ungünstigen Lebensbedingungen, selbst aus unglaublich schlecht gehaltenen Gefangenenanstalten, manche Menschen tuberkulosefrei herausgehen.

So kommen wir auf dem Wege der wissenschaftlichen Tuberkuloseforschung wieder zu dem uralten Volksglauben an eine Familientuberkulose und an eine hereditäre Schwindsucht zurück, mit der Einschränkung freilich, daß von Eltern, Verwandten und Hausgenossen der Schwindsuchtskeim postgenital auf die Schwindsuchtskandidaten übertragen wird. In einer Wohnung, wo hustende Phthisiker mit einem neugeborenen Kinde eng zusammenleben, namentlich wenn die Reinlichkeit zu wünschen übrig läßt, ist ja die gelegentliche Aufnahme der massenhaft mit dem Sputum ausgestreuten Tuberkelbazillen in den Säuglingsmund, in die Säuglingsnase und von da durch die intestinalen Schleimhäute hindurch in die Körpersäfte, gar nicht zu vermeiden. Auch vorgeschrittenere Altersperioden sind in einer Phthisikerwohnung nicht ungefährdet; bei ihnen bedarf es aber einer vorausgehenden krankhaften Veränderung des Verdauungsapparates oder einer übermäßigen Dosierung des Infektionsstoffes, wenn eine intestinale Infektion erfolgen soll. Krankhafte Veränderungen mit Epithelablösungen kommen besonders bei exanthematischen Krankheiten vor und auch hier, beispielsweise im Gefolge der Masern, hat schon der Volksglaube einen kausalen Zusammenhang mit der Tuberkulose konstruiert. Beim Milchkinde ist die Disposition zur intestinalen Tuberkuloseinfektion durchaus physiologisch und normal. Das gesundeste und kräftigste Kind ist dafür ebenso disponiert, vielleicht noch mehr, wie ein krankes und schwächliches, wenn bei dem letzteren andere Parasiten um den Platz an zellulären Nahrungskrippen konkurrieren.

Meine bisherigen Ausführungen, betreffend die Entstehungs- und Verbreitungsweise tuberkulöser Infektionen mit üblem Ausgange legen für die Bekämpfung der Lungenschwindsucht einige praktisch bedeutsame Gesichtspunkte in der diätetischen Hygiene nahe, welche zwar niemals ganz vernachlässigt worden, jetzt aber in hellere Beleuchtung gerückt sind.

Daß wir für die Ernährung von Kindern in sehr jugendlichem Lebensalter unter allen Umständen für tuberkelbazillenfreie Milch zu sorgen und von den Milchkindern hustende Phthisiker aufs strengste fernzuhalten haben, brauche ich nicht weiter zu betonen.

Dagegen möchte ich hier besonders hervorheben, daß nicht bloß Säuglinge, sondern auch die Angehörigen vorgeschrittener Lebensalter vor jeder Infektionsgelegenheit zu schützen sind, sobald wir wissen oder fürchten müssen, daß der Verdauungsapparat Defekte in der schützenden Epitheldecke aufweist. Auf die Bedeutung der exanthematischen Krankheiten nach dieser Richtung habe ich schon aufmerksam gemacht, und an die vielen mit Epithelablösungen einhergehenden Gesundheitsstörungen im Gefolge von Erkältungen, von sogenanntem verdorbenem Magen, von Nachkrankheiten mit Darmgeschwüren usw. brauche ich bloß kurz zu erinnern. Was mir vor allem aber noch erwähnenswert erscheint, das sind die temporären Exazerbationen tuberkulöser Prozesse. Hier kann man in den diätetischen Vorschriften nicht streng genug sein, und in der namentlich durch v. Leyden und seine Schüler im letzten Jahrzehnt in den Vordergrund gestellten diätetischen Therapie möchte ich gerade für die große Zahl schwindsuchtbedrohter Menschen einen überaus heilsamen Faktor erblicken. In dem gleichen Sinne ist der vorübergehende Aufenthalt tuberkulöser Menschen in den Tuberkuloseheilstätten als ein sehr segensreiches Kampfmittel anzusehen. Wenn da die Herderkrankungen auch nicht definitiv ausheilen, so wird doch durch eine sachgemäß geleitete diätetische und klimatische Behandlung der fortschreitenden Verschlimmerung des Gesundheitszustandes vorgebeugt, und die Patienten lernen für ihr späteres Leben mit besserem Erfolge auf das achten, was ihnen nützt und schadet. So werden diese mit so großer Opferfreudigkeit bei uns ins Leben gerufenen Anstalten in vielen Fällen sich als Schwindsuchtsschutzstätten, wenn auch nicht als Tuberkuloseheilstätten, wirksam betätigen können.

Meine eigenen tuberkulosetherapeutischen Bestrebungen haben freilich mit einer immer größeren Umfang annehmenden Anstaltsbehandlung nichts zu tun. Sie haben als letztes Ziel das Überflüssigwerden aller Schwindsucht-Heimstätten, -Heilstätten und -Schutzstätten durch das Kampfmittel, durch dessen Anwendung Jenner die alten Pockenhäuser überflüssig gemacht hat, durch die Tuberkuloseschutzimpfung.

25.

Säuglingsmilch[1]).

Je länger ich mich mit dem Problem einer wirksamen Tuberkulosebekämpfung beschäftige, um so mehr komme ich zu der Einsicht, daß wir beim menschlichen Säugling den Anfang machen

[1]) Aus Heft 2 der „Woche“ 1904 (Verlag von Aug. Scherl, Berlin).

müssen mit dem Tuberkuloseschutz; und beim Säugling wiederum ist nach meinen Untersuchungen in der Milch die Hauptquelle für die Tuberkuloseinfektion zu suchen, sei es, daß sie das Tuberkulosevirus schon bei ihrer Entleerung aus der Milchdrüse enthält, oder erst hinterher aus der Umgebung aufnimmt, wozu in den Wohnungen hustender Phthisiker nur allzureichliche Gelegenheit ist.

Ich schließe andere Arten der Tuberkuloseübertragung keineswegs aus, und ich habe in meinem Kasseler Vortrag vom 25. September 1903 die vielgestaltigen Infektionsmöglichkeiten eingehend besprochen. Aber der Säuglingsinfektion muß ich die größte Bedeutung im Zustandekommen einer zur Lungenschwindsucht führenden Tuberkuloseerkrankung beimessen.

So wird es ohne weiteres verständlich sein, wenn in meinen experimentellen Arbeiten die gesundheitsgemäße Säuglingsernährung jetzt obenan steht.

Aus diesem Studiengebiet will ich nun das herausnehmen, was ich über die künstliche Säuglingsernährung mit Kuhmilch zu sagen habe. Wie nun einmal bei uns in Deutschland die sozialen Verhältnisse sich entwickelt haben, werden wir ja überaus häufig damit zu rechnen haben, daß nach wie vor, aus vielerlei Gründen, der Säugling nicht mit Muttermilch, auch nicht mit Ammenmilch ernährt, sondern auf Tiermilch angewiesen wird. Wo die Mutter tuberkulös ist, wird man auch wegen der Gefahr der Tuberkuloseübertragung durch die Muttermilch die künstliche Ernährung befürworten müssen.

Unter diesen Umständen steht zu erwarten, daß die Kuhmilchernährung der Säuglinge in Zukunft eine noch größere Wichtigkeit erlangen wird als bisher, zumal wenn meine Hoffnung sich erfüllt, daß man dem Kind mit der Milch tuberkuloseimmuner Kühe Tuberkuloseschutz wird verleihen können.

Inzwischen scheinen mir aber meine bisherigen Milchuntersuchungsergebnisse — auch abgesehen von der Tuberkulosefrage — wichtig genug zu sein, um sie in möglichst weiten Kreisen bekannt werden zu lassen. Deswegen will ich gern an dieser Stelle die Aufmerksamkeit auf einige Dinge in dem Säuglingsmilchproblem lenken, die für die Eltern des jungen Nachwuchses von nicht geringem Interesse sein dürften.

Die Frage nach der besten Art der Beschaffung von solcher Kuhmilch für Säuglinge, deren Gebrauch nicht bloß die Tuberkuloseinfektion ausschließt, sondern auch die sonstigen üblen Wirkungen der künstlichen Säuglingsernährung vermeidet, ist zwar mein Hauptthema. Ich kann diese Frage in überzeugender Weise aber nicht beantworten, ohne vorher die wichtigsten Daten dem Leser mitgeteilt zu haben über die großen Verschiedenheiten in der

Zusammensetzung der Milch und über die Bedingungen, von denen ihre nützlichen und schädlichen Leistungen abhängig sind.

I.

Mit dem Wort „Milch“ steht es wie mit vielen anderen Worten unserer Verkehrssprache. Für den einen ist es ein Wort mit gut umschriebenem Begriffsinhalt, für den anderen ein Sammelbegriff mit unendlich vielen Nuancen, so daß manche Flüssigkeiten in bezug auf die für uns wesentlichen Eigenschaften der Milch, als Nahrungsmittel, kaum noch etwas anderes gemeinsam haben, als eben den Namen „Milch“.

In den folgenden Auseinandersetzungen soll ganz abgesehen werden von den Veränderungen, die eine Milch erleidet, wenn sie nach ihrer Entnahme aus der Milchdrüse einige Zeit aufbewahrt wird, und ich will zunächst bloß von den Verschiedenheiten in der Milchzusammensetzung reden, die bedingt werden durch ihre Herstammung von verschiedenartigen Säugetieren und von verschiedenen Individuen der gleichen Art; endlich soll dann auch noch die Rede sein von den Unterschieden, die man an der Milch eines und desselben Individuums beobachten kann, je nach seinen Lebensbedingungen und dem besonderen Gesundheitszustand, in dem es sich zur Zeit der Milchprüfung befindet.

Die eine Milch zusammensetzenden Hauptbestandteile werde ich in der üblichen Weise in folgende 5 Gruppen einteilen:

1. das Wasser der Milch;
2. Proteïnsubstanz, das heißt Eiweißkörper und ihre Abkömmlinge;
3. Milchfett (Butterfett);
4. Milchzucker;
5. Salze und andere anorganische Milchbestandteile.

Die großen Unterschiede in der Milchzusammensetzung, die von der milchliefernden Säugetierart abhängig sind, und der bedeutende Einfluß der Ernährungsweise der milchliefernden Individuen lassen sich ohne Schwierigkeiten aus den Tabellen I und II ablesen.

Tab. I. Mittelzahlen für die Zusammensetzung der Frauenmilch und der Milch von mehreren Tierarten (Gautier S. 694).

	(nach Ferry) Frauenmilch	Kuhmilch	Eselsmilch	Pferdemilch	Ziegenmilch
Wasser	87,1	86,13	90,12	82,8	79,1
Proteïne	1,95	4,92	2,03	1,64	8,69
Fett	4,2	4,05	1,55	6,87	8,55
Milchzucker	7,37[1])	5,5	5,8	8,65	2,70
Salze	0,21	0,4	0,5	8,65	0,32

[1]) Andere Untersucher haben bloß 5,5 bis 6 Proz. gefunden.

Tab. II. Einfluß der Ernährungsweise auf die Zusammensetzung der Milch von Frauen und von Hündinnen.

	Frauenmilch		Hundemilch		
	Unterernährung	Überernährung	Kartoffelnahrung	Fleischnahrung	Fettreiche Ernährung
Wasser	88,3	85,79	82,953	77,261	77,37
Proteïne	2,41	2,65	3,924	3,967	4,26
Fett	2,98	4,46	4,251	5,199	5,92
Milchzucker	6,07	6,71	4,982	10,639	10,11
Extraktivstoffe	6,07	6,71	3,415	2,492	2,15
Salze	0,24	0,39	0,475	0,442	0,39

Aus Tabelle III ist zu entnehmen, daß namentlich der Fettgehalt der Milch am Ende der Milchentnahme viel größer ist wie in den ersten Milchportionen.

Tab. III. Zusammensetzung der Milch von der gleichen Frau und der gleichen Eselin im Beginn der Milchentnahme, inmitten und am Ende reichlicher Milchentnahme.

	Frauenmilch			Eselinnenmilch		
	1. Portion	2. Portion	3. Portion	1. Portion	2. Portion	3. Portion
Wasser	89,29	88,05	86,05	90,78	89,55	89,65
Proteïne	1,00	0,875	0,937	1,76	1,95	2,95
Fett	2,70	3,89	6,16	0,96	1,02	1,52
Milchzucker	5,65	5,95	5,47	6,50	6,48	6,50
Salze	0,26	0,26	0,24			

Weiterhin beeinflussen Menstruation, Schwangerschaft, besonders aber interkurrente fieberhafte Zustände in hohem Grad die Milchzusammensetzung. Rassenunterschiede, kräftige und schwächliche Konstitution, ja sogar der blonde und brünette Typus sollen für die Frage nach dem prozentischen Gehalt der einzelnen Milchbestandteile nicht ohne Bedeutung sein.

Manche Abweichungen in den Zahlenangaben mögen übrigens auch weniger der differenten Milchzusammensetzung als vielmehr den differenten Untersuchungsmethoden und zuweilen wohl auch Versuchsfehlern zuzuschreiben sein. Die hohe Autorität von Armand Gautier, dessen Buch „Leçons de Chimie biologique normale et pathologique“ (II. Auflage 1897) ich die obigen Zahlen entnommen habe, dürfte aber dafür bürgen, daß nur kritisch gesichtetes Untersuchungsmaterial hier wiedergegeben ist.

Von ganz besonderer Wichtigkeit ist es ferner, zu wissen, daß nach den übereinstimmenden Untersuchungen aller Milchforscher alsbald nach der Geburt die Frauenmilch und die Milch aller Säugetiere total abweicht in ihrer Zusammensetzung von der Milchzusammensetzung in späteren Laktationsperioden.

Man hat dem in den ersten Tagen nach der Geburt gelieferten Milchdrüsensekret den besonderen Namen „K o l o s t r u m“ gegeben.

Das Kolostrum ist ausgezeichnet durch den Gehalt an mikroskopisch wahrnehmbaren zellenartigen Gebilden, den Kolostrumkörperchen (corps globuleux nach D o n n é), denen sogenannte amöboide Bewegung zukommt, die sie einer protoplasmatischen Substanz mit eingelagerten Fettkügelchen verdanken. Diese Substanz gerinnt unter dem Einfluß von Wärmezufuhr. Das Kolostrum hat zuerst gelbliche Farbe; nach einigen Tagen nähert sich der Farbenton dem der bekannten Milchfarbe; aber erst etwa 14 Tage nach der Geburt verschwinden aus der Frauenmilch die Kolostrumkörperchen.

Wie sehr eine kolostrale Milch anders zusammengesetzt ist, wie die Milch aus späteren Laktationsperioden, mag folgende Tabelle illustrieren:

Tab. IV. V e r g l e i c h e n d e Ü b e r s i c h t b e t r e f f e n d k o l o s t r a l e F r a u e n m i l c h u n d k o l o s t r a l e K u h m i l c h.

		Alsbald nach der Geburt	3 Tage nach der Geburt	9 Tage nach der Geburt	Spätere Laktationsperiode
Wasser .	Frauenmilch	82,80		88,53	87,1
	Kuhmilch	73,07	78,70		86,13
Proteïne .	Frauenmilch	4,00		3,69[1])	1,95
	Kuhmilch	19,21	14,80		4,92
Fett . . .	Frauenmilch	5,00		3,53	4,2
	Kuhmilch	3,54	4,00		4.05
Zucker . .	Frauenmilch	7,00		4,30	5,0—7,0
	Kuhmilch	3,00	1,50		5,5
Salze . .	Frauenmilch	?		0,169	0,21
	Kuhmilch	1,18	1,00		0,4

Am meisten in die Augen fallend ist in dieser vergleichenden Tabelle überall der größere Proteïngehalt in der kolostralen Milch; er übersteigt, wie man sieht, ums Doppelte bis Vierfache den Milchproteïngehalt in späteren Laktationsperioden. Der Unterschied wird aber noch viel bedeutsamer, wenn man nicht bloß auf die Proteïn q u a n t i t ä t, sondern auch auf die Proteïn q u a l i t ä t achtet. —

Man hat unter den Milchproteïnen — in ihrem Wert speziell für die Säuglingsernährung — streng zu scheiden zwischen solchen Proteïnen, die ihren Ursprung einerseits aus Milchdrüsenzellen (Kaseïn) und andererseits aus dem Gefäßsystem ableiten. Während die letzteren in allen ihren Eigenschaften eine vollkommene Übereinstimmung zeigen mit dem Blutserumeiweiß, so daß der neugeborene Säugling mit dieser Art von Proteïnen — die ich als h ä m a t o g e n e s E i w e i ß vom Kaseïn (dem Käsestoff der Milch) unterscheide — eine zur Blut- und Gewebsbildung unmittelbar geeignete

[1]) Von demselben Forscher (C l e m m) wurden am 9. Tage v o r der Geburt 8,07 Proz. Proteïn gefunden, das ausschließlich aus hämatogenem Eiweiß bestand.

Nahrung in sich aufnimmt, wirkt der Käsestoff bei der direkten Aufnahme in das Blut neugeborener Kinder geradezu wie ein Gift.

Fast alles Proteïn nun der unmittelbar nach der Geburt von der Mutter gelieferten kolostralen Milch besteht aus hämatogenem Eiweiß, während die Milch sensu strictiori überwiegend das Proteïn in Gestalt von Kaseïn enthält (vgl. Tab. V).

Tab. V. Kolostrale Kuhmilch enthält in 100 Teilen:

	Kaseïn	Hämatogenes Eiweiß
Nach W. Engling (unmittelbar nach dem Kalben) . .	2,65	16,56
Nach W. Engling (am zweiten Tag nach dem Kalben)	4,50	4,50
Nach Fleischmann (am vierten Tag nach dem Kalben)	7,30	7,50
Nach König (als Durchschnitt von 30 Analysen) . . .	4,66	13,62

Nach einer Tabelle, die ich dem vortrefflichen Buch „Die Versorgung der großen Städte mit Kindermilch" von Dr. Max Seiffert (1904) entnehme, fand Engling im Kolostrum einer Kuh:

unmittelbar nach dem Kalben	2,6	Proz. Kaseïn	und	16,5	Proz. hämatogenes Eiweiß
10 Stunden später	4,3	" "	"	9,3	" " "
24 " "	3.5	" "	"	6,2	" " "
48 " "	3,2	" "	"	2,3	" " "
72 " "	3,3	" "	"	1,0	" " "

Diese Zahlenverhältnisse, die im Prinzip zweifellos auch für die kolostrale Frauenmilch wiederzufinden sein würden, wenn man mit ihr eine ähnliche Versuchsreihe anstellen wollte (vgl. Seiffert l. c. S. 137), beweisen, daß der neugeborene Säugling mit der ersten Kolostrumnahrung nur sehr wenig Kaseïn, dafür aber sehr viel hämatogenes Eiweiß mit allen jenen Eigenschaften seinem Blut zuführt, die dem mütterlichen Blut zukommen.

Möglicherweise hat nun Seiffert damit recht, wenn er annimmt, daß dem menschlichen Bluteiweiß und dem Rinderbluteiweiß Kräfte zur Unschädlichmachung des Kaseïns zukommen; ich selbst habe darüber keine Untersuchungen angestellt und kann deswegen zu dieser Frage nicht in bestimmter Weise Stellung nehmen. Wohl aber habe ich in Gemeinschaft mit Dr. Much experimentell nachgewiesen und darüber eingehend in der Neujahrsnummer von Klemperers „Therapie der Gegenwart" berichtet, daß Kuhserum auf das für den Säuglingsdarm überaus wichtige Bacterium coli sehr energisch einwirkt, derart, daß das Serum, solange es noch nicht zersetzt oder durch Erhitzen verändert worden ist, auch sehr viele Bacterium coli-Keime nach kurzer Zeit abtötet; und ich habe dann weiter mit Much gezeigt, daß diese Bacterium coli-feindliche Kraft mit dem hämatogenen Eiweiß auch auf die Milch übergeht.

Es ist nun eine einfache logische Konsequenz, daß ein Kolostrum, das mit 16,56 Proz. hämatogenem Eiweißgehalt mehr Eiweiß enthält, als das Blut, aus dem es herstammt, dem Säuglingsblut gleichfalls die antibakterielle Kraft übertragen muß, und das ist eine Natureinrichtung, die in ihrer lebenswichtigen Bedeutung gar nicht hoch genug eingeschätzt werden kann, wie man sofort erkennen wird, wenn ich an dieser Stelle den Sinn einer sehr interessanten veterinärärztlichen Erfahrungstatsache analysiert haben werde.

Unter Berücksichtigung der Tatsache, daß die Bacterium colifeindliche Milchwirkung schon beim Erwärmen der Milch auf weniger als 60° verloren geht, ist es leicht zu verstehen, daß Säuglinge, die mit *gekochter* Milch ernährt werden, der krankmachenden Wirkung des Bacterium coli viel mehr ausgesetzt sind, wie die mit frischer Milch ernährten Säuglinge.

Sehr lehrreich sind nach dieser Richtung die in der veterinärärztlichen Praxis gemachten Erfahrungen an Kälbern. Man weiß, daß eine sehr gefürchtete „*Kälbersterbe*“ auf die infektiöse Wirkung des Bacterium coli zurückzuführen ist, dem man zum Unterschied von seinen noch gefährlicheren, aber seltener vorkommenden und deswegen vornehmeren Verwandten in der weitverzweigten Coli-Gruppe, z. B. dem Typhusbazillus, auch den Namen „Bacterium coli *commune*“ gegeben hat.

Diese Kälbersterbe, auch Kälberruhr genannt, kann man nun mit allen ihren charakteristichen Symptomen bei neugeborenen Kälbern einfach dadurch hervorrufen, daß man ihnen als erste Mahlzeit gekochte Milch zu trinken gibt (C. O. *Jensen* im IV. Jahrgang von *Lubarsch* und *Ostertag*, 1897). Man sollte glauben, daß die bakterielle Kälberruhr durch gekochte — und dadurch, wenn nicht keimfrei, so doch keimarm gemachte — Milch verhütet werden könnte; und nun sieht man, wie gerade das Gegenteil der Fall ist! Ich denke mir, daß hier mehrerer Umstände zusammenwirken, um dieses paradoxe Ergebnis zutage zu fördern. Wahrscheinlich fängt die Sache damit an, daß das Kaseïn der Milch Reizungserscheinungen im Intestinalapparat hervorruft mit katarrhalischer Flüssigkeitsabsonderung, die dem allgegenwärtigen Bacterium coli günstige Entwicklungsbedingungen schafft. Dem stellt sich bei dem Genuß frischer kolostraler Milch ihre antibakterielle Wirkung entgegen, während die gekochte Milch kein Gegengewicht in die Wagschale werfen kann!

Mit der Erkenntnis der Ursache für das Zustandekommen von Bacterium coli-Erkrankungen bei solchen Säuglingen, denen man

Milch mit wenig Bluteiweißgehalt, und diese womöglich noch in gekochtem Zustand, während der ersten Lebenstage verabreicht, ist vielleicht auch das Mittel gegeben zur künstlichen Zusammensetzung einer Milch, die als Ersatz für die kolostrale Milch dienen kann. Theoretisch wenigstens müßte dazu eine stark verdünnte Milch genügen, der man von gesunden Rindern gewonnenes Blutserum hinzufügt.

Aber man muß sich sehr davor in acht nehmen, ohne voraufgegangene experimentelle Begründung ein künstliches Ernährungsverfahren zu empfehlen, wenn man speziell in diesem Fall nicht der ebenso scharfen wie berechtigten Kritik sich aussetzen will, die ich im „Emil" von Jean Jacques Rousseau in folgenden Sätzen gefunden habe: „Die erste Milch der Wöchnerin ist noch sehr wäßrig; nach und nach nimmt sie an Fettgehalt und an Dichtigkeit [1]) überhaupt zu und gibt dem Kind, wenn sein Verdauungsvermögen schon stärker geworden ist, eine schwerer zu überwältigende Nahrung. Gewiß verändert die Natur nicht ohne Ursache bei den Weibchen aller Tiergattungen die Milchbeschaffenheit nach dem Alter des Säuglings. Ein neugeborenes Kind müßte demnach auch eine erst vor kurzem entbundene Amme haben. Ich weiß nur zu wohl, welche Hindernisse dem entgegentreten; weicht man aber erst einmal von der naturgemäßen Ordnung ab, so stößt man überall auf Hindernisse, wenn man künstlich die Sache gut machen will. Der bequemste Ausweg bleibt immer die Verschlechterung, und diesen Ausweg ergreift man auch gewöhnlich."

Ich würde es als den ersten Schritt zur Besserung begrüßen, wenn es mir durch meine Auseinandersetzungen im folgenden Abschnitt gelingen sollte, meinen Lesern, die ja einer wie der andere aufs höchste interessiert sind an dieser Sache, in einleuchtender Weise darzutun, daß heutzutage bei der künstlichen Säuglingsernährung gegen die Regeln der Natur noch viel mehr gesündigt wird als zu Rousseaus Zeiten.

II.

Der Milchkäsestoff ist zweifellos ein für die Blutbildung und Gewebsbildung im menschlichen und tierischen Körper überaus wertvolles Nahrungsmittel, immer aber nur unter der Voraussetzung, daß er eine Rückverwandlung in Proteïnsubstanz von der Natur des Bluteiweißes erfährt.

---

[1]) Darin irrt Rousseau, daß er annimmt, die kolostrale Milch enthalte weniger feste Bestandteile als die später abgesonderte Milch!

. Für eine solche Rückverwandlung sind die Bedingungen in ausreichender Weise gegeben im Verdauungsapparat erwachsener Menschen und älterer Kinder. Je jünger aber ein menschliches Individuum ist, um so weniger besitzt es die Fähigkeit, das Kaseïn sich zu eigen zu machen, zu „assimilieren", wie man sich in der Kunstsprache auszudrücken pflegt. Bis zur dritten Woche fehlen dem Säugling fast vollständig die Organe für die Käsestoffassimilation, wie überhaupt die Fähigkeit, Eiweißkörper von anderer Art, als der des genuinen Bluteiweißes, sich zu eigen zu machen. Dafür besitzt er eine andere Fähigkeit, die wiederum dem erwachsenen Menschen im gesunden Zustand vollständig abgeht: die Fähigkeit nämlich, das hämatogene Eiweiß, so wie es ist, aus der Milch in sein Gefäßsystem aufzunehmen. Der erwachsene Mensch muß genuine Eiweißkörper erst denaturieren (peptonisieren), ehe er sie vom Magendarmkanal aus seiner Säftemasse einverleiben kann. Das geschieht mit Hilfe von Fermenten verschiedener Art, die imstande sind, die relativ großen, kugelförmig gestalteten und in der Milch in sogenannter „kolloïdaler" Lösung gehaltenen Bluteiweißteilchen so weit zu zerkleinern, daß sie durch die intestinalen Schleimhäute hindurchgehen können.

Bis vor kurzem hat man den fermentativen Zerkleinerungsprozeß nur indirekt aus Dialyseversuchen und anderen Versuchen erschließen können. Gegenwärtig aber sind die Herren Dr. Siebert und Dr. Römer in meinem Institut imstande gewesen, die progressiv mit dem Fortschreiten der fermentativen Verdauung immer kleiner werdenden Proteïnmoleküle direkt mit dem Auge zu verfolgen, indem sie zu diesem Zweck den Ultraapparat benutzten, der von der Jenenser Firma Karl Zeiß nach Angaben der Herren Dr. Siedentopf und Dr. Zsigmondy hergestellt worden ist. (Näheres darüber findet man in dem soeben erschienenen siebenten Hefte meiner „Beiträge zur experimentellen Therapie" [August Hirschwald. Dezember 1903. Tetanusarbeit S. 15—18].)

Während nun größere Kinder und erwachsene Menschen die relativ großen Kügelchen von genuinem hämatogenem Eiweiß — die aber immer noch fast tausendmal kleiner sind als die kleinsten Körperchen, die wir bisher mit unseren besten Mikroskopen sehen konnten[1]) — durch ihre Schleimhäute nicht hindurchlassen, verhalten sich demgegenüber die intestinalen Schleimhäute der Säuglinge bis zum Alter von 3—4 Wochen wie feinporige Filter. Selbstverständlich gehen da aber nicht bloß die in der Milch enthaltenen Teilchen von hämatogenem Eiweiß, sondern auch die

[1]) Ein Tuberkelbazillus hat die Länge von 1,5—4 Mikromillimeter ($= \mu$), mit dem Ultraapparat werden aber noch Teilchen von der linearen Größe 0,004 μ ($= \mu\mu$) sichtbar gemacht.

eher noch etwas kleineren Käsestoffteilchen in die Blutbahn über. Sie wirken daselbst wie Fremdkörper, deren sich das Blut wieder entledigen muß; und damit hängt ihre schädliche Wirkung zusammen.

Jetzt wird ohne weiteres die Tatsache verständlich sein, daß dem Säugling erst allmählich das Kaseïn in steigender Menge von der Mutterbrust dargeboten wird. Ich habe genügende experimentelle Anhaltspunkte für die Annahme, daß Kaseïn verdauende Fermente überhaupt erst unter der Reizwirkung des Kaseïnimports entstehen, genau so wie Antikörper gegen andere Proteïngifte bei systematisch gesteigerter Giftzufuhr im lebenden menschlichen und tierischen Körper produziert werden, derart, daß, was ursprünglich ein Gift war, hinterher zum Nahrungsmittel werden kann; und ich bin der Meinung, daß ich damit nicht bloß im Gleichnis rede, sondern daß wir es bei der Entstehung von Stoffen, die das Kaseïn unschädlich machen, mit einer Antikörperproduktion zu tun haben, die im Prinzip genau nach den gleichen Regeln abläuft wie die Antikörperproduktion nach der Aufnahme von Diphtheriegift und Tetanusgift in das Blut von Versuchstieren.

Ich nehme nach Analogie meiner Erfahrungen über Entstehen und Vergehen von Antikörpern für das Diphtheriegift und Tetanusgift ferner auch an, daß der fermentative Antikörper für das Kaseïn — in seiner Eigenschaft als ursprüngliches Toxoproteïn — dem Menschen verloren gehen kann, wenn der Mensch gänzlich aufhört, Milchnahrung zu sich zu nehmen; und ich muß folgerichtig schließen, daß übermäßige Kaseïneinverleibung bei einem neugeborenen Kind, das noch nicht vorher durch kleinere Kaseïndosen gewissermaßen immunisiert worden ist, ebensogut eine akutverlaufende und zum Tode führende Vergiftung auslösen kann, wie eine zu große Diphtheriegiftdosis im Beginn der immunisierenden Vorbehandlung.

In der künstlichen Säuglingsernährung wird praktisch der Kaseïnvergiftungsgefahr bis zu einem gewissen Grad vorgebeugt durch den Gebrauch verdünnter Kuhmilch; wie viele Darmkatarrhe, die man auf alle möglichen und unmöglichen Ursachen zurückführt, mögen aber trotzdem während der ersten Lebenstage und Lebenswochen ihren Ursprung einfach dem Umstand verdanken, daß die Kaseïndosierung bei der Kuhmilchernährung zu groß gewesen war!

Es würde viel zu weit führen, wenn ich an dieser Stelle auch noch auf die Abweichung der Kuhmilch von der einem bestimmten Säuglingsalter entsprechenden Muttermilchzusammensetzung in bezug auf den Fettgehalt, den Milchzuckergehalt, Salz- und Aschegehalt nachgehen und die Versuche, Kuhmilch künstlich zu „humanisieren“, kritisch beleuchten wollte.

Statt dessen will ich jetzt noch von den vielgeschmähten Milchbakterien reden, die in Wirklichkeit oft aber gar nicht so schlimm sind wie ihr Ruf — vorausgesetzt, daß man die zur Säuglingsnahrung bestimmte Kuhmilch nicht durch die eine oder die andere von den vielen sogenannten Konservierungsmethoden in einen Zustand übergeführt hat, der mit solchen Arten der bakteriellen Milchzersetzung einhergeht, die nicht bloß für das früheste Säuglingsalter, sondern auch für ältere Kinder und für erwachsene Menschen die Kuhmilch aus einem Nahrungsmittel in eine ekelerregende Substanz und in einen gefährlichen Krankheitsstoff verwandelt.

Ich habe da zunächst im Auge die Fälle, wo durch Erhitzen angeblich keimfrei gemachte Milch in luftdicht verschlossenen Flaschen längere Zeit aufbewahrt wird und nun bei Sauerstoffabschluß einem mit stinkender Fäulnis einhergehenden Zesetzungsprozeß anheimfällt. Von diesen extremen Fällen der Milchverderbnis, die nicht leicht gesundheitsschädigend werden gerade wegen ihrer ekelerregenden und dem Genuß sich widersetzenden Natur, gibt es alle Übergangsstufen über den bitteren (Pepton-) Geschmack bis zu den bloß noch für sehr feine Geruchs- und Geschmacksorgane erkennbaren Milchveränderungen. Auch solche kaum wahrnehmbaren Milchveränderungen können aber verhindern, daß die Milch beim Stehenlassen der geöffneten Flaschen den normalen Gärungsprozeß durchmacht, der bekanntermaßen die Milch zwar zur Säuglingsernährung untauglich macht, für Individuen mit gut entwickelten Verdauungsorganen jedoch die Milch als Nahrungsmittel vollständig konserviert.

Je nach der Natur der in gekochter Milch, wenn sie luftdicht verschlossen ist, übrigbleibenden Keime entstehen Zersetzungsprodukte von stärkerer oder geringerer Giftigkeit, und viele Darmkatarrhe verdanken sicherlich ihre Entstehung solchen fertig mit der Milch in den Magen importierten giftigen Produkten (Toxoproteïnen), die durch nachträgliches Erhitzen ihre Giftigkeit nicht verlieren.

Aus diesen Bemerkungen wird der Leser entnehmen können, daß zu dem Schaden, den das Erhitzen der Milch durch Beseitigung ihrer antibakteriellen Wirkung anstiftet, noch die Möglichkeit hinzukommt, daß dadurch abnorme Zersetzungsprozesse begünstigt werden.

Es gibt heutzutage manche Milchhygieniker, die die Parole ausgeben: „Sterile Säuglingsmilch à tout prix." Das wäre ganz schön, wenn es sich bloß um den finanziellen Punkt handelte, obwohl auch da noch bei einem Volksnahrungsmittel berechtigte Bedenken gegen diese Parole geltend gemacht werden können. Wenn aber gar, wie wir gesehen haben, auf Kosten von Gesundheit und Leben des jungen Nachwuchses dieser Parole Folge geleistet wird, dann ist es Zeit, dagegen energisch Stellung zu nehmen. In Deutschland sterben durchschnittlich von 1000 lebendgeborenen Kindern im ersten Lebensjahr 235. Demgegenüber verdient die Tatsache hervorgehoben zu werden, daß im Stockholmer Allgemeinen Kinderhaus, wo jedes neugeborene Kind seine eigene Amme hat, bloß 36 von 1000 starben. Wir dürfen daraus schließen, daß fast $^{9}/_{10}$ der Todesfälle im ersten Lebensjahr bei gesundheitsgemäßer Lebensweise vermieden werden können. Unter den Todesursachen für die im ersten Lebensjahr verstorbenen Kinder werden in der Statistik Durchfälle, Krämpfe, Lebensschwäche, Cholera nostras, Abzehrung — so häufig verzeichnet, daß sie zusammengenommen fast 200‰ von der 235‰ Gesamtsterblichkeit ausmachen. Für alle übrigen Todesursachen (Masern, Diphtherie, Scharlach, Keuchhusten usw.) bleibt dann bloß noch die etwa 35 bis 36‰ Sterblichkeit der im Stockholmer Allgemeinen Kinderhaus Geborenen übrig. Wer wollte da noch zweifeln, daß in der Tat die Ernährungsweise der Säuglinge für unsere hohe Kindersterblichkeit das ausschlaggebende Moment darstellt!

Damit ist es aber nicht abgetan; wir wissen, daß bis zum zwanzigsten Lebensjahr in Deutschland von 1000 lebendgeborenen Knaben noch etwa 510 übrig bleiben. Von diesen 510 Lebendgebliebenen sind aber bloß der dritte Teil für den Militärdienst tauglich. Zwei Drittel sind untauglich, und ich habe allen Grund zu der Annahme, daß für einen nicht geringen Prozentsatz der kriegsdienstunfähigen jungen Männer die Untauglichkeit auf Krankheitskeime zurückzuführen ist, die sie mit der Säuglingsmilch in sich aufgenommen haben.

Hier komme ich aber auf ein ganz anderes Gebiet. In meinen Vorträgen am 12. März 1903 in Wien und am 25. September in Kassel habe ich ausführlich die Gründe für meine Behauptung auseinandergesetzt, daß der Grund zu tuberkulösen Erkrankungen in der Regel gelegt wird im frühesten Kindesalter, und zwar durch die Aufnahme von Tuberkelbazillen mit der Säuglingsmilch. Diese meine Behauptung glaube ich je länger, je mehr aufrecht erhalten zu müssen, und ich finde, daß in ärztlichen Kreisen meine Auffassung der epidemiologischen Tuberkulose- und Schwindsuchtentstehung stetig an Boden gewinnt. Was man Disposition zur tuberkulösen Schwindsucht nennt — ein Zustand, der in der Militärdienstuntauglichkeit eine sehr wesentliche Rolle spielt — das ist, wie ich annehmen muß, nichts anderes, wie eine vorläufig latent verlaufende tuberkulöse Infektion, die erworben wurde im frühen Kindesalter!

Wie dem nun auch sei, sowie ich nun einmal die Dinge ansehe, wird es ohne weiteres verständlich sein, daß ich Gründe genug gehabt habe, der Säuglingsmilch in meinen experimentell-therapeutischen Institutsarbeiten die allergrößte Aufmerksamkeit zuzuwenden; von dem, was ich zur Verbesserung der als Ersatz der Mutter-

und Ammenmilch dienenden Kuhmilch bis jetzt unternommen und durchgeführt habe, habe ich einiges mitgeteilt in Klemperers „Therapie der Gegenwart“ (Neujahrsnummer 1904).

III.

Bevor von meinem Institut aus eine zur künstlichen Ernährung von Säuglingen bestimmte Milch oder ein dazu bestimmtes Milchpräparat in die Praxis eingeführt wird, soll alles Menschenmögliche getan werden, um einen Mißerfolg auszuschließen.

Nachdem eine bestimmte Operationsnummer von einem Milchpräparat — d. h. eine einheitlich zusammengesetzte Milchquantität, von der viele Flaschenpräparate zu gleicher Zeit und genau nach der gleichen Methode hergestellt worden sind — alsbald nach der Fertigstellung daraufhin untersucht worden ist, ob sie den Ansprüchen genügt, die wir an sie stellen, z. B. daß sie unschädlich, schmackhaft, nährkräftig, antibakteriell und eventuell immunisierend wirksam ist, wird sie unter verschiedenen Bedingungen, namentlich auch nach Probetransporten, tagelang und wochenlang aufbewahrt und dann auf die gleichen Eigenschaften von neuem geprüft. Dazu sind Einrichtungen der allerverschiedensten Art erforderlich. Da die Milchprüfung in bezug auf ihre Wirkung im lebenden Organismus an Kälbern ausgeführt werden muß, bedarf es, ganz abgesehen von den milchliefernden Kühen, eines großen Viehbestandes, der unter gesundheitsgemäßen Bedingungen gehalten wird. Dazu war der Ankauf eines bei Marburg gelegenen Gutshofes und großer Ländereien, darunter ausgedehnter Viehweiden, erforderlich. Zur Herstellung transportfähiger Säuglingsmilch sind dann Vorrichtungen maschineller Art, Kühleinrichtungen, Vakuumapparate usw. in einem besonderen Laboratorium vereinigt worden. Wieder andere Einrichtungen sind erforderlich zur Ausführung der Operationen zum Zweck der Tuberkuloseimmunisierungen [1]).

Die umfangreichen und recht kostspieligen Baulichkeiten, Ländereien, Viehbestände, Laboratoriumseinrichtungen, wozu noch auf besondere Ziele [2]) gerichtete wissenschaftliche Abteilungen mit zahlreichem Dienerpersonal kommen, sind vereinigt zu einem Gesamtunternehmen, das den Namen „Behringwerk“ bekommen hat.

---

[1]) Eine genaue Darstellung findet sich im Dezemberheft 1903 (Nr. 7) von Behrings „Beiträge zur experimentellen Therapie“ (August Hirschwald, Berlin).

[2]) Ganz besonders intensiv wird gegenwärtig gearbeitet mit dem Ultraapparat und mit dem Ultramikroskop der Herren H. Siedentopf und R. Zsigmondy (Carl Zeißsche Firma in Jena). Die geniale Erfindung dieser optischen Konstruktionen wird nach meinem Dafürhalten eine epochemachende Bedeutung bekommen. Der erstgenannte Apparat erschließt uns ungeahnte Wunder der Molekularwelt, und das Ultramikroskop läßt uns aus der Kleinlebewelt solche Individuen erkennen, die durch die feinsten Filter hindurchgehen. In einer Lymphe mit dem Virus der Maul- und Klauenseuche, die

Für so komplizierte Arbeitsziele und Arbeitsmittel, wie die, mit denen wir es hier zu tun haben, wo landwirtschaftlicher und fabrikgemäßer, wissenschaftlicher und geschäftlicher, chemisch-physikalischer und physiologisch-medizinischer Betrieb zusammenwirken müssen, um für die Säuglingsernährung und für die Tuberkulosebekämpfung, neben anderen Seuchenbekämpfungszielen, nützliche Dienste zu leisten, war es für den Erfolg eine Notwendigkeit, daß überall nur ein Wille maßgebend blieb.

Eine Verwaltung mit verteilten Direktionsrollen kann in ausgefahrenen Gleisen selbst dann große technische Leistungen zutage fördern, wenn an der Spitze gar nicht einmal ein technisch geschulter Mann steht. Wo aber ganz Neues erdacht und gemacht werden soll, da geht das nicht. Fritz Reuter läßt in „Ut mine Stromtid II.", im 20. Kapitel, den Stellmacher Flegel sagen: „Dat giwwt dreierlei Minschen in de Welt: de Weck (die einen) verstahn't, känen't äwer nich maken, de Weck (die anderen) verstahn't nich, känen's äwer maken, und de Weck (noch andere) verstahn't nich un känen't ok nich maken."

In einem gutgehenden Fabrikbetrieb ist es allenfalls angängig, daß gerade Männer von der dritten Art kommandieren, Superarbitrien abgeben und den Hauptanteil an Respekt und Gewinn beanspruchen. Meine Marburger Arbeiten sind aber noch nicht so schablonenmäßig ausführbar, daß sie einem derartig geleiteten Fabrikbetrieb angeschlossen werden könnten. Eher würden der preußische Staat und das Deutsche Reich dazu geeignet sein, meinen immer umfangreicher werdenden Marburger Einrichtungen zur Herstellung gesundheitsgemäßer Säuglingsmilch, zur Tuberkuloseimmunisierung, zur Herstellung und fortschreitenden Verbesserung der verschiedenen Heilsera — die Fortdauer auch für die Zukunft zu sichern und diese Einrichtungen unter ihren Schutz zu stellen: zum Nutzen vieler hilfsbedürftiger Menschen, die die Erhaltung und Wiederherstellung ihrer Gesundheit erwarten von dem Gebrauch der im Blut und in der Milch immunisierter Tiere zu findenden Heilkörper; zum Nutzen auch solcher ärztlicher Interessenten, für deren Unterrichtung über das von mir neuerschlossene serumtherapeutische Gebiet in einem Privatunternehmen Lehrkräfte nicht abgegeben werden können.

---

ein Berkefeldfilter passiert hatte, und die bei der Untersuchung mit unserem besten gewöhnlichen Mikroskop vollkommen homogen erschien, sah beispielsweise Dr. Römer im ungefärbten Apparat lebhaft bewegliche ovale Gebilde mit schwach angedeuteter äquatorialer Einschnürung.

Auch in der Pockenvakzinelymphe macht das Ultramikroskop Dinge sichtbar, die mit keinem der bisherigen Mikroskope wahrnehmbar sind.

Nachträgliche Bemerkung 1915. Gegenwärtig spielt noch die Dunkelfeldbeleuchtung in unseren Untersuchungen eine wichtige Rolle.

MIX
Papier | Fördert gute Waldnutzung
FSC® C083411

Kolibri 360 GmbH
Ferdinand-Jühlke-Straße 7
99095 Erfurt, Deutschland
produktsicherheit@kolibri360.de